ABITUR

Prüfungsaufgaben
mit Lösungen

2014

Chemie

Grund- und Leistungskurs
Gymnasium • Gesamtschule
Hessen

2008–2013

STARK

ISBN 978-3-8490-0549-8

7. ergänzte Auflage
www.stark-verlag.de

Inhalt

Original-Abituraufgaben

Grundkurs 2008

Leistungskurs 2008

Grundkurs 2009

Leistungskurs 2009

Grundkurs 2010

Leistungskurs 2010

Jeweils im Herbst erscheinen die neuen
Abiturprüfungsaufgaben mit Lösungen.

Autor

Dr. Dietmar Scherr: Übungsaufgaben für Grund- und Leistungskurs;
Lösungen zu den Abituraufgaben

Vorwort

Liebe Schülerin, lieber Schüler,

das vorliegende Buch ermöglicht es Ihnen, sich optimal auf das **Landesabitur 2014** in Hessen im Fach Chemie vorzubereiten.

Im Abschnitt „**Hinweise und Tipps für die Abiturprüfung im Fach Chemie**" bieten wir Ihnen ausführliche Hinweise zum **Ablauf und den Anforderungen der schriftlichen Prüfung** in Hessen. Zusätzlich werden die Anforderungsbereiche der Abiturprüfung genau erläutert und die Unterteilung der Prüfungsaufgaben in Reproduktions-, Transfer- und problemlösende Aufgaben an Beispielen erklärt.

Der Hauptteil des Buches enthält die offiziellen, vom hessischen Kultusministerium gestellten **Abitur-Prüfungsaufgaben** der Jahre **2008 bis 2013 für den Grund- und den Leistungskurs**. Als weiteres Übungsmaterial enthält dieses Buch Übungsaufgaben zu prüfungsrelevanten Lehrplanthemen, die sich in Umfang und Inhalt an den Aufgaben des Landesabiturs orientieren.
Zu jeder Aufgabe sind von unserem Autor vorgeschlagene und vollständig ausformulierte Lösungen hinzugefügt. Die grau gerauteten Bearbeitungshinweise bieten Ihnen wertvolle Tipps zum Lösungsansatz und wichtige Zusatzinformationen.

Sollten nach Erscheinen dieses Bandes noch wichtige Änderungen in der Abitur-Prüfung 2014 vom Kultusministerium bekannt gegeben werden, finden Sie aktuelle Informationen dazu im Internet unter *www.stark-verlag.de/info.asp?zentrale-pruefung-aktuell*.

Viel Erfolg wünschen Ihnen Verlag und Autor!

Stichwortverzeichnis

Periodensystem der Elemente

Atommasse — 1,008
Symbol des Elements — H
Name des Elements — Wasserstoff
Ordnungszahl — 1
Elektronegativität (Pauling) — 2,2

Hauptgruppen: I, II; Nebengruppenelemente; Hauptgruppen: III–VIII

	I	II											III	IV	V	VI	VII	VIII
1	1,008 **H** Wasserstoff 1 2,1																	4,0 **He** Helium 2 –
2	6,941 **Li** Lithium 3 1,0	9,01 **Be** Beryllium 4 1,5											10,81 **B** Bor 5 2,0	12,01 **C** Kohlenstoff 6 2,5	14,00 **N** Stickstoff 7 3,0	16,00 **O** Sauerstoff 8 3,5	19,00 **F** Fluor 9 4,0	20,18 **Ne** Neon 10 –
3	22,98 **Na** Natrium 11 0,9	24,30 **Mg** Magnesium 12 1,2											26,98 **Al** Aluminium 13 1,5	28,09 **Si** Silicium 14 1,8	30,97 **P** Phosphor 15 2,1	32,07 **S** Schwefel 16 2,5	35,45 **Cl** Chlor 17 3,0	39,95 **Ar** Argon 18 –
4	39,10 **K** Kalium 19 0,8	40,08 **Ca** Calcium 20 1,0	44,96 **Sc** Scandium 21 1,3	47,88 **Ti** Titan 22 1,5	50,94 **V** Vanadium 23 1,6	52,00 **Cr** Chrom 24 1,6	54,94 **Mn** Mangan 25 1,5	55,85 **Fe** Eisen 26 1,8	58,94 **Co** Cobalt 27 1,8	58,69 **Ni** Nickel 28 1,8	63,55 **Cu** Kupfer 29 1,9	65,39 **Zn** Zink 30 1,6	69,72 **Ga** Gallium 31 1,6	72,61 **Ge** Germanium 32 1,8	74,92 **As** Arsen 33 2,0	78,96 **Se** Selen 34 2,4	79,90 **Br** Brom 35 2,8	83,80 **Kr** Krypton 36 –
5	85,47 **Rb** Rubidium 37 0,8	87,62 **Sr** Strontium 38 1,0	88,91 **Y** Yttrium 39 1,3	91,22 **Zr** Zirconium 40 1,4	92,91 **Nb** Niob 41 1,6	95,94 **Mo** Molybdän 42 1,8	98,91 **Tc** Technetium 43 1,9	101,07 **Ru** Ruthenium 44 2,2	102,91 **Rh** Rhodium 45 2,2	106,42 **Pd** Palladium 46 2,2	107,87 **Ag** Silber 47 1,9	112,41 **Cd** Cadmium 48 1,7	114,82 **In** Indium 49 1,7	118,71 **Sn** Zinn 50 1,8	121,76 **Sb** Antimon 51 1,9	127,60 **Te** Tellur 52 2,1	126,90 **I** Iod 53 2,5	131,29 **Xe** Xenon 54 –
6	132,91 **Cs** Cäsium 55 0,7	137,33 **Ba** Barium 56 0,9	Lanthanide 57–71	178,49 **Hf** Hafnium 72 1,3	180,95 **Ta** Tantal 73 1,5	183,85 **W** Wolfram 74 1,6	186,21 **Re** Rhenium 75 1,9	190,2 **Os** Osmium 76 2,2	192,22 **Ir** Iridium 77 2,2	195,08 **Pt** Platin 78 2,2	196,97 **Au** Gold 79 2,4	200,59 **Hg** Quecksilber 80 1,9	204,38 **Tl** Thallium 81 1,8	207,2 **Pb** Blei 82 1,8	208,98 **Bi** Bismut 83 1,9	(208,98) **Po** Polonium 84 2,0	(209,99) **At** Astat 85 2,2	(222,02) **Rn** Radon 86 –
7	(223) **Fr** Francium 87 0,7	(226,03) **Ra** Radium 88 0,9	Actinide 89–103	(261) **Rf** Rutherfordium 104	(262) **Db** Dubnium 105	(263) **Sg** Seaborgium 106	(262) **Bh** Bohrium 107	(265) **Hs** Hassium 108	(269) **Mt** Meitnerium 109	(271) **Ds** Darmstadtium 110	(272) **Rg** Roentgenium 111							

Namen der Hauptgruppen:

- **I** Alkalimetalle
- **II** Erdalkalimetalle
- **III** Erdmetalle
- **IV** Kohlenstoffgruppe
- **V** Stickstoffgruppe
- **VI** Chalkogene
- **VII** Halogene
- **VIII** Edelgase

Hinweise und Tipps zum Landesabitur

1 Ablauf der Prüfung

Die Abiturprüfung in Hessen findet als Zentralabitur statt, d. h. die Aufgaben für die schriftliche Prüfung werden vom Hessischen Kultusministerium zentral gestellt und sind für alle Abiturienten verbindlich. Alle Schülerinnen und Schüler an den Gymnasien Hessens schreiben diese Prüfung jeweils an demselben Tag.

Aufbau der Prüfungsaufgaben

Landesweit werden im Grundkursfach und Leistungskursfach Chemie jedem Gymnasium am Prüfungstag dieselben vier Teilaufgaben, von denen drei bearbeitet werden müssen, vorgelegt. Eine der vier Aufgaben steht also zur Wahl und kann von der Schülerin oder dem Schüler weggestrichen werden.
Die Ihnen vorgelegten Prüfungsaufgaben bestehen aus mehreren Teilaufgaben. Die Teilaufgaben bestehen sowohl aus Anteilen, die auszuwertende Materialvorgaben enthalten und Texterläuterungen erforderlich machen, als auch aus Anteilen, die keine oder wenig Materialvorgaben enthalten und in erster Linie mithilfe von chemischen Gleichungen o. ä. zu lösen sind. Außerdem sind alle Aufgaben in einen Kontext eingebettet. Eine Bearbeitung ist weitgehend unabhängig voneinander möglich. Die Aufgaben können mehrere der unten aufgeführten Kursthemen enthalten, die miteinander vernetzt sein können.

Dauer der Prüfung und zugelassene Hilfsmittel

In der Abiturprüfung stehen Ihnen 45 Minuten Einlese- und Auswahlzeit und zusätzlich zur Bearbeitung im **Leistungskurs 240 Minuten** und im **Grundkurs 180 Minuten** zur Verfügung.

Als **Hilfsmittel** werden während der Abiturarbeit zugelassen:

- Wörterbuch zur deutschen Rechtschreibung
- Das der Prüfungsaufgabe beigefügte Periodensystem der Elemente
- Eingeführter Taschenrechner (bei grafikfähigen Rechnern und Computeralgebrasystemen ist ein Reset durchzuführen).

2 Inhalte und Aufbau der Prüfungsaufgaben

In den Handreichungen zum Lehrplan des Kultusministeriums in Hessen werden die verbindlichen reproduktiven Inhalte des Grund- und Leistungskurses für das bevorstehende Abitur konkretisiert. Darüber hinaus werden vorausgesetzte Inhalte aus der Jahrgangsstufe 11 genannt. Für die Prüfung ab 2007 müssen folgende Inhalte aus der 12. und 13. Jahrgangsstufe in Form von reproduzierbarem Wissen zur Verfügung stehen (die *kursiv* gesetzten Inhalte gelten nur für den *Leistungskurs*).

Redoxreaktionen	
Der Redoxbegriff	Oxidation, Reduktion, Redoxreaktionen
Redoxreaktionen in fester Phase	Donor-Akzeptor-Prinzip
Oxidationszahlen	Aufnahme/Abgabe von Elektronen, Aufstellen von Redoxgleichungen
Redoxreaktionen in wässriger Lösung	Reaktionen zwischen Metall/Metallionen, Nichtmetall/ Nichtmetallionen, Redoxreihe
Elektrochemische Spannungsquellen	Primär- und Sekundärelemente, Galvanische Zellen (Daniell-Element, Zink/Braunstein- oder Zink/Luft- oder Zink-Brom-Element, Brennstoffzellen), Bleiakkumulator (Autobatterie), Entsorgung und Recycling von Batterien und Akkumulatoren
Elektrolysen	Redoxvorgänge, Chloralkalielektrolyse, Galvanisieren
Einführung in die Kohlenstoffchemie	
Eigenschaften von Kohlenstoffverbindungen	Begriffsbestimmung, Eigenschaften und Zusammensetzung ausgewählter organischer Verbindungen
Summenformel	qualitative Elementaranalyse: Nachweis von C, H, Hal, O und N, quantitative Elementaranalyse nach Liebig, Berechnung der Verhältnisformel, Bestimmung der molaren Masse
Gesättigte Kohlenwasserstoffe	Alkane und Cycloalkane, Homologe Reihe und Stoffeigenschaften der Alkane, van der Waals-Kräfte, Tetraedermodell, Valenzstrichformel und räumliche Struktur, Isomerie, Nomenklaturregeln, chemische Reaktionen: Verbrennung und Halogenierung, Mechanismus der radikalischen Substitution
Halogenalkane	Nomenklatur, polare Elektronenpaarbindung, Eigenschaften und Nachweisreaktionen
Alkohole	homologe Reihe und Stoffeigenschaften, Nomenklatur, alkoholische Gärung, Wasserstoffbrückenbindungen, primäre, sekundäre und tertiäre Alkohole, Isomerie, Chemische Reaktionen: Verbrennung und unvollständige Oxidation (Oxidationsmittel: CuO, $Cr_2O_7^{2-}$, MnO_4^-, Anode, Nachweis der org. Reaktionsprodukte), Anwendung von Oxidationszahlen, *Mechanismus der nucleophilen Substitution, Differenzierung nach S_{N1} und S_{N2}*

ungesättigte Kohlenwasserstoffe	Ethen, Ethin, Herstellung durch Eliminierung, homologe Reihe und Stoffeigenschaften, Nomenklatur, räumliche Struktur, Isomerie, chemische Reaktionen: Reaktionstyp der Addition von X_2, Nachweis der C–C-Mehrfachbindung (Addition von Brom), *Einfluss des positiven und negativen induktiven Effektes auf die Addition*
Kohlenstoffchemie I: Kohlenstoffverbindungen und funktionelle Gruppen	
Carbonylverbindungen	Strukturmerkmale der Aldehydgruppe, Nachweis der reduzierenden Wirkung der Aldehydgruppe durch die FEHLING'sche Probe, *Additionsreaktionen (Hydratisierung, Acetalspaltung)* Ketone, *Bindungsverhältnisse der Keto-Gruppe*.
Alkansäuren und ihre Derivate	homologe Reihe, Acidität, positiver und negativer induktiver Effekt, Esterbildung und -verseifung, Mechanismus der alkalischen Hydrolyse, Struktureller Aufbau der Hydroxy- und Aminosäuren, *Spiegelbildisomerie (Milchsäure, Weinsäure, FISCHER-Projektion)*
Aromatische Kohlenwasserstoffe	Benzol: Eigenschaften, aromatische Struktur, Mesomeriemodell (kein Orbitalmodell), *elektrophile Substitution: Mechanismus der Halogenierung, Nitrierung, positive und negative mesomere Effekte, Mechanismus der Zweitsubstitution, dirigierende Wirkung des Erstsubstituenten; homologe Reihe des Benzens: Phenol, Anilin, Toluol; vereinfachtes Orbitalmodell in Hinblick auf π- und σ-Bindungen, Hybridisierung*
Technisch und biologisch wichtige Kohlenstoffverbindungen	
Fette	Bau, Eigenschaften, alkalische Hydrolyse von Fetten, *Bestimmung der Iodzahl, Verseifungszahl*
Kohlenhydrate	Mono-, Di- und Polysaccharide, Eigenschaften, HAWORTH-FISCHER-Projektion, Glucose, Fructose, Maltose, Saccharose, *Lactose*, Stärke, Cellulose, Nachweisreaktionen: FEHLING'sche Probe, Iod-Stärke-Reaktion, *optische Aktivität: Anomere, Enantiomere, Diastereomere, Racemat, relative Konfiguration*
Aminosäuren, Peptide, Polypeptide	Zwitterionenstruktur, Eigenschaften, Vorkommen und Bedeutung, Nachweisreaktion: Biuret-Reaktion, *Xanthoprotein-Reaktion,* Hydrolyse von Peptiden, *IEP*
Synthetische Makromoleküle	Aufbau von Makromolekülen, Synthesereaktionen von PE, PVC, Polystyrol, Polyester, Polyamide, PU, Mechanismus der radikalischen Polymerisation
Identifizierung von Kohlenstoffverbindungen	*Analyseverfahren zur Ermittlung der Summenformel und der Konstitutionsformel: Massenspektrometrie; IR-Spektroskopie*
Das chemische Gleichgewicht	
Enthalpie, Entropie	*Energieformen, Standardbildungs- und Reaktionsenthalpie, Berechnung von ΔH_0-Werten*

Geschwindigkeit chemischer Reaktionen	*Einfluss verschiedener Faktoren, Aktivierungsenergie und Katalyse, Landoltsche Zeitreaktion*
Chemisches Gleichgewicht	Iod-Wasserstoff-Gleichgewicht, Ester-Gleichgewicht, Carbonat-Hydrogencarbonat-Gleichgewicht, Fotometrie, Analysemethoden zum Nachweis von Halogenidionen, Sulfationen und Carbonationen
Redoxgleichgewichte	*Quantitative Betrachtung von Redoxgleichgewichten Nernst-Gleichung*
Massenwirkungsgesetz	Bildung und saure Verseifung eines Esters
Prinzip des kleinsten Zwangs	Beeinflussung der Lage von Gleichgewichten durch Druck, Temperatur und Konzentration, Haber-Bosch-Gleichgewicht, Boudouard-Gleichgewicht am Beispiel des Hochofenprozesses
Anwendung des Massenwirkungsgesetzes	Säure- und Basenstärke (pK_S und pK_B), Ionenprodukt des Wassers, Berechnung von pH-Werten starker und schwacher Säuren mithilfe von pK_S-Werten, allgemeines Prinzip der Säure-Base-Indikatoren, *Titration jeweils einer schwachen und einer starken einprotonigen Säure, Interpretation von Titrationkurven*

3 Leistungsanforderungen

3.1 Inhaltsbezogene Anforderungen

Der Anteil der Aufgaben mit größerer Komplexität und Offenheit nimmt stufenweise zu. Nach wie vor wird als Basiswissen für die Abiturprüfung ein guter Überblick über die vom Lehrplan geforderten thematischen Schwerpunkte der Kurshalbjahre Q1, Q2 und Q3 vorausgesetzt. Der hauptsächliche Anspruch der Prüfungsaufgaben liegt jedoch nicht im Wiedergeben von lückenlosem Detailwissen, sondern in der Anwendung des von Ihnen erworbenen Fachwissens. Es soll überprüft werden, ob Sie Strukturen und Inhalte bisher unbekannter chemischer Sachverhalte erfassen können, diese dann mit dem eigenen Wissen zu verknüpfen vermögen und schließlich zu angemessenen Lösungen kommen. Die unbekannten Inhalte werden Ihnen als Materialien (z. B. in Form von Einführungstexten, Versuchsbeschreibungen, Diagrammen, Kurven, Abbildungen, Strukturausschnitten, Tabellen oder Skizzen) zur Prüfungsaufgabe vorgelegt. Diese Fähigkeiten, die über die Wiedergabe des reinen, angelernten Wissens hinausgehen, werden als **Kompetenzen** bezeichnet.

3.2 Methodenbezogene Anforderungen

Neben den inhaltlichen Kompetenzen wird in den Aufgaben auch Ihre Fähigkeit geprüft, fachtypische Methoden zur Bearbeitung und Lösung von Problemstellungen angemessen einzusetzen. Dazu gehören:

- **Erarbeiten und Vergleichen mehrerer Lösungswege**,
- **Darstellung von Zusammenhängen** zwischen Erscheinungen im Alltag und den fachwissenschaftlichen Grundlagen,

- **Aufstellen von Hypothesen** und Ableiten von experimentell überprüfbaren Folgerungen,
- **Beurteilen von Texten, Aussagen, Experimenten** nach selbst gewählten Kriterien,
- **Interpretieren chemischer Reaktionen** auf der Teilchenebene sowie Anwenden geeigneter Modelle (zur Beschreibung und Erklärung chemischer Sachverhalte),
- **Anwenden mathematischer Verfahren** und Hilfsmittel zur Lösung chemischer Problemstellungen.

3.3 Aufgabenstruktur und Aufgabentypen

Eine Prüfungsaufgabe besteht aus Teilaufgaben, die untereinander in Beziehung stehen und der Aufgabenthematik untergeordnet sind. Die **Struktur der Aufgabe** ist so angelegt, dass kein Lösungsweg zwingend vorgezeichnet ist. Zu Beginn der Aufgabe werden in einzelnen Materialien zusätzliche Informationen zur Aufgabenthematik bereitgestellt. Danach folgen die Aufgabenstellung und eventuell notwendige Zusatzinformationen. Aus der Aufgabenstellung der einzelnen Teilaufgaben selbst gehen Art und Umfang der geforderten Leistung hervor (siehe Abschnitt 4).

Im Fach Chemie herrschen folgende **Aufgabentypen** vor:

- **Materialbezogene Aufgaben**: Sie erhalten zusammen mit der Aufgabenstellung Materialien, die Sie auswerten sollen, etwa Strukturformeln, Texte oder Grafiken. Mithilfe der darin enthaltenen Informationen und der Ihnen bereits bekannten chemischen Sachverhalte können Sie die Aufgabe lösen.
- **Berechnungen**: Hier geht es um die Anwendung wichtiger chemischer Gesetze (z. B. Massenwirkungsgesetz) und Rechenverfahren (z. B. zur Bestimmung von pH-Werten).
- **Alltagsbezogene Aufgaben**: Ausgehend von einer aus dem Alltag bekannten Problemstellung wird von Ihnen verlangt, Ihre chemischen Fachkenntnisse zur Lösung dieses Problems anzuwenden.
- **Aufgaben zur chemischen Zeichensprache**: Dieser Aufgabentyp umfasst die Darstellung von bekannten Strukturformeln, die Entwicklung von Strukturformeln neuer Moleküle und die Darstellung von Reaktionsgleichungen und -mechanismen.
- **Aufgaben zu ökonomisch-ökologischen Problemstellungen**: In diesem Aufgabentyp werden Sie zu einer strukturierten Darstellung der Konsequenzen von chemischen Reaktionen oder Abfällen auf die Umwelt aufgefordert. Auch ein Vergleich zweier Substanzen kann Gegenstand der Aufgabe sein, im Rahmen dessen Sie die Eignung dieser Verbindungen unter ökonomischen und ökologischen Gesichtspunkten beurteilen sollen.

3.4 Bewertung der Aufgaben

Den Einzelaufgaben sind verbindlich Bewertungseinheiten zugeordnet. Sie zeigen Ihnen das relative Gewicht der einzelnen Aufgabenabschnitte innerhalb einer Prüfungsaufgabe. Die Aufgaben sind jeweils im **Grundkurs** mit **30 Bewertungseinheiten** (BE), im **Leistungskurs** mit **40 BE** gewichtet, sodass im Grundkurs maximal 90 im Leistungskurs 120 BE erreichbar sind. Die Bewertung für die Notenpunkte erfolgt dann prozentual, wobei die Schwellen für einen Notenpunkt bei 20 %, für 5 Notenpunkte bei 46 %, für 11 Notenpunkte bei 76 % der BE liegen.

Somit ergibt sich folgende Umrechnungstabelle von Prozentwerten in Notenpunkte:

Notenpunkte	15	14	13	12	11	10	9	8	7	6	5	4	3	2	1
ab Prozent	96	91	86	81	76	71	66	61	56	51	46	41	34	27	< 20

Bei der Bewertung werden alle von Ihnen in der Reinschrift erarbeiteten Teillösungen berücksichtigt. Es kann durchaus sein, dass unübersichtliche Textstellen nicht in vollem Umfang gewertet werden. Es steht dem Korrektor frei, auch Entwürfe zur Bewertung heranzuziehen, wenn sie zusammenhängend konzipiert sind.

Ihre Ausführungen werden bewertet hinsichtlich ihrer

- **fachlichen Richtigkeit und Vollständigkeit** entsprechend den inhaltlichen und methodischen Anforderungen der Aufgabenstellung.
- **Qualität:** Hierzu gehören u. a. das Erfassen der Aufgabe, die Genauigkeit der Kenntnisse und Einsichten, die Sicherheit in der Beherrschung der Methoden und der Fachsprache, Stimmigkeit und Differenziertheit der Aussage, die Herausarbeitung des Wesentlichen, das Anspruchsniveau der Problemerfassung, die Fähigkeit zur kritischen Würdigung der Bedingtheit und Problematik eigener und fremder Auffassungen sowie die Differenziertheit und Adäquatheit Ihres Urteils.
- **Quantität**, also dem Umfang Ihrer Kenntnisse, der Breite Ihrer Argumentationsbasis und der Vielfalt der Aspekte und Bezüge.
- **Kommunikations- und Darstellungsfähigkeit:** Damit ist Ihre Fähigkeit gemeint, die Aufgabenstellung korrekt zu erfassen und sich in einer angemessenen Weise verständlich zu machen. Wichtige Kriterien sind dabei die Klarheit und Eindeutigkeit sowie die logische Gliederung Ihrer Aussagen.
- **äußeren Form:** Darin gehen die Lesbarkeit Ihrer Schrift, die übersichtliche Gestaltung (durch Absätze, Aufzählungszeichen, Unterstreichungen, Leerzeilen usw.) und die sprachliche Richtigkeit (Grammatik, Rechtschreibung, Zeichensetzung) ein. Gehäufte Verstöße können auch hier zu einem Abzug von Punkten führen.

4 Anforderungsbereiche und Operatoren

Die Prüfungsaufgaben im Fach Chemie kann man drei **Anforderungsbereichen** zuordnen, die ein unterschiedliches Maß an Selbstständigkeit und Abstraktionsvermögen bei der Bearbeitung erfordern. Alle drei Bereiche werden in Abfragen, Tests und Klausuren sowie den Abituraufgaben berücksichtigt.
Nicht immer lassen sich die drei Anforderungsbereiche scharf gegeneinander abgrenzen. Auch kann die zur Beantwortung einer Prüfungsaufgabe erforderliche Leistung nicht in jedem Fall eindeutig einem bestimmten Bereich zugeordnet werden. Trotzdem ist es für Sie hilfreich, diese Anforderungsbereiche zu kennen, da Sie hierdurch leichter nachvollziehen können, wie die Verteilung der Bewertungseinheiten und die unterschiedliche Gewichtung der (Teil-)Aufgaben zustande kommen.

- **Anforderungsbereich I:** Inhalte und Fakten reproduzieren
  Von **Reproduktion** spricht man, wenn erlerntes Wissen wiedergegeben oder eine erworbene Fertigkeit in einem bekannten Zusammenhang gezeigt werden soll. Dabei kann es sich um einen theoretischen Sachverhalt oder um ein im Praktikum eingeübtes Vorgehen handeln. Schätzen Sie die Bedeutung des „nur" Gelernten nicht gering ein. Dieses Grundlagenwissen ist die Basis für die Lösung von Aufgaben, die den beiden im Folgenden dargestellten Anforderungsbereichen zuzuordnen sind.
- **Anforderungsbereich II:** Zusammenhänge und Strukturen erkennen und darstellen
  Höhere Anforderungen als die der reinen Reproduktion stellt eine Prüfungsaufgabe, die **Reorganisation** bzw. eine **Transferleistung** von Ihnen verlangt. In der Regel geht damit auch eine höhere Bewertung einher. Eine Prüfungsaufgabe ist dieser zweiten Anforderungsebene zuzuordnen, wenn ein bekannter Sachverhalt, etwa das typische Reaktionsverhalten einer Verbindungsklasse, auf andere chemische Verbindungen übertragen („transferiert"), richtig benannt und in diesen neuen Zusammenhang ein- und zugeordnet („reorganisiert") werden soll. Auch die selbstständige Übertragung von Grafiken oder Versuchsaufbauten in die korrekte Fachsprache („Verbalisierung") gehört zu diesem Anforderungsbereich.
- **Anforderungsbereich III:** Probleme lösen und Meinungen vertreten
  Am anspruchsvollsten sind Fragen, die problemlösendes Denken verlangen. Häufig erfordern solche Aufgaben, dass Sie Kenntnisse aus mehreren Themengebieten auswählen, anwenden und abwandeln können. Oft gibt es verschiedene Lösungsmöglichkeiten, die Sie darstellen und die dem Problem bestangepasste Variante auswählen sollen. Hier ist Ihre Kreativität gefragt, das „Abarbeiten" der Aufgabenstellung nach einem vorgefertigten Schema reicht nicht aus.

Einen wichtigen Hinweis auf den jeweiligen Anforderungsbereich erhalten Sie durch den **Operator**, mit dem die Aufgabe gestellt wird. Darunter versteht man Schlüsselbegriffe, die sicherstellen sollen, dass alle Schüler und Lehrer unter einer bestimmten Aufgabenstellung das gleiche verstehen. In der folgenden, nach den Anforderungsbereichen geordneten Auflistung wird erläutert, welche Begriffe dies sind und welche Erwartungen damit verbunden sind.

Operator	**Bedeutung**	**Bereich**	**Aufgabe**
angeben, nennen, beschriften	Sachverhalte, Begriffe oder Daten ohne Erläuterungen, Begründungen und Lösungswege aufzählen.	I	LK 2008-2/2.2 GK 2013-7/3.1
benennen	Elemente, Sachverhalte, Begriffe oder Daten angeben.	I–II	GK 2009-1/1.3 GK 2012-5/3.2
berechnen	Ergebnisse von einem Ansatz ausgehend durch Rechenoperationen bestimmen.	I–II	LK 2011-1/1.1 GK 2012-7/4.4

beschreiben	Strukturen, Sachverhalte, Zusammenhänge oder Verfahren in Textform unter Verwendung der Fachsprache in vollständigen Sätzen in eigenen Worten wiedergeben (hier sind auch Einschränkungen möglich: „Beschreiben Sie in Stichworten…“).	I–II	GK 2011-4/2.5 LK 2012-3/2.1
dokumentieren	Alle notwendigen Erklärungen, Herleitungen und Skizzen darstellen.	I–II	–
einordnen zuordnen	Mit erläuternden Hinweisen in einen genannten Zusammenhang einfügen/stellen.	I–II	GK 2010-4/3.2
skizzieren	Die wesentlichen Eigenschaften eines Objektes, eines Sachverhaltes oder einer Struktur grafisch darstellen (auch Freihandskizze möglich).	I–II	LK 2008-5/4.4
überführen	Eine Darstellung in eine andere Darstellungsform bringen.	I	–
zeichnen	Eine hinreichend exakte graphische Darstellung anfertigen.	I–II	GK 2010-4/3.1
zusammenfassen	Das Wesentliche in strukturierter und konzentrierter Weise unter Verwendung der Fachsprache herausstellen.	I	–
abschätzen	Durch begründete Überlegungen Größenordnungen physikalischer Größen angeben.	II–III	–
analysieren	Eine konkrete Materialgrundlage untersuchen, einzelne Elemente identifizieren und Beziehungen zwischen Elementen erfassen und darstellen.	II–III	–
anwenden übertragen	Einen bekannten Sachverhalt, eine bekannte Methode auf eine neue Problemstellung beziehen.	II–III	–
auswerten	Daten, Einzelergebnisse oder sonstige Sachverhalte zu einer abschließenden Gesamtaussage zusammenführen.	II–III	–
begründen	Einen angegebenen Sachverhalt unter Verwendung von Regeln und mathematischen Beziehungen auf Gesetzmäßigkeiten bzw. kausale Zusammenhänge zurückführen.	II–III	LK 2011-1/1.2 LK 2012-2/1.5
darstellen	Sachverhalte, Zusammenhänge, Methoden, Bezüge oder Modellvorstellungen strukturiert und fachsprachlich einwandfrei wiedergeben.	II–III	LK 2008-1/1.3
entscheiden	Bei Alternativen sich begründet und eindeutig auf eine Möglichkeit festlegen.	II	GK 2011-5/3.3
entwerfen	Herstellen und Gestalten eines Systems von Elementen unter vorgegebener Zielsetzung	II–III	–

entwickeln aufstellen	Sachverhalte und Methoden zielgerichtet in einen Zusammenhang bringen, also eine Hypothese, eine Skizze, ein Experiment oder ein Modell weiterführen und ausbauen.	II–III	LK 2012-9/4.4 GK 2013-10/ 4.5
erklären	Sachverhalten, Methoden oder Zusammenhänge unter Verwendung der Fachsprache auf fachliche Grundprinzipien zurückführen.	II–III	LK 2011-2/1.4
erläutern	Sachverhalte auf der Grundlage von Vorkenntnissen so darlegen und veranschaulichen, dass sie verständlich werden.	II	GK 2011-5/3.1 LK 2012-8/4.1
formulieren	Im chemischen Sinne: eine Strukturformel, eine Reaktionsgleichung oder einen Reaktionsmechanismus notieren.	II	GK 2011-1/1.2 LK 2012-1/1.2
herleiten	Die Entstehung oder Ableitung eines gegebenen oder beschriebenen Sachverhalts aus anderen oder aus allgemeineren Sachverhalten darstellen.	II–III	–
interpretieren deuten	Phänomene, Strukturen, Sachverhalte oder Ergebnisse auf Erklärungsmöglichkeiten untersuchen und diese gegeneinander abwägen und auf das ursprüngliche Problem beziehen.	II–III	–
untersuchen	Sachverhalte nach bestimmten, fachlich üblichen bzw. sinnvollen Kriterien darstellen.	II	–
vergleichen gegenüberstellen	Nach vorgegebenen oder selbst gewählten Gesichtspunkten Gemeinsamkeiten, Ähnlichkeiten und Unterschiede ermitteln und darstellen.	II–III	GK 2010-1/1.3 GK 2012-1/1.1
zeigen bestätigen widerlegen nachweisen	Die Gültigkeit einer Aussage, z. B. einer Hypothese oder einer Modellvorstellung verifizieren, falsifizieren.	II–III	GK 2009-2/1.4 LK 2012-1/1.1
beurteilen bewerten	Zu einem Sachverhalt ein eigenständiges Urteil unter Verwendung von Fachwissen und Fachmethoden formulieren und begründen.	III	LK 2012-7/3.5
diskutieren erörtern	Argumente und Beispiele zu einer Aussage oder These einander gegenüberstellen und abwägen.	III	LK 2009-3/2.2 LK 2013-10/ 4.2
Stellung nehmen	Unter Heranziehung relevanter Sachverhalte die eigene Meinung zu einem Problem argumentativ entwickeln und darlegen.	III	–
prüfen	Sachverhalte, Aussagen oder Ergebnisse mit mathematischen Mitteln an Gesetzmäßigkeiten messen, verifizieren oder Widersprüche aufdecken.	III	–

Die bei den Aufgaben angegebenen Bewertungseinheiten lassen sich auf die drei Anforderungsbereiche so verteilen, dass die Anforderungsbereiche I und III mit jeweils 25 % vertreten sind, der Anforderungbereich II mit 50 %. So ergibt sich beispielsweise für die Übungsaufgabe 9 folgende Einteilung:

Aufgabe	**I**	**II**	**III**
1.1	2	2	
1.2	3	3	
1.3			4
2.1		5	3
2.2	2	2	
2.3	1	4	3
3	2	4	
	$\sum$ 10	$\sum$ 20	$\sum$ 10
	25 %	50 %	25 %

5 Methodische Hinweise und allgemeine Tipps zur schriftlichen Prüfung

Um eine Prüfungsaufgabe effizient und erfolgreich zu bearbeiten, ist ein strukturiertes, sorgfältiges Vorgehen unumgänglich. Im folgenden Lösungsplan sind die hierfür wichtigen Arbeitsschritte erläutert. Darüber hinaus finden Sie wertvolle Tipps zur Materialienanalyse. Die abschließende Auflistung häufig anzutreffender Fehlertypen hilft Ihnen, Leichtsinnsfehler zu vermeiden.

5.1 Lösungsplan zur Bearbeitung der Aufgaben

Stellen Sie sicher, dass Sie nur die Abituraufgaben bearbeiten, die zur ausgewählten Gesamtaufgabe gehören. Streichen Sie deshalb alle Seiten der nicht zur Bearbeitung bestimmten Fragenkomplexe durch. Folgende Einzelschritte sind bei der Bearbeitung der Aufgaben zu beachten:

- **Lesen der Gesamtaufgabe**
  Es ist sinnvoll, dass Sie sich zunächst einen Überblick über die in den Prüfungsaufgaben angesprochenen unterschiedlichen Themengebiete der Chemie verschaffen: Für die weitere Bearbeitung setzen Sie sich einen Zeitplan, damit Ihnen nicht am Ende die Zeit für die letzte Aufgabe oder das Korrekturlesen fehlt. Fangen Sie dann mit der Bearbeitung der für Sie am besten geeigneten Teilaufgabe an. Dabei kann Ihnen ein systematisches Vorgehen entsprechend der nachfolgend dargestellten Schritte das Erarbeiten der zu den Anforderungen jeder Teilaufgabe passenden Lösung erleichtern.
- **Analysieren der Teilaufgaben**
  In den meisten Fällen gibt ein kurzer Informationstext eine Einführung in die zu bearbeitenden Sachverhalte. Manchmal sind in diesem Text auch wichtige Informationen zur Lösung der Aufgabe „versteckt“. Nachdem Sie sich ein Bild von der

Thematik der Aufgabe gemacht haben, sollten Sie sich gezielt mit den einzelnen Arbeitsaufträgen auseinandersetzen:

- Unterstreichen Sie die Arbeitsanweisungen/Operatoren.
- Verdeutlichen Sie in der Fragestellung und in den Einführungstexten Informationen, die für den zu bearbeitenden Sachverhalt wichtig sein könnten, durch Randbemerkungen und/oder optische Hervorhebungen.
- Markieren Sie wichtige Begriffe, die den zu bearbeitenden Sachverhalt betreffen.

• **Darstellen der Ergebnisse**
  - Verfahren Sie bei der Beantwortung nach dem Prinzip: vom Allgemeinen zum Detail.
  - Behalten Sie auch bei der Auseinandersetzung mit dem Detail immer den Gesamtzusammenhang im Auge.
  - Stellen Sie die Ergebnisse logisch und nach erkennbaren Ordnungsprinzipien zusammen.
  - Konzentrieren Sie Ihre Aussagen auf das Thema und vermeiden Sie weitschweifige Ausarbeitungen. Dadurch geht der rote Faden verloren!
  - Beschreiben Sie bei der Auswertung von Grafiken oder Tabellen zunächst kurz die wiedergegebenen Inhalte und erklären Sie diese erst danach.
  - Stellen Sie komplexe Sachverhalte, wenn angebracht, grafisch dar (Skizzen, Schaubilder, Fließdiagramme etc.).
  - Berücksichtigen Sie bei der Ausformulierung Ihrer Antworten immer die vorgegebenen Operatoren, damit Sie die Lösung im Sinne der Aufgabenstellung erstellen. Sie sollten z. B. beim Operator „nennen/angeben" keine weiteren Erklärungen geben, dies wäre auch nicht im Sinne einer sinnvollen Zeiteinteilung bei der Prüfung.
  - Achten Sie auf sprachlich korrekte Formulierungen und eine klare, verständliche Ausdrucksweise. Alle Antworten sollten Sie, sofern es nicht ausdrücklich anders verlangt ist (z. B. die Lösung der Aufgabe in Form einer Tabelle oder Skizze), durchgehend in vollständigen Sätzen formulieren. Kurze Sätze sind besser als ineinander verschachtelte.
  - Verwenden Sie sorgfältig die Fachsprache. Fachbegriffe müssen nur bei ausdrücklicher Aufforderung umschrieben werden (oder wenn Sie bei deren Verwendung unsicher sind).
  - Schreiben Sie verwendete Abkürzungen, sofern es sich nicht um Standardabkürzungen wie PE, PS, VB-Modell o. ä. handelt, zumindest einmal aus (z. B. RG = Reagenzglas). Ungebräuchliche Abkürzungen gelten als Rechtschreibfehler.
  - Achten Sie auf eine angemessene äußere Form Ihrer Ausführungen (lesbare Schrift, eine übersichtliche Gestaltung durch das Einhalten eines Randes rechts und links, Absätze, Aufzählungszeichen, Unterstreichungen usw.). Sind Zeichnungen, Skizzen oder Tabellen anzufertigen, dann erstellen Sie diese sauber, übersichtlich und nicht zu klein. Sie sind grundsätzlich vollständig zu beschriften.
  - Beginnen Sie die Beantwortung der nächsten Frage auf einer neuen Seite oder lassen Sie zumindest mehrere Leerzeilen frei, sodass sie gegebenenfalls beim Überprüfen auf Vollständigkeit problemlos noch Ergänzungen einfügen können.

Reicht in diesem Fall der Leerraum dennoch nicht für Ihre Nachträge, dann müssen Sie diese auf dem Zusatzblatt eindeutig unter Verwendung sinnvoller Symbole dem ersten Teil Ihrer Antwort zuordnen.

- **Überprüfen auf Vollständigkeit**
  - Kontrollieren Sie, ob Sie alle Bedingungen und Aspekte der Aufgabenstellung (unter Einbeziehung der einleitenden Informationen zu den Teilaufgaben) erfasst haben.
  - Prüfen Sie, ob alle wesentlichen Inhalte berücksichtigt wurden.
  - Überprüfen Sie, ob das vorgegebene Material sinnvoll und angemessen ausgewertet wurde.
  - Lesen Sie den Text noch einmal durch und berichtigen Sie eventuelle Fehler in der Grammatik, Rechtschreibung oder Zeichensetzung.
  - Zuletzt sollten Sie die Seiten vollständig durchnummerieren und auf jedes Einzelblatt Ihren Namen schreiben.

5.2 Tipps zur Analyse von Tabellen, Diagrammen und Abbildungen

Ein Bestandteil der Aufgabenstellungen im Fach Chemie kann auch die Analyse von Material in Form von Tabellen sowie Grafiken sein.

In **Tabellen** sind oft Daten aus chemischen Experimenten zusammengefasst. Eine andere Art der Präsentation von Zahlenmaterial sind **Diagramme**. Zur Auswertung einer Tabelle oder eines Diagramms dient ein Fragenkatalog, mit dem alle wesentlichen Aspekte erfasst werden können:

- Welche Größen sind in der Tabelle/dem Diagramm dargestellt? Achten Sie auf die Überschriften und den Begleittext.
- Welcher Diagrammtyp liegt vor (z. B. Säulendiagramm, Kreisdiagramm)?
- Welche Größen sind gegeneinander aufgetragen? Welche ist die unabhängige, welche die abhängige Größe?
- Was sind die Bezugsgrößen: Zahlenarten (absolute Zahlen, Prozentzahlen), Zahlenwerte (gerundet, geschätzt, vorläufig)?
- Welche Auffälligkeiten/Tendenzen sind zu erkennen?
- Welche Kategorien werden miteinander in Beziehung gesetzt (z. B. bei Tabellen in Kopfzeile, Spalten und Vorspalten)?
- Welche Hauptaussagen lassen sich formulieren (Trends/Tendenzen)?
- Welche Teilaussagen lassen sich treffen (Minima, Maxima, Zunahme, Abnahme, Stagnation, Zahlensprünge, Anomalien, Gleichmäßigkeiten und regelhafte Verläufe, unterschiedliche Phasen, Wechselbeziehungen zwischen verschiedenen Variablen/Merkmalen usw.)?
- Welcher Arbeitsauftrag ist mit dem Diagramm/der Tabelle verbunden? (Unabhängig davon sollten Sie Ihrer Lösung immer eine knappe Beschreibung der in der Tabelle oder der Darstellung enthaltenen Gegebenheiten im Rahmen der jeweiligen Fragestellungen voranstellen.)
- Welche Antwort gibt die Tabelle/das Diagramm auf die Fragestellung?
- Welche Aussagen werden durch die Daten nahegelegt?

- Welche neuen Fragen werden durch die Informationen der Tabelle/des Diagramms aufgeworfen?
- Was sind mögliche Ursachen für die der Tabelle/dem Diagramm entnommenen Sachverhalte?

Abbildungen in der Chemie zeigen meist entweder Strukturen (z. B. einen Formelausschnitt, Elektrolysezelle) oder Prozesse (z. B. Herstellung von Aluminium). Der erste Schritt Ihrer Lösung sollte auch hier immer darin bestehen, die bildlich dargestellte Information in Worte zu fassen („Untertitel" der Abbildung). Die weitere Analyse ist dann sehr stark von der Art der Abbildung und der damit verbundenen Fragestellung abhängig. Aber auch hier helfen einige Grundfragen weiter:

- Wie ist die Abbildung zustande gekommen? Ist es z. B. die Skizze zur Struktur von Eiweiß oder die schematische Darstellung eines Experiments? (Beachten Sie dabei auch den vorangestellten Text, die Bildunterschrift und die angegebene Quelle.)
- Was wissen Sie über die dargestellten Strukturen oder Abläufe? Welche Fachbegriffe können Sie zuordnen?
- Was sind die wichtigen Merkmale der dargestellten Objekte oder Sachverhalte? Vergleichen Sie Teilabbildungen miteinander. Formulieren Sie Kern- und Teilaussagen.
- Welche Arbeitsanweisung ist mit der Abbildung verknüpft? Sollen Sie z. B. die Abbildung zur Erläuterung eines Sachverhaltes verwenden oder wird von Ihnen eine Hypothese über den Ablauf des dargestellten Experiments erwartet?
- Welche für die Beantwortung der Fragestellung relevanten Informationen lassen sich aus den Darstellungen entnehmen und welche Fragen stellen sich?
- Welche Ursachen und Mechanismen könnten hinter den dargestellten Prozessen stecken? Wie sind auftretende Besonderheiten zu erklären?

5.3 Mögliche Formelschreibweisen

Alternativ zu den meist in der Schule gebräuchlichen Formelschreibweisen (Strukturformel nach Lewis, Halbstrukturformel) kann auch die Kurzschreibweise verwendet werden, die in der Wissenschaft die ursprünglichen Schreibweisen weitestgehend abgelöst hat. Die Enden der Bindungsstriche entsprechen dabei jeweils einem Kohlenstoffatom und der entsprechenden Anzahl an gebundenen Wasserstoffatomen. Alle nicht Kohlenstoff- oder Wasserstoffatome werden mit dem Elementsymbol ergänzt.

Beispiel: 2-Methylbutan

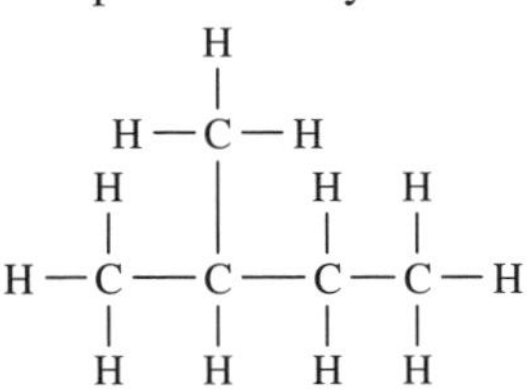

Strukturformel nach Lewis

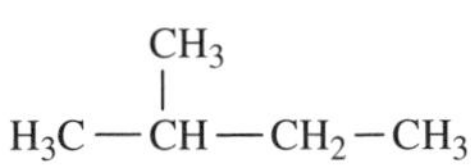

Halbstrukturformel

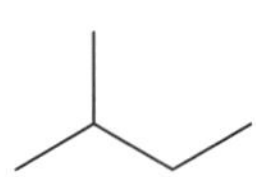
Kurzschreibweise

Weitere Beispiele:

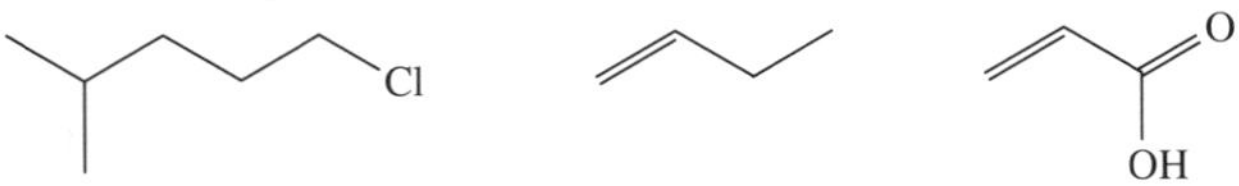

1-Chlor-4-methylpentan   But-1-en   Propensäure

5.4 Häufig anzutreffende Fehlertypen im Fach Chemie

- **Reaktionsgleichungen:** Achten Sie genau darauf, dass die Reaktionsgleichungen ausgeglichen sind. Kontrollieren Sie die Anzahl der einzelnen Atomarten auf beiden Seiten der Gleichung und die Anzahl der Ladungen.
- **Valenzstrichformeln, Strukturformeln:** Überprüfen Sie die Anzahl der Bindungsstriche bzw. Valenzstriche. Dividieren Sie einfach die Gesamtzahl der Außenelektronen durch 2! Beachten Sie weiterhin die Anzahl der Bindungen, die von einem Atom ausgehen.
- **Stoffe und Teilchen unterscheiden:** Bei Erläuterungen und Darstellungen ist häufig nach Zusammenhängen zwischen der Stoffebene und der Teilchenebene gefragt. Es ist wichtig, dass Sie durch korrekten Ausdruck und durch Verwendung der Fachsprache die beiden Ebenen nicht vermischen.
  Beispiel:
  falsch: Calcium ist im Calciumchlorid zweifach positiv geladen.
  richtig: Calciumchlorid besteht aus zweifach positiv geladenen Calcium-Ionen und zwei einfach negativ geladenen Chlorid-Ionen.
- **Stöchiometrie, Rechnen mit Einheiten:** Grundsätzlich sind die Ergebnisse **mit Einheiten** anzugeben, ein fehlender aufgabenbezogener Antwortsatz führt sehr häufig zum Punktverlust. Nutzen Sie Teile der Aufgabenstellung zur korrekten Formulierung des Antwortsatzes. Beachten Sie die gesuchten Größen und prüfen Sie, ob die Einheiten passend dazu angegeben sind.
- **Notieren von offensichtlich falschen Ergebnissen:** Prüfen Sie, ob das Ergebnis Ihrer Rechnung die richtige Größenordnung besitzt. Diese lässt sich anhand der gegebenen Größen, die in die Rechnung eingehen, abschätzen. Bei offensichtlich falschen Ergebnissen, die Sie während der Prüfungszeit nicht mehr korrigieren können, sollten Sie unbedingt einen kurzen Hinweis geben, sodass Sie noch Bewertungspunkte „retten“ können – erst recht dann, wenn Sie vielleicht sogar die Fehlerquelle umreißen können.

Grundkurs Chemie (Hessen)
Übungsaufgabe 1: Kohlenstoffchemie, funktionelle Gruppen

Kaliumpermanganat in der Medizin

Verdünnte Kaliumpermanganat-Lösungen werden in der Medizin zur Therapie, z. B. von Hautinfektionen, eingesetzt. Die zunächst Violett gefärbte Lösung wird dabei mit der Zeit Rotbraun, auf der Haut bildet sich ein brauner Belag.

1 Entwickeln und formulieren Sie mögliche Reaktionen mit den im Materialteil beschriebenen Molekülen auf der Hautoberfläche. Verwenden Sie beim Aufstellen der Reaktionsgleichungen nur die charakteristischen Gruppen bzw. Molekülteile, welche Ihrer Meinung nach mit Kaliumpermanganat im Neutralen reagieren! (12 BE)

2 Begründen Sie Ihre Entscheidung für die von Ihnen favorisierten Reaktionen durch die Entwicklung aussagekräftiger Experimente! (4 BE)

3 Erklären Sie die bakterizide bzw. fungizide Wirkung verdünnter Kaliumpermanganat-Lösungen! Formulieren Sie ein mögliches Oxidationsprodukt unter Verwendung der Strukturformel des N-Acetylglucosamins!

Hinweis: Bakterielle Zellwände bestehen u. a. aus Murein (Formel im Materialteil), einem modifizierten Polysaccharid, welches N-Acetylglucosamin enthält; die Hyphen (Fäden) von Pilzen bestehen aus Chitin, welches ebenfalls N-Acetylglucosamin enthält. (6 BE)

4 Der braune Belag auf der Haut durch die Einwirkung von Kaliumpermanganat kann mit einer konzentrierten Zitronensäurelösung beseitigt werden.

Formulieren und erklären Sie die zugrunde liegende Reaktion! (Verwenden Sie zum Lösen dieser Aufgabe die Angaben im Materialteil!) (8 BE)

(30 BE)

Material 1

Auf der Haut findet sich eine Vielzahl von verschiedenen, teils komplexen Kohlenstoffverbindungen wie ungesättigte Fettsäuren bzw. deren Ester, Glycoproteine und deren Abbauprodukte zu Kohlenhydraten und Peptiden (Aminosäuren) etc. Eine Auswahl solcher charakteristischer Verbindungen mit deren funktionellen Gruppen finden Sie im Material 2.

- Formel von Braunstein: MnO_2
  Mangan bildet auch fast farblose Mn(II)-Salze, die in Wasser leicht löslich sind.

Material 2

- Formeln von Molekülen oder Molekülteilen, welche auf der Hautoberfläche als Bestandteile von Zellmembranen zu finden sind:
  Glykoproteine und Glykolipide als Bestandteile der Glykokalyx,
  z. B. an Serin- oder Lysinseitenreste von Proteinen gebundene Glucose.

  oder ungesättigte Fettsäuren als Phospholipidbestandteil,

  z. B. Ölsäure $C_{17}H_{33}COOH$ (cis-Octadeca-9-ensäure):

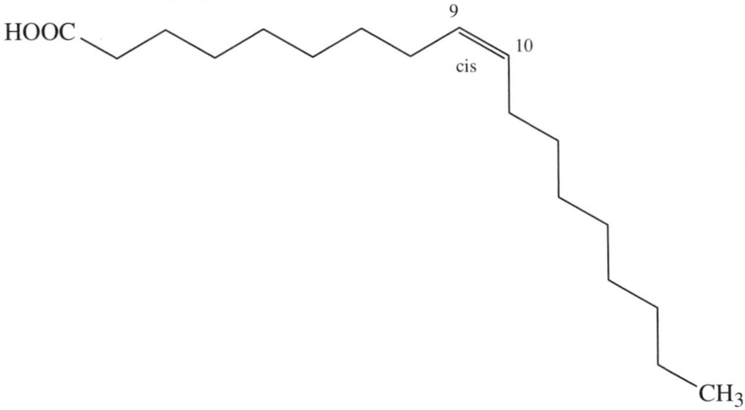

Material 3

- Bestandteil des Mureins ist 1,4 β-verknüpftes N-Acetylglucosamin:

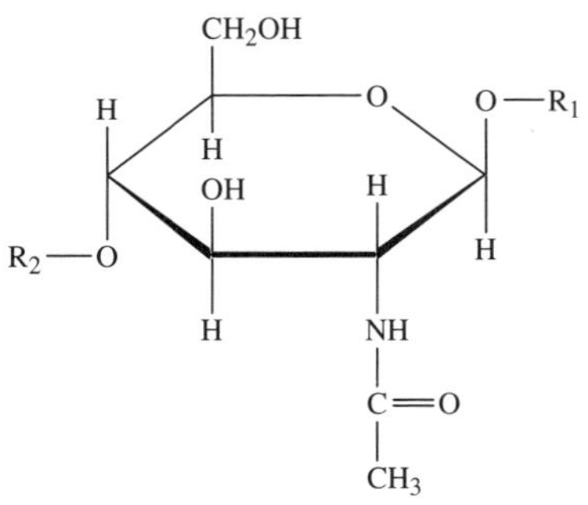

Lösungsvorschläge

In der Aufgabe thematisierte Unterrichtsinhalte sind:
- *Redoxreaktionen: Aufstellen und Lösen von Redoxgleichungen mit Kohlenstoffverbindungen und Kaliumpermanganat*
- *funktionelle Gruppen: Alkohole, Aldehyde, Carbonsäuren*

1 *Kaliumpermanganat ist im Neutralen ein starkes Oxidationsmittel. Die Braunfärbung resultiert aus der Entstehung von Braunstein (MnO_2 = Mangandioxid), einer in Wasser unlöslichen Verbindung.*
Aus dem Material 2 geht hervor, dass in der Haut als reaktive Moleküle Glucose und ungesättigte Fettsäuren in Frage kommen. Es müssen folglich drei Reaktionen formuliert werden: Kaliumpermanganat mit einem primären Alkohol, einem sekundären Alkohol und einer Doppelbindung.
Zuerst werden die Oxidationszahlen bestimmt, dann wird die Oxidations- und Reduktionsreaktion mit Ausgleich der ausgetauschten Elektronen (kgV) und der Ladungsausgleich durchgeführt, zuletzt werden die durch Protolyse entstehenden Wassermoleküle ergänzt.

Reaktion von MnO_4^- mit einem primären Alkohol (z. B. aus Glucose):

$$2\,\overset{+VII}{Mn}O_4^- + 6\,e^- \longrightarrow 2\,\overset{+IV}{Mn}O_2$$

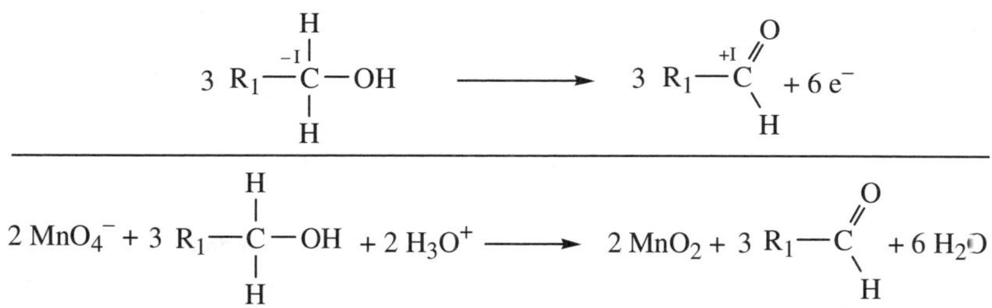

Das Aldehyd kann auch noch weiter zur Carbonsäure mit der Oxidationszahl +III am C-Atom der funktionellen Gruppe oxidiert werden.

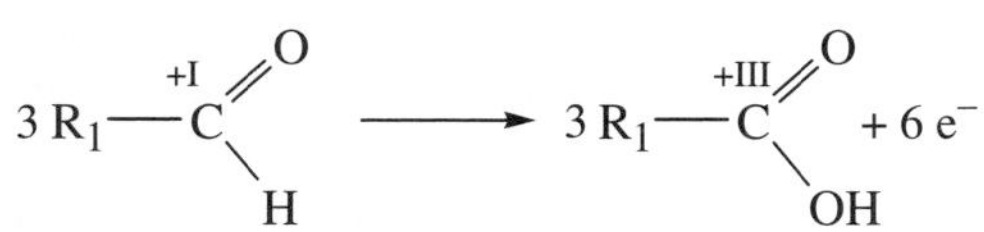

Reaktion von MnO_4^- mit einem sekundären Alkohol (z. B. aus Glucose):

*Formuliert man die Reaktion mit einem **sekundären** Alkohol, wie er in den Zuckerkomponenten ebenfalls vorhanden ist, so entsteht ein Keton. Dabei ändert sich nur die Teilgleichung der Oxidation des sekundären Alkohols.*

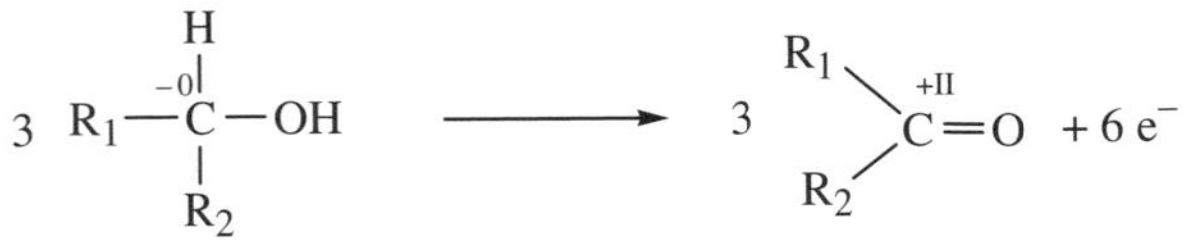

Reaktion von MnO_4^- mit einem Alken (z. B. aus Ölsäure):

*Im dritten möglichen Fall: Aus einem **Alken** entsteht ein Alkandiol, was etwa der Bayer'schen Probe auf Moleküle mit Doppelbindungen entspricht:*

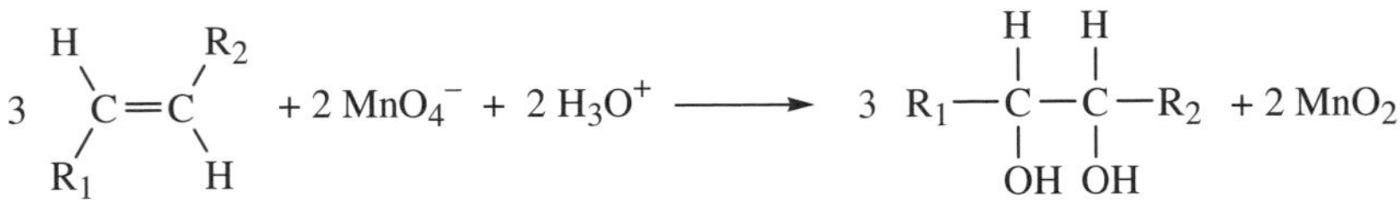

2 *Unter Aufgabe 1 wurden drei mögliche Reaktionen beschrieben. Bei dieser Aufgabe soll ein Experiment beschrieben werden, mit dem gezeigt wird, dass die genannten funktionellen Gruppen mit Kaliumpermanganat reagieren.*

Um zu zeigen, dass ein Alken in der beschriebenen Weise mit Kaliumpermanganat reagiert, wird ein Öl, welches ungesättigte Fettsäuren enthält (z. B. Sonnenblumenöl), oder ein anderes bekanntes Alken (z. B. Buten) mit einer Kaliumpermanganatlösung versetzt. Wenn es dann zu einem Farbumschlag von Violett nach Braun kommt, ist belegt, dass die Reduktion des Kaliumpermanganats durch die Oxidation einer Doppelbindung zustande kommen kann (Positivprobe mit einer definierten Verbindung).

Für die Positivprobe auf einen primären oder sekundären Alkohol kann beispielsweise 1-Propanol und 2-Propanol eingesetzt werden.

3 *Die entscheidende Eigenschaft für die bakterizide und fungizide Wirkung von Kaliumpermangant ist bereits in den beiden ersten Aufgaben erläutert worden. Hier soll ausführlich die Wirkung des Kaliumpermanganats beschrieben werden, welche Konsequenzen dies für die Bakterien bzw. Pilze hat und wie ein mögliches Oxidationsprodukt des Mureins aussieht.*

Die bakterizide und fungizide Wirkung beruht auf der starken Oxidationskraft des Kaliumpermanganats und der damit verbundenen oxidativen Zerstörung der Zellwand/Membran der Mikroorganismen.

Ein mögliches Oxidationsprodukt des Mureins wäre in 3-Position ein Keton und in 6-Position ein Aldehyd bzw. eine Carboxylgruppe:

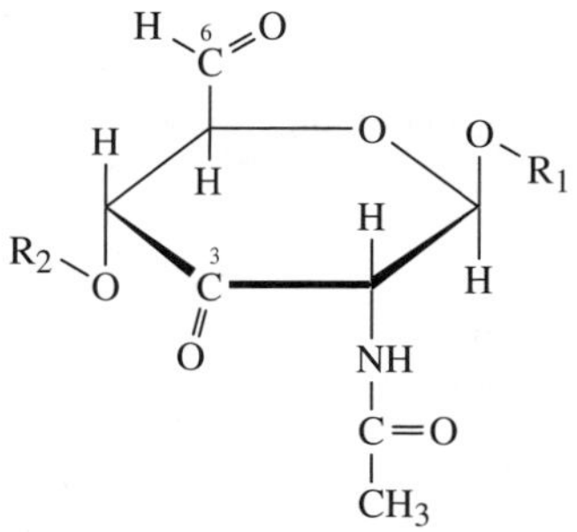

4 Braunstein reagiert im sauren Milieu mit Alkoholen bzw. Aldehyden weiter zu Mn^{2+}. Mn(II)-Salze sind leicht in Wasser löslich. Diese Ionen sind in verdünnter Lösung nur leicht Rosa gefärbt (fast farblos). Dadurch verschwindet der braune Niederschlag. Das Redoxpotenzial von Permanganat-Ionen ist im Sauren größer als im Neutralen.

$$MnO_2 + R{-}CHO + 2\,H_3O^+ \longrightarrow R{-}COOH + Mn^{2+} + 3\,H_2O$$

Grundkurs Chemie (Hessen)
Übungsaufgabe 2: Kohlenstoffchemie, Makromoleküle

„Bekömmliche Fette", ein Werbeslogan?

Fette und Öle nehmen wir alltäglich mit unserer Nahrung auf. Sie unterscheiden sich – so wird uns von der Werbung suggeriert – in ihrer Bekömmlichkeit. Diese wird vor allem auf den Anteil an ungesättigten Fettsäuren zurückgeführt, welche besser abbaubar seien. Der Bestandteil an ungesättigten Fettsäuren in Ölen und Fetten kann anhand der Iodzahl charakterisiert werden.

1 Zeichnen Sie die allgemeine Struktur eines Fettes aus den Angaben im Materialteil! Verwenden Sie für den Kohlenwasserstoffrest das Symbol R! (3 BE)

2 Im Materialteil finden Sie die Summenformel und Bezeichnung nach IUPAC der Stearinsäure und der Ölsäure. Erstere ist eine gesättigte, letztere eine ungesättigte Fettsäure. Erläutern Sie den Unterschied auch durch Aufstellen von Strukturformeln! (4 BE)

3 Entwickeln Sie die Reaktionsgleichung, die der Iodzahl-Bestimmung zugrunde liegt, und formulieren Sie den Reaktionstyp und -mechanismus! (8 BE)

4 Zur Bestimmung der Iodzahl zweier Fette (A und B) wurde jeweils 1 g Fett in 1-Propanol gelöst. Bei Fett A wurden 6,1 mL bei B 4,2 mL Bromlösung verbraucht. Berechnen Sie die Iodzahl und interpretieren Sie die gewonnenen Ergebnisse! Verwenden Sie dazu die Angaben der Vorschrift im Materialteil. (4 BE)

5 Diskutieren Sie, warum unter Ausschluss von grellem Licht und möglichst schnell gearbeitet werden muss. (5 BE)

6 Der Endpunkt der Titration ist nur ungenau zu erkennen. Er kann besser durch Zugabe von etwas Kaliumiodidlösung und Stärkelösung am Ende anhand einer Farbreaktion festgestellt werden. Der Überschuss an Brom kann leicht durch Rücktitration mit einer Thiosulfat-Maßlösung korrigiert werden.

Erklären Sie diese Methode auch anhand von Gleichungen! (6 BE)

(30 BE)

Material 1

Öle und Fette sind von der chemischen Struktur her Verbindungen zwischen Glycerin (Propan-1,2,3-triol) und diversen gesättigten und ungesättigten Fettsäuren. Sie bestehen in der Regel aus Verbindungen mit verschiedenen Fettsäuren.

Stearinsäure:	$C_{17}H_{35}COOH$	Octadecansäure
Ölsäure:	$C_{17}H_{33}COOH$	cis-9-Octadecensäure

Material 2: Bestimmung der Iodzahl

Die Anwesenheit von ungesättigten Fettsäuren in einem Fett bzw. Öl lässt sich halbquantitativ durch Zugabe einer Bromlösung der Konzentration ($c = 1\ \text{mol} \cdot L^{-1}$) zu einem Fett bzw. Öl bestimmen. Das Fett/Öl wird dabei in 1-Propanol gelöst. Durch Zugabe der frisch angesetzten Bromlösung in 1-Propanol wird die Fett-/Öl-Lösung bis zur leichten Braunfärbung titriert. Dabei muss möglichst schnell unter Ausschluss von grellem Licht mit frisch angesetzten Lösungen gearbeitet werden.

Material 3: Thiosulfat

Thiosulfat hat die Summenformel: $Na_2S_2O_3$
Dieses kann leicht zu Tetrathionat oxidiert werden ($Na_2S_4O_6$).

Lösungsvorschläge

Die in dieser Aufgabe thematisierten Unterrichtsinhalte sind:
- *Naturstoffe (Fette, Öle)*
- *Struktur und Eigenschaften von Fetten und Fettsäuren*
- *elektrophile Addition*

1 *Nach der Information im Materialteil soll hier die allgemeine Struktur gezeichnet werden.*

Struktur eines **Triglycerids** mit drei verschiedenen Fettsäureresten:

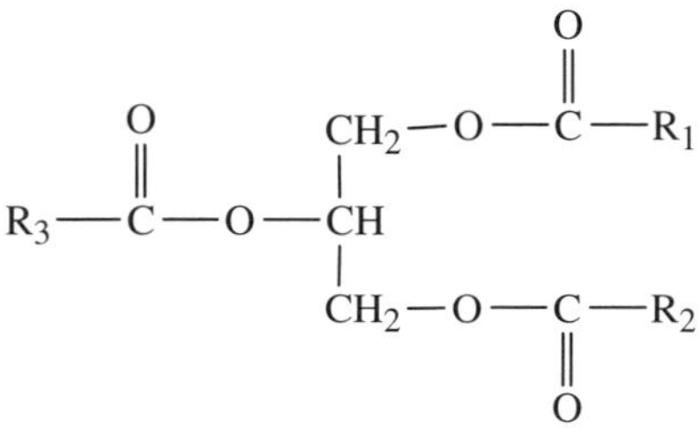

2 Die ungesättigten Fettsäuren haben eine oder mehrere Doppelbindungen, dagegen besitzen die gesättigten Fettsäuren einen aliphatischen Kohlenwasserstoffrest. Die Stearinsäure zählt zu den gesättigten Fettsäuren, die Ölsäure zu den ungesättigten mit einer Doppelbindung zwischen dem 9. und 10 Kohlenstoffatom.

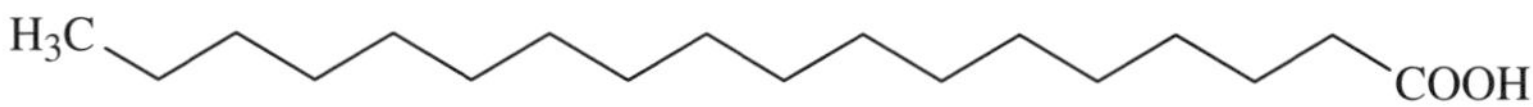

Stearinsäure (Octadecansäure)

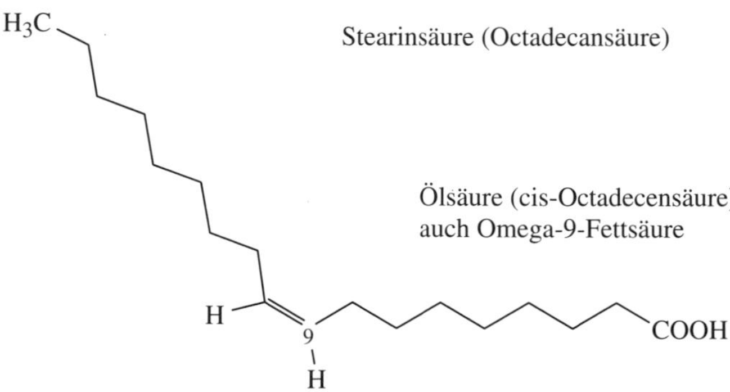

Ölsäure (cis-Octadecensäure)
auch Omega-9-Fettsäure

3 *Sie sollen hier einen Reaktionsmechanismus formulieren, der Ihnen von anderen ungesättigten Verbindungen bekannt ist.*

Das elementare Brom wird an die Doppelbindungen addiert, es handelt sich um eine **elektrophile Addition** (A_E).
Das Brommolekül wird heterolytisch im polaren Lösungsmittel Wasser gespalten, das Br^+ greift elektrophil die elektronenreiche Doppelbindung an; es bildet sich der **π-Komplex** dann, der **σ-Komplex**, wobei der Übergang von der planaren zur tetraedrische Struktur stattfindet. Im weiteren Reaktionsverlauf addiert sich das Br^- nukleophil an die Elektronenpaarlücke im C-Atom.

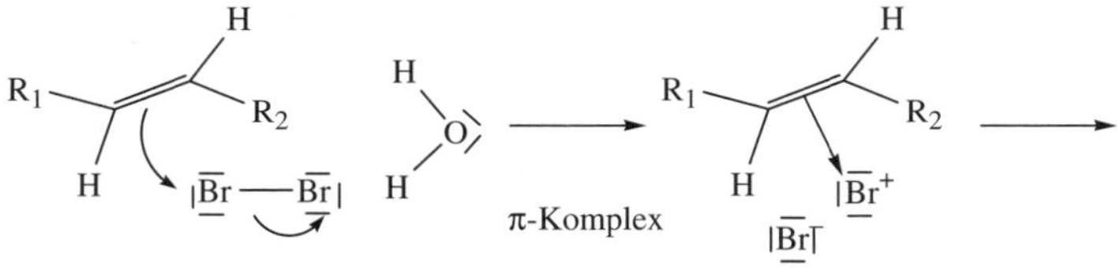

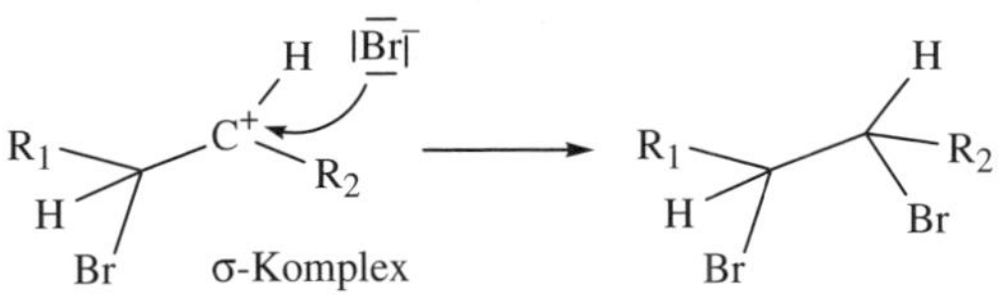

4 *Die Iodzahl gibt an, wie viel Gramm Iod an 100 g Fett gebunden werden. Es wird Brom (oder Iodmonobromid) verwendet, da dieses reaktiver als Iod ist. Die Addition erfolgt jeweils im Verhältnis 1:1, eine Doppelbindung addiert ein Brom-/Iodmolekül. Auch wenn der Versuch mit Brom durchgeführt wird, erfolgt die Berechnung mit der Molmasse von Iod.*

Titriert man wie hier mit 1-molarer Brom-Lösung, so sind mit $M(Br_2) = 160\ g \cdot mol^{-1}$ und $M(I_2) = 254\ g \cdot mol^{-1}$ in 1 000 mL 160 g Brom bzw. 254 g Iod enthalten.
Bei Fett A werden 6,1 mL dieser Lösung verbraucht, also gilt:

$$\frac{254\ g \cdot 6{,}1\ mL}{1000\ mL} = 1{,}55\ g$$

1,55 g Iod werden für 1 g Fett verbraucht. Die Iodzahl ist demnach 155. Bei B ergibt sich durch die gleiche Methode:

$$\frac{254\ g \cdot 4{,}2\ mL}{1000\ mL} = 1{,}067\ g$$

und somit eine Iodzahl von 106,7.

Je größer die Iodzahl, desto größer ist auch die Anzahl der ungesättigten Fettsäuren im Fett. Somit besitzt Fett A wesentlich mehr ungesättigte Fettsäuren.

5 *In dieser Aufgabe wird nach einer Nachweisreaktion gefragt, die das Ergebnis verfälschen könnte. Brom ist sehr reaktiv und reagiert besonders am Licht.*

Als Nebenreaktion kann eine **radikalische Substitution** der vielen Kohlenwasserstoffreste (H gegen Br) ablaufen. Diese findet vor allem am Tageslicht (UV) statt, ist aber in der Regel viel langsamer als die elektrophile Addition. Durch das Licht werden die Brommoleküle unter Bildung von Bromradikalen homolytisch gespalten und können die Wasserstoffe (bevorzugt am Ende der Kohlenwasserstoffkette) gegen Brom ausgetauscht werden.

6 *Sie müssen hier Redoxreaktionen formulieren. Das nicht „verbrauchte" Brom reagiert mit Iodid. Thiosulfat wird leicht oxidiert.*

Brom oxidiert Iodid zu Iod. Dieses kann mit der Iodstärke-Reaktion nachgewiesen werden. Bei der Bestimmung der Iodzahl wird Brom in einem geringen Überschuss zugegeben. Dieser Überschuss an Brom setzt also Iod frei, welches eine Iodstärke-Lösung Blau färbt. Durch Zugabe von Thiosulfatlösung wird das Iod wieder zu Iodid reduziert, und die Lösung entfärbt sich. Das verbrauchte Volumen an Thiosulfatlösung ist somit ein Maß für den „Überschuss" an Brom.

$$Br_2 + 2\,I^- \longrightarrow 2\,Br^- + I_2$$

$$I_2 + 2\,S_2O_3^{2-} \longrightarrow 2\,I^- + S_4O_6^{2-}$$

Leistungskurs Chemie (Hessen)
Übungsaufgabe 1: Kohlenstoffchemie, funktionelle Gruppen

Rechts- oder linksdrehende Milchsäure?

Ein Lebensmittelhersteller wirbt mit dem Slogan „rechtsdrehende Milchsäure". Gibt es auch eine linksdrehende? Ja, aber was wird gedreht? Welche ist gesünder?

Tatsache ist, dass Milchsäure als Stoffwechselprodukt überall gegenwärtig ist. Milchsäurebakterien stellen Milchsäure meist als Gemisch beider Formen her. Die Milch gerinnt durch die Milchsäure. In Pflanzen kommt die Milchsäure ebenfalls in beiden Formen vor. Typische Lebensmittel sind z. B. Joghurt, Sauerkraut und andere milchsauer vergorene Gemüse (Gurken, Bohnen etc.). Normalerweise überwiegt hier aber die rechtsdrehende Milchsäure. Diese kann vom Menschen schneller abgebaut werden.

1.1 Zeichnen Sie nach der Vorgabe im Materialteil die Strukturformel von Milchsäure! (2 BE)

1.2 Erklären Sie am Beispiel der Milchsäure die Begriffe Racemat, Diastereomer und Enantiomer! Zeichnen Sie die D- und L-Form der Milchsäure! (5 BE)

1.3 Erklären Sie, was unter links- bzw. rechtsdrehend zu verstehen ist! Erklären Sie die physikalischen Hintergründe auch durch Anfertigung einer Skizze der Messapparatur! (6 BE)

1.4 Die Messung des Drehwerts kann auch zur Konzentrationsbestimmung verwendet werden.

Berechnen Sie die Konzentration der L-Milchsäure in einer reinen Lösung der L-Form, wenn der Wert zu +2,2° bei einer durchstrahlten Schicht von 1 dm gemessen wurde! Geben Sie an, welchen Drehwert ein Racemat haben würde! (5 BE)

2.1 Im Materialteil ist eine Synthese der L(+)-Milchsäure beschrieben. Zeichen Sie die Struktur von D(+)-2-Brompropansäure! (2 BE)

2.2 Benennen und beschreiben Sie den Reaktionstyp und -mechanismus der hier zugrunde liegenden Reaktion! (6 BE)

2.3 Begründen Sie die Molekularität der Reaktion! Erklären Sie dabei die Begriffe monomolekular und bimolekular! (8 BE)

3.1 Zitat aus einem Bericht einer Klinik: „Koronargefäßstütze aus abbaubarem Milchsäurepolymer eingesetzt. Biologisch abbaubare Gefäßstützen aus einem Milchsäurepolymer, die in die Herzkranzgefäße eingesetzt wurden, haben sich bei insgesamt 15 Patienten als funktional und ausreichend sicher erwiesen."

Erläutern Sie die mögliche Synthese eines Milchsäurepolymers und zeichnen Sie dessen Struktur! (Zur Katalyse wird eine Lewissäure verwendet.) (4 BE)

3.2 Beurteilen Sie obige Aussage hinsichtlich einer Anwendung im medizinischen Bereich! (2 BE)

(40 BE)

Material

Milchsäure ist 2-Hydroxypropansäure.

Es gibt zwei enantiomere Formen die D- und L-Milchsäure.
Die D-Form dreht die Spiegelebene des linear polarisierten Lichts nach links (–), die L-Form entsprechend nach rechts (+). Der spezifische Drehwert für L(+)-Milchsäure bei 20 °C ist $[\alpha]_{20}^{D} = +3{,}8\ (° \cdot mL \cdot dm^{-1} \cdot g^{-1})$.

Milchsäure wird meistens biotechnologisch gewonnen. Ein nicht technisch angewandtes Verfahren verwendet D(+)-2-Brompropansäure durch Reaktion mit Natronlauge zu L(+)-Milchsäure.

Lösungsvorschläge

In der Aufgabe thematisierte Unterrichtsinhalte sind:
- *Stereoisomerie (optische Aktivität)*
- *Berechnung von Drehwerten für linear polarisiertes Licht*
- *nukleophile Substitution (S_{N2}), Polyester*

1.1 *Sie sollen hier die Strukturformel nach der Angabe im Materialteil erstellen.*

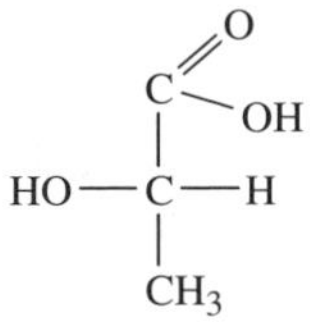

1.2 *Sie müssen am Beispiel der Strukturformeln in der Fischerprojektion die Fachbegriffe erläutern.*

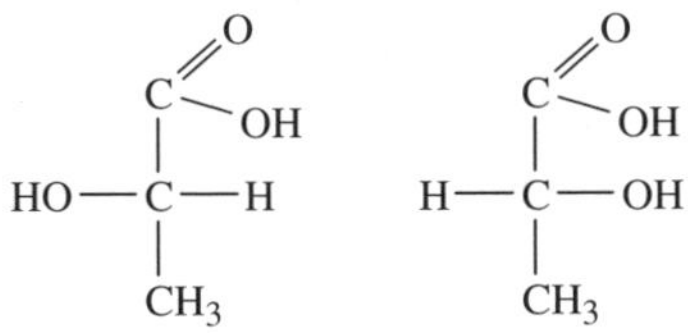

L(+)-Milchsäure D(–)-Milchsäure

Es handelt sich hier um zwei **Spiegelbildisomere**. Durch die vier unterschiedlichen Substituenten am zweiten C-Atom entsteht ein chirales Zentrum (asymmetrisches C-Atom). Die beiden Moleküle können nicht durch Drehen ineinander überführt werden. Sie unterscheiden sich durch ihr Verhalten gegenüber linear polarisiertem Licht.
Die beiden wie Bild und Spiegelbild zueinander sich verhaltenden Moleküle sind **Enantiomere**. Sind mehrere asymmetrische C-Atome in einem Molekül vorhanden, können neben den Enantiomeren auch mehrere **Diastereomere** auftreten. Diese verhalten sich nicht wie Bild zu Spiegelbild:

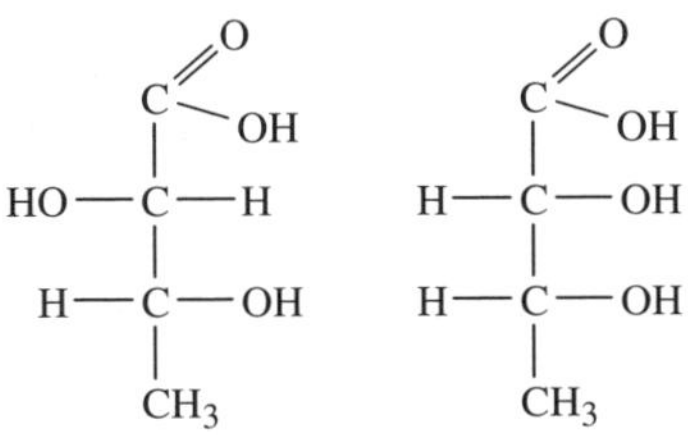

Dies sind Diastereomere, aber keine Enantiomere.
Racemate sind Gemische im Verhältnis 1 : 1 der beiden Milchsäuremoleküle.

1.3 *Zuerst sollte hier die Modellvorstellung von polarisiertem Licht dargelegt und dann dessen Wechselwirkung mit optisch aktiven Stoffen beschrieben werden. Anhand einer Skizze der Messapparatur sollen Sie dann das Messverfahren erläutern.*

Milchsäure ist eine optisch aktive Substanz, das heißt, die Moleküle drehen aufgrund ihrer asymmetrischen Struktur die Schwingungsebene des linear polarisierten Lichtes. Linear polarisiertes Licht schwingt nur in einer Ebene, während nicht polarisiertes Licht in alle Raumrichtungen schwingen kann. Hergestellt werden kann linear polarisiertes Licht mit einem Polarisator, welcher z. B. aus einer Folie besteht, die nur eine Schwingungsebene durchlässt.

D- und L-Form sind aus den gleichen Atomen zusammengesetzt und haben die gleichen chemischen Eigenschaften, unterscheiden sich aber – wie zwei Handschuhe – in der räumlichen Anordnung am 2. C-Atom.

In der sogenannten Fischerprojektion der L-Milchsäure befindet sich die entscheidende OH-Gruppe am mittleren Kohlenstoffatom links, bei der D-Milchsäure rechts. Leitet man polarisiertes Licht durch eine Lösung von D-Milchsäure, wird die Schwingungsebene des linear polarisierten Lichtes an den Molekülen nach links abgelenkt; L-Milchsäure ist dagegen rechtsdrehend. Sind in einer Lösung gleich viele links- und rechtsdrehende Milchsäuremoleküle vorhanden, hebt sich deren Wirkung auf die Schwingungsebene des linear polarisierten Lichts gegenseitig auf. Der Apparat, mit dem man optische Aktivität messen kann, heißt **Polarimeter**.

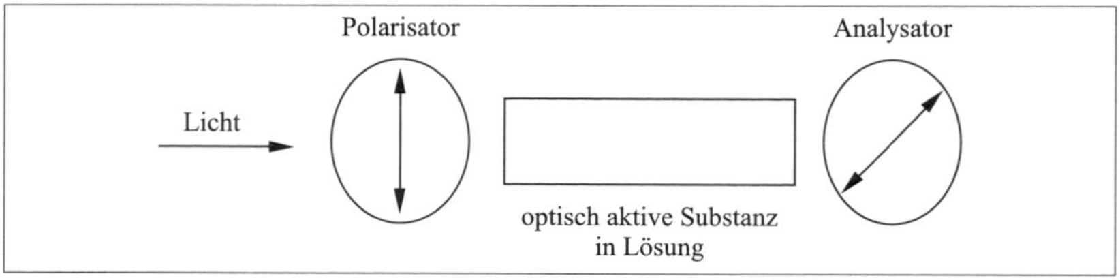

Der Analysator muss durch Drehung auf maximale Helligkeit abgeglichen werden, d. h. Polarisator und Analysator haben die gleiche Orientierung, wodurch der Drehwert festgestellt werden kann.

Da maximale Helligkeit schwer zu erkennen ist, wird in der Regel ein Halbschattenpolarimeter mit zwei gekreuzten Polarisationsfiltern verwendet. Hier werden zwei Hälften auf gleiche Helligkeit abgeglichen.

1.4 *In dieser Aufgabe muss ein Gesetz aufgestellt werden. Der Drehwert für das Racemat kann direkt aus den spezifischen Drehwerten abgelesen werden.*

Der spezifische Drehwert für linear polarisiertes Licht (Wellenlänge der Natrium D-Linie) bei 20 °C ist für Milchsäure entweder

$[\alpha]_{20}^{D} = +3{,}8\ (° \cdot mL \cdot dm^{-1} \cdot g^{-1})$

für die L-Form oder für die D-Form
$[\alpha]_{20}^{D} = -3{,}8\ (° \cdot mL \cdot dm^{-1} \cdot g^{-1})$.

Es gilt für Lösungen $\alpha = [\alpha]_{20}^{D} \cdot c \cdot d$, wobei α der ermittelte Drehwert, *c* die Konzentration und *d* die durchstrahlte Schichtdicke ist.

Durch Umformen erhält man:

$$c = \frac{\alpha}{[\alpha]_{20}^{D} \cdot d} = \frac{2{,}2°}{3{,}8° \cdot mL \cdot dm^{-1} \cdot g^{-1} \cdot 1\,dm} = 0{,}58\ g \cdot mL^{-1}$$

Das Racemat hat den Drehwert 0 °, d. h. es dreht die Schwingungsebene für linear polarisiertes Licht nicht.

2.1

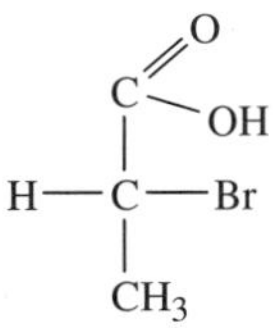

2.2 *Mit den Hinweisen aus dem Materialteil kann hier auf den molekularen Verlauf der Reaktion (Reaktionsmechanismus) geschlossen werden.*

Es handelt sich um eine **nukleophile Substitution**.
Das OH^--Ion greift nukleophil das 2-C-Atom an und verdrängt das Brom. Dieses bildet als Br^--Ion die Abgangsgruppe.

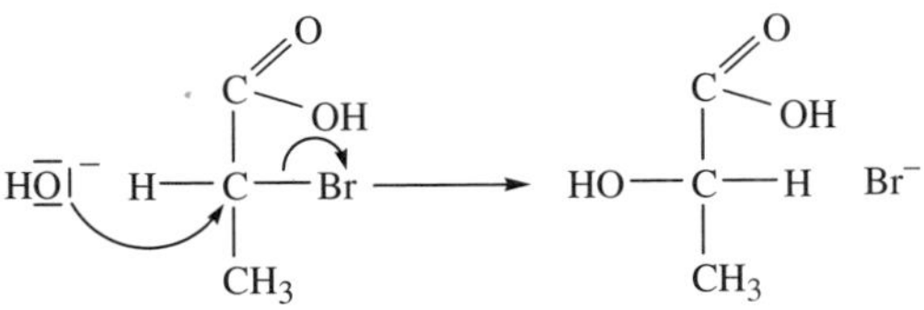

2.3 *Hier soll ein Modell des molekularen Ablaufs erstellt werden. Schauen Sie im Materialteil genau auf die entstehende Milchsäure, dann können Sie auf die Molekularität der Reaktion schließen.*

Die Reaktion ist **bimolekular** S_{N2} (**S**ubstitution **n**ucleophil **bi**molecular), da sie über einen Übergangszustand mit Umkehr der räumlichen Konfiguration der Substituenten an C2 erfolgt. Von der D-Konfiguration zur L-Konfiguration in der Milchsäure.

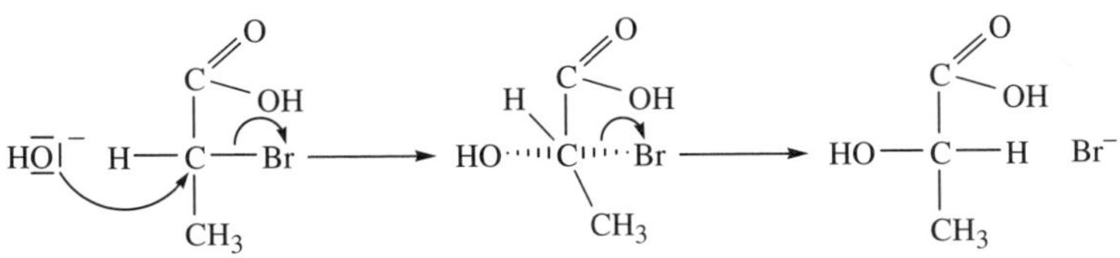

Der **monomolekulare Mechanismus** (S_{N1}) läuft über die Ausbildung eines Carbokations, welches z. B. bei tertiären Alkylhalogeniden entsteht. Hier erfolgt keine Umkehr der Konfiguration.

3.1 *Sie müssen aus der Kenntnis der Reaktionen der beiden funktionellen Gruppen auf die Bildung eines Polymers schließen.*

Milchsäure kann unter Ausbildung eines **Polyesters** polymerisieren.

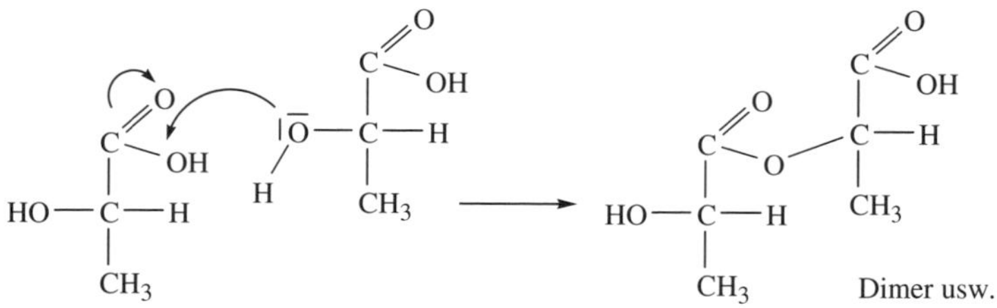

3.2 Dieser Polyester ist bestimmt biologisch verträglich und auch abbaubar, da Milchsäure ein körpereigener Stoff ist. Ester abbauende Enzyme gibt es in jedem Organismus, die dann entstehende Milchsäure wird dem zellulären Stoffwechsel direkt zugeführt.

Leistungskurs Chemie (Hessen)
Übungsaufgabe 2: Kohlenstoffchemie, Makromoleküle

Kunststoffe – Werkstoffe für fast alle Zwecke

Polyethylenterephthalat (PET) ist ein vielseitig einsetzbarer Kunststoff. Er begegnet uns im Alltag in Form von Flaschen für Limonade und Wasser. Er fällt daher als Abfall in großen Mengen an und lässt sich leicht umweltfreundlich rezyklisieren.
Die Ausgangsstoffe sind Terephthalsäure und Ethylenglykol (1,2-Dihydroxyethan) (siehe Materialteil).

1 Formulieren Sie die Reaktionsgleichung für die Herstellung von PET! Bezeichnen Sie den Reaktionstyp und formulieren Sie den Mechanismus der Reaktion! Verwenden Sie Protonen (als LEWIS-Säuren) bei der Formulierung des Reaktionsmechanismus! (10 BE)

2 Erklären Sie die Reaktionsbedingungen im DUPONT-Verfahren unter dem Aspekt der Gleichgewichtslehre! (10 BE)

3 Formulieren und bezeichnen Sie die Nebenreaktion und erläutern Sie die Reaktion, die zum Kettenabbruch bei der endgültigen Polymerbildung führt! (10 BE)

4 Zum Rezyklisieren („Recycling“) wird das gemahlene PET in siedender alkoholischer Natronlauge umgesetzt.
Beschreiben Sie die Reaktion und den Mechanismus! Begründen Sie dabei, warum die Reaktion quantitativ abläuft! (10 BE)

(40 BE)

Material 1

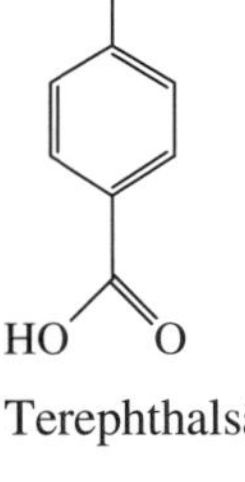

Terephthalsäure

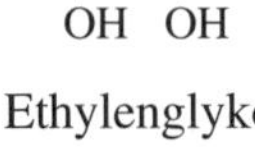

Ethylenglykol

Material 2

Beim DuPont-Verfahren wird Terephthalsäure mit einem Überschuss an Ethylenglykol in Suspension bei Atmosphärendruck und Temperaturen um 300 °C und Zusatz eines Katalysators – z. B. Kationensäuren – umgesetzt. Es werden Oligomere mit molaren Massen von ca. 2 000 g · mol^{-1} erhalten. Die leicht flüchtigen Reaktionsprodukte und überschüssiges Ethylenglykol werden abdestilliert, das Ethylenglykol wieder zurückgewonnen und erneut dem Prozess zugeführt. Die endgültige Polymerbildung zu hochmolekularen Produkten wird bei ca. 300 °C unter Vakuum vollzogen. Als Nebenprodukt wird hauptsächlich Diethylenglykol gebildet, welches auch partiell in die Polymerketten eingebaut wird. Kettenabbrüche begrenzen die Kettenlänge, die sich nicht beliebig steigern lässt.

Lösungsvorschläge

In der Aufgabe thematisierte Unterrichtsinhalte sind:
- *Polykondensation (Polyestersynthese)*
- *Reaktionsmechanismen, nukleophile Substitution*
- *Alkalische Esterspaltung (Verseifung)*

1 *Welche Reaktionen sind Grundlage der Polymerbildung? Es liegt eine bivalente Carbonsäure und ein bivalenter Alkohol vor.*

Es handelt sich hier um eine **Estersynthese**. Beide Edukte sind bivalent, somit bildet sich ein **Polyester** (Polymer). Da Wasser abgespalten wird, spricht man hier von einer **Polykondensation**.
Die Esterbildung ist eine **nukleophile Substitution** (S_N). Die Reaktion läuft in der Regel säurekatalysiert ab. Protonen könne als Lewis-Säuren aufgefasst werden. Das sind Teilchen mit einer Elektronenpaarlücke, sie wirken als „Elektronenpaarakzeptoren".

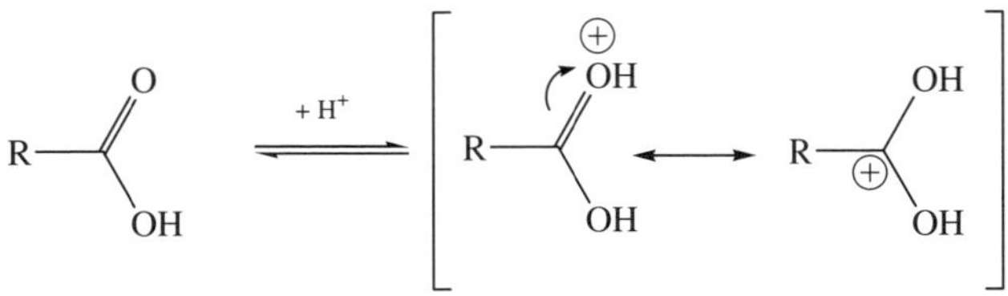

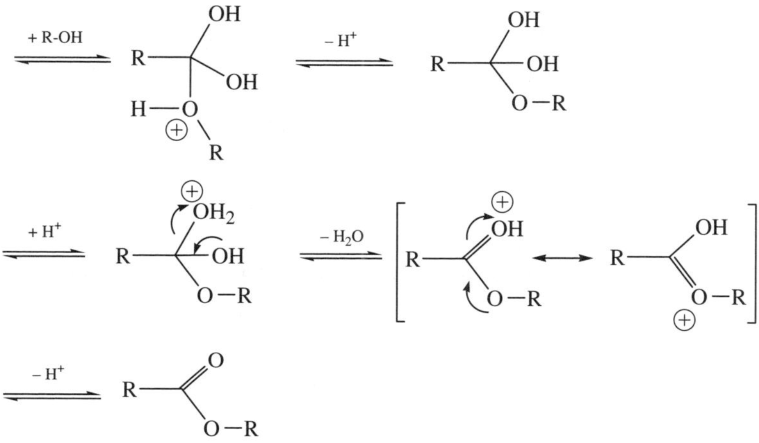

2 *Sie müssen hier ihre Kenntnisse über die Verschiebung des chemischen Gleichgewichts anwenden, d. h. das Prinzip des geringsten Zwangs.*

Die säurekatalysierte Esterbildung führt zu einem Gleichgewicht. Um die Reaktion quantitativ zu dem Polymer zu führen, muss nach dem „Prinzip des geringsten Zwangs" eines der Edukte im Überschuss oder/und eines der Reaktionsprodukte aus dem Gleichgewicht entzogen werden. Daher wird bei der 1. Stufe, der Oligomerbildung, Ethylenglykol im Überschuss zugegeben und das entstehende Wasser als Dampf abdestilliert.
In der 2. Stufe zum hochmolekularen PET wird im Vakuum gearbeitet, um das Wasser als Kondensationsprodukt der Verknüpfung der Oligomeren effektiv aus dem Gleichgewicht zu entfernen.
Die Gleichgewichtseinstellung wird durch den **Katalysator** (Lewissäure) beschleunigt, da die C=O-Bindung in der Carboxylgruppe durch die Lewissäure polarisiert und somit der nukleophile Angriff effektiver wird.

3 *Als Nebenreaktionen kommen immer Reaktionen zwischen gleichen Monomeren vor. Überlegen Sie, welche unter diesen Bedingungen ablaufen könnten.*

Als Nebenreaktion findet eine **Dimerisierung** von Ethylenglykol, d. h. die Bildung eines Ethers statt. Auch sie ist säurekatalysiert und erfolgt unter Abspaltung von Wasser.

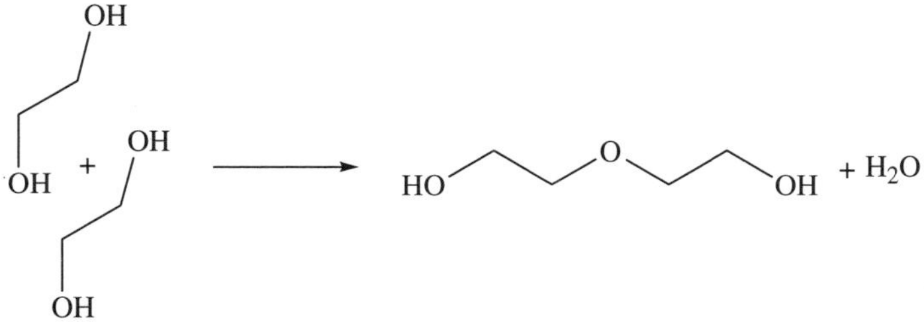

Eine mögliche Reaktion, welche zum **Kettenabbruch** führt, wäre die Spaltung des Esters und eine Dehydratisierung (Eliminierung von Wasser) bei den hohen Temperaturen der 2. Stufe der Synthese.

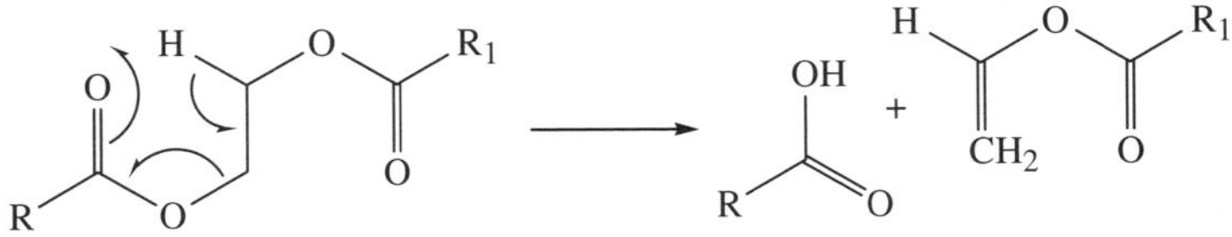

4 *Hier müssen die Esterspaltung und ihre Bedingungen erarbeitet werden.*

Bei dieser Reaktion handelt es sich um eine **alkalische Esterspaltung** („Verseifung“), ebenfalls eine **nukleophile Substitution** (S_N).

Der Mechanismus der alkalischen Esterspaltung:

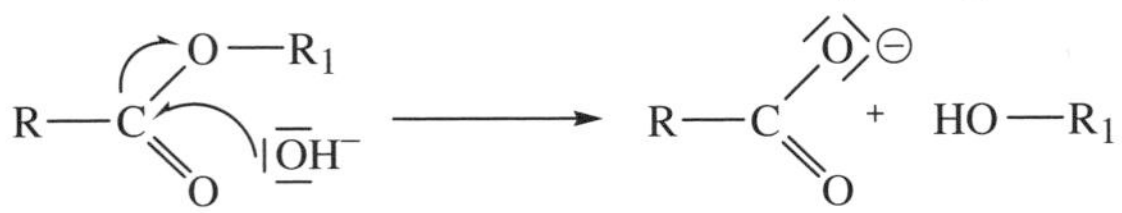

Die Reaktion führt nicht wie die säurekatalysierte Spaltung zu einem Gleichgewicht, da das entstehende Anion der Terephthalsäure mesomere Grenzstrukturen bildet, welche einen nukleophilen Angriff des Ethylenglykols unter Rückbildung des Esters verhindern.

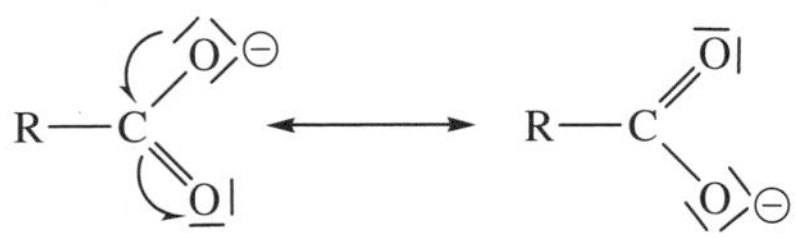

Durch Zugabe einer Säure wird dann die freie Säure, die Terephthalsäure, wieder aus dem Salz erhalten.

Das Ethanol (alkoholische Natronlauge) dient nur der besseren Löslichkeit, da Therephthalsäure in Wasser sehr schwer löslich ist.

Grundkurs Chemie (Hessen)
Abiturprüfung 2008

Aufgabe A

Kunststoffe bei der Fußballeuropameisterschaft 2008 BE

Ein Sieger der Fußballeuropameisterschaft 2008 steht schon fest: die Kunststoffe mit ihren Molekülen nach Maß, wie die folgenden Beispiele (a bis e) zeigen.

a. Trevira® und Diolen® sind moderne Kunstfasern, aus denen Fußball-Trikots mit hervorragenden Trageeigenschaften gefertigt werden (Aufgabe 1.1).

b. Der von Michael Ballack, Luca Toni und Co. getragene Fußballschuh ist der leichteste aller Zeiten, dessen Sohle aus dem Kunststoff Desmopan® besteht (Aufgabe 1.2).

c. Die neuen Fußballstadien, z. B. auch das WM-Stadion in Frankfurt, haben Makrolon®-Dachkonstruktionen (Aufgabe 1.3).

d. Die atmungsaktiven Trainingsjacken aus Gore-Tex® (SympaTex®) enthalten PTFE-Membranen. Sie sind daher nahezu wasserdicht und für ein Training bei Regenwetter geeignet (Aufgabe 1.4).

e. Seit der WM 1986 in Mexiko bestehen die Fußbälle komplett aus Kunststoff. Gegenüber den früher verwendeten Bällen mit Lederhülle werden die Kunststoffbälle beim Spiel bei regnerischem Wetter und feuchtem Untergrund nicht schwerer (Aufgabe 1.5).

1.1 Der Polyester Trevira® (Diolen®) wird aus den Ausgangsstoffen Terephthalsäure (Material 1) und Ethan-1,2-diol hergestellt.
Geben Sie die Strukturformel für Ethan-1,2-diol an und formulieren Sie den Mechanismus der säurekatalysierten Veresterung (die für die Reaktion nicht relevanten Molekülteile können mit R abgekürzt werden). Zeichnen Sie einen Ausschnitt aus dem gebildeten Makromolekül (Strukturformel). 8

1.2 Zur Herstellung von Desmopan® verwendet man ein Diisocyanat (OCN–R–NCO) und ein Diol.
Formulieren Sie die Gleichung für die Reaktion eines Moleküls Diisocyanat mit einem Molekül Butan-1,4-diol in Strukturformeln, benennen Sie den Reaktionstyp und ordnen Sie das Reaktionsprodukt einer Stoffklasse zu. 5

1.3 Makrolon® ist ein Polycarbonat, das aus der Reaktion von Bisphenol A mit Phosgen (Material 2) entsteht. Als Nebenprodukt wird ein Gas frei, das mit Wasser zu Salzsäure reagiert.

Geben Sie einen Ausschnitt aus einem Makromolekül des Polycarbonats aus Bisphenol A und Phosgen an. Formulieren Sie die Gleichung für die Reaktion des gasförmigen Nebenprodukts mit Wasser. 5

1.4 Ein Formelausschnitt des Makromoleküls PTFE ist in Material 3 angegeben. Mithilfe eines Starters lässt sich der Ausgangsstoff für die PTFE-Synthese zur Reaktion bringen.
Geben Sie die Strukturformel und den Namen dieses Ausgangsstoffes an und benennen Sie den Reaktionstyp. 4

1.5 Leder besteht in der Hauptsache aus Proteinen.
Beschreiben Sie den Aufbau der Primärstruktur eines Proteins und geben Sie einen allgemeinen Strukturformelausschnitt aus drei Bausteinen an. Erklären Sie die Massenzunahme von Leder-Fußbällen bei Regenwetter. 8

30

Material 1

Terephthalsäure in Halbstrukturschreibweise

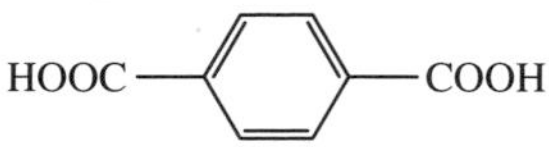

Material 2

Strukturformel von Bisphenol A und Phosgen

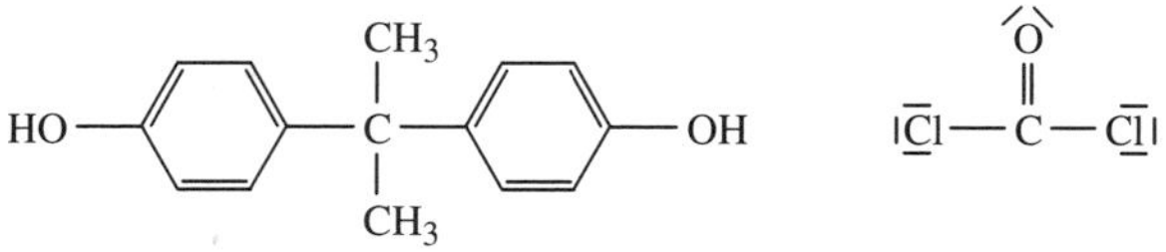

Bisphenol A Phosgen

Material 3

Formelausschnitt von PTFE

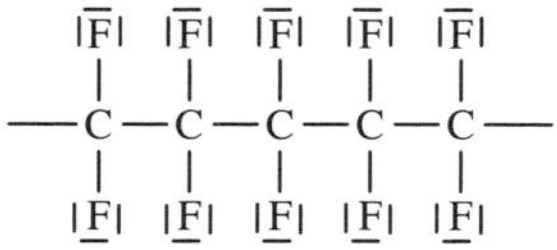

Quellen:
Einführung b. und 1.2 zu Prüfungszwecken verändert nach: Wambach, Heinz: Materialien-Handbuch Kursunterricht Chemie Band 10/2, Köln: Aulis Verlag 2007, S.218
Einführung c. und 1.3 zu Prüfungszwecken verändert nach: Wambach, Heinz: Materialien-Handbuch Kursunterricht Chemie Band 10/2, Köln: Aulis Verlag 2007, S.201 f.
Bayer report 1, Bayer AG, Leverkusen, 2006

Aufgabe B

Ammoniak

BE

Ammoniak [NH_3(g)] ist ein industriell wichtiger Stoff, der z. B. als Ausgangsstoff zur Herstellung von Kunststoffen eingesetzt wird.

Synthese von Ammoniak
Nach dem Haber-Bosch-Verfahren gewinnt man Ammoniak bei einem Druck von 200 bar und einer Temperatur von ca. 500 °C aus Wasserstoff und Luftstickstoff. Das Diagramm im Material zeigt die Ammoniakausbeute in Abhängigkeit vom Druck bei 500 °C (Aufgaben 2.1 und 2.2).

Reaktion von Ammoniak
Durch Reaktion von Ammoniak mit 1,6-Diiodhexan erhält man 1,6-Diaminohexan und ein gasförmiges Nebenprodukt. Leitet man dieses Gas in wässrige Silbernitratlösung ein, entsteht ein gelber Niederschlag. 1,6-Diaminohexan ist ein Ausgangsstoff für die Polyamidsynthese (Aufgaben 2.3 und 2.4).

pH-Wert-Berechnung
Leitet man das gasförmige Nebenprodukt aus der Reaktion von Ammoniak mit 1,6-Diiodhexan in Wasser, entsteht eine saure Lösung (Aufgabe 2.5).

2.1 Formulieren Sie die Reaktionsgleichung für die Ammoniaksynthese und das dazugehörige Massenwirkungsgesetz. 3

2.2 Beschreiben Sie den in Material 1 dargestellten Kurvenverlauf und erläutern Sie die Grafik, insbesondere im Hinblick auf den beim Haber-Bosch-Verfahren verwendeten Druck. 8

2.3 Formulieren Sie in Strukturformeln die Gleichung für die Reaktion von Ammoniak mit 1,6-Diiodhexan und benennen Sie den Reaktionsmechanismus. Erläutern Sie die Nachweisreaktion mit Silbernitratlösung auch mithilfe einer Reaktionsgleichung. 10

2.4 Formulieren Sie in Strukturformeln die Reaktionsgleichung der Reaktion von 1,6-Diaminohexan mit einem selbst gewählten Reaktionspartner zu einem Polyamid. Die Stöchiometrie muss hier nicht beachtet werden. Benennen Sie die Polyreaktion. 6

2.5 Eine wässrige Lösung des gasförmigen Nebenproduktes hat eine Konzentration an H_3O^+-Ionen von 0,205 mol · L^{-1}.
Berechnen Sie den pH-Wert. 3

30

Material

Ammoniakausbeute in Abhängigkeit vom Druck bei 500 °C

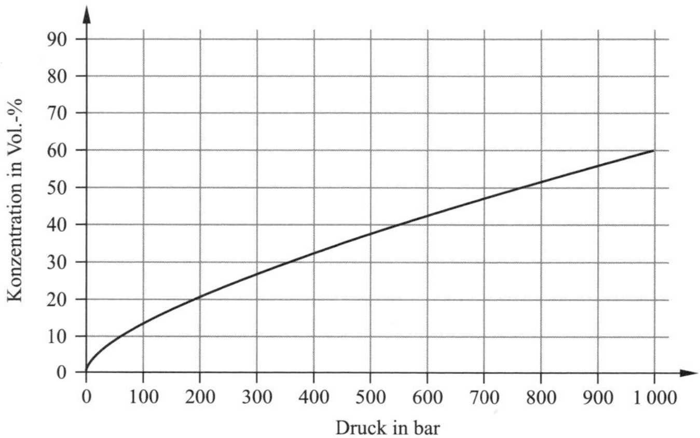

Quellen:
Diagramm „Ammoniakausbeute" aus: Kemper, Alfred, Fladt, Rüdiger: Chemie, Ernst Klett Verlag, Stuttgart 1986, S.194
Einführung „Ammoniak" und „Synthese von Ammoniak", Aufgaben 2.1 und 2.2: zu Prüfungszwecken verändert nach: Wambach, Heinz: Materialien-Handbuch Kursunterricht Chemie Bd. 8, Köln: Aulis Verlag 2003, S. 10 f.
Dehnert, K., Jäckel, M., Loehr, H., Seitz, H. (Hrsg.): Allgemeine Chemie, Schroedel Verlag, Hannover 2004

Aufgabe C

Malonsäure: Synthese und Eigenschaften — BE

Malonsäure (Propan-1,3-disäure) ist ein farbloser reizender kristalliner Feststoff. Beim Erhitzen dieser Substanz entstehen Ethansäure und ein Gas, das mit Kalkwasser (Calciumhydroxidlösung) nachgewiesen wird. Dabei bildet sich ein weißer Niederschlag (Aufgabe 3.2).
Malonsäure kann durch eine Reaktion des Alkanals Propan-1,3-dial mit schwefelsaurer Kaliumpermanganatlösung (enthält MnO_4^--Ionen) hergestellt werden. Man beobachtet dabei eine Entfärbung (Entstehung von Mn^{2+}-Ionen) der vorher violetten Lösung (Aufgabe 3.3).

3.1 Geben Sie die jeweilige Strukturformel für Propan, Propanal, Propansäure und Malonsäure (Propan-1,3-disäure) an.
Erläutern Sie die unterschiedlichen Schmelztemperaturen dieser Substanzen (Material) mithilfe der Strukturformeln. 9

3.2 Formulieren Sie mithilfe von Strukturformeln die Reaktionsgleichung für die Zersetzung von Malonsäure beim Erhitzen. Geben Sie für alle C-Atome die jeweilige Oxidationszahl an. Formulieren Sie die Reaktionsgleichung für den Nachweis des bei der Zersetzung von Malonsäure entstandenen Gases. 6

3.3 Formulieren Sie die Reaktionsgleichung für die Reaktion von Propan-1,3-dial mit Kaliumpermanganat in schwefelsaurer Lösung. Zeigen Sie anhand der Elektronenübergänge, dass es sich um eine Redoxreaktion handelt. 9

3.4 Eine wässrige Lösung von Malonsäure hat eine deutlich höhere elektrische Leitfähigkeit als eine Lösung von Propansäure mit gleicher Konzentration. Formulieren Sie die Gleichungen für die Protolyse von Propansäure und von Propan-1,3-disäure in Strukturformeln oder in Halbstrukturschreibweise. Erklären Sie den Unterschied hinsichtlich der elektrischen Leitfähigkeit der beiden Säurelösungen. 6

30

Material

Schmelztemperaturen

Substanz	**Schmelztemperatur in °C**
Propan	–189,7
Propan-1,3-disäure	135,0
Propansäure	–20,7
Propanal	–80,0

Quellen:
Einführungstext Absatz 1 und Aufgabe 3.2 zu Prüfungszwecken verändert nach Wambach, Heinz: Materialien-Handbuch Kursunterricht Chemie Bd. 2, Köln: Aulis Verlag 1991, S. 191 f.
Einführungstext Absatz 2 und Aufgabe 3.1, 3.3 und 3.4 zu Prüfungszwecken verändert nach Wambach, Heinz: Materialien-Handbuch Kursunterricht Chemie Bd. 2, Köln: Aulis Verlag 1991, S. 189 f.
Falbe, J., Regitz, M.: Römpp Chemie Lexikon, Thieme Verlag, Suttgart 1990
Aylward, G. H., Findlay, T. J. V.: Datensammlung Chemie in SI-Einheiten, Wiley-VCH, Weinheim 2005

Aufgabe D

Alkanole und ihre Oxidationsprodukte

BE

Methanol wird großtechnisch aus Synthesegas, einem Gemisch aus Kohlenstoffmonoxid und Wasserstoff, hergestellt (Aufgabe 4.1). Ein weiteres Produkt entsteht dabei nicht. Das entstandene Methanol wird u. a. als Benzinzusatz oder sogar als Benzinersatz verwendet.
Ein großer Teil des großtechnisch hergestellten Methanols wird zu Methanal, einem wichtigen Ausgangsstoff z. B. für die Kunststoffchemie, umgesetzt. Lässt man beispielsweise im Labor Methanol mit schwarzem Kupfer-II-oxid reagieren, kann unter anderem Methanal entstehen (Aufgabe 4.2).

4.1 Formulieren Sie die Reaktionsgleichung für die Herstellung von Methanol aus Synthesegas und geben Sie das dazugehörige Massenwirkungsgesetz an. Formulieren Sie die Reaktionsgleichung für die vollständige Verbrennung von Methanol. 6

4.2 Formulieren Sie die Reaktionsgleichung für die Reaktion von Methanol zu Methanal, geben Sie die wesentlichen Oxidationszahlen an und verdeutlichen Sie die Elektronenübergänge. 8

4.3 Geben Sie die Strukturformeln von Propan-2-ol und seinem Oxidationsprodukt an und benennen Sie das Produkt.
Beschreiben und erläutern Sie eine chemische Nachweisreaktion, mit deren Hilfe Methanal und das Oxidationsprodukt von Propan-2-ol unterschieden werden können, formulieren Sie die Reaktionsgleichung und benennen Sie den Reaktionstyp. 9

4.4 Oxidiert man den Zuckeraustauschstoff D-Sorbit (ein Hexan-1,2,3,4,5,6-hexaol) am C_1-Atom, erhält man D-Glucose.
Geben Sie die Fischer-Projektionsformel von D-Glucose an und entwickeln Sie die von D-Sorbit. Geben Sie die Haworth-Strukturen von α-D-Glucose an und entwickeln Sie die von α -L-Glucose.
D-Sorbit lässt sich auch am C_2-Atom oxidieren. Geben Sie die Fischer-Projektionsformel und den Trivialnamen des dabei entstehenden Produkts an. 7

30

Quellen:
Einführungstext Absatz 1 und Aufgabe 4.1 zu Prüfungszwecken verändert nach Wambach, Heinz: Materialien-Handbuch Kursunterricht Chemie Bd. 8, Köln: Aulis Verlag 2003, S. 96 f.
Aufgabe 4.3 zu Prüfungszwecken verändert nach Wambach, Heinz: Materialien-Handbuch Kursunterricht Chemie Bd. 2, Köln: Aulis Verlag 1991, S. 111 f. und 130 f.
Falbe, J., Regitz, M., Römpp Chemie Lexikon, Thieme Verlag, Stuttgart 1990
Kiefer, Schmider: Abiturwissen Chemie Stoffklassen organischer Verbindungen, Stark Verlag, Freising 2000
Schneiderhan, K., Abiturwissen Chemie Biomoleküle, Stark Verlag, Freising 2001

Lösungsvorschläge

Aufgabe A

1.1 Strukturformel von Ethan-1,2-diol

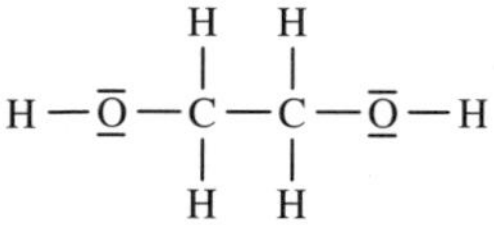

Bei der säurekatalysierten Veresterung handelt es sich um eine nukleophile Substitution (Kondensation).

Der Mechanismus soll hier nur in Form einer Reaktionsgleichung dargestellt und nicht zusätzlich in Worten erklärt werden.

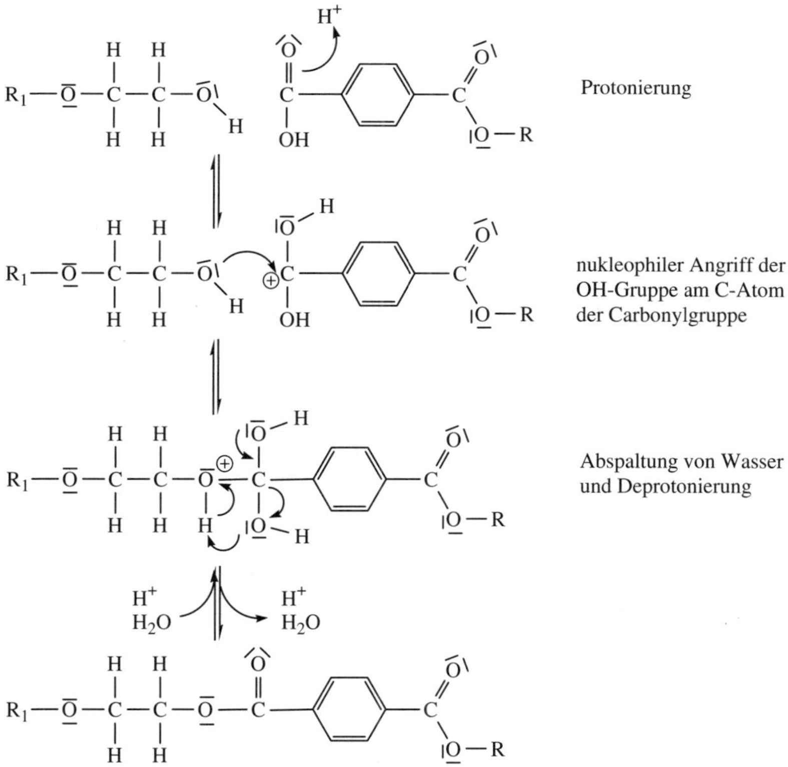

Ausschnitt der sich wiederholenden Polymereinheit des Polyesters:

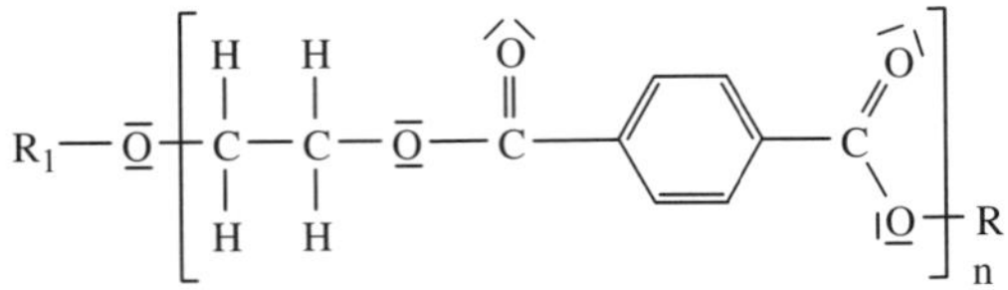

1.2 *Der Mechanismus der Reaktion ist nicht gefragt, nur die Strukturformeln und die Reaktionsgleichung. Es handelt sich um eine nukleophile Addition. Unten dargestellt ist das Reaktionsprodukt einer Verknüpfung zweier Moleküle. Das Urethan ist umrahmt.*

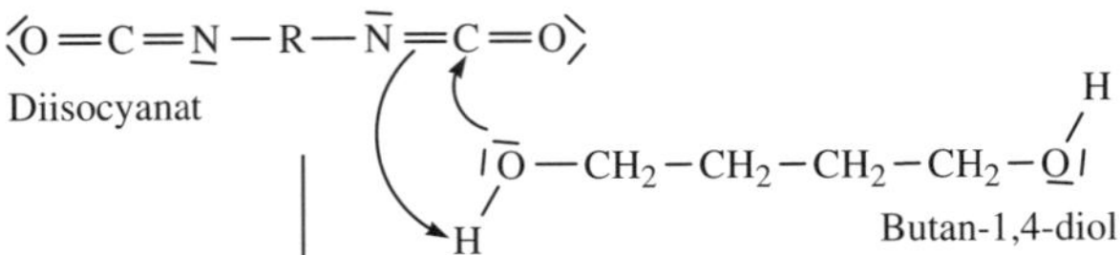

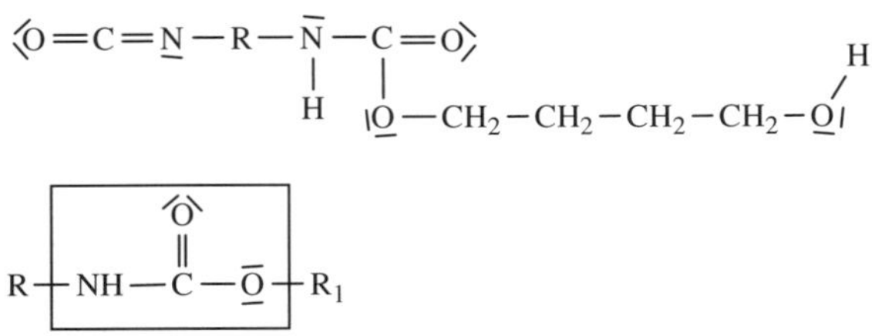

Reaktionstyp: Polyaddition
Stoffklasse: Polyurethan

1.3 *Das entstehende Gas ist Chlorwasserstoff, welches mit Wasser zu Salzsäure reagiert. Der Wasserstoff stammt aus den Hydroxylgruppen des Bisphenol A, das Chlorid aus Phosgen.*

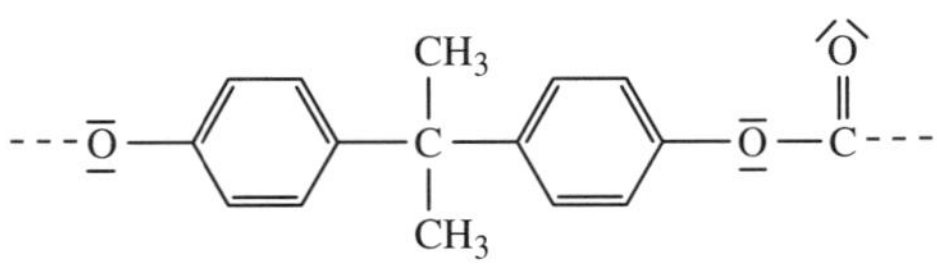

Strukturformelausschnitt des Polycarbonats

$$HCl + H_2O \longrightarrow H_3O^+ + Cl^-$$

Bei der Reaktion von HCl mit Wasser handelt sich um eine Protolyse.

1.4 *Da das Makromolekül PTFE ausschließlich mit C–C-Verbindungen verknüpft ist, muss es sich durch eine Polymerisation gebildet haben. Bei dem Starter könnte es sich um ein Radikal handeln. Als Ausgangsstoffe für Polymerisationen kommen Moleküle mit Mehrfachbindungen in Frage.*

Der Ausgangsstoff ist **Tetrafluorethen**.

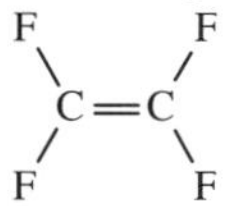

Bei dem Reaktionstyp handelt sich dann um eine **Polymerisation**.

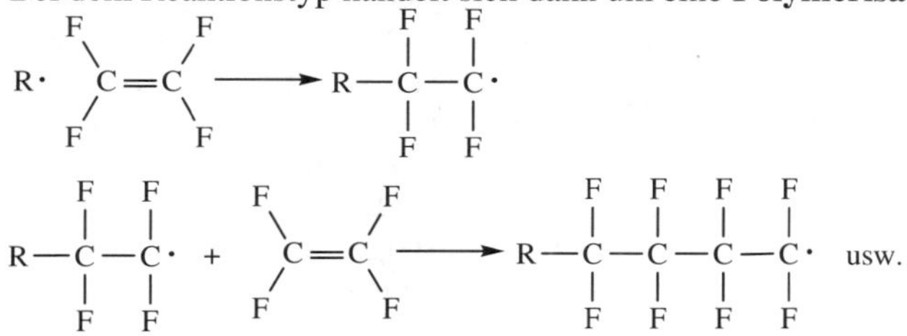

1.5 Proteine sind Polyamide. Unter Primärstruktur oder Sequenz eines Proteins versteht man die Verbindung verschiedener Aminosäuren über die Carboxyl- und Aminogruppe. Dabei entsteht die sogenannte Peptidbindung (umrahmt). Durch den Doppelbindungscharakter der CN-Bindung ist die Peptidbindung planar.

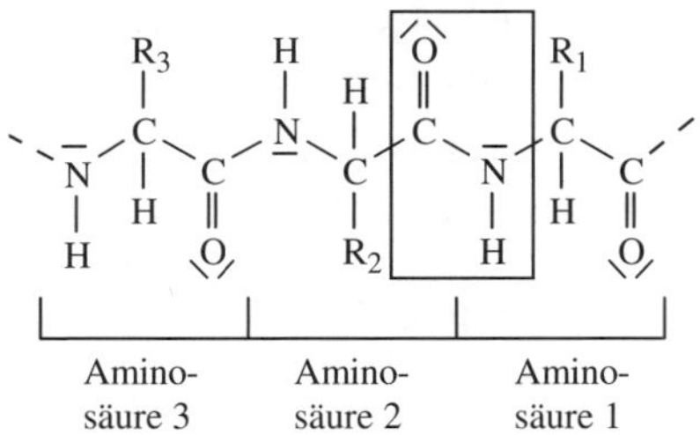

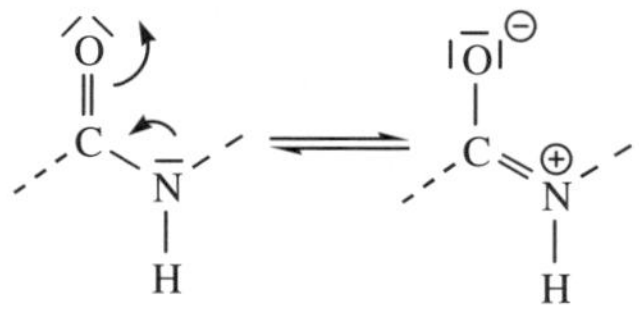

Doppelbindungscharakter der CN-Bindung

Die Seitenreste R der Aminosäuren bestimmen die Eigenschaften des Proteins. Diese können hydrophob, aber auch hydrophil sein. Hydrophile Seitenketten können zusätzlich in saure, basische und polare Aminosäurereste unterschieden werden. Beispielsweise trägt Serin eine OH-Gruppe als Seitenrest und Asparaginsäure einen Carboxylseitenrest. Durch diese hydrophilen Aminosäurereste sind Proteine in der Lage, Wasser über H-Brücken zu binden und somit einzulagern. Aus diesem Grund kann Leder Wasser aufnehmen und wird dadurch schwerer.

Aufgabe B

2.1 *Bei der Ammoniaksynthese handelt sich um eine Gleichgewichtsreaktion. Im Massenwirkungsgesetz werden die Konzentration der Produkte durch die der Edukte dividiert, wobei die Stöchiometrie der Reaktion zu beachten ist.*

$$3\,H_2 + N_2 \rightleftharpoons 2\,NH_3 \qquad K = \frac{c^2(NH_3)}{c^3(H_2)\cdot c(N_2)}$$

2.2 In der abgebildeten Grafik ist die Ammoniakausbeute in Abhängigkeit vom Druck bei einer konstanten Temperatur von 500 °C dargestellt. Die Ammoniakausbeute steigt mit zunehmendem Druck. Bei 200 bar beträgt die Ausbeute ca. 20 %, bei einem Druck von 1000 bar kann sie auf 60 % gesteigert werden. Der Anstieg der Kurve ist nicht linear. Bei niedrigen Drücken steigt die Kurve schneller an als bei höheren Drücken. Eine Druckerhöhung bedingt eine Gleichgewichtsverschiebung auf die Seite des Produkts. Dies besagt das Prinzip von Le Chatelier-Braun (Prinzip vom geringsten Zwang). Da sich das Volumen bei dieser Reaktion halbiert, weicht die Reaktion bei steigendem Druck zum kleineren Volumen aus, da dadurch ja der äußere Zwang (Druck) beseitigt wird.

Nach der These von Avogadro nehmen 1 mol verschiedener idealer Gase bei gleichen Bedingungen gleiche Volumina (Molvolumen) ein. In erster Annäherung können NH_3, H_2 und N_2 als ideale Gase angenommen werden.

Um so hohe Drücke erreichen zu können, muss viel Energie aufgewandt werden. Zusätzlich müssen die verwendeten Materialien den hohen Drücken standhalten können. Damit eine Haber-Bosch-Anlage noch wirtschaftlich arbeiten kann, muss zwischen Druck und Rentabilität ein Kompromiss gefunden werden.

Diese Diskussion der Wirtschaftlichkeit des Verfahrens wird erwartet, obwohl sie nicht eindeutig aus der Aufgabenstellung hervorgeht.

2.3 Es handelt sich hier um eine **nukleophile Substitution** (S_N).

$$I-CH_2-CH_2-CH_2-CH_2-CH_2-CH_2-I + 2\,H-\underset{H}{\overset{H}{N}}-H \longrightarrow$$

$$H_2N-CH_2-CH_2-CH_2-CH_2-CH_2-CH_2-NH_2 + 2\,I-H$$

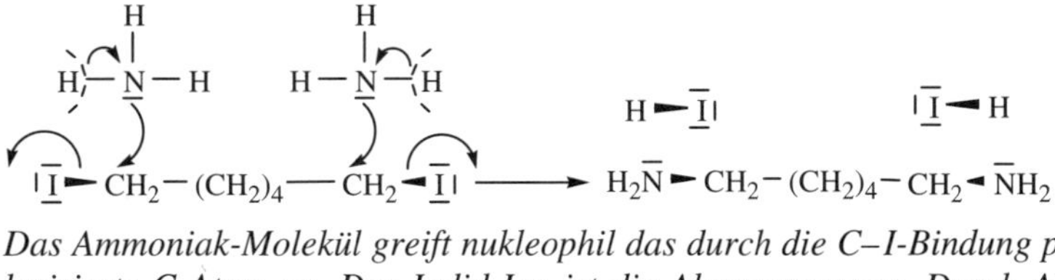

Das Ammoniak-Molekül greift nukleophil das durch die C–I-Bindung positiv polarisierte C-Atom an. Das Iodid-Ion ist die Abgangsgruppe. Durch Abspaltung eines Protons stabilisiert sich das intermediär gebildete Ammonium-Ion. Es entsteht Iodwasserstoff.

Nachweis mit Silbernitrat:
Silbernitratlösung dient zum Nachweis von Iodid-Ionen, da sich in wässriger Lösung ein schwerlöslicher gelber Niederschlag, das Siberiodid, bildet.

$$I^- + Ag^+ \longrightarrow AgI\downarrow$$

2.4 *Der Reaktionspartner für die Polyamid-Synthese soll selbst gewählt werden. Hierfür können Alkandisäuren oder Alkandisäurechloride verwendet werden. Die Reaktion wird exemplarisch mit Octan-1,8-disäurechlorid (Sebacinsäuredichlorid) als Reaktionspartner formuliert.*

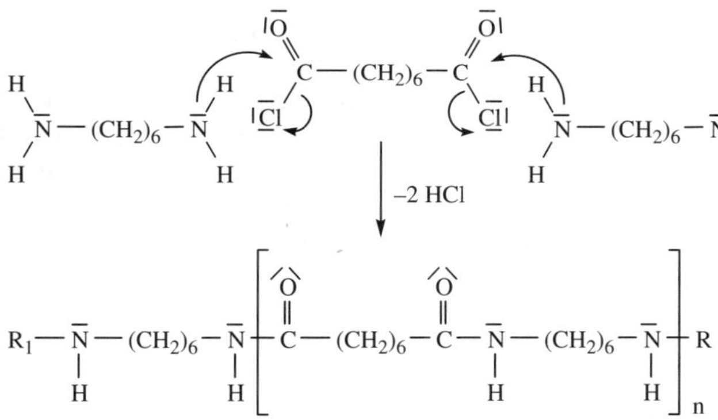

Formelausschnitt der wiederholenden Einheit

Reaktionstyp: Polykondensationsreaktion

Im Fall der Verwendung der Disäurechloride wird Chlorwasserstoff (HCl) abgespalten. Im Falle der Verwendung der Disäuren hingegen wird Wasser abgespalten. Die freien Säuren lassen sich allerdings ***nicht direkt*** *mit den Diaminen zur Reaktion bringen, deshalb werden in der Praxis die entsprechenden Disäurechloride verwendet. Dies muss bei der Lösung nicht berücksichtigt werden.*

2.5 *Zur pH-Wert-Berechnung geht man davon aus, dass HI eine starke Säure ist.*

Berechnung des pH-Wertes:
$pH = -\log c(H_3O^+) = -\log (0{,}205) = 0{,}69$

Aufgabe C

3.1

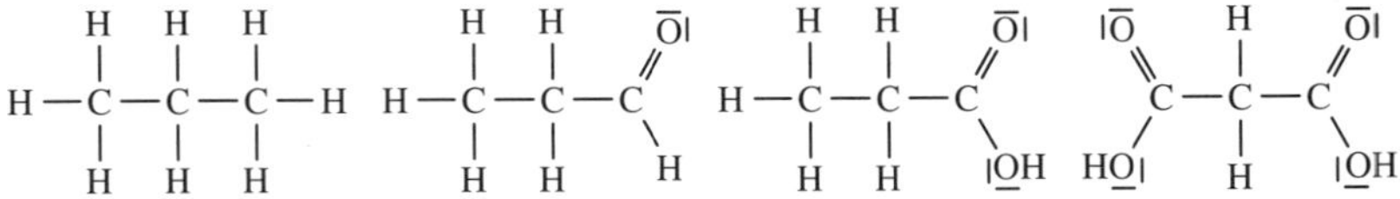

Propan Propanal Propansäure Propan-1,3-disäure

Als Schmelzen bezeichnet man den Übergang von der festen Phase in die flüssige. Dabei muss die Gitterenergie aufgebracht werden. Diese ist umso größer desto größer die zwischenmolekularen Kräfte im Molekülgitter sind.
Die Schmelztemperaturen nehmen in folgender Reihenfolge zu:
Propan < Propanal < Propansäure < Propan-1,3-disäure
Propan hat als Alkan die niedrigste Schmelztemperatur, da die Moleküle nur durch relativ schwache Van-der-Waals-Kräfte zusammengehalten werden. Diese entstehen durch die Bildung temporärer Dipole und sind Oberflächenkräfte.

Bei **Propanal** wirken neben den Van-der-Waals-Kräften noch Dipol-Dipolkräfte, da die Aldehydgruppe polar ist.

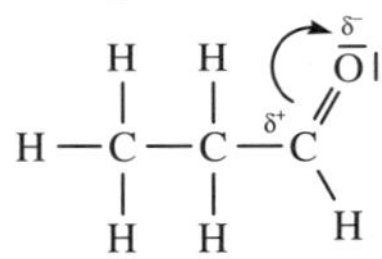

Bei **Propansäure** können zusätzlich starke Wasserstoffbrückenbindungen gebildet werden.

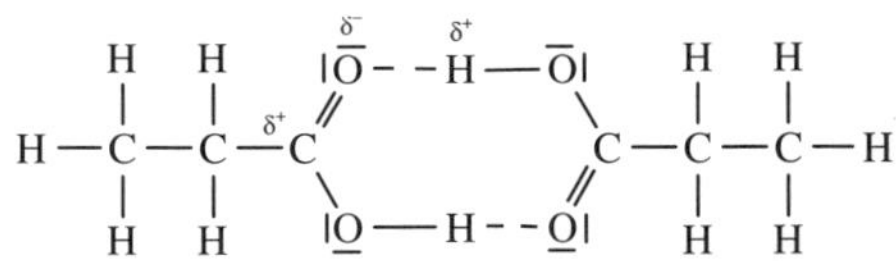

Bei der **Propan-1,3-disäure** sind zwei funktionelle Carboxylgruppen vorhanden, sodass hier Wasserstoffbrückenbindungen nach beiden Seiten gebildet werden.

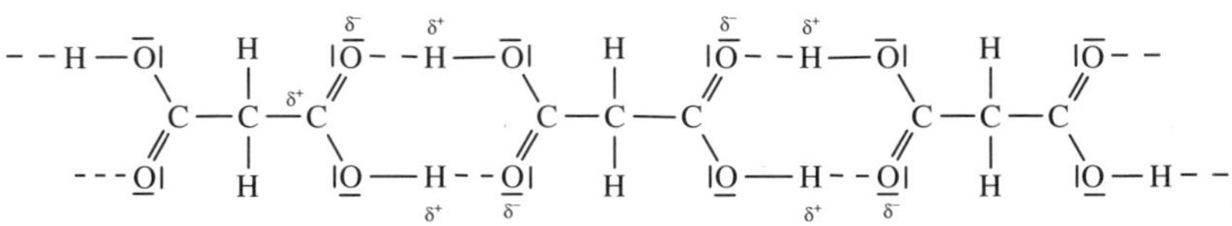

3.2 *Die Reaktion bezeichnet man auch als Decarboxylierung. Durch den Elektronenzug der zweiten Carboxylgruppe (–I-Effekt) wird die Abspaltung des CO_2 erleichtert.*

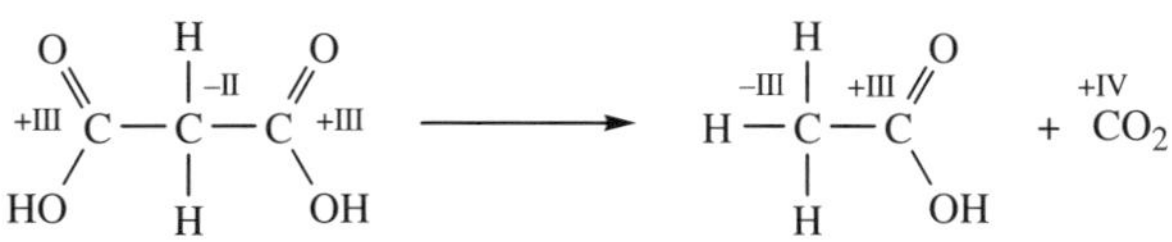

Der Nachweis des CO_2 erfolgt durch Einleiten in eine wässrige Lösung von Calciumhydroxid („Kalkwasser").

$$CO_2 + Ca^{2+} + 2\,OH^- \longrightarrow CaCO_3\downarrow + H_2O$$

3.3 Das C-Atom im Propan-1,3-dial wird zu Propan-1,3-disäure oxidiert. Die Oxidationszahl nimmt von +I zu +III um zwei Stufen zu, es werden 4 Elektronen (für jede Aldehydgruppe zwei) frei. Das Mn mit der Oxidationszahl +VII im Permanganat-Anion wird zum Mn^{2+}-Ion reduziert. Das bedeutet eine Abnahme der Oxidationszahl von +VII zu +II um 5 Stufen, dabei werden 5 Elektronen aufgenommen.

Oxidation: $\overset{+I}{OHC}-CH_2-\overset{+I}{CHO} \longrightarrow \overset{+III}{HOOC}-CH_2-\overset{+III}{COOH} + 4\,e^- \quad |\cdot 5$

Reduktion: $\overset{+VII}{MnO_4^-} + 5\,e^- \longrightarrow \overset{+II}{Mn^{2+}} \quad |\cdot 4$

Oxidation: $5\,OHC-CH_2-CHO \longrightarrow 5\,HOOC-CH_2-COOH + 20\,e^-$

Reduktion: $4\,MnO_4^- + 20\,e^- + 12\,H^+ \longrightarrow 4\,Mn^{2+}$

$$5OHC-CH_2-CHO + 4\,MnO_4^- + 12\,H^+ \longrightarrow 4\,Mn^{2+} + 5\,OHC-CH_2-CHO + 6\,H_2O$$

Insgesamt gehen bei 5 mol Propan-1,3-dial-Molekülen 20 mol Elektronen auf 4 mol Permanganat-Ionen über.

Sollte die Oxidation nur mit einer der zwei Aldehydgruppen des Propan-1,3-dial in der Gleichung forumliert werden, werden zwei Bewertungseinheiten abgezogen.

3.4 $CH_3-CH_2-COOH + H_2O \rightleftharpoons CH_3-CH_2-COO^- + H_3O^+ ;\ pK_S$

$HOOC-CH_2-COOH + H_2O \rightleftharpoons HOOC-CH_2-COO^- + H_3O^+ ;\ pK_{S1}$

$HOOC-CH_2-COO^- + H_2O \rightleftharpoons {}^-OOC-CH_2-COO^- + H_3O^+ ;\ pK_{S2}$

Die Protolyse der Malonsäure kann auch in einer Gleichung formuliert werden:

$HOOC-CH_2-COOH + 2\,H_2O \rightleftharpoons {}^-OOC-CH_2-COO^- + 2\,H_3O^+ ;\ pK_{S\,1/2}$

Aufgrund des –I-Effekts der zweiten Carboxylgruppe der Malonsäure auf die erste ist der erste pK_S-Wert bei der Malonsäure sehr viel kleiner als bei der Propansäure. Alkylreste üben im Gegenteil einen +I-Effekt aus. Dadurch ist die Malonsäure wesentlich stärker protolysiert, d. h. die Oxoniumionen-Konzentration ist bei gleicher Säurekonzentration wesentlich größer. Da die elektrische Leitfähigkeit von der Ionenkonzentration abhängt und Oxoniumionen dazu noch eine der größten spezifischen Leitfähigkeiten aufweisen, ist die Malonsäurelösung gegenüber der Propansäurelösung gleicher Konzentration wesentlich leitfähiger.

Aufgabe D

4.1 $CO + 2\,H_2 \rightleftharpoons CH_3OH$; $\quad K = \frac{c(CH_3OH)}{c(CO) \cdot c^2(H_2)}$

Information: Diese Reaktion funktioniert nur mit speziellen kupferhaltigen Katalysatoren bei Temperaturen von 230 bis 270 °C und Drücken bis zu 200 hPa.

Verbrennung von Methanol:

$$2\,CH_3{-}OH + 3\,O_2 \longrightarrow 2\,CO_2 + 4\,H_2O$$

4.2 Das C-Atom im Methanol wird zum Methanal oxidiert. Die Oxidationszahl nimmt von –II zu ±0 um zwei Stufen zu, es werden 2 Elektronen frei. Das Kupfer-Ion im Kupfer-II-oxid wird zu elementarem Cu reduziert. Das bedeutet eine Abnahme der Oxidationszahl von +II zu ±0 um 2 Stufen, dabei werden 2 Elektronen aufgenommen.

Oxidation: $H_3\overset{-II}{C}{-}OH \longrightarrow H_2\overset{\pm 0}{C}{=}O + 2\,e^-$

Reduktion: $\overset{+II}{Cu}O + 2\,e^- \longrightarrow \overset{\pm 0}{Cu}$

Ionen- und Stoffausgleich mit H^+ und H_2O:

Oxidation: $H_3\overset{-II}{C}{-}OH \longrightarrow H_2\overset{\pm 0}{C}{=}O + 2\,e^- + 2\,H^+$

Reduktion: $\overset{+II}{Cu}O + 2\,e^- + 2\,H^+ \longrightarrow \overset{\pm 0}{Cu} + H_2O$

Addition der Teilreaktionen

$$H_3C{-}OH + CuO \longrightarrow Cu + H_2C{=}O + H_2O$$

4.3

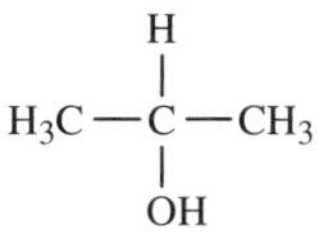

Propan-2-ol

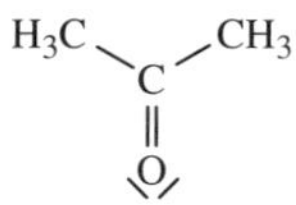

Propanon

Aldehyde können mit der Fehling-Reaktion nachgewiesen werden. Hierzu wird Methanal mit Fehling-Lösung 1 und 2 versetzt, die Cu^{2+}-Ionen enthalten. Cu^{2+}-Ionen werden zu Cu_2O bzw. elementarem Kupfer reduziert, Methanal zu Methansäure oxidiert.

$$H_2\overset{0}{C}O + 2\,\overset{+II}{Cu}{}^{2+} + 4\,OH^- \longrightarrow \overset{+I}{Cu_2}O + H\overset{+II}{C}OOH + 2\,H_2O$$

(Teilweise wird auch elementares Kupfer und CO_2 gebildet.)

Die Cu^{2+}-Ionen sind im Alkalischen mit Tartrat, dem Salz der Weinsäure komplexiert, damit kein Kupferhydroxid ausfällt.

Alternative: Silberspiegel Reaktion:

$$\overset{0}{H_2CO} + 2\,\overset{+I}{Ag^+} + 2\,OH^- \longrightarrow 2\,\overset{0}{Ag} + \overset{+II}{HCOOH} + H_2O$$

Auch hier sind die Ag^+-Ionen mit Ammoniakmolekülen komplexiert, damit kein Silberhydroxid ausfällt.

Das Oxidationsprodukt von Propan-2-ol ist Propanon (Trivialnamen:Aceton), ein Keton. Dieses ist nicht weiter mit der Fehling- oder Tollens-Reaktion (auch Silberspiegel-Reaktion) zur Carbonsäure oxidierbar. Deshalb verläuft der oben beschriebene Nachweis negativ. Auf diese Weise können die beiden Stoffe unterschieden werden.

4.4 *Sorbit ist ein Hexan-1,2,3,4,5,6-hexaol. Oxidiert man das C_1-Atom, so entsteht ein Aldehyd. Alle Aldohexosen besitzen an C_1 eine Aldehydgruppe. Folglich ist Sorbit stereoisomer zur Glucose bis auf die OH-Gruppe an C_1.*

D-Glucose (Fischerprojektion)

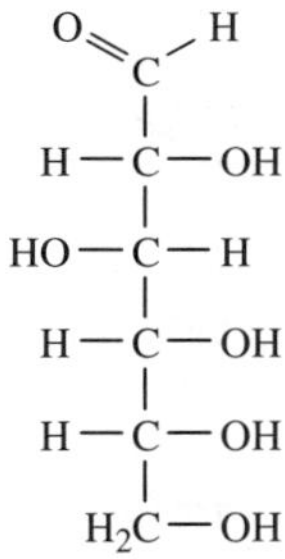

D-Sorbit

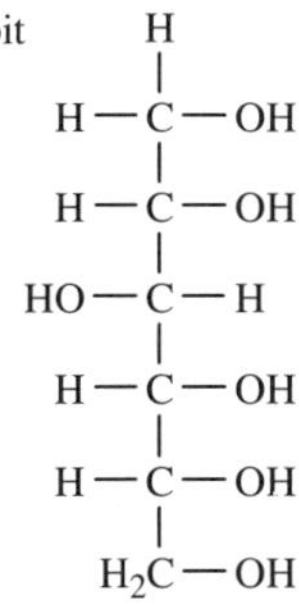

Die Haworth-Projektion ergibt sich aus der Fischer-Projektion, indem man die in der Fischer-Projektion nach links weisenden OH-Gruppen an den asymmetrischen C-Atomen unterhalb der Ringebene zeichnet, die anderen oberhalb. Die Stellung der OH-Gruppe am 5ten C-Atom bestimmt nach Fischer die Zugehörigkeit zur D- oder L-Reihe. Steht die OH-Gruppe nach rechts ist es die D-, ansonsten L-Form.

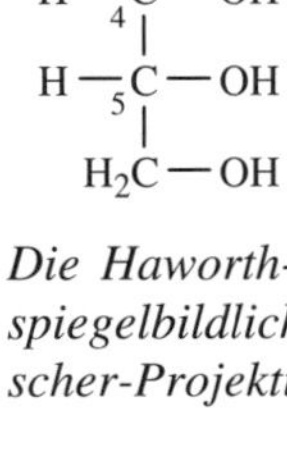

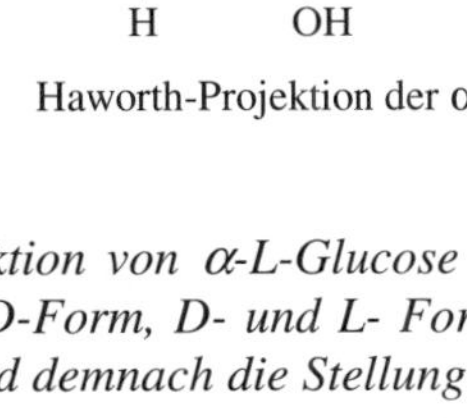

Haworth-Projektion der α-D-Glucose

Die Haworth-Projektion von α-L-Glucose ist wie auch die Fischer-Projektion spiegelbildlich zur D-Form, D- und L- Form sind also Enantiomere. In der Fischer-Projektion sind demnach die Stellung der OH-Gruppen jeweils vertauscht.

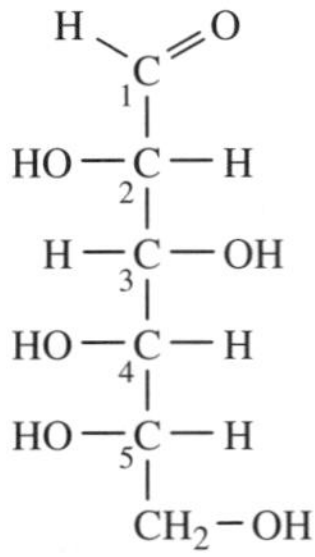

Fischer-Projektion der L-Glucose

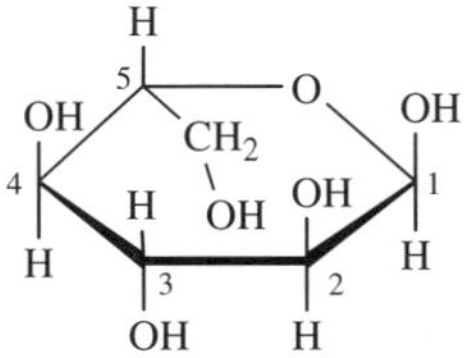

Haworth-Projektion der α-L-Glucose

Einfacher ist es direkt die Haworth-Projektion der α-D-Glucose zu spiegeln.

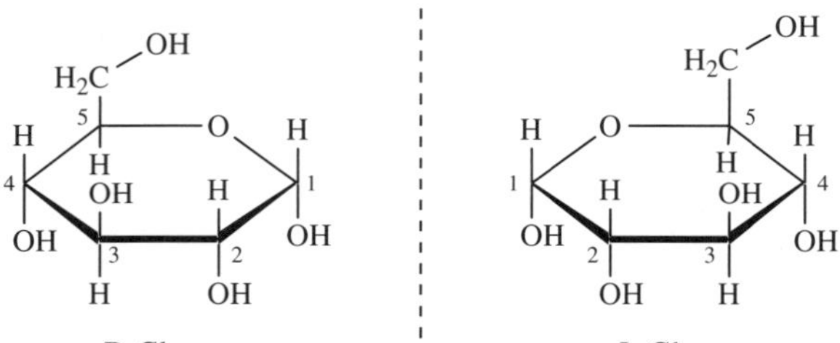

α-D-Glucose α-L-Glucose

Spiegelebene

Oxidation von Sorbit:

Das zweite C-Atom im Sorbit trägt eine sekundäre OH-Gruppe. Sekundäre Alkanole lassen sich nur zum Keton oxidieren. In diesem Fall entsteht eine Ketohexose, welche in C_3 bis C_5 stereoisomer zur Glucose ist. Es handelt sich um **Fructose**.

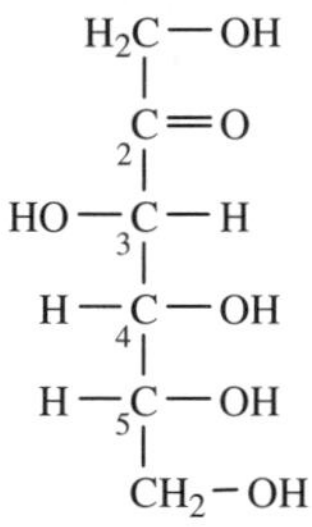

D-Fructose in der Fischer-Projektion

Leistungskurs Chemie (Hessen)
Abiturprüfung 2008

Aufgabe A

Explosivstoffe

BE

TNT (2,4,6-Trinitrotoluol oder 1-Methyl-2,4,6-trinitrobenzol) ist ein bekannter Explosivstoff. Explosivstoffe reagieren bei Erwärmung oder mechanischer Einwirkung in einer stark exothermen Reaktion.

$$2\,C_6H_2(CH_3)(NO_2)_{3\,(s)} \longrightarrow 3\,N_2 + 3\,H_2 + 4\,C + 3\,CO_2 + 6\,CO + 1\,CH_4$$

TNT lässt sich ausgehend von Benzol in zwei Syntheseschritten herstellen. Zunächst wird Benzol zu Toluol (Methylbenzol) methyliert und anschließend Toluol mithilfe konzentrierter Schwefelsäure als Katalysator zu TNT nitriert.

1.1 Geben Sie die Strukturformel oder Halbstrukturformel von TNT sowie die Reaktionsgleichung für die Herstellung von TNT aus Toluol an. Formulieren Sie den Reaktionsmechanismus für die erste Nitrierung von Toluol. Erläutern Sie den Mechanismus einschließlich der dirigierenden Wirkung auch mithilfe von Grenzformeln. Für die Entstehung des angreifenden Elektrophils reicht die Formulierung einer Reaktionsgleichung aus. 16

1.2 Berechnen Sie das Gasvolumen, das bei der Detonation von 1000 g TNT freigesetzt wird. Gehen Sie für Gase von einem Molvolumen von 22,4 Litern aus. Erklären Sie die explosive Wirkung von TNT. 10

1.3 Bei der Herstellung von TNT entstehen als Nebenprodukte auch verschiedene Dinitrotoluole. Stellen Sie die Strukturformeln aller theoretisch möglichen Dinitrotoluole dar und benennen Sie diese gemäß IUPAC-Nomenklatur. 6

1.4 Anstelle von Toluol wird Cellulose mithilfe von konzentrierter Schwefelsäure als Katalysator vollständig nitriert. Man erhält so den Sprengstoff Nitrocellulose, der in trockener Form schlag- und reibungsempfindlich ist und durch elektrische Funken oder Flammen leicht zur Explosion gebracht werden kann.
Erklären Sie die bei der Nitrocelluloseherstellung ablaufende Reaktion, benennen Sie den Reaktionstyp und geben Sie einen Formelausschnitt von Nitrocellulose an. 8

40

Quelle:
Walter, W., Francke, W. (Hrsg.): Lehrbuch der organischen Chemie, Hirzel Verlag, Stuttgart 2004

Aufgabe B

Ethin und Makromoleküle

BE

Früher wurde Ethin (Acetylen), C_2H_2, aus der Ionenverbindung Calciumcarbid (CaC_2) und aus Wasser hergestellt; dabei entsteht außerdem Calciumhydroxid.
Heute gewinnt man Ethin bevorzugt durch Umsetzung von Methan mit Sauerstoff bei Temperaturen um 1 500 °C, wobei neben Ethin noch Wasser entsteht.
Ethin ist seinerseits Ausgangsstoff für die Synthese von Vinylacetat (Material 1). Dieses dient als Monomer zur Herstellung von Polyvinylacetat, das in manchen Alleskleben vorhanden ist.

2.1 Stellen Sie für beide Verfahren zur Herstellung von Ethin jeweils die Reaktionsgleichung auf. 4

2.2 Geben Sie die Strukturformel von Ethin an und erläutern Sie die Bindungsverhältnisse im Ethinmolekül auf der Grundlage des Orbitalmodells. 6

2.3 Zur Synthese von Vinylacetat (Material 1) wird außer Ethin noch ein weiterer Ausgangsstoff benötigt.
Nennen Sie diesen weiteren Ausgangsstoff und geben Sie dessen Strukturformel an. Begründen Sie, welcher Reaktionstyp vorliegt. 6

2.4 Skizzieren Sie einen charakteristischen Strukturformelausschnitt des Polyvinylacetats und geben Sie den Reaktionstyp zu seiner Herstellung an. Formulieren Sie einen Reaktionsmechanismus für die Bildung des Polyvinylacetat-Makromoleküls. 9

2.5 Material 2 zeigt einen Formelausschnitt eines Makromoleküls; der entsprechende Kunststoff wird zur Herstellung von chirurgischem Nähmaterial verwendet. Die Synthese des Kunststoffs erfolgt aus zwei Monomeren, eines dieser beiden Monomere ist optisch aktiv.
Entwickeln Sie aus dem Formelausschnitt des Makromoleküls die Strukturformeln der beiden Monomere, den Polyreaktionstyp und die Stoffklasse des Makromoleküls. Benennen Sie die beiden Monomere gemäß IUPAC-Nomenklatur. Begründen Sie, welches der beiden Moleküle optisch aktiv ist. Zeichnen Sie dessen Stereoisomere in der Fischer-Projektion, benennen Sie diese und erläutern Sie ihre Beziehung zueinander. 15

40

Material 1

Strukturformel von Vinylacetat

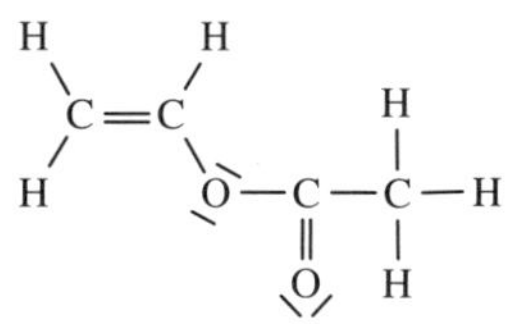

Material 2

Formelausschnitt aus einem Makromolekül, das als Grundlage für die Herstellung von chirurgischem Nähmaterial dient

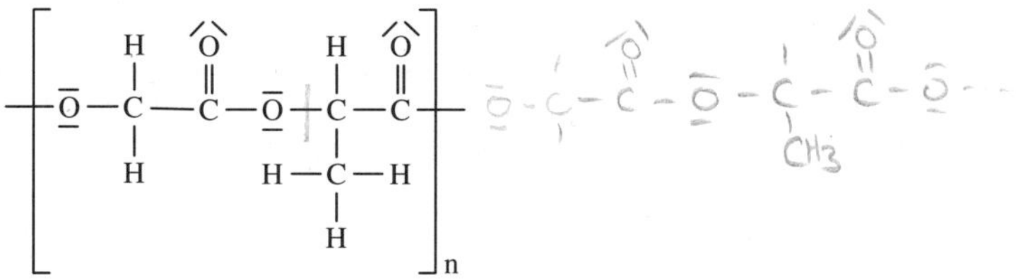

Aufgabe C

Methanol in Rotwein BE

Trotz sorgfältiger Herstellungsverfahren ist im Rotwein das giftige Methanol zu finden. Methanol ist als Gefahrstoff eingestuft; bereits die Aufnahme von 10 mL reinen Methanols kann Blindheit verursachen. Die tödliche Dosis liegt zwischen 5 und 100 mL.
Rotwein wird hergestellt, indem die Trauben gemahlen werden und das gesamte pflanzliche Material vergoren wird (Maischegärung).
Die pflanzlichen Zellwände enthalten Pektin, dessen Grundbaustein die D-Galacturonsäure ist. Als Abbauprodukte des Pektins entstehen u. a. D-Galacturonsäure und Methanol (s. Material 1).

3.1 Stellen Sie die D-Galacturonsäure in der Fischer-Projektion dar. Erläutern Sie den Begriff asymmetrisches C-Atom und geben Sie durch Markierung die asymmetrischen C-Atome an.
Erklären Sie den Aufbau des Makromoleküls Pektin. 9

3.2 Bei der Maischegärung wird Methanol durch Pektinase-Enzyme aus dem Pektin freigesetzt. Der gleiche Effekt lässt sich in saurem Medium erzielen. Entwickeln und benennen Sie den Reaktionsmechanismus zur Entstehung von Methanol aus Pektin in saurem Medium. Benennen Sie die wesentlichen Teilschritte und Zwischenstufen des Mechanismus. 10

3.3 Das im Rotwein freigesetzte Methanol lässt sich durch Destillation abtrennen und durch eine Nachweisreaktion identifizieren.
Mit einer Lösung aus Kaliumpermanganat (enthält MnO_4^--Ionen), der etwas konzentrierte Schwefelsäure zugesetzt wurde, reagiert Methanol zu einer stechend riechenden, annähernd farblosen Substanz, die mit Fehlingscher Lösung eine positive Reaktion ergibt. Außerdem entstehen auch Mn^{2+}-Ionen.

Formulieren Sie die Gleichung für die oben beschriebene Reaktion des Methanols und zeigen Sie anhand der Elektronenübergänge, dass es sich um eine Redoxreaktion handelt. 7

3.4 Die in Aufgabe 3.3 beschriebene stechend riechende, annähernd farblose Substanz reagiert positiv mit Fehlingscher Lösung, allerdings in besonderer Weise. Man kann hier die Bildung eines Spiegels aus elementarem Kupfer beobachten, sowie die Entwicklung eines nicht brennbaren Gases, das Kalkwasser trübt.
Formulieren Sie die Gleichung für die hier beschriebene Reaktion und zeigen Sie anhand der Elektronenübergänge, dass es sich um eine Redoxreaktion handelt. 7

3.5 Im Laborversuch liegen in einem Reaktionsansatz von 1 Liter Lösung zu Beginn 0,5 mol D-Galacturonsäure und 0,5 mol Methanol vor. Das Volumen bleibt während der säurekatalysierten Reaktion konstant. Nach Abschluss der Reaktion sind noch 0,2 mol Säure im Gleichgewicht vorhanden.
Formulieren Sie die Reaktionsgleichung für diese Reaktion. Berechnen und interpretieren Sie die Gleichgewichtskonstante *K*. 7

40

Material

Strukturformel von D-Galacturonsäure und Strukturformelausschnitt von Pektin

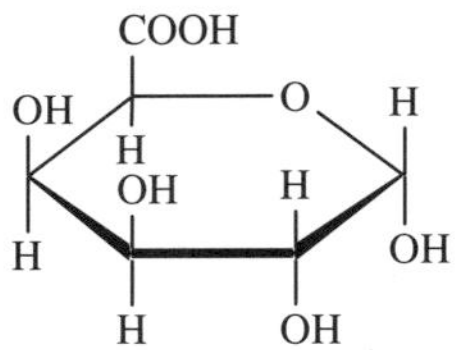

D-Galacturonsäure

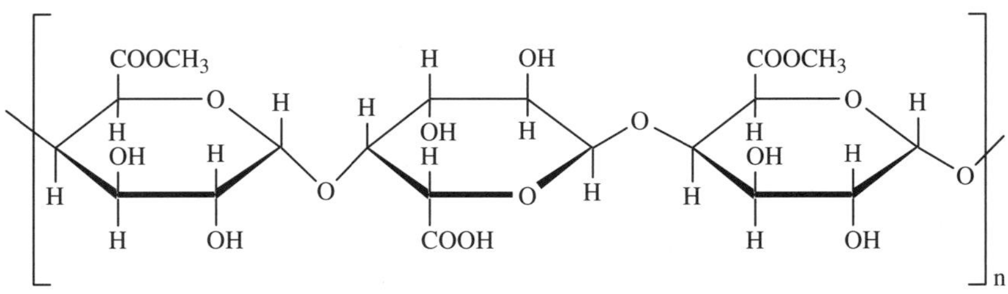

Ausschnitt aus der Strukturformel von Pektin

Quelle:
Einführungstext aus: Sommer, Katrin: Methanol im Wein? Panscherei oder Naturprodukt?, in: Unterricht Chemie Heft 79, 15. Jahrgang, 01/2004

Aufgabe D

Kochsalzlösung und Titration BE

Eine wässrige Lösung von Kochsalz (Natriumchlorid) kann auf verschiedenen Reaktionswegen entstehen, z. B.:

Weg A: Im ersten Schritt wird festes Natriumhydroxid in Wasser gelöst, wobei Natronlauge entsteht.
Im zweiten Schritt reagiert die Natronlauge mit verdünnter Salzsäure zu einer Kochsalzlösung.

Weg B: Festes Natriumhydroxid reagiert direkt mit verdünnter Salzsäure.

4.1 Formulieren Sie für Weg A (Schritt 1 und 2) die Reaktionsgleichungen und für Weg B die Reaktionsgleichung. Arbeiten Sie beim Formulieren der Reaktionsgleichungen mit H^+-Ionen. Beachten Sie, dass das Wasser bei Weg A im ersten Schritt ausschließlich als Lösungsmittel fungiert. 9

4.2 Berechnen Sie mithilfe der in Material 1 angegebenen molaren Standardbildungsenthalpien für Weg A (Schritt 1 und Schritt 2) und für Weg B die Reaktionsenthalpien und werten Sie die Ergebnisse aus. 10

4.3 Um die Reaktionsgeschwindigkeit bei Weg B zu verändern, wird die Durchführung wie folgt variiert:

a) Die Konzentration der Säure wird erhöht.
b) Die Temperatur wird erniedrigt.
c) Anstelle von Natriumhydroxid-Plätzchen wird Natriumhydroxid-Pulver verwendet.

Beschreiben und erklären Sie jeweils die zu erwartenden Auswirkungen auf die Reaktionsgeschwindigkeit. Beachten Sie, dass es sich nicht um eine Gleichgewichtsreaktion handelt. 10

4.4 100 mL Salzsäure der Konzentration $c(H^+) = 0{,}1\ mol \cdot L^{-1}$ werden in einem Erlenmeyerkolben vorgelegt. Aus einer Bürette werden 200 mL Natronlauge der Konzentration $c(OH^-) = 0{,}1\ mol \cdot L^{-1}$ zugetropft.
Berechnen Sie den pH-Wert der Salzsäure vor Zugabe der Natronlauge. Skizzieren Sie schematisch den Verlauf der Titrationskurve. Beschreiben und erläutern Sie diesen. 11

40

Material

Molare Standardbildungsenthalpien

	molare Standardbildungsenthalphie $\Delta_f H_m^0$ [$kJ \cdot mol^{-1}$]
Cl_2 (g)	0
Cl^- (aq)	–167
H^+ (aq)	0
H_2 (g)	0
H_2O (g)	–242
H_2O (l)	–286
Na (s)	0
Na^+ (aq)	–240
NaCl (s)	–411
NaOH (s)	–427
O_2 (g)	0
OH^- (aq)	–230

Quelle:
Einführungstext, Aufgaben 4.1 und 4.2 zu Prüfungszwecken verändert nach: Wambach, Heinz: Materialien-Handbuch Kursunterricht Chemie Bd. 4, Köln: Aulis Verlag 1994, S. 258 f.
Mortimer, C. E., Müller, U.: Chemie, Thieme Verlag, Stuttgart 2007

Aufgabe A

1.1

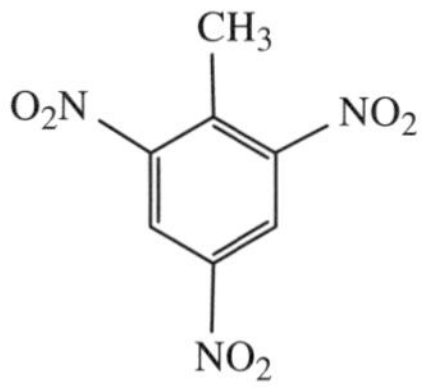

Halbstrukturformel von TNT (2,4,6-Trinitrotoluol)

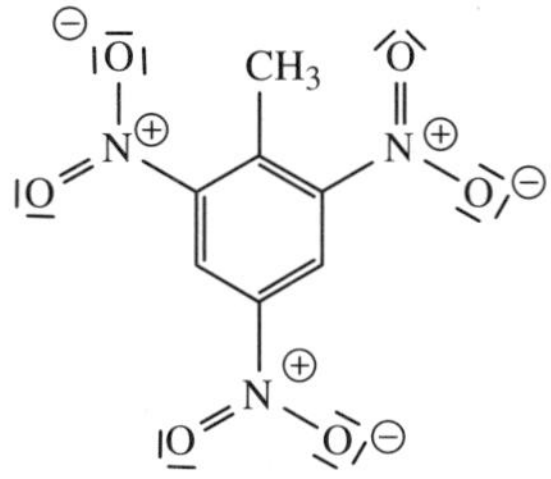

Strukturformel von TNT mit einer der möglichen Grenzstruktur des Benzols und den mesomeren Grenzstrukturen der Nitrogruppen

Lediglich einer der beiden oben aufgeführten Formeln ist verlangt.

Reaktionsgleichung für die Herstellung von TNT aus Toluol:

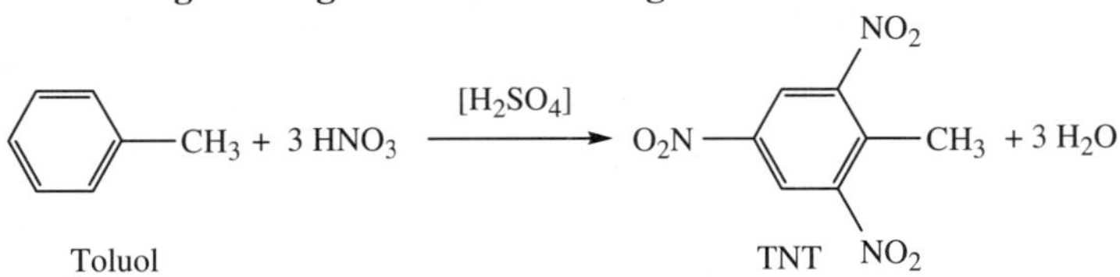

Reaktionsmechanismus für die erste Nitrierung:
Die Nitrierung eines Aromaten verläuft über eine elektrophile Substitution. Zunächst wird das elektrophile Agens, das NO_2^+-Ion (Nitrylkation), in Nitriersäure durch Protonenübertragung der konzentrierten Schwefelsäure und anschließender Abspaltung eines Wassermoleküls gebildet:

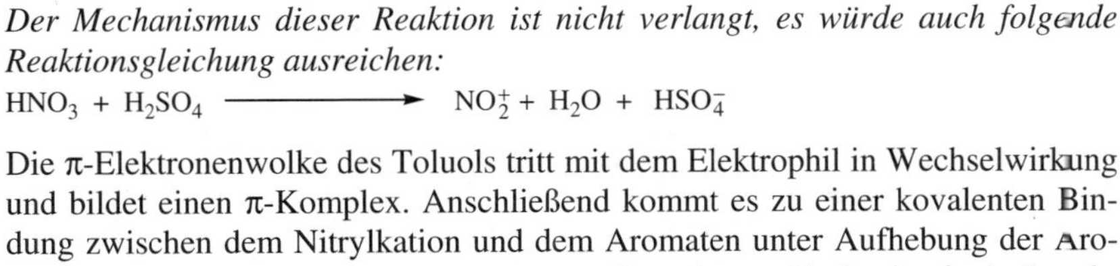

Der Mechanismus dieser Reaktion ist nicht verlangt, es würde auch folgende Reaktionsgleichung ausreichen:

$$HNO_3 + H_2SO_4 \longrightarrow NO_2^+ + H_2O + HSO_4^-$$

Die π-Elektronenwolke des Toluols tritt mit dem Elektrophil in Wechselwirkung und bildet einen π-Komplex. Anschließend kommt es zu einer kovalenten Bindung zwischen dem Nitrylkation und dem Aromaten unter Aufhebung der Aromatizität und Bildung des sogenannten σ-Komplexes (Carbeniumion). Im abschließenden Reaktionsschritt kommt es zur Rearomatisierung, indem vom σ-Komplex ein Proton abgespalten wird.

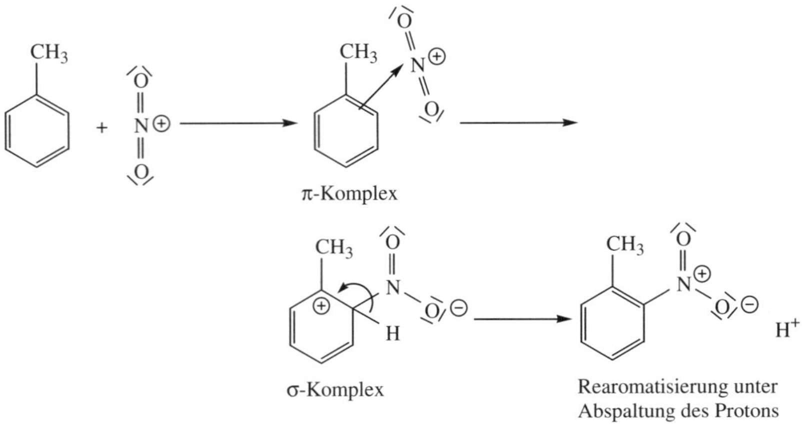

Einfluss des Erstsubstituenten:
Da von Toluol ausgegangen wird, handelt es sich um eine Zweitsubstitution und es muss die dirigierende Wirkung des Erstsubstituenten, der Methylgruppe, beachtet werden. Diese dirigiert den Zweitsubstituenten in ortho- (2 oder 6-Stellung) oder in para- (4-Stellung) des Benzolrings.

Für den dirigierenden Einfluss des Erstsubstituenten gibt es zwei Modellvorstellungen, beide hängen mit der Stabilisierung des σ-Komplexes zusammen, dem zweite Schritt im Modell der elekrophilen Substitution an Aromaten. Beim ersten Modell wird die Stabilisierung des σ-Komplexes in ortho-, meta- und para-Stellung anhand von mesomeren Grenzstrukturen überprüft, im zweiten Modell anhand der Hyperkonjugation.

Zur Überprüfung der Mesomeriestabilisierung des σ-Komplexes werden die Grenzstrukturen herangezogen:

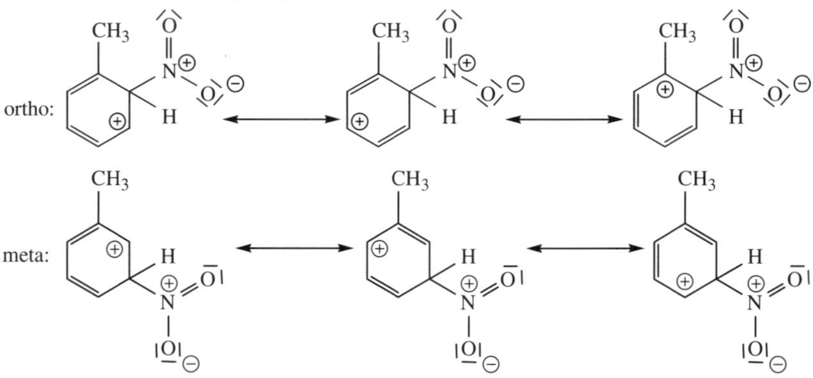

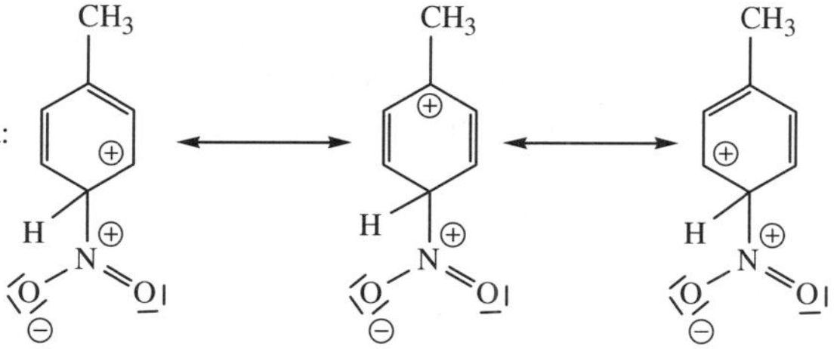

In den σ-Komplexen mit Zweitsubstitution in ortho- und para-Stellung ist die positive Ladung an dem der Methylgruppe benachbarten C-Atoms zu finden. Dadurch wird der σ-Komplex hier stabilisiert (im Gegensatz zum meta-Produkt), da die Methylgruppe einen **+I-Effekt** ausübt. Bevorzugt werden daher das ortho- und das para-Produkt gebildet.

Ein anderes Modell ist das der ***Hyperkonjugation****. Dabei geht man davon aus, dass das leere p-Orbital eines Carbokations (sp^2-Hybrid) aus einem sp^3-hybridisierten C-Atom in der Nachbarschaft und dessen H-Atomen Elektronen zur Stabilisierung bezieht. Dabei verhält sich die Methylgruppe wie ein Substituent mit* ***+M-Effekt****.*

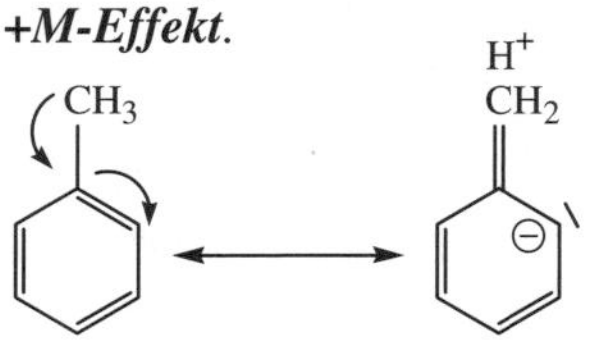

Hyperkonjugation

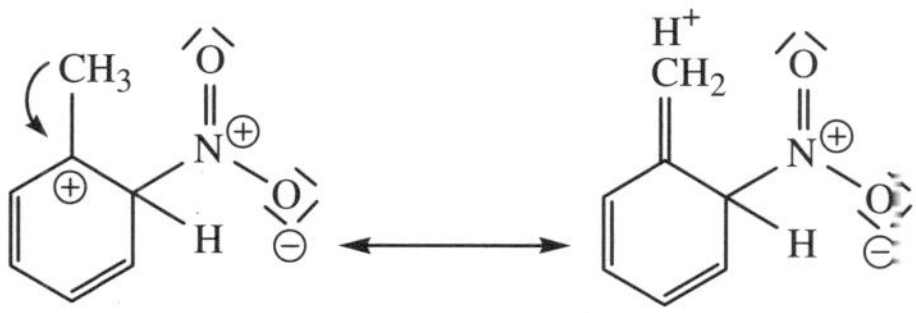

Stabilisierung des σ-Komplexes

1.2 *Aus der Reaktionsgleichung in den Angaben kann abgeleitet werden, dass aus 2 mol TNT-Molekülen 16 mol Gasmoleküle entstehen. Durch Umrechnung der 1000 g in die Stoffmenge, erhält man die Stoffmenge der Gase und mit der Angabe des Molvolumens das sich bildende Gasvolumen.*

Die molare Masse von TNT ($C_6H_2(CH_3)(NO_2)_3$) errechnet sich durch:
$M(\text{TNT}) = 7 \cdot 12\ \text{g} \cdot \text{mol}^{-1} + 5 \cdot 1\ \text{g} \cdot \text{mol}^{-1} + 3 \cdot 14\ \text{g} \cdot \text{mol}^{-1} + 6 \cdot 16\ \text{g} \cdot \text{mol}^{-1}$
$M(\text{TNT}) = 227\ \text{g} \cdot \text{mol}^{-1}$.
1000 g TNT entsprechen folglich $n(\text{TNT}) = \frac{m(\text{TNT})}{M(\text{TNT})} = \frac{1000\ \text{g}}{227\ \text{g} \cdot \text{mol}^{-1}} = 4{,}41\ \text{mol}$.
Aus der Reaktionsgleichung erhält man:
2 mol TNT-Molekülen $\hat{=}$ 16 mol Gasmoleküle
4,41 mol TNT-Moleküle $\hat{=}$ 35,28 mol Gasmoleküle

Berechnung des Gasvolumens: $35{,}28\ \text{mol} \cdot 22{,}4\ \text{L} \cdot \text{mol}^{-1} = 790\ \text{L}$

Somit werden 790 L Gas unter Normalbedingungen gebildet.

Die Berechnung erfolgt unter der Annahme, dass die gebildeten Gase ideal sind. Da das Gasgemisch aufgrund der exothermen Reaktion sehr heiß wird und sich Gase beim Erwärmen ausdehnen, ist anzunehmen, dass das Volumen in der Realität noch wesentlich größer ist.

Wenn in kürzester Zeit ein großes Gasvolumen aus einem Feststoff durch eine Reaktion frei gesetzt wird, so baut sich ein großer Druck auf. Die Druckwelle nimmt man als Explosion auch akustisch wahr.

1.3 *Es gibt sechs verschiedene Konstitutionsisomere*:

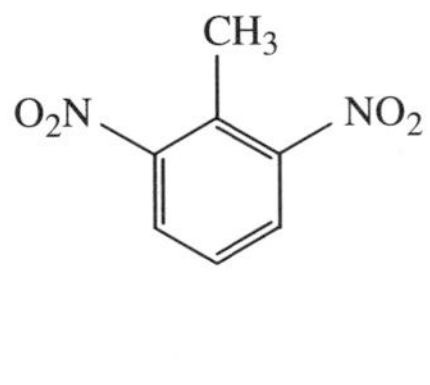

2,6-Dinitrotoluol

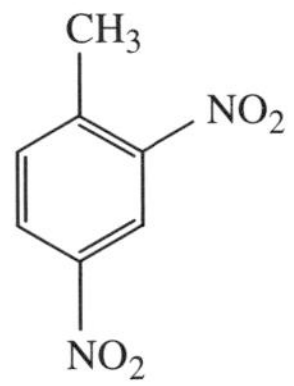

2,4-Dinitrotoluol

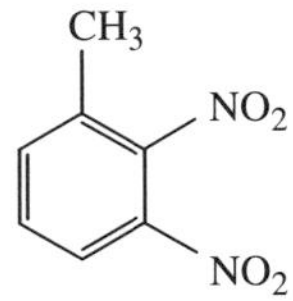

2,3-Dinitrotoluol

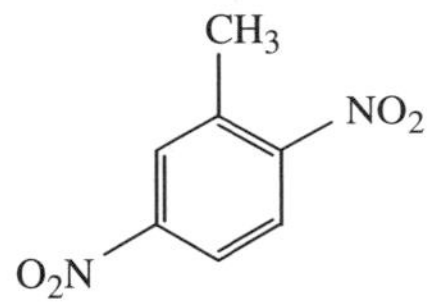

2,5-Dinitrotoluol

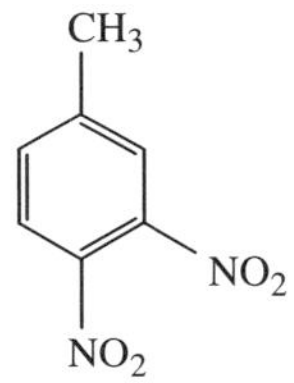

3,4-Dinitrotoluol

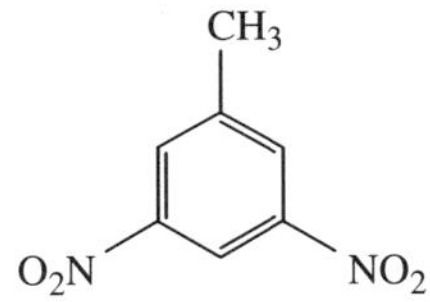

3,5-Dinitrotoluol

1.4 Bei der Nitrierung von Cellulose handelt sich hier um eine säurekatalysierte Veresterung der Salpetersäure mit den OH-Gruppen der Glucose in der Cellulose. Die Glucosemoleküle sind im Cellulosepolymer β-1,4-glycosidisch verknüpft. Bei der Veresterung wird Wasser abgespalten.
Reaktionstyp: Kondensationsreaktion

Alternativ kann als Reaktionstyp auch die nukleophile Substitution angegeben werden.

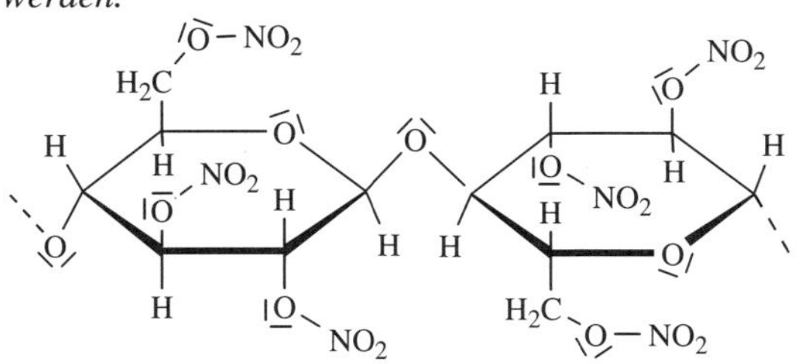

Formelausschnitt der Cellulose mit vollständig nitrierten OH-Gruppen (Nitrocellulose).

Aufgabe B

2.1 *Aus dem Text der Angabe können die Edukte und Produkte beider Reaktion entnommen werden.*

$$CaC_2 + 2\,H_2O \longrightarrow C_2H_2 + Ca(OH)_2$$

$$4\,CH_4 + 3\,O_2 \longrightarrow 2\,C_2H_2 + 6\,H_2O$$

2.2 Ethin ist ein Molekül mit einer C≡C-Dreifachbindung: H—C≡C—H

Zur Erläuterung der Bindungsverhältnisse können auch Skizzen mit herangezogen werden.

Orbitalmodell: Die beiden C-Atome sind sp-hybridisiert. Die Hybridisierung kann mithilfe des Hybridisierungs-Modells nach Pauling („Kästchenmodell") verdeutlicht werden:

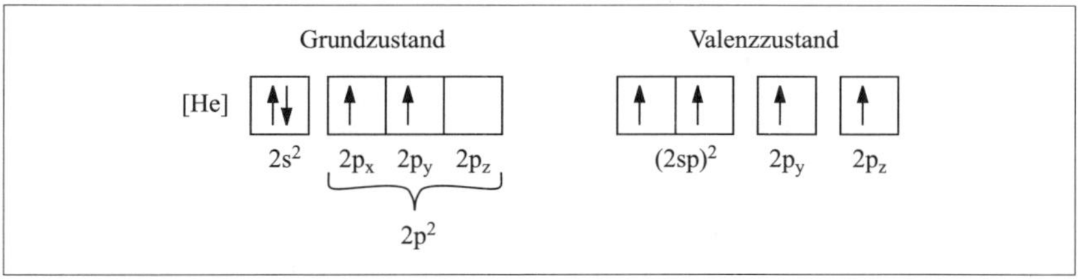

Zu den H-Atomen werden jeweils σ-Bindungen ausgebildet, ebenso gilt dies für eine der C–C-Bindungen, sodass insgesamt drei σ-Bindungen zustande kommen. Zusätzlich sind die beiden C-Atome über zwei π-Bindungen miteinander verbunden. Die σ-C–H-Bindungen werden durch Überlappung eines sp-Orbitals mit dem s-Orbital des Wasserstoffatoms gebildet, die σ-C–C-Bindung durch die Überlappung zweier sp-Orbitale. Die π-Bindungen entstehen durch Überlappung der p-Orbitale (p_y,p_z).

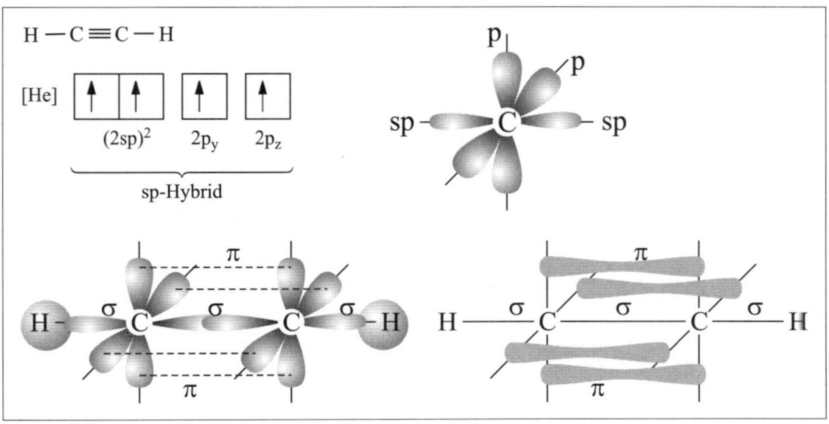

2.3 Nach der Strukturformel im Materialteil benötigt man außer Ethin noch Ethansäure (Essigsäure):

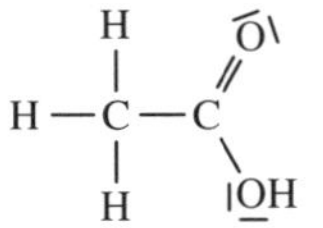

Bei dem Reaktionstyp handelt es sich um eine **Addition**, da außer Vinylacetat kein weiteres Produkt gebildet wird.

*Stellt man zur Begründung den Reaktionsmechanismus auf, so sieht man, dass es sich um eine **elektrophile Addition** handeln muss (A_E).*

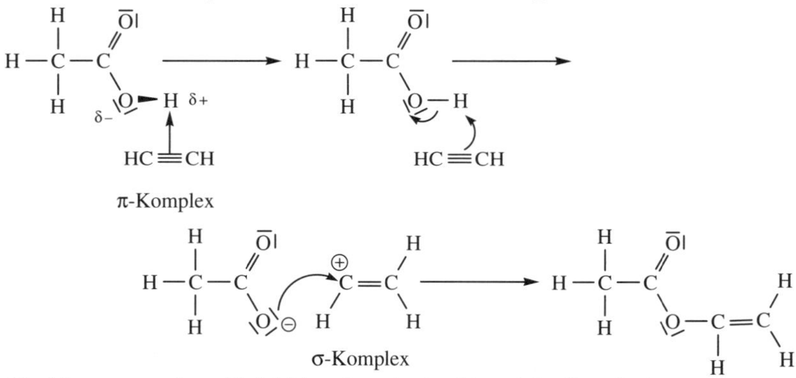

Die hier entstandene Molekülstruktur ist im Materialteil zu finden.

2.4 Strukturformelausschnitt des Polyvinylacetats:

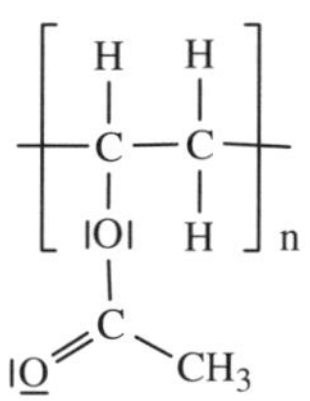

Es handelt sich um eine **radikalische Polymerisation.**

Mechanismus: Ein Startradikal R• spaltet die C=C-Doppelbindung des Vinylacetats homolytisch unter Bildung zweier Radikale **(Kettenstart)**.

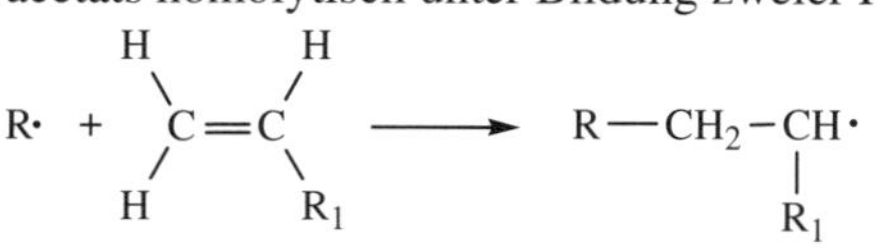

R_1 = Acetylrest

Die entstandenen Radikale greifen ein weiteres Vinylacetatmolekül an, spalten hier ebenfalls die Doppelbindung und knüpfen eine neue C–C-Bindung **(Kettenwachstum, Kettenverlängerung)**. Es entsteht eine Kettenreaktion.

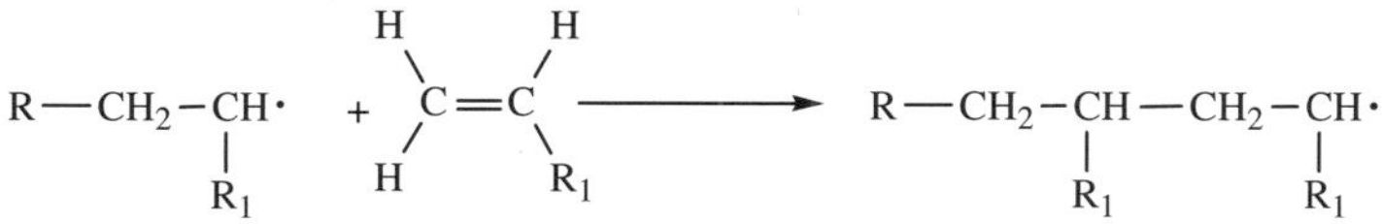

Treffen zwei Radikale aufeinander bricht die Reaktionskette ab **(Kettenabbruch)**.

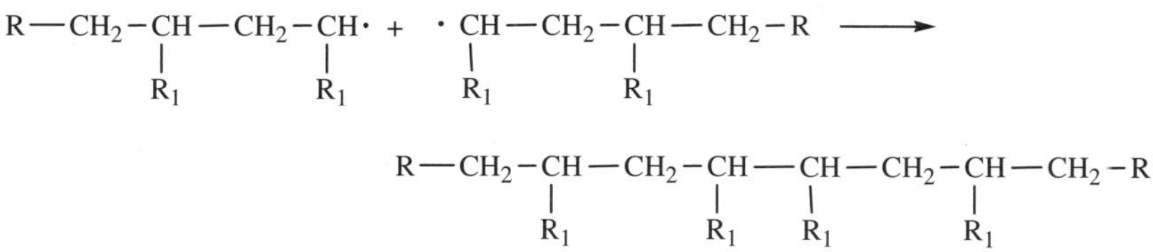

Aus der Aufgabenstellung kann nicht gefolgert werden, ob es sich um eine radikalische Polymerisation handelt. Denkbar wäre auch eine kationische oder anionische Polymerisation. Initiiert würde dann die Polymerisation z. B. durch Lewis-Säuren oder -Basen, die Doppelbindung würde heterolytisch gespalten werden.

2.5 Bei den Monomeren handelt es sich um:

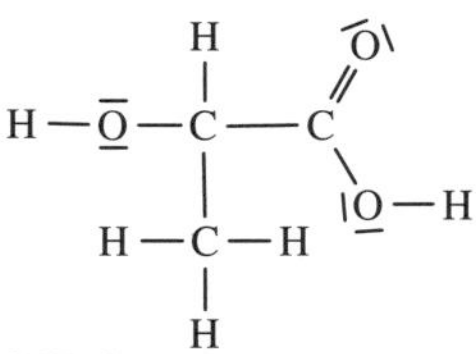

2-Hydroxypropansäure (Milchsäure)

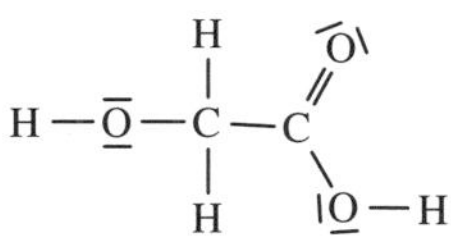

2-Hydroxyethansäure

Bei dem Polyreaktionstyp handelt es sich um eine **Polykondensation**.
Es findet ein nukleophiler Angriff des negativ polarisierten O-Atoms der OH-Gruppe am positiv polarisierten C-Atom der Carboxylgruppe – wie bei einer normalen Veresterung – statt. Unter Abspaltung eines Wassermoleküls stabilisiert sich das Molekül. Die Stoffklasse ist folglich ein **Polyester**.

Optische Aktivität:
2-Hydroxypropansäure (Milchsäure) ist optisch aktiv, da das C_2-Atom vier verschiedene Substituenten besitzt. Es gibt eine D- und eine L-Milchsäure. Beide drehen die Schwingungsebene des linear polarisierten Lichts, D(–)Milchsäure nach links und L(+)Milchsäure nach rechts.

Nach Fischer wird das höchstoxidierte C-Atom nach oben geschrieben (Fischer-Projektion). Die Bezeichnung D- bzw. L-Milchsäure richtet sich dann nach der Orientierung der OH-Gruppe. Ob die jeweilige Verbindung die Ebene des polarisierten Lichts nach links (–) oder rechts (+) dreht, kann anhand der Strukturformel nicht erkannt werden.

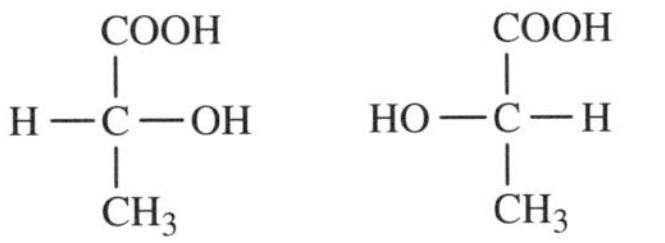

D(–)-Milchsäure L(+)-Milchsäure

Das Phänomen heißt allgemein Stereoisomerie. Da sich beide Moleküle wie Bild und Spiegelbild verhalten, werden sie auch als Enantiomere bezeichnet.

Aufgabe C

3.1 *Da die Galacturonsäure von der Galactose abgeleitet wird, wobei das C_6-Atom zur Carbonsäure oxidiert ist, wird die Fischer-Projektion mit der Aldehydgruppe nach oben formuliert und nicht wie sonst üblich, das C-Atom mit der höchsten Oxidationsstufe.*

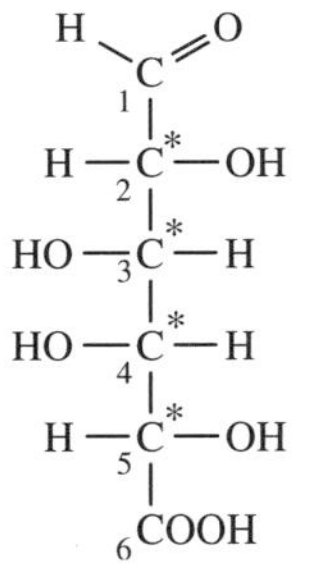

Fischer-Projektion der Galacturonsäure
mit * sind die asymmetrischen C-Atome gekennzeichnet

Unter einem **asymmetrischen C-Atom** versteht man ein Kohlenstoffatom, an das vier verschiedene Substituenten gebunden sind. Eine andere Bezeichnung hierfür ist Chiralitätszentrum. Die asymmetrischen C-Atome in der Galacturonsäure sind die C-Atome C_2 bis C_5 (mit * gekennzeichnet).

Pektin ist ein Polymer, genauer gesagt ein Polysaccharid. Es wird aus Glacturonsäuren gebildet, die 1,4-α-glycosidisch miteinander verknüpft sind. Die Galacturonsäure leitet sich von der Galactose durch Oxidation des C_6-Atoms zur Carbonsäure ab. Diese Carboxylgruppen an C_6 der Galacturonsäure sind teilweise mit Methanol verestert.

3.2 Es handelt sich um eine **säurekatalysierte Esterhydrolyse** oder -spaltung. Der Mechanismus entspricht dem einer nucleophilen Substitution.

R = Galcturonsäure-Rest =

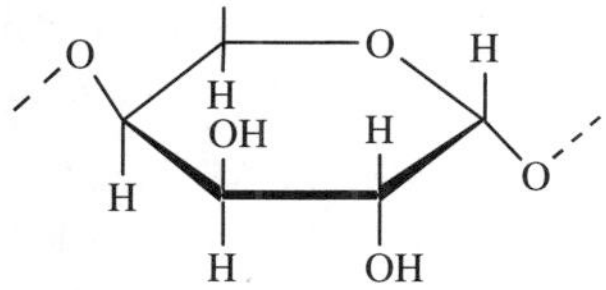

Protonierung der Carboxylgruppe unter Bildung eines Carbeniumions

Carbeniumion (Carbokation)

Anlagerung von H_2O:

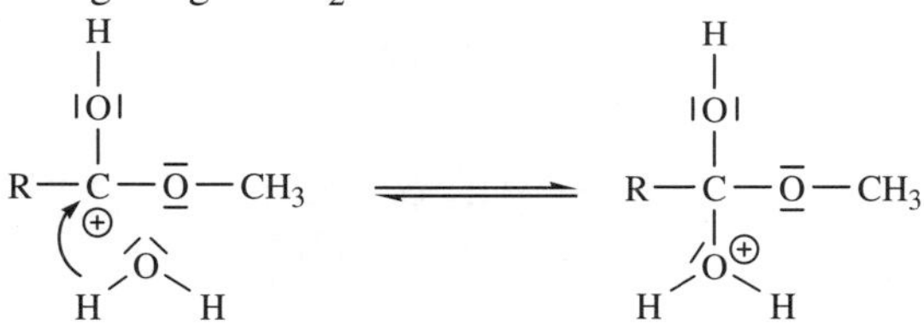

intramolekulare Protonenwanderung:

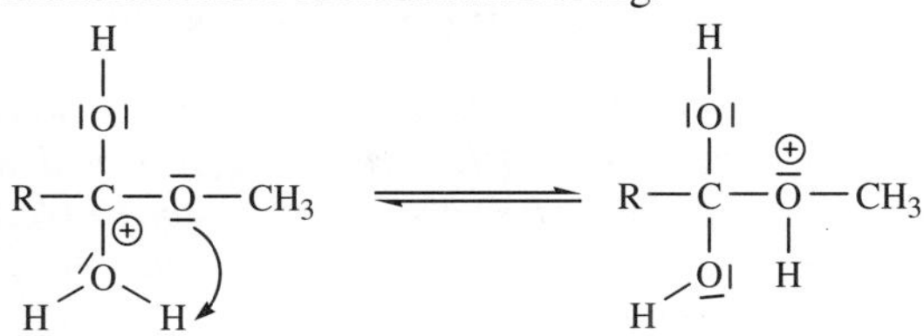

Bildung eines Carbeniumions nach Abspaltung von Methanol

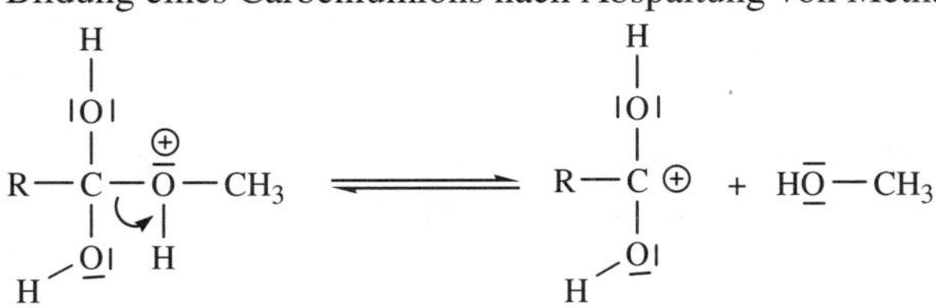

Abspaltung eines Protons

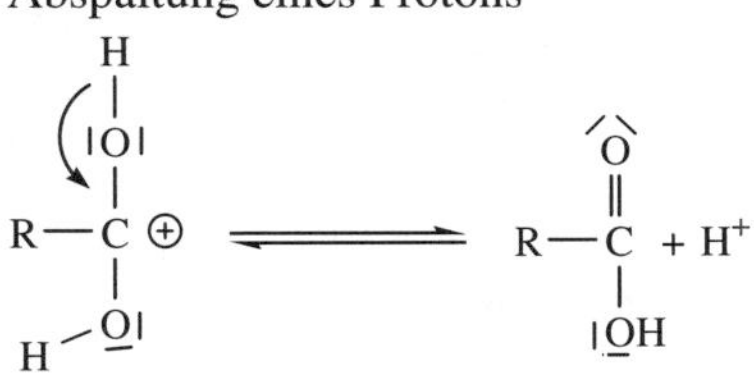

3.3 *Mithilfe der Hinweise im Text lässt sich die Redoxgleichung aufstellen. Permanganat reagiert zu Mn^{2+}; zu was Methanol reagiert, liefert der Hinweis zur positiven Fehlingreaktion. Da der Reaktionsansatz mit Schwefelsäure versetzt wird, muss die Reaktionsgleichung mit H^+ bzw. H_3O^+ ausgeglichen werden.*

Das C-Atom im Methanol wird zum Methanal oxidiert. Die Oxidationszahl nimmt von –II zu ±0 um zwei Stufen zu, es werden 2 Elektronen frei. Das Mn-Ion im Permanganat-Anion wird zum Mn^{2+}-Ion reduziert. Das bedeutet eine Abnahme der Oxidationszahl von +VII zu +II um 5 Stufen, dabei werden 5 Elektronen aufgenommen.

Oxidation: $\overset{-II}{C}H_3OH \longrightarrow H_2\overset{\pm 0}{C}O + 2\,e^-$

Reduktion: $\overset{+VII}{Mn}O_4^- + 5\,e^- \longrightarrow \overset{+II}{Mn}{}^{2+}$

Ionen- und Stoffausgleich mit H^+ und H_2O:

Oxidation: $\overset{-II}{C}H_3OH \longrightarrow H_2\overset{\pm 0}{C}O + 2\,e^- + 2\,H^+ \quad | \cdot 5$

Reduktion: $\overset{+VII}{Mn}O_4^- + 5\,e^- + 8\,H^+ \longrightarrow \overset{+II}{Mn}{}^{2+} + 4\,H_2O \quad | \cdot 2$

Ausgleich des Elektronenübergangs:

Oxidation: $5\,CH_3OH \longrightarrow 5\,H_2CO + 10\,e^- + 10\,H^+$

Reduktion: $2\,MnO_4^- + 10\,e^- + 16\,H^+ \longrightarrow 2\,Mn^{2+} + 8\,H_2O$

Addition der Teilreaktionen

$$\mathbf{5\,CH_3OH + 2\,MnO_4^- + 6\,H^+ \longrightarrow 5\,H_2CO + 2\,Mn^{2+} + 8\,H_2O}$$

3.4 *Nach dem gleichen Muster kann auch diese Redoxreaktion gelöst werden. Methanal wird zu CO_2 oxidiert, dabei werden 4 Elektronen abgegeben. Jeweils ein Cu^{2+}-Ion nimmt 2 Elektronen auf und wird zu elementarem Kupfer reduziert. Bei der Fehlingschen Probe erfolgt der Stoff- und Ladungsausgleich mit OH^-, da die Reaktion in basischer Lösung stattfindet.*

Oxidation: $H_2\overset{\pm 0}{C}O \longrightarrow \overset{+IV}{C}O_2 + 4\,e^-$

Reduktion: $\overset{+II}{Cu}{}^{2+} + 2\,e^- \longrightarrow \overset{\pm 0}{Cu}$

Ionen- und Stoffausgleich mit OH^- und H_2O:

Oxidation: $H_2\overset{\pm 0}{C}O + 4\,OH^- \longrightarrow \overset{+IV}{C}O_2 + 4\,e^- + 3\,H_2O$

Reduktion: $\overset{+II}{Cu}{}^{2+} + 2\,e^- \longrightarrow \overset{\pm 0}{Cu} \quad | \cdot 2$

Ausgleich des Elektronenübergangs:

Oxidation: $H_2CO + 4\,OH^- \longrightarrow CO_2 + 4\,e^- + 3\,H_2O$

Reduktion: $2\,Cu^{2+} + 4\,e^- \longrightarrow 2\,Cu$

Addition der Teilreaktionen

$$\mathbf{H_2CO + 2\,Cu^{2+} + 4\,OH^- \longrightarrow 2\,Cu + CO_2 + 3\,H_2O}$$

3.5 *Es ist nur die Reaktionsgleichung nicht der Mechanismus der Esterbildung im Sauren gefragt.*

$$\text{Galacturon-COOH} + CH_3OH \longrightarrow \text{Galacturon-COOCH}_3 + H_2O$$

Konzentrationen der Galacturonsäure (GS) vor der Reaktion $c_{0\,GS} = 0{,}5 \text{ mol} \cdot L^{-1}$, des Methanols (M) vor der Reaktion $c_{0\,M} = 0{,}5 \text{ mol} \cdot L^{-1}$.

Die Gleichgewichtskonzentration an Galacturonsäure ist $c_{GS} = 0{,}2 \text{ mol} \cdot L^{-1}$.

Die Gleichgewichtskonstante K erhält man aus dem Massenwirkungsgesetz.

$$\text{MWG}: K = \frac{c_{Ester} \cdot c_{Wasser}}{c_{GS} \cdot c_M};$$

Es gilt: $c_{Ester} = c_{Wasser}$ und $c_{Ester} = c_{0\,GS} - c_{GS} = 0{,}3 \text{ mol} \cdot L^{-1}$

Außerdem ist die Gleichgewichtskonzentration der Galacturonsäure gleich der des Methanols: $c_{GS} = c_M = 0{,}2 \text{ mol} \cdot L^{-1}$

Dann ergibt sich: $K = \frac{0{,}3^2\ (\text{mol} \cdot L^{-1})^2}{0{,}2^2\ (\text{mol} \cdot L^{-1})^2} = 2{,}25 = \frac{9}{4}$ (Die Gleichgewichtskonstante ist dimensionslos.) Der Bruch zeigt an, dass das Gleichgewicht im Verhältnis 9 : 4 auf Seiten der Produkte liegt.

Aufgabe D

4.1 Weg A:

Schritt 1: $NaOH_{(s)} + \text{aqua} \longrightarrow Na^+_{(aq)} + OH^-_{(aq)}$

Schritt 2: $Na^+_{(aq)} + OH^-_{(aq)} + H^+_{(aq)} + Cl^-_{(aq)} \longrightarrow H_2O_{(l)} + Na^+_{(aq)} + Cl^-_{(aq)}$

Weg B:

$NaOH_{(s)} + H^+_{(aq)} + Cl^-_{(aq)} \longrightarrow H_2O_{(l)} + Na^+_{(aq)} + Cl^-_{(aq)}$

Zum Erreichen der vollen Punktzahl bei dieser Aufgabe, müssen die Indices (s) für fest, (l) für flüssig und (aq) für gelöst nicht unbedingt dargestellt werden.

4.2 *Die beiden Wege unterscheiden sich nur darin, dass beim ersten Weg Natriumhydroxid zuerst in Wasser gelöst wird und dann mit Salzsäure neutralisiert wird, beim zweiten Weg wird direkt festes Natriumhydroxid mit Salzsäure neutralisiert. Beim ersten Weg kann die Lösungswärme von Natriumhydroxid direkt berechnet werden.*

Allgemein gilt: $\Delta_R H^0 = \sum \Delta_f H^0(\text{Produkte}) - \sum \Delta_f H^0(\text{Edukte})$

Weg A:

Schritt 1:

$$\Delta_R H^0 = [-240 \text{ kJ} \cdot \text{mol}^{-1} + (-230 \text{ kJ} \cdot \text{mol}^{-1})] - [-427 \text{ kJ} \cdot \text{mol}^{-1}] = \underline{\underline{-43 \text{ kJ} \cdot \text{mol}^{-1}}}$$

Schritt 2:

$$\Delta_R H^0 = [-240 \text{ kJ} \cdot \text{mol}^{-1} + (-167 \text{ kJ} \cdot \text{mol}^{-1}) + [-286 \text{ kJ} \cdot \text{mol}^{-1})] - [-240 \text{ kJ} \cdot \text{mol}^{-1} + (-230 \text{ kJ} \cdot \text{mol}^{-1}) + 0 \text{ kJ} \cdot \text{mol}^{-1} + (-167 \text{ kJ} \cdot \text{mol}^{-1})] = = \underline{\underline{-56 \text{ kJ} \cdot \text{mol}^{-1}}}$$

Weg A gesamt:

$$\Delta_R H^0 = -43 \text{ kJ} \cdot \text{mol}^{-1} + (-56 \text{ kJ} \cdot \text{mol}^{-1}) = \underline{\underline{-99 \text{ kJ} \cdot \text{mol}^{-1}}}$$

Weg B:

$$\Delta_R H^0 = [-240 \text{ kJ} \cdot \text{mol}^{-1} + (-167 \text{ kJ} \cdot \text{mol}^{-1}) + [-286 \text{ kJ} \cdot \text{mol}^{-1})] + 0 \text{ kJ} \cdot \text{mol}^{-1} + (-167 \text{ kJ} \cdot \text{mol}^{-1}) = = \underline{\underline{-99 \text{ kJ} \cdot \text{mol}^{-1}}}$$

Auswertung

Es fällt auf, dass die Summe der Reaktionsenthalpien beim Weg A, die Schritte 1 und 2 zusammen, gleich der Reaktionsenthalpie beim Weg B sind. Die Reaktionsenthapien sind also, sobald die gleichen Ausgangsstoffe verwendet und die gleichen Produkt gebildet werden, vom Weg unabhängig. Das ist die Aussage des **Satzes von Hess**. Dies ist eine auf die Thermodynamik bezogene Formulierung des allgemein gültigen Energieerhaltungssatzes.

4.3 a) Durch die Erhöhung der Konzentration der Säure, wird die Zahl der Teilchen eines Edukts pro Volumeneinheit erhöht. Nach der **Stoßtheorie von Arrhenius** steigt damit die Wahrscheinlichkeit der erfolgreichen Zusammenstöße der Teilchen der Edukte (hier Ionen) und somit auch die Reaktionsgeschwindigkeit für die Kochsalzbildung.

Die Reaktionsgeschwindigkeit ist definiert als zeitliche Konzentrationsänderung eines Stoffes, welcher an der Reaktion beteiligt ist. Im Beispiel Weg A/ Schritt 2 könnte man die Reaktionsgeschwindigkeit als zeitliche Änderung der Wasserstoffionenkonzentration definieren:

$$v = \frac{\Delta c(H^+)}{\Delta t}.$$

Auch aus dieser Gleichung ist zu erkennen, dass die Geschwindigkeit der Kochsalzbildung durch die Erhöhung der H^+-Konzentration steigt.

b) Die Reaktionsgeschwindigkeit hängt stark von der Temperatur ab, da die Zusammenstöße der Teilchen, die eine erfolgreiche Reaktion bedingen, von der mittleren Geschwindigkeit der Teilchen abhängt, die mit fallender Temperatur sinken. Also wird die Reaktionsgeschwindigkeit mit fallender Temperatur erniedrigt.

In weiten Temperaturbereichen gilt die RGT-Regel, die besagt, dass sich pro 10 °C Temperaturzunahme die Reaktionsgeschwindigkeit verdoppelt.

Dies wird durch die Arrhenius-Gleichung für die Geschwindigkeitskonstante k formuliert:

$$k = A \cdot e^{-\frac{E_a}{RT}},$$

wobei A eine Konstante, E_a die Aktivierungsenergie, R die allgemeine Gaskonstante und T die absolute Temperatur ist.
Dies entspricht also einem exponentiellen Zusammenhang.

c) Im pulverförmigen Natriumhydroxid liegt ein höherer Zerteilungsgrad vor. Da es sich um heterogene Reaktionen handelt, nimmt die Reaktionsgeschwindigkeit zu, da bei einem höheren Zerteilungsgrad die Oberfläche größer wird und an der Phasengrenze vermehrt Kontakte zwischen den Stoffen möglich sind.

4.4 *Der pH-Wert berechnet sich für eine starke Säure wie Salzsäure, welche vollständig potolysiert ist, mit der Formel: pH = –log $c(H_3O^+)$.*

$$pH = -\log c(H_3O^+) = -\log 10^{-1} = 1$$

Bestimmung einiger Punkte für den Kurvenverlauf:
Da der pH-Wert eine logarithmische Größe ist, ergibt sich ein Kurvenverlauf, mit einem pH-Sprung nach Zugabe von mehr als **90 mL Natronlauge**. An diesem Punkt sind nur noch 1/10 der ursprünglichen Säuremenge vorhanden, das Volumen hat sich fast verdoppelt. Die H^+-Ionenkonzentration ist hier nur noch

$$c(H_3O^+) = \frac{0{,}01\,\text{mol}}{1{,}9\,\text{L}} = 0{,}0053\,\text{mol} \cdot \text{L}^{-1}.$$

Daraus folgt der pH = –log 0,0053 = 2,3.
Nach genau **100 mL Natronlauge-Zugabe** ist der Äquivalenzpunkt bei pH = 7 erreicht. Dies entspricht dem Wendepunkt der Titrationskurve. Jetzt entsteht eine immer höher konzentrierte Natronlauge.
Nach Zugabe von **110 mL Natronlauge** ist die Konzentration der OH^--Ionen

$$c(OH^-) = \frac{0{,}01\,\text{mol}}{2{,}1\,\text{L}} = 0{,}00476\,\text{mol} \cdot \text{L}^{-1}.$$

Daraus folgt der pOH = –log 0,00476 = 2,3.
Mit pH + pOH = 14 ergibt sich dann ein pH-Wert von 14–2,3 = 11,7.
Am **Endpunkt** der Titration hat man eine Konzentration von

$$\frac{200\,\text{mL} \cdot 0{,}1\,\text{mol} \cdot \text{L}^{-1}}{300\,\text{mL}} = 0{,}06\,\text{mol} \cdot \text{L}^{-1}.$$

Daraus folgt der pOH = –log 0,06 = 1,22.
Daraus erhält man einen pH-Wert von pH = 14–pOH = 12,8.
Aus diesen Werten kann die Kurve konstruiert werden.

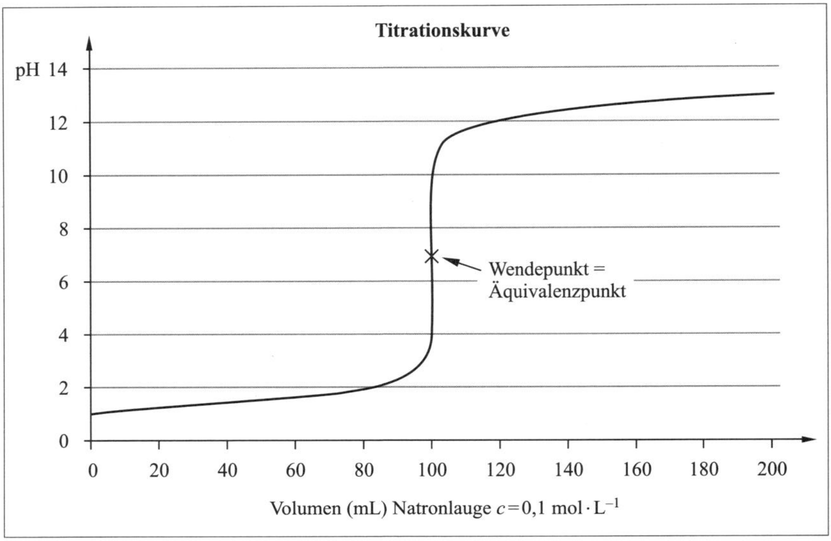

Beschreibung des Kurvenverlaufs:

Die Titrationskurve beginnt bei einem pH-Wert von 1 und steigt zu Beginn der Titration nur langsam an. Ab der Zugabe von ca. 90 mL NaOH steigt die Kurve sehr stark. Bei pH = 7, nach Zugabe von 100 mL NaOH ist der Äquivalenzpunkt erreicht; hier ist die Menge an H_3O^+ und OH^--Ionen genau gleich, es liegt eine Lösung von NaCl vor. Dieser Punkt entspricht auch dem Wendepunkt der Titrationskurve. Der starke Anstieg der Kurve hält bis zur Zugabe von ca. 110 mL NaOH an und flacht dann stark ab. Nach Zugabe von 200 mL NaOH wird ein pH-Wert von beinahe 13 erreicht.

Grundkurs Chemie (Hessen)
Abiturprüfung 2009

Aufgabe A

Duft- und Aromastoffe

BE

Viele angenehme, natürliche Gerüche von Früchten und Blumen ähneln denen von organischen Estern. Wegen ihres fruchtartigen Geruchs werden manche Ester oft als Duft- und Aromastoffe verwendet. Beispielsweise erinnert der Geruch des Esters aus Pentansäure und Pentan-1-ol an Apfelaroma.
Zur Herstellung dieses Esters im Labor werden die organischen Ausgangsstoffe mit wenig konzentrierter Schwefelsäure als Katalysator versetzt und zur Reaktion gebracht. Die Estersynthese verläuft exotherm.

1.1 Stellen Sie die Reaktionsgleichung für die Herstellung des Esters aus Pentansäure und Pentan-1-ol unter Verwendung von Strukturformeln auf und benennen Sie den Ester.
Formulieren Sie den Reaktionsmechanismus für die säurekatalysierte Synthese des Esters.

Hinweis: Die für den Mechanismus nicht relevanten Molekülteile können mit R (= Rest) abgekürzt werden. 9

1.2 In verschiedenen Experimenten soll versucht werden, die Ausbeute des Esters zu erhöhen. Dafür werden folgende Maßnahmen vorgeschlagen:
Experiment A: Die Konzentration des Pentan-1-ols wird erhöht.
Experiment B: Der Ester wird kontinuierlich entfernt.
Experiment C: Die Temperatur wird erhöht.

Formulieren Sie für die Reaktion von Pentansäure mit Pentan-1-ol das auf die Reaktionsgleichung bezogene Massenwirkungsgesetz.
Begründen Sie für die Experimente A, B und C, ob die vorgeschlagenen Maßnahmen zu der beabsichtigten Erhöhung der Esterausbeute führen. 8

1.3 Neben violetter Kaliumpermanganatlösung können auch andere Manganverbindungen als Oxidationsmittel verwendet werden. Beispielsweise reagiert Pentan-1-ol in saurer Lösung mit blauer Kaliummanganat(V)-Lösung (enthält MnO_4^{3-}-Ionen). Bei dieser Reaktion entstehen Mangan(II)-Ionen (Mn^{2+}-Ionen) und ein organisches Produkt. Dieses organische Produkt zeigt eine positive Reaktion mit Fehlingscher Lösung.
Nennen Sie die Stoffklasse, die mit Fehlingscher Lösung nachgewiesen werden kann.
Formulieren Sie die Reaktionsgleichung für eine positive Fehling-Reaktion an einem selbst gewählten Beispiel. 5

1.4 Formulieren Sie die Reaktionsgleichung für die Reaktion von Pentan-1-ol mit blauer Manganat(V)-Lösung (enthält MnO_4^{3-}-Ionen) in saurer Lösung. Geben Sie die wesentlichen Oxidationszahlen an und zeigen Sie anhand der Elektronenübergänge, dass es sich um eine Redoxreaktion handelt. 8

30

Quellen:
Falbe, J., Regitz, M. (Hrsg.): Römpp Chemie Lexikon. Band 4. Stuttgart: Georg Thieme 1991, S. 2
Wambach, H., Hilgers, U. (Hrsg.): Materialien-Handbuch Kursunterricht Chemie, Band 2, Köln: Aulis Deubner 1991, S. 204

Aufgabe B

Weichspüler

BE

Weichspüler dienen der Textilpflege nach dem eigentlichen Waschvorgang. Dazu werden sie dem letzten Spülgang zugesetzt. Die pflegenden Substanzen sind bei Baumwollfasern besonders wirksam. Eine pflegende Wirkstoffgruppe der Weichspüler umfasst die quartären Ammonium-Ionen.

2.1 Baumwolle besteht aus Cellulose (Material 1).
Benennen Sie das der Cellulose zugrunde liegende Monomer.
Geben Sie die Strukturformel dieses Bausteins als Fischer-Projektion und die Verknüpfungsart im Cellulose-Molekül an. 5

2.2 Als Beispiel für ein quartäres Ammonium-Ion ist in Material 2 das (2-Octyl)-trimethylammonium-Ion abgebildet. Diese Verbindung soll in einer zweistufigen Synthese hergestellt werden.
Stufe 1: Oct-1-en reagiert mit Bromwasserstoff (HBr) zu 2-Bromoctan.
Stufe 2: 2-Bromoctan reagiert mit Trimethylamin (Material 3) zu dem gewünschten (2-Octyl)-trimethylammonium-Ion. Versetzt man das Gemisch am Ende dieser Reaktion mit Silbernitratlösung, beobachtet man einen weiß-gelben Niederschlag.
Stellen sie für Stufe 1 der oben beschriebenen Synthese die Reaktionsgleichung unter Verwendung von Strukturformeln auf.
Benennen, formulieren und erläutern Sie den dazugehörenden Reaktionsmechanismus. 11

2.3 Formulieren Sie für die Stufe 2 der in Aufgabe 2.2 beschriebenen Synthese die Reaktionsgleichung unter Verwendung von Strukturformeln.
Benennen Sie den Mechanismus dieser Reaktion. 4

2.4 Erläutern Sie die Nachweisreaktion mit Silbernitratlösung und geben Sie die Reaktionsgleichung dieser Nachweisreaktion an. 5

2.5 (2-Octyl)-trimethylammonium-Ionen im Weichspüler lagern sich beim Spülvorgang an die Baumwollfasern an und entfalten so ihre pflegende Wirkung. Skizzieren und erklären Sie die Anlagerung der (2-Octyl)-trimethylammonium-Ionen an die Cellulose. 5

30

Material 1: Strukturformelausschnitt von Cellulose

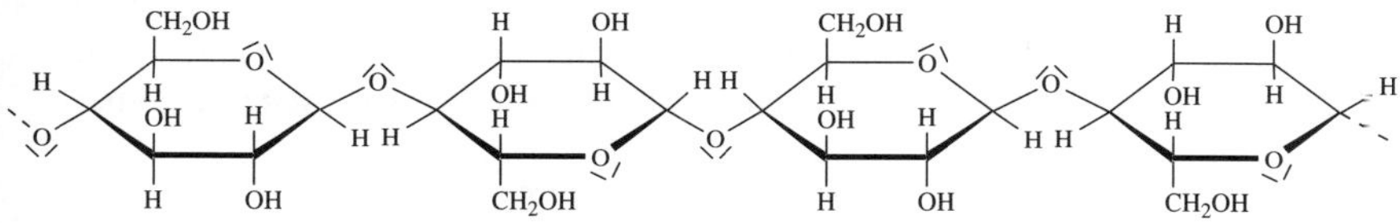

Material 2: (2-Octyl)-trimethylammonium-Ion

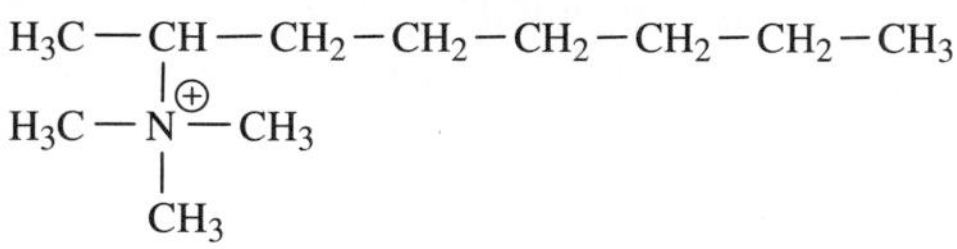

Material 3: Trimethylamin

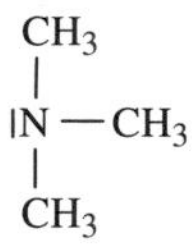

Quellen:
Falbe, J., Regitz, M.: Römpp Chemie Lexikon. 10. Auflage, Stuttgart: Thieme 1999

Aufgabe C

Milchzucker und Milcheiweiß EE

Milch enthält neben Mineralstoffen und Vitaminen als Hauptbestandteile Wasser, Kohlenhydrate, Fette und Eiweiße (Proteine).
Ein wichtiges Kohlenhydrat der Kuhmilch ist die Lactose. Sie ist ein Disaccharid aus β-D-Galactose und D-Glucose mit einer β-1,4-glykosidischen Bindung. Beim Erhitzen der Milch reagiert ein Teil der Lactose zu Lactulose; dabei wird der Glucosebaustein der Lactose zu einem Fructosebaustein umgewandelt, die β-1,4-glykosidische Bindung bleibt erhalten.

3.1 In Material 1 ist die Fischer-Projektionsformel von D-Galactose angegeben. Zeichnen Sie die Haworth-Formeln der β-D-Galactose, der β-D-Glucose und eine mögliche Haworth-Formel der Lactose.
Erläutern Sie das Reaktionsverhalten von Lactose bei der Fehling-Probe.
Hinweis: Eine Reaktionsgleichung wird nicht verlangt. 7

3.2 Geben Sie die Haworth-Formel von β-D-Fructose an und formulieren sie eine mögliche Haworth-Formel der Lactulose. 4

3.3 Ca. 80 % der Eiweiße der Milch sind Caseine, die unter anderem aus den Aminosäuren Asparaginsäure, Leucin, Prolin und Tyrosin (Material 2) bestehen.
Zeichnen Sie die D- und L-Form der Aminosäure Leucin als Fischer-Projektionsformel. Kennzeichnen Sie die asymmetrischen C-Atome und definieren Sie den Begriff „asymmetrisches C-Atom".
Zeichnen Sie einen Strukturformelausschnitt aus dem Casein, verwenden Sie dabei die Aminosäuren Asparaginsäure, Leucin und Tyrosin in der angegebenen Reihenfolge. Benennen Sie die Bindung. 8

3.4 Casein kann zur Herstellung von Leimen (Klebstoffen) verwendet werden. In einem Experiment wird die Verwendbarkeit von Casein-Leim für das Verkleben von Kunststoffen untersucht. In Material 3 sind zwei dieser Kunststoffe angegeben.
Benennen Sie die Polyreaktion, die zu Kunststoff A (Material 3) führt und geben Sie für den Ausgangsstoff die Strukturformel und den Namen des Ausgangsstoffs an.
Benennen Sie die Stoffklasse von Kunststoff B (Material 3) und geben Sie die Strukturformeln der beiden Ausgangsstoffe an. 6

3.5 Casein-Leime werden insbesondere zum Verkleben von Papier, Holz und Pappe verwendet. Ihre Eignung zum Verkleben von Kunststoffen ist unterschiedlich. So lässt sich einer der Kunststoffe aus Aufgabe 3.4 recht gut und der andere schlecht verkleben.
Erklären sie die Haftung eines Klebers auf einem Werkstoff unter der Voraussetzung, dass es sich nicht um eine chemische Reaktion handelt.
Begründen Sie das Versuchsergebnis für den Kunststoff, der sich schlecht mit Casein-Leim verkleben lässt. 5

30

Material 1: Fischer-Projektionsformel der D-Galactose

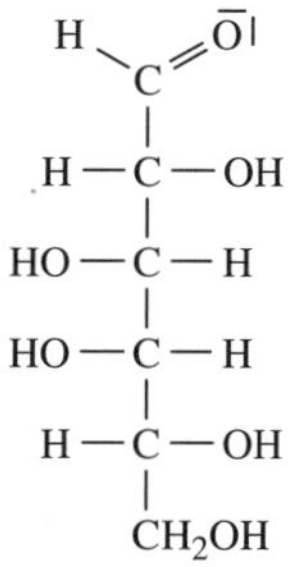

Material 2: Auswahl natürlich vorkommender Aminosäuren
(nur die Reste sind angegeben)

Name	Kurzbezeichnung	Seitenkette R
Glycin	Gly	$—H$
Alanin	Ala	$—CH_3$
Valin	Val	$—CH(CH_3)_2$
Leucin	Leu	$—CH_2—CH(CH_3)_2$
Threonin	Thr	$—CH(OH)—CH_3$
Isoleucin	Ile	$—CH(CH_3)—C_2H_5$
Tyrosin	Tyr	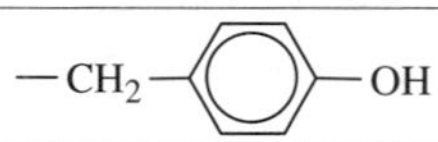
Serin	Ser	$—CH_2—OH$
Cystein	Cys	$—CH_2—SH$
Asparagin	Asn	$—CH_2—CONH_2$
Glutamin	Gln	$—CH_2—CH_2—CONH_2$
Glutaminsäure	Glu	$—CH_2—CH_2—COOH$
Asparaginsäure	Asp	$—CH_2—COOH$
Lysin	Lys	$—(CH_2)_4—NH_2$
Arginin	Arg	$—(CH_2)_3—NH—CH(NH)—NH_2$

Material 3: Ausschnitte aus den Strukturformeln zweier verschiedener Kunststoffe

Kunststoff A

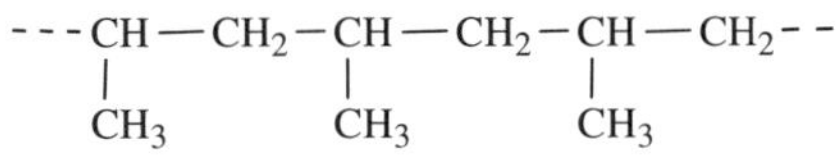

Kunststoff B

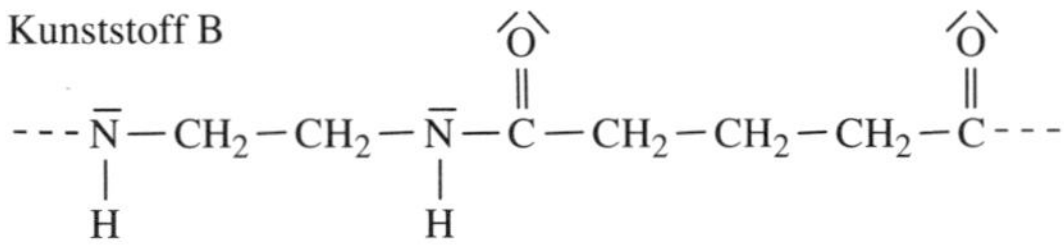

Quellen:
Falbe, J., Regitz, M.: Römpp Chemie. Lexikon 10. Auflage, Stuttgart: Thieme 1999
http://www.cma.de/content/milch/milch-inhaltsstoffe-grundnahrungsmittel.php#Inhaltsstoffe (09. 06. 2008)

Aufgabe D

Herstellung und Verwendung von Kohlenstoffdioxid BE

Versetzt man Marmor (enthält Calciumcarbonat: $CaCO_3$) mit Salzsäure, entstehen Kohlenstoffdioxid und eine Lösung von Calciumchlorid.

Experiment 1: Ein Stück Marmor mit der Masse 20 g wird mit 30 mL Salzsäure der Konzentration 2 mol $\cdot$ L^{-1} versetzt.

Experiment 2: Marmorgranulat (grobes Pulver) mit der Masse 20 g wird mit 30 mL Salzsäure der Konzentration 2 mol $\cdot$ L^{-1} versetzt.

Während des Versuchs wird fortlaufend die Masse des entstehenden Gases bestimmt. Die Messergebnisse beider Experimente sind in Material 1 angegeben.

4.1 Formulieren Sie die Reaktionsgleichung für die Reaktion von Salzsäure mit Calciumcarbonat.
Beschreiben Sie eine Nachweisreaktion für das entstandene Kohlenstoffdioxid und formulieren Sie die Reaktionsgleichung. 6

4.2 Zeichnen Sie mit Hilfe von Material 1 für die beiden Experimente mit Marmor und Salzsäure jeweils ein Masse-Zeit-Diagramm in ein Koordinatensystem (x-Achse: Zeit in min, y-Achse: Masse des entstehenden Gases in mg).
Beschreiben Sie die beiden Kurven.
Erklären Sie die Kurvenverläufe in der Anfangs- und in der Endphase. 11

4.3 In den oben geschilderten Experimenten wird Marmor mit Säure versetzt. Während der Experimente steigt der pH-Wert der Reaktionsgemische an. Berechnen Sie die H_3O^+-Ionen-Konzentration für eine Lösung, deren pH-Wert 4,3 beträgt.
Gehen Sie vereinfachend davon aus, dass Marmor vollständig aus Calciumcarbonat besteht.
Berechnen Sie die Molmasse M von Calciumcarbonat und die Stoffmenge n (in Mol) von 20 g Calciumcarbonat. 5

4.4 Johann Jacob Schweppe, 1740 in Witzighausen (Hessen) geboren, entwickelte eine Methode zur Haltbarmachung von Heilwasser. Er brachte Kohlenstoffdioxid unter Druck in das Wasser ein. Das 1783 patentierte Verfahren führte letztendlich zu unserem heutigen Mineralwasser und zu modernen Softdrinks. Das folgende Modellexperiment (Material 2) veranschaulicht das Prinzip des Verfahrens von Schweppe.
In einen Kolbenprober gibt man Kohlenstoffdioxid und mit einem Universalindikator versetztes Wasser und schüttelt kräftig. Dabei stellt sich folgendes Gleichgewicht ein:

$$CO_2 + 2\,H_2O \rightleftharpoons H_3O^+ + HCO_3^-$$

Nun presst man den Stempel des Kolbenprobers kräftig in den Kolben, hält ihn fest und beobachtet.
Geben Sie die Versuchsbeobachtungen für das Modellexperiment zum „Schweppe-Verfahren“ an und erklären Sie diese Beobachtungen. 8

30

Material 1: Messergebnisse zur Reaktion von Salzsäure mit Calciumcarbonat

Experiment 1:

t in min	0	1	3	5,5	10	12,5	15	17,5	20	22
m (CO_2) in mg	0	30	75	100	120	125	131	133	135	135

Experiment 2:

t in min	0	1	1,5	3	7	10	15
m(CO_2) in mg	0	80	100	120	130	135	135

Material 2: Modellexperiment zum Verfahren von Johann Jacob Schweppe

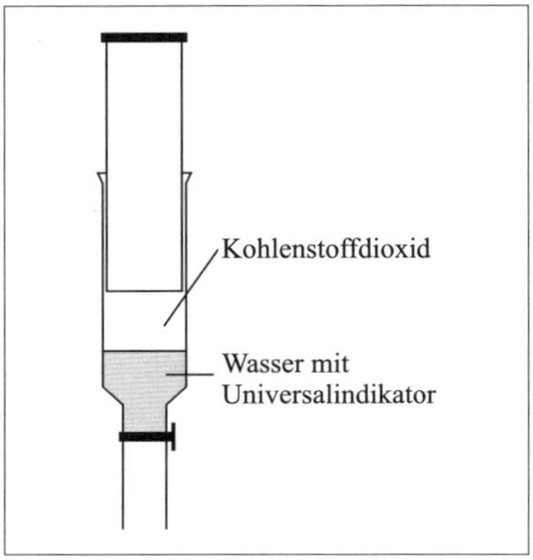

Quellen:
Benedict, I.: Graphik für die Reaktion von Calciumcarbonat mit Salzsäure (erstellt im Chemieunterricht)
Eisner, W. et al: elemente chemie II. Stuttgart: Klett 1989, S. 39
Schnell, S.: Messwerte für die Reaktion von Calciumcarbonat mit Salzsäure (erstellt im Chemieunterricht)
Wambach, H. (Hrsg.): Materialien-Handbuch Kursunterricht Chemie, Bd. 3, Köln: Aulis Deubner 1993, S. 5
www.schweppes.de (10. 06. 2008)

Lösungsvorschläge

Aufgabe A

1.1 Säurekatalysierte Synthese eines Esters aus Pentansäure und Pentan-1-ol

Reaktionsgleichung:

In der Aufgabenstellung wird nicht näher darauf eingegangen, welche Strukturformeln verwendet werden sollen, es reichen daher die Halbstrukturformeln.

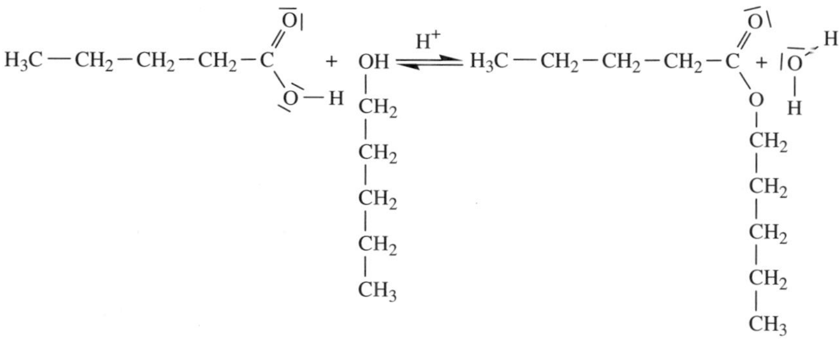

Ester werden nach der neuen IUPAC-Nomenklatur allgemein als Alkylalkanoate bezeichnet. Für den hier beschriebenen Ester ergibt sich damit die Bezeichnung **1-Pentylpentanoat**. Möglich wäre auch die Bezeichnung **Pentansäure-1-pentylester**.

Reaktionsmechanismus:

Das C-Atom der Carboxy-Gruppe ist positiv polarisiert und damit das Ziel eines nukleophilen Angriffs. In einem ersten Schritt kommt es zur Anlagerung eines Protons am Carbonylsauerstoffatom, wodurch das C-Atom der Carboxy-Gruppe eine positive Ladung erhält. Es erfolgt ein nukleophiler Angriff der alkoholischen OH-Gruppe unter Ausbildung eines tetraedrischen Zwischenzustands. Unter Abspaltung des Protons bildet sich die Doppelbindung wieder zurück und ein Wassermolekül wird abgespalten. Die Esterbildung ist eine nukleophile Substitution (Esterkondensation).

Protonierung der Pentansäure

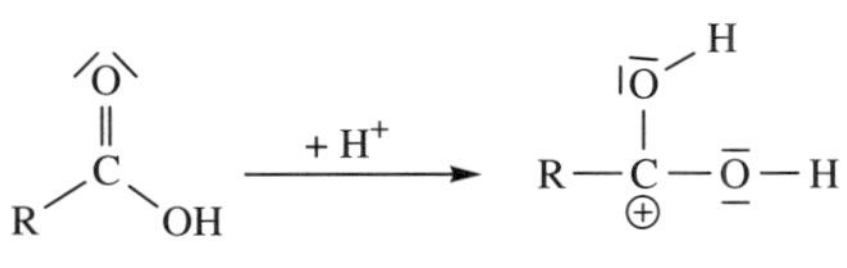

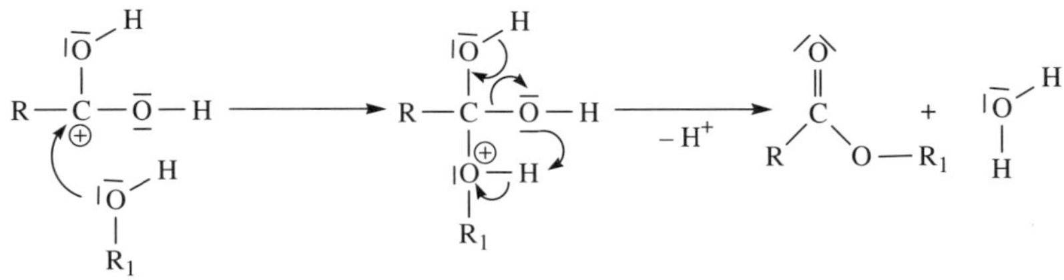

$R = H_3C-CH_2-CH_2-CH_2-$

$R_1 = H_3C-CH_2-CH_2-CH_2-CH_2-$

1.2 **Massenwirkungsgesetz (MWG):**

$$K = \frac{c_{1\text{-Pentylpentanoat}} \cdot c_{\text{Wasser}}}{c_{\text{Pentansäure}} \cdot c_{\text{Pentan-1-ol}}} = \frac{c_{C_4H_9COOC_5H_{11}} \cdot c_{H_2O}}{c_{C_4H_9COOH} \cdot c_{C_5H_{11}OH}}$$

Die in den Experimenten A – C vorgeschlagenen Maßnahmen zur Erhöhung der Esterausbeute beziehen sich auf das Prinzip des geringsten Zwangs von Le Chatelier und Braun.
Eine Reaktion, die sich im Gleichgewicht befindet, weicht einem äußeren Zwang aus. Es stellt sich ein neues Gleichgewicht ein und zwar derart, dass dabei dieser Zwang minimiert wird.

In **Experiment A** bewirkt folglich eine Erhöhung der Pentan-1-ol-Konzentration eine Verschiebung des Gleichgewichts auf die Seite der Produkte, da der Zwang, die erhöhte Pentan-1-ol-Konzentration, dadurch minimiert wird.

Auch in **Experiment B** führt das Entfernen des Esters aus dem Gleichgewicht zu einer verstärkten Produktbildung.

Für das **Experiment C** muss berücksichtigt werden, dass es sich bei der betrachteten Estersynthese um eine exotherme Reaktion handelt. Eine Temperaturerhöhung verschiebt das Gleichgewicht dieser exothermen Reaktion auf die Seite der Edukte, da durch die endotherme Rückreaktion der „Zwang“, also die Temperaturerhöhung, minimiert wird.

Die Esterausbeute wird also nur durch die Maßnahmen A und B erhöht.

1.3 Die Fehling-Probe ist ein spezifisches Nachweisverfahren für **Aldehyde**.

Bei der Reaktion einer sauren Manganat(V)-Lösung mit Pentan-1-ol entsteht als Oxidationsprodukt des Pentan-1-ols das Pentanal – ein Aldehyd, der mit Fehlingscher Lösung positiv reagiert.

Reaktionsgleichung:

Der Aldehyd wird durch das Fehling-Reagenz, eine alkalische Cu^{2+}-Lösung, zur entsprechenden Carbonsäure oxidiert. Die Cu^{2+}-Ionen werden dabei zu schwerlöslichem Kupfer(I)oxid (Cu_2O) reduziert.

$$R{-}CHO + 2\,Cu^{2+} + 4\,OH^- \longrightarrow RCOOH + Cu_2O\downarrow + 2\,H_2O$$

Da die Reaktion aber im alkalischen Milieu abläuft, reagiert die entstandene Carbonsäure mit Hydroxid-Ionen weiter und wird deprotoniert.

$$R{-}CHO + 2\,Cu^{2+} + 5\,OH^- \longrightarrow RCOO^- + Cu_2O\downarrow + 3\,H_2O$$

1.4 *Wie aus dem Text zu Aufgabe 1.3 zu ersehen ist, entstehen bei der Reaktion Mangan(II)-Ionen (Mn^{2+}-Ionen) und ein organisches Reaktionsprodukt, welches mit dem Fehling-Reagenz positiv reagiert, folglich ein Aldehyd.*

Oxidation (Elektronenabgabe): $C_4H_9{-}CH_2OH$ reagiert zu $C_4H_9{-}CHO$
Reduktion (Elektronenaufnahme): MnO_4^{3-} reagiert zu Mn^{2+}

Oxidation: $C_4H_9{-}\overset{-I}{C}H_2OH \longrightarrow C_4H_9{-}\overset{+I}{C}HO + 2\,e^-$

Reduktion: $\overset{+V}{Mn}O_4^{3-} + 3\,e^- \longrightarrow \overset{+II}{Mn}{}^{2+}$

Ionen- und Stoffausgleich mit H^+ und H_2O:

Oxidation: $C_4H_9{-}\overset{-I}{C}H_2OH \longrightarrow C_4H_9{-}\overset{+I}{C}HO + 2\,e^- + 2\,H^+ \quad |\cdot 3$

Reduktion: $\overset{+V}{Mn}O_4^{3-} + 3\,e^- + 8\,H^+ \longrightarrow \overset{+II}{Mn}{}^{2+} + 4\,H_2O \quad |\cdot 2$

Ausgleich des Elektronenübergangs:

Oxidation: $3\,C_4H_9{-}CH_2OH \longrightarrow 3\,C_4H_9{-}CHO + 6\,e^- + 6\,H^+$

Reduktion: $2\,MnO_4^{3-} + 6\,e^- + 16\,H^+ \longrightarrow 2\,Mn^{2+} + 8\,H_2O$

Addition der Teilreaktionen:

$$3\,C_4H_9{-}CH_2OH + 2\,MnO_4^{3-} + 10\,H^+ \longrightarrow 3\,C_4H_9{-}CHO + 2\,Mn^{2+} + 8\,H_2O$$

Es werden 6 Elektronen von den Pentan-1-ol-Molekülen auf die Manganat(V)-Ionen übertragen. Es handelt sich folglich um eine Redoxreaktion.

Aufgabe B

2.1 Die Cellulose ist aus β-D-Glucose-Monomeren aufgebaut, die über eine β (1 → 4) glykosidische Bindung zu dem Polysaccarid Cellulose verknüpft sind.

Fischer-Projektion des Glucose-Moleküls:

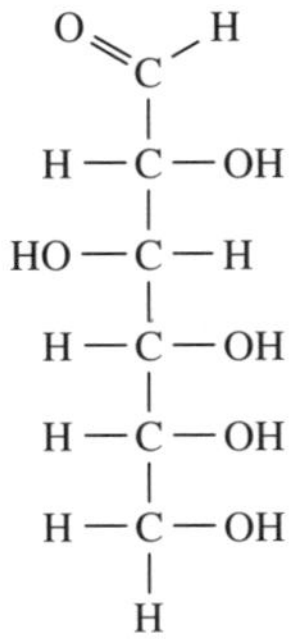

2.2 *Bei der Reaktion von Bromwasserstoff mit Oct-1-en handelt es sich um eine elektrophile Addition (A_E) an eine Doppelbindung. Nach der Regel von Markovnikov lagert sich dabei in einem ersten Schritt das Wasserstoff-Ion immer an das wasserstoffreichere C-Atom an. So entsteht als Zwischenzustand ein Kation (Carbenium-Ion), das durch den +I-Effekt der Methylgruppe stabilisiert wird.*

Reaktionsgleichung:

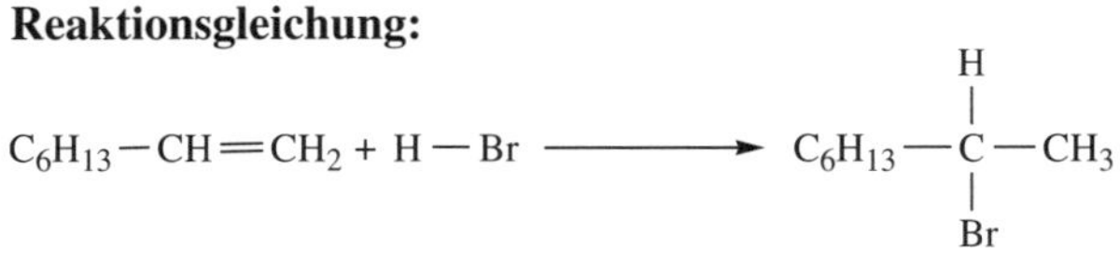

Reaktionsmechanismus der elektrophilen Addition:

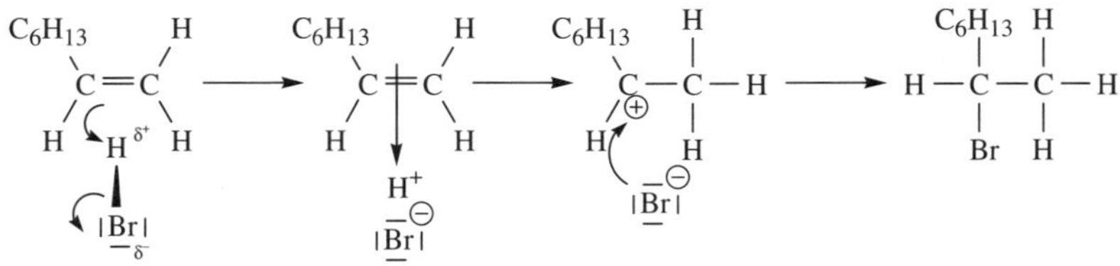

heterolytische Spaltung von HBr — π-Komplex — σ-Komplex

HBr wird heterolytisch gespalten. Das entstandene Proton greift die elektronenreiche Doppelbindung (π-Elektronen) elektrophil an (π-Komplex). Unter Spaltung der Doppelbindung kommt es zur Ausbildung eines σ-Komplexes. In einem letzten Schritt wird das Carbenium-Ion schließlich von dem Bromid-Ion nucleophil angegriffen.

2.3 Bei dieser Reaktion handelt es sich um eine **nukleophile Substitution** (S_N).

Reaktionsgleichung:

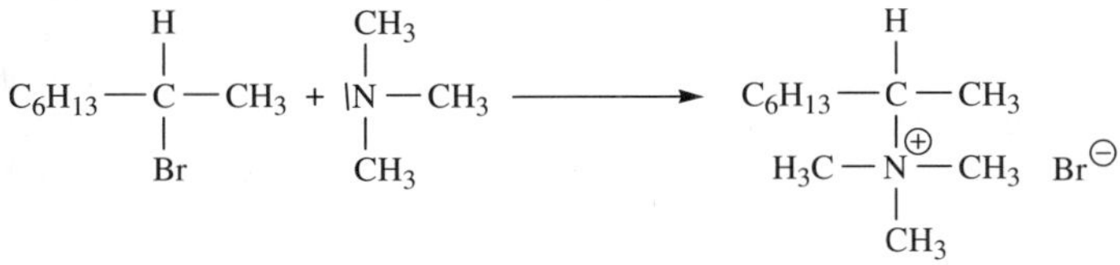

2.4 Silber-Ionen reagieren mit Bromid-Ionen zu schwer löslichem Silberbromid, welches einen weiß-gelben Niederschlag bildet.

$$Ag^+ + Br^- \longrightarrow AgBr\downarrow$$

2.5 Cellulose lagert aufgrund der vielen OH-Gruppen hydrophile Stoffe in die Fasern (Mikrofibrillen) ein. (2-Octyl)-trimethylammoniumbromid wird in den Zwischenräumen aufgrund der elektrostatischen Anziehungskräfte zwischen den polaren OH-Gruppen und den Trimethylammonium-Ionen gebunden. Durch die hydrophoben Alkylreste des quartären Ammoniumsalzes erhält die Faser aber andere Eigenschaften, da die Wechselwirkungen zwischen den Cellulose-Molekülen durch die Einlagerung der hydrophoben Kohlenwasserstoffreste verringert werden. Die Faser wird geschmeidig, da die Mikrofibrillen nun gegeneinander „verrutschen" können.

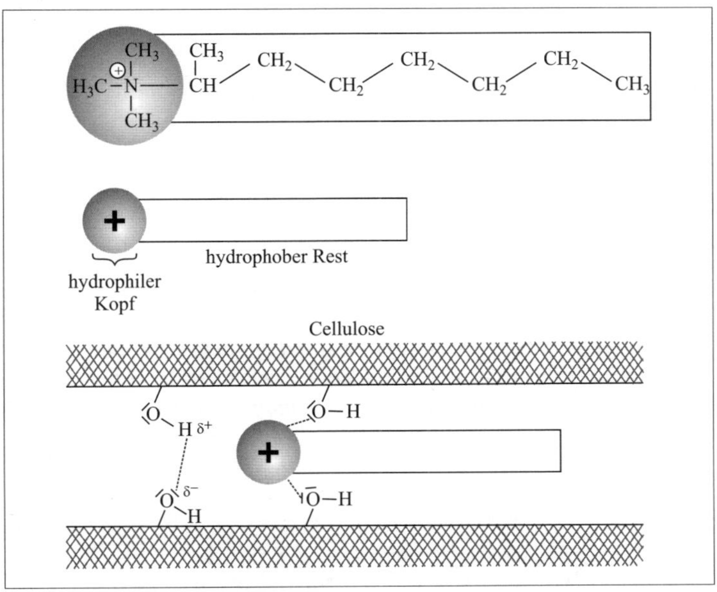

3.1 *Mithilfe der angegebenen Fischer-Projektion des D-Galactose-Moleküls lässt sich die entsprechende Haworth-Formel skizzieren. Alle OH-Substituenten, die in der Fischer-Projektion rechts stehen, sind in der Ringebene der Haworth-Formel nach unten orientiert, alle links stehenden OH-Gruppen zeigen dagegen nach oben. Die Stellung der OH-Gruppen am C_1-Atom wird durch α* bzw. *β vorgegeben.*

Fischer-Projektionsformel und Haworth-Formel der Galactose:

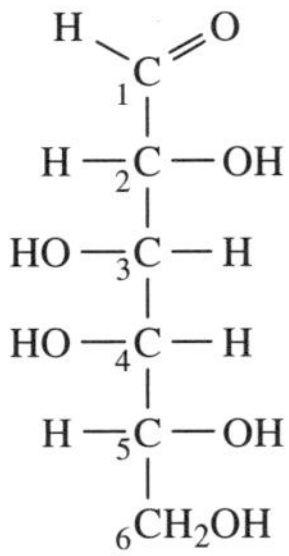

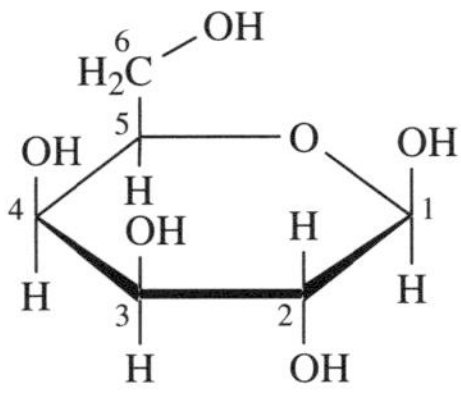

β-D-Galactopyranose

Die β-D-Glucose unterscheidet sich von der β-D-Galactose nur in der Stellung der OH-Gruppe am C_4-Atom.

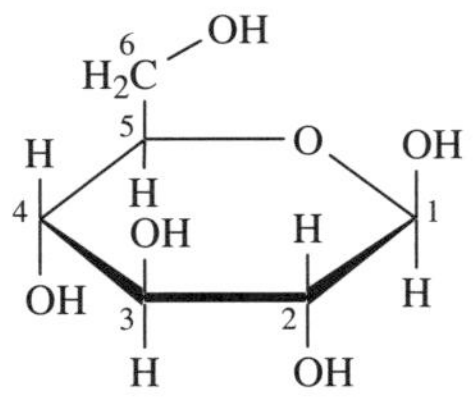

β-D-Glucopyranose

Haworth-Formel der Lactose:

Im Lactose-Molekül sind ein Galactose- und ein Glucose-Monomer miteinander verknüpft. Es sind zwei Verknüpfungsarten denkbar: Galactose ist $\beta(1 \rightarrow 4)$ mit Glucose verknüpft oder Glucose ist $\beta(1 \rightarrow 4)$ mit Galactose verknüpft. Nach der IUPAC-Nomenklatur ist die exakte Bezeichnung der Lactose: D-Galactopyranosyl- β-(1→ 4)-D-glucopyranose. Die erste Verknüpfungsvariante ergibt also das Lactose-Molekül.

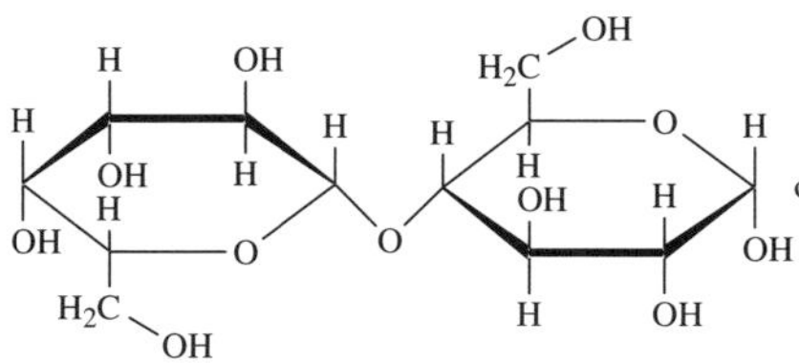

oder

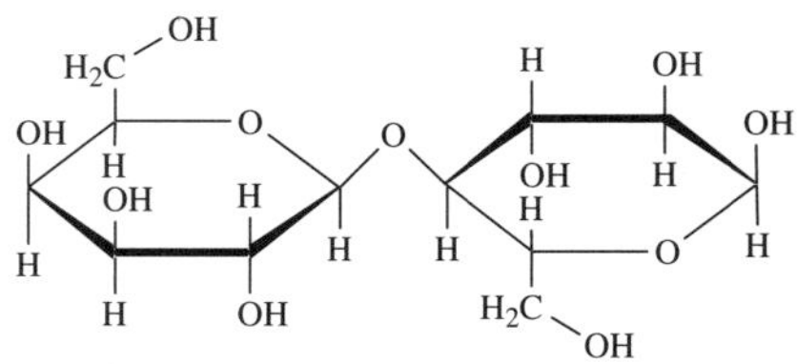

Einer der beiden Ringe muss gegenüber dem ersten um 180° um eine Achse, die durch C_1 und C_4 läuft, gedreht werden, damit die Verknüpfung über eine O-Brücke entstehen kann (Acetal). Die OH-Gruppe der Galactose am C_1-Atom befindet sich oberhalb der Ringebene, die OH-Gruppe der Glucose am C4-Atom dagegen unterhalb der Ringebene.
Der zweite Ring liegt in der Halbacetalform vor. Dadurch stellt sich ein Gleichgewicht zwischen der α- und der β-Form ein. Beide Formen sind daher richtig.

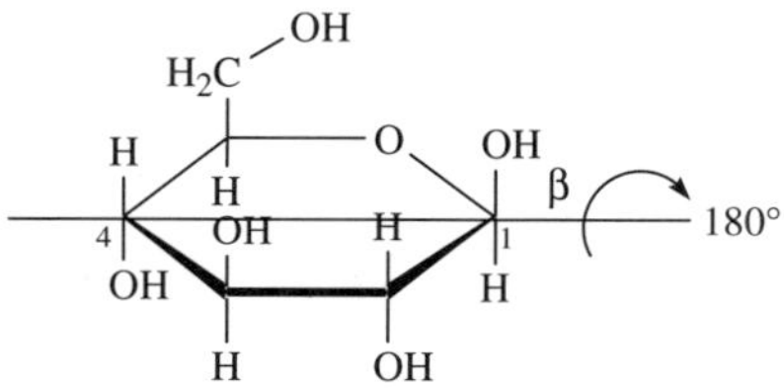

Um ein Drehen des Rings zu vermeiden, gibt es folgende alternative Darstellung:

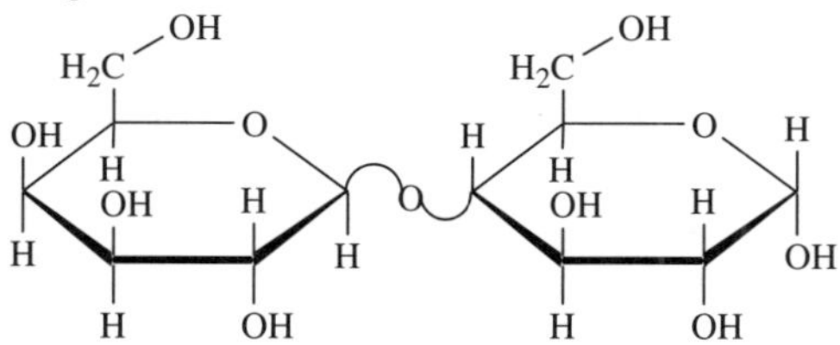

Die Fehling-Probe verläuft positiv, da der zweite Ring in Halbacetalform vorliegt, sich also öffnen kann. Die Aldehydgruppe kann dann zur Carbonsäure oxidiert werden.

3.2 Haworth-Formel von β-D-Fructose:

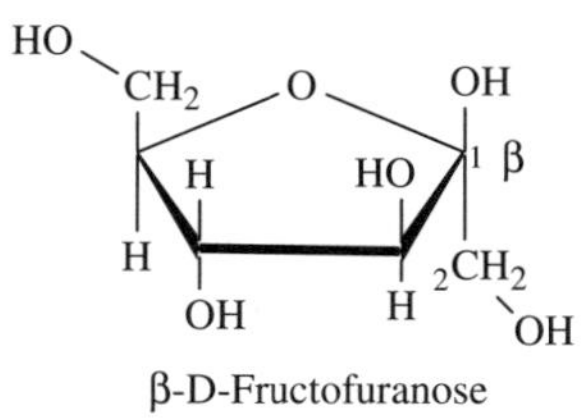

β-D-Fructofuranose

Haworth-Formel der Lactulose:

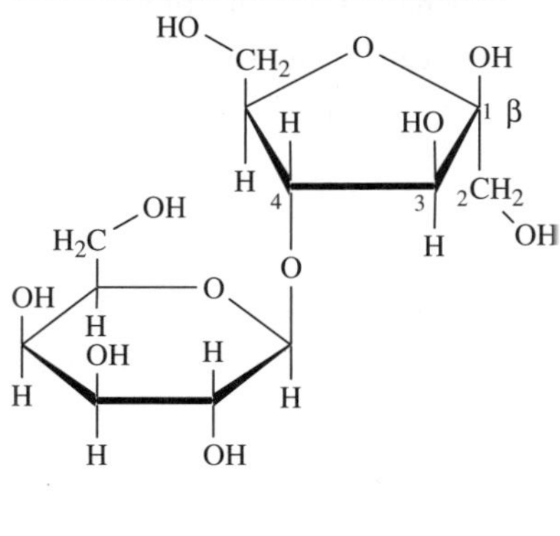

3.3

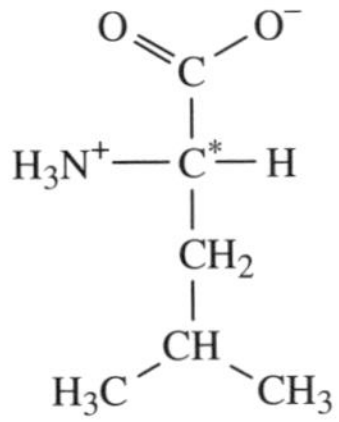

L-Form von Leucin
als Zwitterion

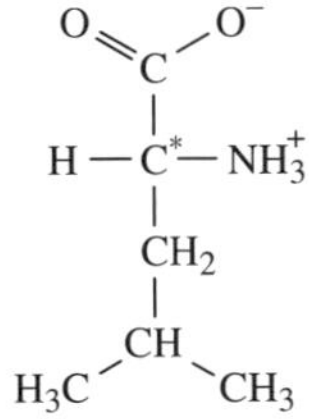

D-Form von Leucin
als Zwitterion

Das asymmetrische C-Atom (C*) trägt vier unterschiedliche Substituenten.

Strukturformelausschnitt:

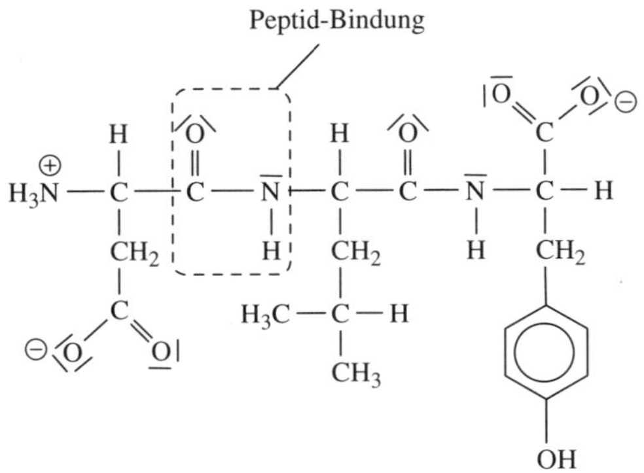

Die Bindung zwischen den Aminosäuren ist eine **Peptid-** oder **Säureamid-Bindung**.

3.4 Bei Kunststoff A handelt es sich um **Polypropen** (Polypropylen). Es wird durch Polymerisation von **Propen** (Monomer) gewonnen.

Strukturformel von Propen:

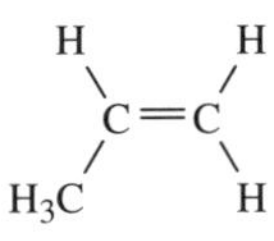

Kunststoff B zählt zur Stoffklasse der **Polyamide**.

Strukturformeln der Ausgangsstoffe:

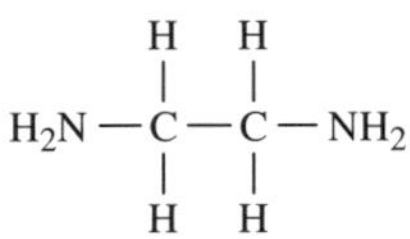

1,2-Diaminoethan

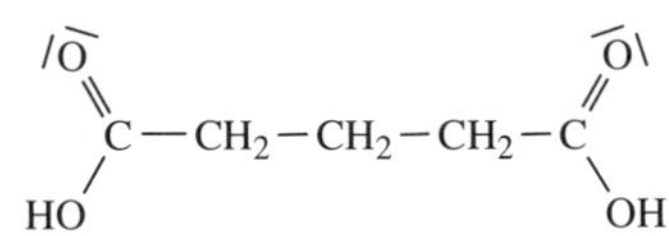

Pentandisäure (Trivialname: Glutarsäure)

3.5 Verkleben von verschiedenen Materialien basiert auf einem Härtungsvorgang, hier durch den Austritt (Trocknen) von Wasser (Lösungsmittel). Der Kleber schrumpft und härtet in den Unebenheiten des zu verklebenden Materials aus. Der Kontakt des Klebers mit dem Material wird durch zwischenmolekulare Kräfte (Wechselwirkungen) zwischen dem Kleber und dem zu verklebenden Material hergestellt. Der Casein-Leim hat polare Reste, welche mit dem unpolaren hydrophoben Polypropen keine bindenden Wechselwirkungen eingehen können. Polypropen kann also nicht mit dem Casein-Leim verklebt werden.

Aufgabe D

4.1 Reaktion von Salzsäure mit Calciumcarbonat

Reaktionsgleichung:

$$2\,H_3O^+ + 2\,Cl^- + CaCO_3 \longrightarrow Ca^{2+} + 2\,Cl^- + CO_2\uparrow + 3\,H_2O$$

Leitet man das entstehende Kohlenstoffdioxid in eine wässrige Calciumhydroxidlösung ($Ca(OH)_2$) oder Bariumhydroxidlösung ($Ba(OH)_2$) ein, so trübt sich die Lösung. Es fällt schwer lösliches Calciumcarbonat bzw. Bariumcarbonat als weißer Niederschlag aus.

$$CO_2 + Ca^{2+} + 2\,OH^- \longrightarrow CaCO_3\downarrow + H_2O$$

4.2

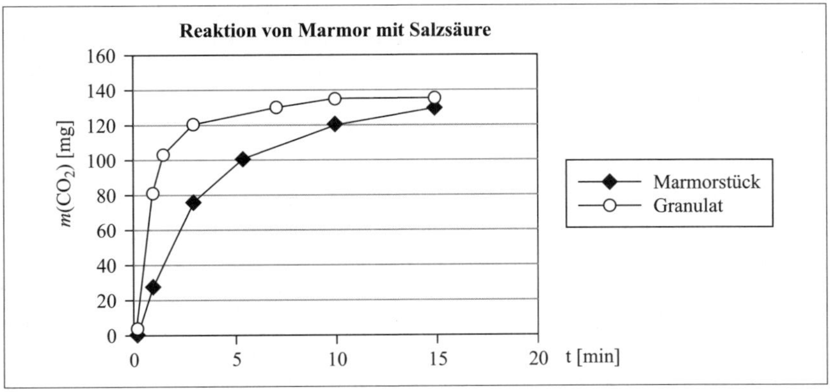

Es handelt sich hier um Sättigungskurven. Die Reaktionsgeschwindigkeit ist als Massenänderung pro Zeit $v = \Delta m/\Delta t$ (Steigung der Kurve) definiert. Sie ist proportional zur Konzentration der Salzsäure.

Die Kurve für das Experiment 2 ist zu Beginn steiler (höhere Reaktionsgeschwindigkeit) als die Kurve für das Experiment 1. Das bedeutet, bei der Reaktion des Granulats mit der Salzsäure entstehen zunächst in einer kürzeren Zeitspanne größere Mengen an Kohlenstoffdioxid, der Sättigungspunkt wird daher eher erreicht. Die Sättigung ist aber bei beiden Experimenten gleich groß

(135 mg CO_2), da die identischen Mengen an $CaCO_3$ und Salzsäure eingesetzt wurden. Die Reaktion kommt zum Erliegen, sobald einer der beiden Ausgangsstoffe verbraucht ist.
Der Grund für den unterschiedlichen Verlauf der beiden Kurven liegt in der Beschaffenheit des Ausgangsmaterials. Marmorgranulat bietet der zugesetzten Salzsäure eine größere Reaktionsfläche, so kann pro Zeiteinheit mehr Kohlenstoffdioxid gebildet werden.

4.3 *Der pH-Wert ist definiert als* $pH = -lg\ c(H_3O^+)$

Für pH = 4,3 gilt:

$c(H_3O^+) = 10^{-pH} = 10^{-4,3} = 5{,}01 \cdot 10^{-5}\ mol \cdot L^{-1}$

Die molare Masse oder Molmasse von $CaCO_3$ berechnet sich aus der Summe der molaren Massen der Atome:

$M = 40\ g \cdot mol^{-1} + 12\ g \cdot mol^{-1} + 3 \cdot 16\ g \cdot mol^{-1} \approx 100\ g \cdot mol^{-1}$

Die Stoffmenge n in der Einheit 1 mol ist definiert als Quotient der Masse eines Stoffes *m* und der molaren Masse *M*:

$$n = \frac{m}{M} = \frac{20\ g}{100\ g \cdot mol^{-1}} = 0{,}2\ mol$$

4.4 Verwendet man reines Wasser, welches noch kein gelöstes Kohlenstoffdioxid enthält, so zeigt der Indikator anfänglich den pH-Wert 7. Nach dem Schütteln mit dem Kohlenstoffdioxid reagiert die Lösung schwach sauer. An der Grenzfläche zwischen der Gasphase und dem Wasser hat sich ein Gleichgewicht eingestellt.

$$CO_2 + 2\ H_2O \rightleftharpoons H_3O^+ + HCO_3^-$$

Das CO_2-Volumen im Kolbenprober verringert sich dadurch etwas. Das Gleichgewicht ist dadurch gekennzeichnet, dass gleich viele CO_2-Moleküle in Lösung gehen, wie auch gleichzeitig aus der Lösung in den Gasraum austreten.
Presst man nun den Kolben des Kolbenprobers kräftig zusammen, führt dies zu einer Volumenverkleinerung. Das Grenzflächengleichgewicht wird gestört, es gehen mehr CO_2-Moleküle in Lösung und die Lösung reagiert stärker sauer (der pH-Wert verringert sich weiter). Dies erfolgt gemäß dem Prinzip des geringsten Zwangs. Die Druckerhöhung bewirkt die Verschiebung des Gleichgewichts in Richtung des Lösungsvorgangs, da so dem äußeren Zwang ausgewichen wird.

Den umgekehrten Vorgang kann man beobachten, wenn man eine geschlossene Mineralwasserflasche öffnet. Es entwickelt sich sofort CO_2, *was am Perlen von Gasbläschen sichtbar wird. Verschließt man sie wieder, hört diese Gasentwicklung auf.*

Leistungskurs Chemie (Hessen) Abiturprüfung 2009

Aufgabe A

Ricinusöl – ein nachwachsender Rohstoff BE

Zur Herstellung von Kunststoffen verwendet man in der Regel Monomere, die aus Erdöl gewonnen werden. Alternativ lassen sich geeignete Ausgangsstoffe auch aus verschiedenen Pflanzen gewinnen.
Ricinusöl wird aus den Beeren des Ricinusstrauches gewonnen und dient als nachwachsender Rohstoff. Es ist ein schwach gelb gefärbtes, viskoses, brennbares, unverdauliches Öl mit schwachem Geruch und unangenehmem Geschmack. Ricinusöl besteht zu 80–85 % aus Glyceriden der Ricinolsäure, daneben aus Glyceriden der Öl-, Linol-, Palmitin- und Stearinsäure.

1.1 Stellen Sie die Reaktionsgleichung zur Bildung eines Triglycerids aus Propan-1,2,3-triol und Linolsäure (cis,cis-Octadeca-9,12-diensäure) auf.

Hinweis: Sämtliche organische Stoffe sollen in der Halbstruktur- oder Strukturformelschreibweise und mit bindenden und nichtbindenden Elektronenpaaren an den funktionellen Gruppen dargestellt werden.

Begründen Sie den Aggregatzustand des Triglycerids bei Raumtemperatur. 11

1.2 Salze der Palmitinsäure (Hexadecansäure) finden u. a. Verwendung in Klebstoffen, Kosmetika, Schmierfetten und Lacken.
Das Natriumsalz der Palmitinsäure (Natriumpalmitat) soll auf zwei unterschiedlichen Reaktionswegen synthetisiert werden, zum einen durch eine einfache Neutralistionsreaktion und zum anderen durch die Reaktion eines Triglycerids.
Formulieren Sie für die beiden Reaktionswege die jeweilige Reaktionsgleichung unter Verwendung der Halbstrukturschreibweise.
Benennen Sie den Reaktionstyp für die Reaktion des Triglycerids. 8

1.3 Das Triglycerid der Ricinolsäure (12-Hydroxy-cis-octadeca-9-ensäure; Material 1) wird unter Erwärmen mit Diphenylmethandiisocyanat (Material 2) zur Reaktion gebracht.
Zeichnen Sie einen charakteristischen Ausschnitt aus dem entstehenden Makromolekül unter Verwendung der Halbstrukturschreibweise.
Geben Sie die Stoffklasse des Reaktionsproduktes sowie den Reaktionstyp an. Beschreiben und erklären Sie die Eigenschaften des Kunststoffs. 12

1.4 Moderne Wohnmobil-Karrosserien werden z. B. aus dem Stoff Polyglace® hergestellt. Bei der Synthese dieses Stoffes reagiert das Triglycerid der Ricinolsäure (12-Hydroxy-cis-octadeca-9-ensäure) mit Adipinsäuredichlorid (Material 3). Als Nebenprodukt entsteht dabei ein Gas, das auf feuchtem Indikatorpapier einen sauren pH-Wert anzeigt. Eine Säurekatalyse ist bei dieser Reaktion nicht erforderlich.
Geben Sie die Stoffklasse des organischen Reaktionsprodukts an.
Entwickeln Sie einen Reaktionsmechanismus für diese Reaktion.

Hinweise: Die für den Mechanismus nicht relevanten Molekülteile können mit dem Buchstaben R (für Rest) abgekürzt werden. Eine Erläuterung des Mechanismus wird nicht erwartet. 9

40

Material 1: Ricinolsäure

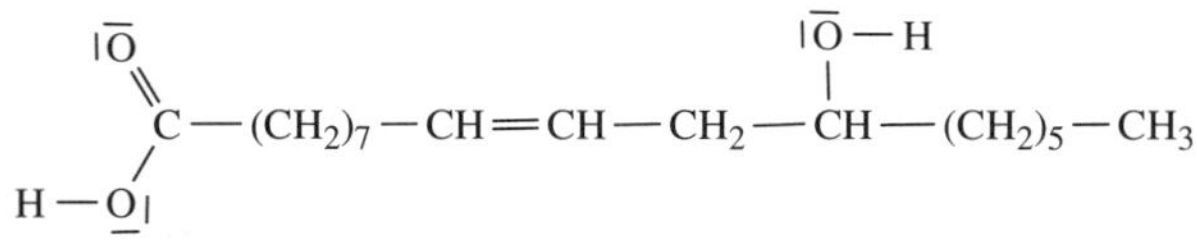

Material 2: Diphenylmethandiisocyanat

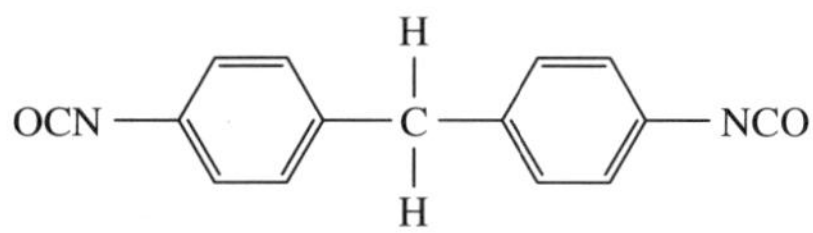

Material 3: Adipinsäuredichlorid

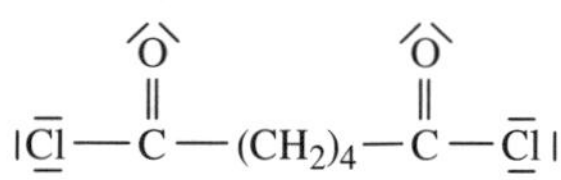

Quelle:
Dörrenbächer, A.: IUPAC-Regeln und DIN-Normen im Unterricht. Köln, Aulis Deubner 1995
Gesellschaft Deutscher Chemiker (GDCh): Green Chemistry – Nachhaltigkeit in der Chemie. Weinheim, Wiley-VCH 2003, S. 71
Vollhardt, K. P. C., Schore, N. E.: Organische Chemie. Weinheim, Wiley-VCH 2007, S. 1028
von Lehmden, F.: Experimentalvortrag Öle und Fette an der Philipps-Universität Marburg. Fachbereich Chemie
www.chids.de/dachs/expvortr/706Fette_vonLehmden.ppt (09.04.2008)
Wambach, H.: Materialien-Handbuch Kursunterricht Chemie, Band 5, Köln, Aulis Deubner 1997, S. 91

Aufgabe B

Synthesegas und Methanol BE

Synthesegas wird in der chemischen Technologie für eine Fülle von Direktsynthesen eingesetzt, z. B. zur Herstellung von Methanol. Synthesegas, ein Gemisch aus Kohlenstoffmonoxid und Wasserstoff, wird aus Methan und Wasserdampf bei Temperaturen von etwa 800 °C unter Wirkung von Katalysatoren gebildet. Für diese Reaktion gilt $\Delta_R S^0 = +216 \text{ J} \cdot \text{K}^{-1} \cdot \text{mol}^{-1}$.

2.1 Formulieren Sie die Reaktionsgleichung für die Herstellung des Synthesegases und berechnen Sie hierfür mithilfe von Material 1 die Reaktionsenthalpie $\Delta_R H^0$. Erläutern Sie den $\Delta_R S^0$-Wert dieser Reaktion. 8

2.2 Synthesegas lässt sich zu Methanol umsetzen, wobei kein weiteres Produkt entsteht. Die technischen Bedingungen hierfür sind in Material 2 dargestellt.
Beschreiben und erklären Sie vergleichend die in Material 2 dargestellten Kurven. Diskutieren Sie den Einfluss der technischen Bedingungen auf die Reaktion sowie die Vor- und Nachteile der Methanolsynthese bei 50 bar bzw. 200 bar (auch unter wirtschaftlichen Aspekten). 14

2.3 Methanol kann in säurekatalysierter Reaktion mit Propanal umgesetzt werden. Dabei entsteht zunächst ein sogenanntes Halbacetal, das anschließend mit Methanol noch zum sogenannten Vollacetal weiterreagieren kann.
Benennen Sie den Reaktionstyp der Halbacetalbildung und formulieren Sie jeweils den Reaktionsmechanismus für die Halbacetalbildung und für die weitere Reaktion zum Vollacetal. 12

2.4 Setzt man Methanol in einer säurekatalysierten Reaktion statt mit Propanal mit Methanal um, so stellt man einen Unterschied in der Reaktionsgeschwindigkeit fest.
Erklären Sie den Unterschied. 6

40

Material 1: Molare Standardbildungsenthalpien

	molare Standardbildungsenthalpie $\Delta_f H_m^0$ [kJ · mol^{-1}]
Kohlenstoff (s) (Graphit)	0
Kohlenstoffdioxid (g)	–393
Kohlenstoffmonoxid (g)	–111
Methan (g)	–75
Sauerstoff (g)	0
Wasserstoff (g)	0
Wasser (g)	–242
Wasser (l)	–286

Material 2: Großtechnische Methanolsynthese

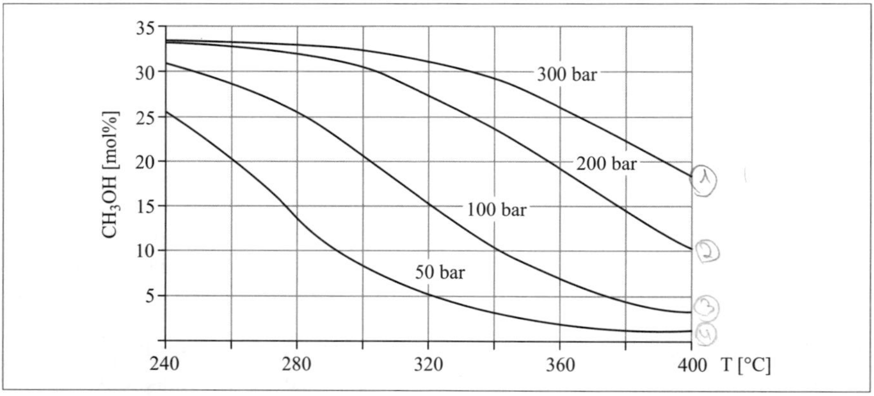

www.ct.chemie.tu-darmstadt.de/local/Hochdruck.pdf. S. 9

Das entstehende Methanol liegt in der Gasphase vor.

Quelle:
Lide, D.: Handbook of Chemistry and Physics 84th Edition. Boca Raton: CRC Press 2003

Aufgabe C

Oxalsäure – eine Dicarbonsäure

BE

Oxalsäure (Ethandisäure) ist die einfachste Dicarbonsäure. In Pflanzen ist sie eine der am häufigsten vorkommenden organischen Säuren. Die Säure bzw. deren Salze kommen in besonders hoher Konzentration im Rhabarber, im Spinat und im Sauerampfer vor. Oxalsäure ist in höheren Konzentrationen für den Menschen giftig.

3.1 Misst man in einem Konduktometer die Leitfähigkeit einer Oxalsäurelösung ($c = 0{,}05\ \text{mol} \cdot \text{L}^{-1}$) und einer gleich konzentrierten Ethansäurelösung, so erhält man folgende Werte für die elektrische Leitfähigkeit (Einheit mS cm^{-1}): Oxalsäure: $10{,}9\ \text{mS cm}^{-1}$; Ethansäure: $0{,}33\ \text{mS cm}^{-1}$
Zeichnen Sie die Strukturformeln von Oxalsäure und Ethansäure.
Erläutern Sie die beiden Werte für die Leitfähigkeit im Vergleich. 8

3.2 In einer Redoxreaktion reagiert Oxalsäure mit den Permanganat-Ionen (MnO_4^--Ionen) einer sauren Kaliumpermanganatlösung unter anderem zu Mn^{2+}-Ionen und einem Gas, das sich mit Calciumhydroxidlösung (Kalkwasser) nachweisen lässt.
Formulieren sie die Reaktionsgleichung für die oben beschriebene Reaktion und zeigen Sie anhand der Elektronenübergänge, dass es sich um eine Redoxreaktion handelt. 8

3.3 Bei der in Aufgabe 3.2 ablaufenden Redoxreaktionen wirken Mn^{2+}-Ionen als Katalysator. Erklären Sie den Kurvenverlauf in Material 1. 8

3.4 Oxalsäure reagiert mit Calcium-Ionen unter Bildung des schwer löslichen Salzes Calciumoxalat. Sie bindet also einerseits Calcium-Ionen, die damit für den Körper nicht mehr zur Verfügung stehen und bildet andererseits in den Ausscheidungsorganen (Niere und Blase) Harnsteine. Daher sollte eine übermäßige Aufnahme von Oxalsäure mit der Nahrung vermieden werden. Gehen Sie davon aus, dass 100 g Rhabarberkompott in etwa 500 mg freie Oxalsäure enthalten.
Stellen Sie die Reaktionsgleichung für die Bildung von Calciumoxalat auf.
Berechnen Sie die Masse an Calcium-Ionen, die durch den Genuss von 150 g Rhabarberkompott gebunden werden. 7

3.5 Eine weitere Dicarbonsäure ist die Butan-1,4-disäure. Diese lässt sich mit Ammoniak zu Butanimid (Material 2) umsetzen. Versetzt man das Butanimid mit Natriumhydroxidlösung, so reagiert dieses als Säure.
Formulieren Sie die Reaktionsgleichung für die Reaktion von Butanimid mit Natriumhydroxidlösung. Erklären Sie die Acidität des Butanimids unter anderem mithilfe mesomerer Grenzstrukturen. 9

40

Material 1: Konzentrations-Zeit-Diagramm der Oxidation von Oxalsäure mit saurer Kaliumpermanganat-Lösung

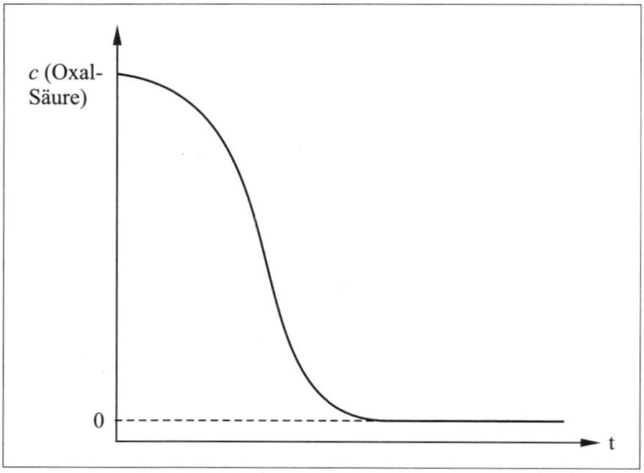

Demuth, Reinhard; Parchmann, Ilka; Ralle, Bernd (Hrsg.):
Chemie im Kontext. Berlin, Cornelsen 2006, S. 477 (Grafik verändert)

Material 2: Butanimid

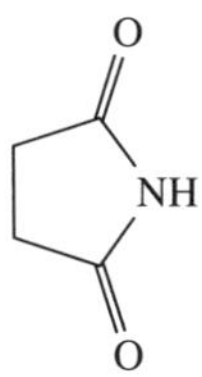

Quelle:
Breitmaier, E., Jung, G.: Organische Chemie. Stuttgart, Thieme 2001, S. 287 f.
Falbe, J., Regitz, M.: Römpp Chemie Lexikon, Stuttgart: Thieme 1993, S. 3 160

Aufgabe D

Chemie rund um die Biene BE

Bienen als Insekten besitzen ein Außenskelett aus Chitin. Beim Chitin handelt es sich um ein Polysaccharid aus N-Acetylglucosamin-Monomeren (Material 1). Diese Monomere sind auf die gleiche Art und Weise verknüpft wie die Glucose-Moleküle in der Cellulose.
Hydrolysiert man N-Acetylglucosamin mit einer wässrigen Säurelösung, so entstehen ein Zuckerderivat und eine Säure.

Der von den Bienen produzierte Honig besteht zum größten Teil aus Fructose, Glucose, aber auch aus höheren Zuckern, wie z. B. der Melizitose (Material 2).
Der Honig lässt sich durch alkoholische Gärung der Glucose zu Honigwein (Met) umsetzen. Diese Reaktion findet unter Luftausschluss statt, wobei neben dem Alkohol auch Kohlenstoffdioxid entsteht.
In der Lebensmittelindustrie findet als kostengünstige Alternative zum Honig der in Aussehen, Geruch und Geschmack ähnliche Kunsthonig Verwendung. Dieser besteht zum größten Teil aus Invertzucker.

4.1 Zeichnen Sie einen aus drei Monomeren entstandenen Strukturformelausschnitt einer Polysaccharidkette des Chitins und geben Sie die Verknüpfungsart der Monomere an. Chitin ist, ähnlich wie Cellulose, nicht wasserlöslich. Erläutern Sie dies.
Formulieren Sie die Reaktionsgleichung für die Hydrolyse von N-Acetylglucosamin in Strukturformeln. 9

4.2 Hydrolysiert man Melizitose, so können zwei verschiedene Disaccharide entstehen. Beide Disaccharide werden isoliert und der Fehling-Probe unterzogen.
Geben Sie die Strukturformeln der beiden möglichen Disaccharide an.
Erklären sie das Verhalten der beiden Disaccharide gegenüber Fehling-Reagenz.

Hinweis: Eine Reaktionsgleichung für die Fehlingsche Probe ist nicht erforderlich. 9

4.3 Geben Sie die Reaktionsgleichung für die alkoholische Gärung von Glucose an und berechnen Sie mit Hilfe von Material 3 hierfür die Reaktionsenthalpie $\Delta_R H^0$.

Hinweis: Gehen Sie für die Berechnung davon aus, dass sich die Ausgangsstoffe und Endprodukte jeweils im Standardzustand befinden. 6

4.4 Zur Herstellung von Invertzucker wird Saccharose mit einer Säure und Wasser vermischt und ca. 30 Minuten bei etwa 80 °C umgesetzt, wobei ein zäher Sirup ensteht. Diesem wird Natriumhydrogencarbonat ($NaHCO_3$) zugesetzt. Durch eine Gasentwicklung kommt es zu einem kurzen Aufschäumen und der Invertzucker ist gebrauchsfertig.
Geben Sie die im Invertzucker enthaltenen organischen Stoffe an.
Formulieren Sie die Reaktionsgleichung für das Aufschäumen des Reaktionsgemisches und begründen Sie die Notwendigkeit der Zugabe von Natriumhydrogencarbonat. 7

4.5 In der Natur- und Volksheilkunde werden dem Honig vielfältige therapeutische Wirkungen nachgesagt. In der Schulmedizin setzt man bei fiebrigen Erkältungen eher auf Substanzen wie beispielsweise Paracetamol. Paracetamol lässt sich aus p-Aminophenol und Ethansäureanhydrid herstellen. (Material 4).
Entwickeln Sie einen Reaktionsmechanismus zur Herstellung von Paracetamol aus p-Aminophenol und Ethansäureanhydrid. 9

40

Material 1: Strukturformel von N-Acetylglucosamin

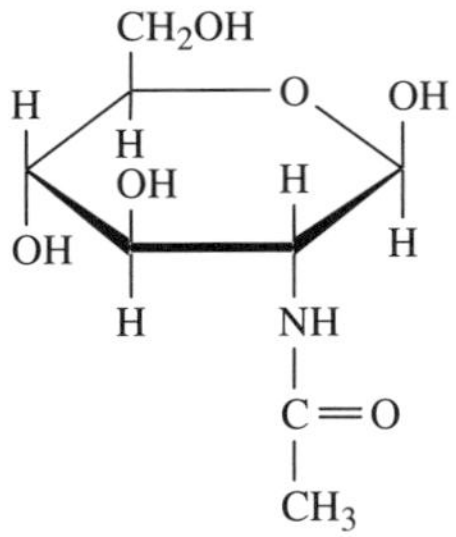

Material 2: Strukturformel der Melizitose

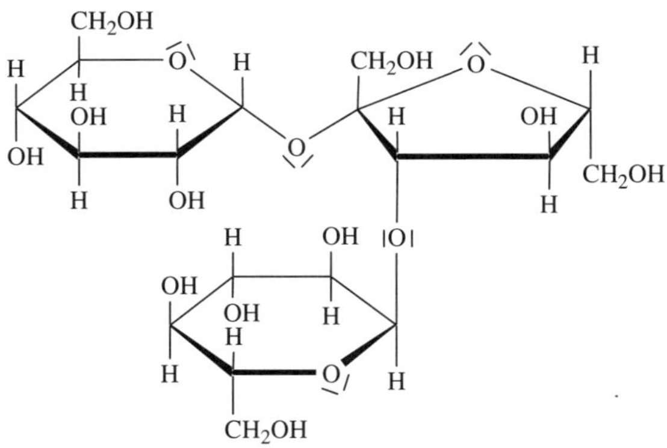

Material 3: Molare Standardbildungsenthalpien

	molare Standardbildungsenthalpie $\Delta_f H_m^0$ [kJ · mol⁻¹]
Kohlenstoff (s) (Graphit)	0
Kohlenstoffdioxid (g)	–393
Kohlenstoffmonoxid (g)	–111
Ethanol (l)	–278
Glucose (s)	–1 260
Sauerstoff (g)	0
Sauerstoff (g)	0
Wasserstoff (g)	0
Wasser (g)	–242
Wasser (l)	–286

Material 4: Strukturformel von Paracetamol und Ethansäureanhydrid

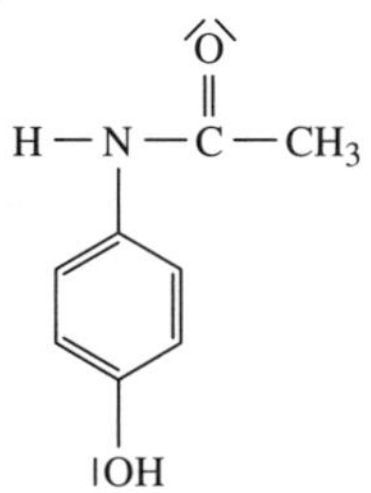
Paracetamol

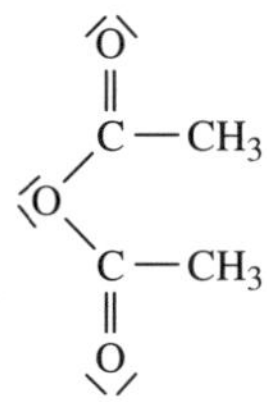
Ethansäureanhydrid

Quelle:
Falbe, J., Regitz, M.: Römpp Chemie Lexikon, Stuttgart: Thieme 1990, S. 1847
Risch, K., Seitz, H.: Organische Chemie, Hannover, Schroedel 2003, S. 123 ff.
Vollhardt, K. P. C., Schore, N. E.: Organische Chemie. Weinheim, Wiley-VCH 2007, S. 1 037
Wambach, H.: Materialien-Handbuch Kursunterricht Chemie, Band 9, Köln, Aulis Deubner 2001, S. 170 ff.
www.chm.tu-dresden.de/oc/med/ws06-07/v11.pdf (23. 09. 2008)

Lösungsvorschläge

Aufgabe A

1.1 *Es handelt sich bei der Bildung des Triglycerids aus Propan-1,2,3-triol (Glycerin) und der langkettigen Linolsäure um eine Estersynthese.*

Halbstrukturformel der Linolsäure (cis,cis-Octadeca-9,12-diensäure):

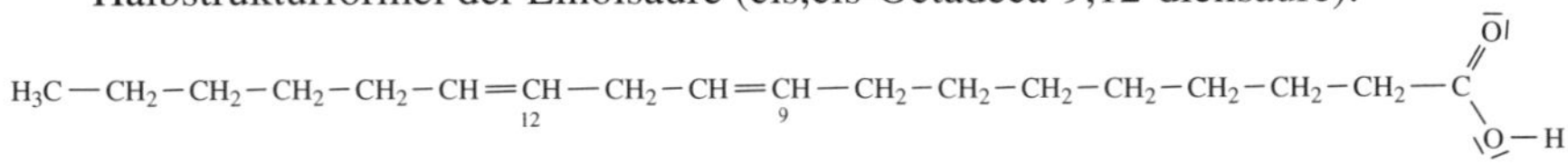

oder vereinfacht:

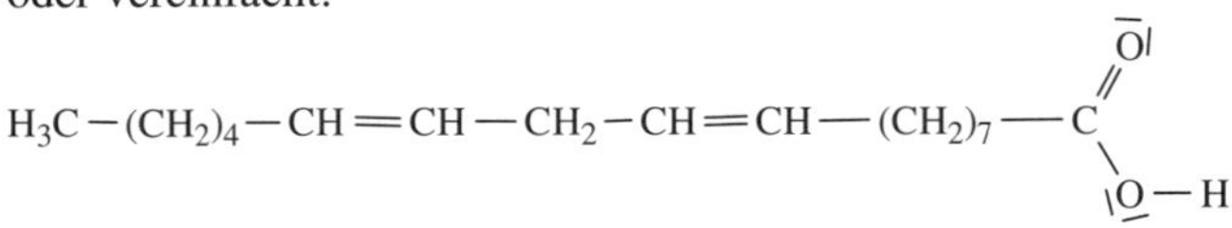

Reaktionsgleichung:

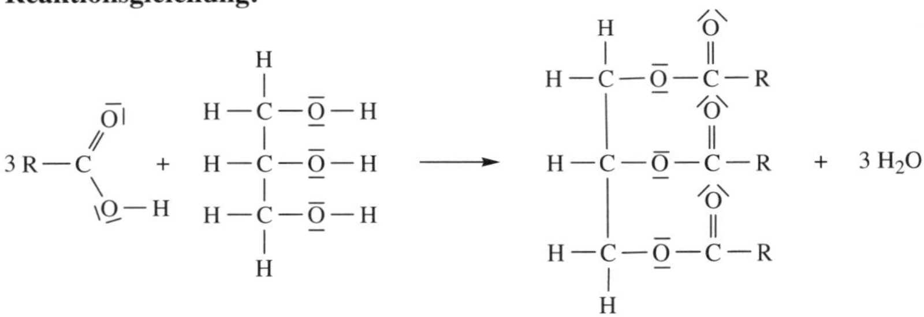

Linolsäure Glycerin Linolsäureglycerylester

$R = -(CH_2)_7-CH{=}CH-CH_2-CH{=}CH-(CH_2)_4-CH_3$

Aggregatzustand von Linolsäureglycerylester bei Raumtemperatur:
Bei Raumtemperatur sind Triglyceride mit ungesättigten Fettsäuren in der Regel Öle, also flüssig. Die Triglyceride hingegen, an deren Aufbau ausschließlich gesättigte Fettsäuren beteiligt sind, sind fest. Der Zusammenhalt der hydrophoben Kohlenwasserstoffketten erfolgt über van der Waals-Kräfte, schwache temporäre Dipolkräfte. Diese sind umso größer, je größer die Berührungsflächen der Moleküle sind. Die Konsistenz der Triglyceride hängt also von der Struktur ihrer Fettsäuren ab.
Bei der Linolsäure handelt es sich um eine zweifach ungesättigte Fettsäure, die an beiden Doppelbindungen in der cis-Konfiguration vorliegt. Durch diese cis-konfigurierten Doppelbindungen bilden sich „Knicke" aus, die ein geordnetes Aneinanderlagern verhindern. Die van der Waals-Kräfte sind vergleichsweise gering und die Schmelztemperatur ist daher niedrig.

Die cis-Konfiguration der beiden Doppelbindungen kann in der Halbstrukturformel nicht sichtbar gemacht werden. Stellt man die Linolsäure dagegen in der Skelettformel dar, bei welcher sterische Anordnungen berücksichtigt werden, so kann man die cis-Konfiguration der Doppelbindungen erkennen.

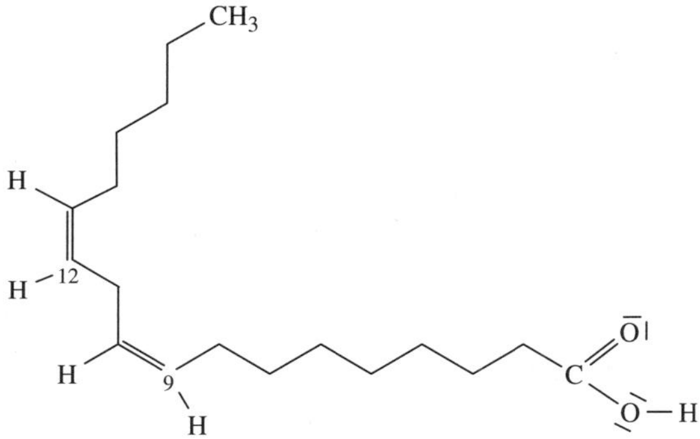

1.2 **Syntheseweg 1:** Neutralisationsreaktion

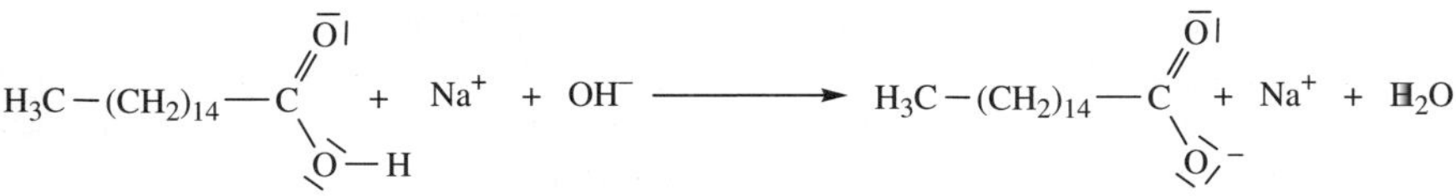

Palmitinsäure (Hexadecansäure) Palmitat-Anion

Syntheseweg 2: alkalische Hydrolyse (alkalische Fettspaltung) bzw. Verseifung

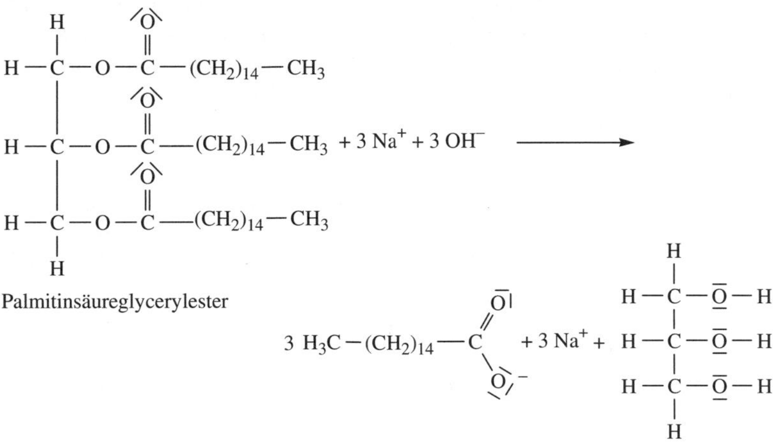

Palmitinsäureglycerylester

Palmitat-Anion Glycerin

1.3 *Bei der Reaktion des betrachteten Triglycerids mit Diphenylmethandiisocyanat reagiert die OH-Gruppe der Ricinolsäure mit der Isocyanatgruppe (-N=C=O) des Diphenylmethandiisocyanats.*

Strukturformel des Makromoleküls:

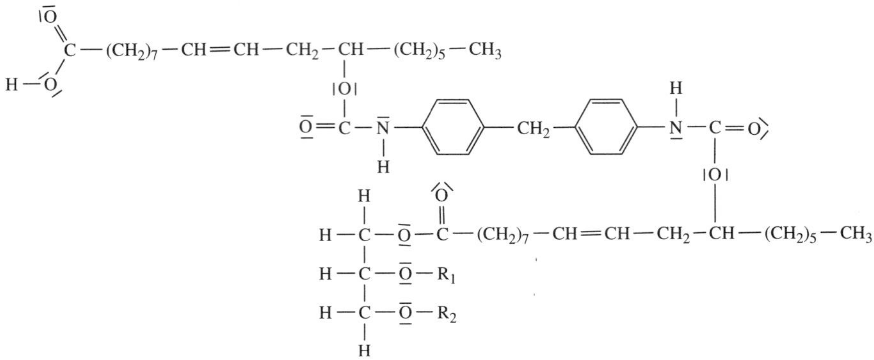

In dem Triglycerid sind drei Ricinolsäurereste gebunden. Jeder dieser Reste kann über seine Hydroxylgruppe mit Diisocyanat-Molekülen reagieren. Bei dieser **Polyadditionsreaktion** bilden sich stark vernetzte Makromoleküle aus. Der entstehende Kunststoff gehört zur Stoffklasse der **Polyurethane**.
Durch die zwischenmolekulare Vernetzung verschiedener trifunktionaler Triglyceride mit bifunktionalen Diphenylmethandiisocyanatmolekülen entsteht ein **Duroplast**. Der Kunststoff ist hydrophob und formkonstant.

1.4 **Reaktionsmechanismus:**

Bei der Reaktion des Ricinolsäureglycerylesters mit Adipinsäuredichlorid handelt es sich um eine Veresterungsreaktion. Die Hydroxylgruppen der Ricinolsäurereste reagieren mit den Säurechloridgruppen des Adipinsäuredichlorids. Wegen einer besseren Übersichtlichkeit werden im Triglycerid alle nicht relevanten Molekülteile mit R abgekürzt.

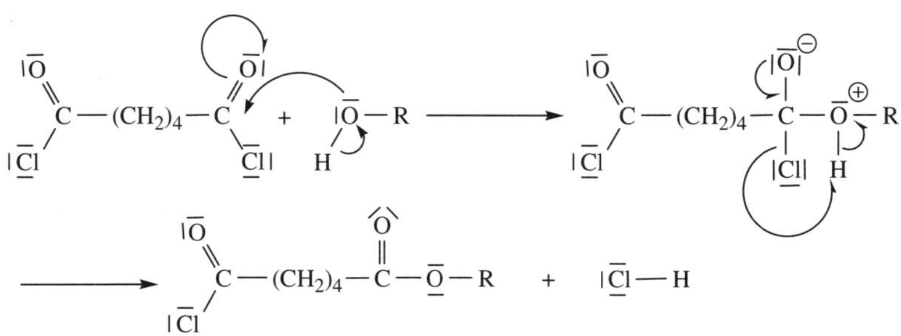

Es handelt sich bei dem Reaktionsprodukt um einen **Polyester**. Bei der Reaktion wird Chlorwasserstoff abgespalten.

Aufgabe B

2.1 *Aus dem Einführungstext können die Edukte und die Produkte der Reaktion entnommen werden.*

Reaktionsgleichung:

$CH_4 + H_2O \longrightarrow CO + 3\,H_2$

Berechnung der Reaktionsenthalpie $\Delta_R H^0$ mithilfe der molaren Standardbildungsenthalpien $\Delta_f H_m^0$:

$$\Delta_R H^0 = \sum \Delta_f H_m^0(\text{Produkte}) - \sum \Delta_f H_m^0(\text{Edukte})$$

$$\Delta_R H^0 = [-111\,\text{kJ} \cdot \text{mol}^{-1} + 3 \cdot (0\,\text{kJ} \cdot \text{mol}^{-1})] - [-75\,\text{kJ} \cdot \text{mol}^{-1} + (-242\,\text{kJ} \cdot \text{mol}^{-1})]$$
$$= 206\,\text{kJ} \cdot \text{mol}^{-1}$$

Die Reaktionsenthalpie ist positiv, damit verläuft die Reaktion endotherm.

Die Reaktionsentropie ist ebenfalls positiv. Das bedeutet, die Reaktion läuft unter Zunahme der Entropie ab. Im Verlauf der Reaktion gelangt das System zu einem Zustand größerer Unordnung. Dies ist aus einem Vergleich der Volumina der Edukte und der Produkte zu erkennen. Aus zwei Raumteilen (2 mol) Gas entstehen 4 Raumteile (4 mol) Gas.

Aus $\Delta_R G^0 = \Delta_R H^0 - T \cdot \Delta_R S^0$ ergibt sich, dass bei hohen Reaktionstemperaturen der Einfluss der Entropie überwiegt. $\Delta_R G^0$ ist für hohe Reaktionstemperaturen negativ.

2.2 Der Synthese von Methanol aus Synthesegas liegt eine Gleichgewichtsreaktion zugrunde.

$CO + 2\,H_2 \rightleftharpoons CH_3OH$

In den Kurven ist die Ausbeute an Methanol bei der großtechnischen Methanolsynthese in Abhängigkeit von Druck und Temperatur dargestellt. Bei konstanter Temperatur nimmt die Methanolausbeute mit steigendem Druck zu. Mit steigender Temperatur nimmt die gebildete Menge an Methanol bei konstantem Druck dagegen ab. Dies kann mit dem Prinzip des geringsten Zwangs (Le Chatelier /Braun) erklärt werden. Da aus 3 mol Gas-Molekülen (3 Raumteile) nur 1 mol Methanol-Moleküle (1 Raumteil) entstehen, weicht die Reaktion bei einer Druckerhöhung in die Richtung aus, in der der Druck verringert wird, also auf die Seite mit dem geringeren Gasvolumen. Eine Temperaturerhöhung bewirkt hingegen eine Verschiebung des Gleichgewichtes auf die Seite der Edukte, da es sich bei der Methanolsynthese offensichtlich um eine exotherme Reaktion handelt.
Solche exothermen Gleichgewichtsreaktionen erfordern immer einen Kompromiss bei den Reaktionsbedingungen. Bei zu niedrigen Temperaturen ist die Gleichgewichtseinstellung zu langsam. Man wählt daher eine Temperatur um

240 °C und führt das nicht umgesetzte Gasgemisch nach Abtrennung des Methanols erneut der Synthese zu und verwendet Katalysatoren.
Mit hohen Drücken erzielt man zwar (wenn auch nur geringfügig) höhere Methanolausbeuten, gleichzeitig steigen aber auch die Kosten des industriellen Verfahrens. Hohe Drücke stellen gerade bei Wasserstoff hohe Materialanforderungen und erfordern viel Energie (Kompressoren).

2.3 Die Reaktion zum Halbacetal ist eine **nukleophile Addition** (A_N). Die Acetalbildung ist eine nukleophile Substitution (S_N).

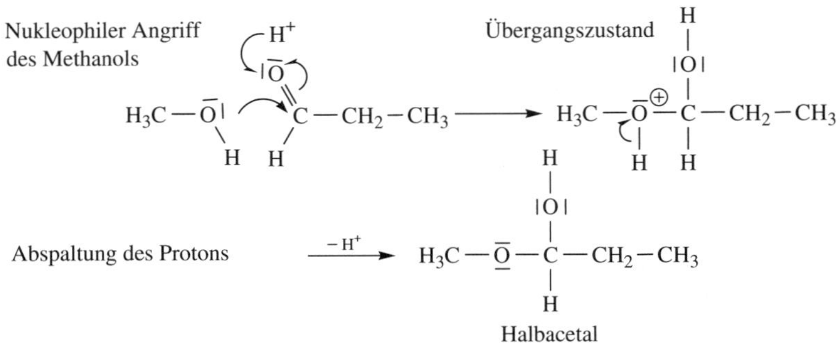

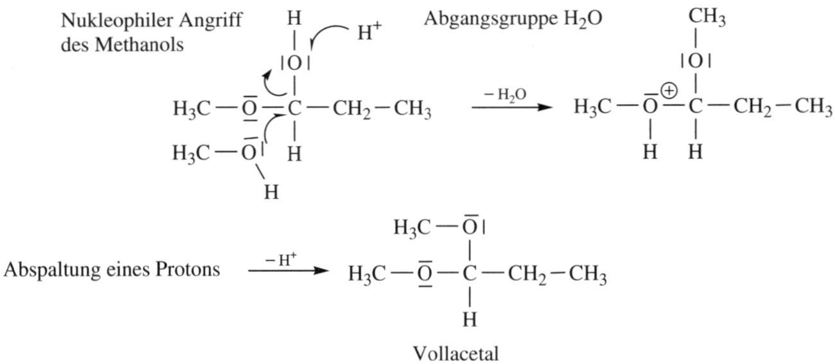

2.4 Der +I-Effekt der Ethylgruppe im Propanal erhöht die Elektronendichte am Carbonyl-C-Atom. Der nucleophile Angriff des Methanols wird dadurch erschwert. Propanal reagiert daher langsamer als Methanal.

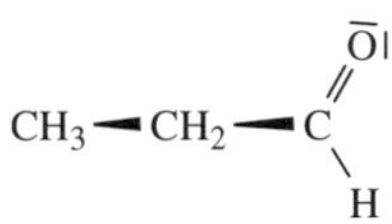

Aufgabe C

3.1 **Strukturformeln:**

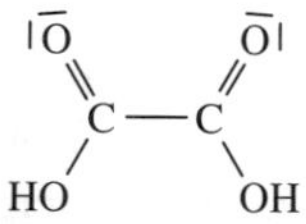

Oxalsäure

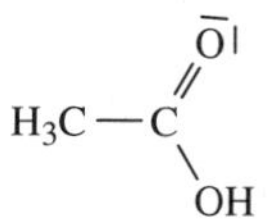

Ethansäure (Essigsäure)

Die Leitfähigkeit einer Lösung ist umso höher, je mehr Ladungsträger in ihr vorhanden sind. Die Oxalsäure ist eine stärkere Säure als die Essigsäure, was dazu führt, dass die Konzentration an H_3O^+-Ionen in einer Oxalsäurelösung höher ist als in einer Essigsäurelösung der gleichen Konzentration. Diese höhere Konzentration an Ladungsträgern bedingt die höhere Leitfähigkeit der Oxalsäurelösung.

Die Säurestärke der Oxalsäure kann mit dem induktiven Effekt (–I-Effekt) erklärt werden, den die beiden Carboxylgruppen aufeinander ausüben. Die Abspaltung der Protonen wird dadurch begünstigt. Bei der Ethansäure ist dies genau umgekehrt. Durch den +I-Effekt der Methylgruppe wird die Abspaltung eines Protons aus der Carboxylgruppe erschwert.

3.2 *Das entstehende Gas ist CO_2, da es eine Calciumhydroxidlösung durch ausfallendes Calciumcarbonat trübt.*

$$Ca^{2+} + 2\,OH^- + CO_2 \longrightarrow \{CaCO_3\}\downarrow + H_2O$$

Reaktionsgleichung:

Oxidation: $\overset{+III}{C_2}O_4^{2-} \longrightarrow 2\,\overset{+IV}{C}O_2 + 2\,e^-$

Reduktion: $\overset{+VII}{Mn}O_4^- + 5\,e^- \longrightarrow \overset{+II}{Mn}{}^{2+}$

Ionen- und Stoffausgleich mit H^+ und H_2O:

Oxidation: $\overset{+III}{C_2}O_4^{2-} \longrightarrow 2\,\overset{+IV}{C}O_2 + 2\,e^- \quad |\cdot 5$

Reduktion: $\overset{+VII}{Mn}O_4^- + 5\,e^- + 8\,H^+ \longrightarrow \overset{+II}{Mn}{}^{2+} + 4\,H_2O \quad |\cdot 2$

Ausgleich des Elektronenübergangs:

Oxidation: $5\,\overset{+III}{C_2}O_4^{2-} \longrightarrow 10\,\overset{+IV}{C}O_2 + 10\,e^-$

Reduktion: $2\,\overset{+VII}{Mn}O_4^- + 10\,e^- + 16\,H^+ \longrightarrow 2\,\overset{+II}{Mn}{}^{2+} + 8\,H_2O$

Addition der Teilreaktionen:

$$5\,C_2O_4^{2-} + 2\,MnO_4^- + 16\,H^+ \longrightarrow 10\,CO_2 + 2\,Mn^{2+} + 8\,H_2O$$

Es werden 10 Elektronen von den Oxalsäure-Molekülen auf die Permanganat-Ionen übertragen. Es handelt sich bei der vorliegenden Reaktion also um eine Redoxreaktion.

3.3 In dem Diagramm ist die Konzentration der Oxalsäure gegen die Zeit aufgetragen. Die Oxalsäure-Konzentration fällt zu Beginn der Reaktion zunächst langsam ab, dann immer schneller und nähert sich schließlich asymptotisch der Zeitachse an.
Die Mn^{2+}-Ionen wirken als Katalysator, es handelt sich hierbei um eine Produktkatalyse. Zu Beginn der Reaktion ist die Konzentration der Mn^{2+}-Ionen noch gering, ebenso wie die Reaktionsgeschwindigkeit (repräsentiert durch die Steigung der Kurve). Mit zunehmender Mn^{2+}-Konzentration wird der katalytische Effekt größer, die Reaktionsgeschwindigkeit steigt fast linear trotz abnehmender Permanganat-Ionen-Konzentration. Die Konzentration der Permanganat-Ionen ist am Ende der Reaktion so niedrig, dass die Reaktionsgeschwindigkeit immer geringer wird und die Reaktion schließlich stoppt.

3.4 **Reaktionsgleichung:**

$$Ca^{2+} + H_2C_2O_4 \longrightarrow CaC_2O_4 + 2\,H^+$$

Die Berechnung erfolgt über die Stöchiometrie der Reaktion.
1 mol Ca^{2+}-Ionen reagieren mit 1 mol Oxalat-Ionen. Nach der Angabe im Text enthalten 150 g Rhabarberkompott 0,75 g Oxalsäure.

$$n(\text{Ca}^{2+}) = n(\text{H}_2\text{C}_2\text{O}_4) = \frac{m(\text{H}_2\text{C}_2\text{O}_4)}{M(\text{H}_2\text{C}_2\text{O}_4)} = \frac{0{,}75\text{ g}}{90\text{ g}\cdot\text{mol}^{-1}} = 0{,}0083\text{ mol}$$

$$m(\text{Ca}^{2+}) = n(\text{Ca}^{2+})\cdot M(\text{Ca}^{2+}) = 0{,}0083\text{ mol}\cdot 40\text{ g}\cdot\text{mol}^{-1} = 0{,}332\text{ g}$$

Durch die 750 mg Oxalsäure in 150 g Rhabarberkompott werden 0,332 g Ca-Ionen gebunden.

3.5 Das Butanimid wirkt gegenüber der Natronlauge als Protonenspender. Es entsteht das Natriumsalz des Butanimids.

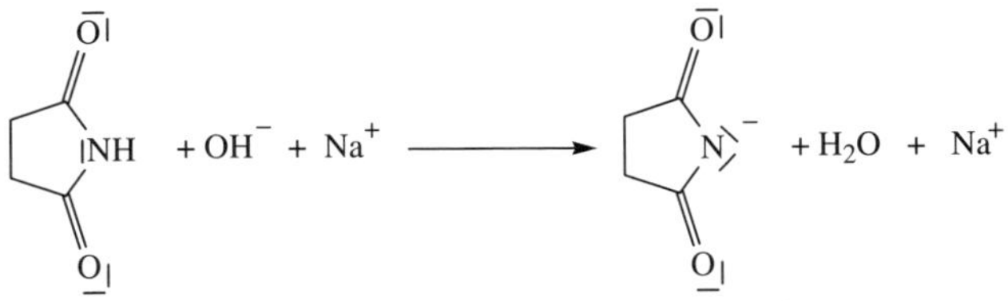

Erklärung für die Acidität des Butanimids:
Beide Carbonyl-Sauerstoffatome stehen über das nichtbindende Elektronenpaar am Imid-Stickstoffatom in Konjugation zueinander. Die negative Ladung im deprotonierten Anion ist delokalisiert, die Abspaltung des Protons am Imid wird dadurch begünstigt.

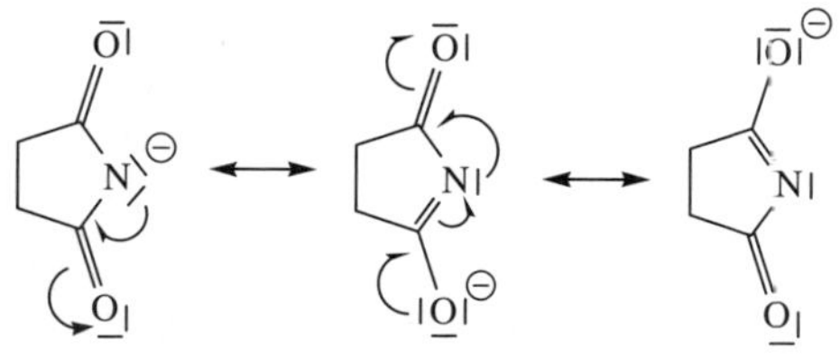

Aufgabe D

4.1 *Die β (1→4)-glykosidische Verknüpfung der Monomere in der Cellulose wird als bekannt vorausgesetzt.*

Strukturformelausschnitt des Chitins:

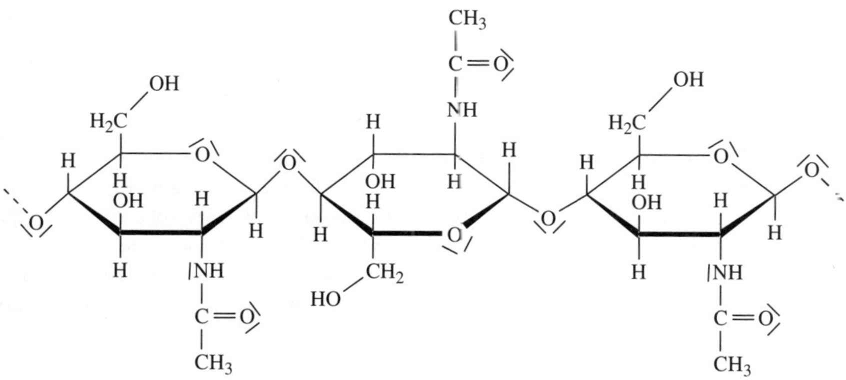

Im Chitin sind die N-Acetylglucosamin-Monomere β (1→ 4)-glykosidisch verknüpft.
Der zweite Ring im Strukturformelausschnitt muss gegenüber dem ersten um 180° um eine Achse, die durch C_1 und C_4 läuft, gedreht werden, damit die Verknüpfung über eine O-Brücke entstehen kann (Acetal).

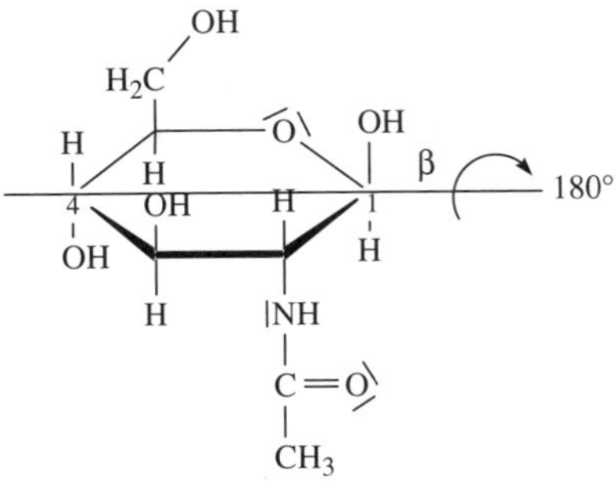

Um das Drehen des zweiten Rings zu vermeiden, gibt es folgende alternative Darstellung:

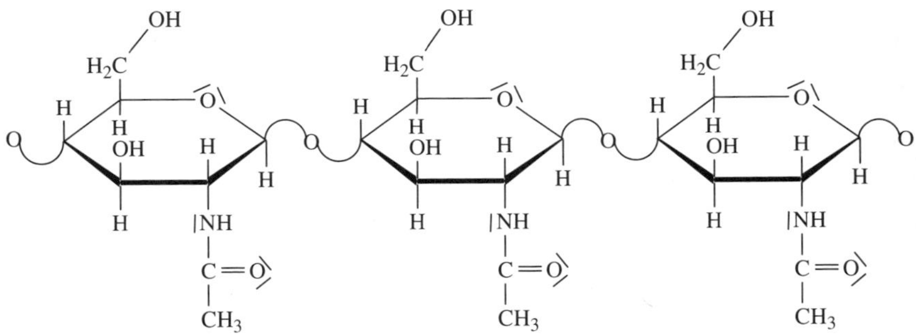

Begründung für die Wasserunlöslichkeit des Chitins:
Durch die Verknüpfung der Monomere entsteht ein lineares Makromolekül. Diese linearen Ketten sind über zwischenmolekulare Wasserstoffbrücken miteinander verbunden und bilden sogenannte Mikrofibrillen. Es kann sich zwar Wasser in diese Mikrofibrillen einlagern, aber eine Lösung kann nicht entstehen, da die langen Cellulosemoleküle nicht von Wassermolekülen umhüllt werden können.

Hydrolyse von N-Acetylglucosamin:
Lässt man eine wässrige Säurelösung auf N-Acetylglucosamin einwirken, so wird Essigsäure abgespalten.

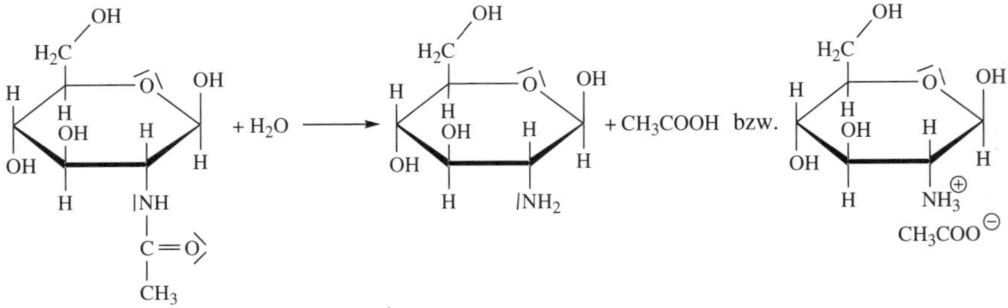

4.2 Die möglichen Bindungen, die bei einer Hydrolyse zu Disacchariden gespalten werden, sind in der Strukturformel mit Pfeilen markiert.

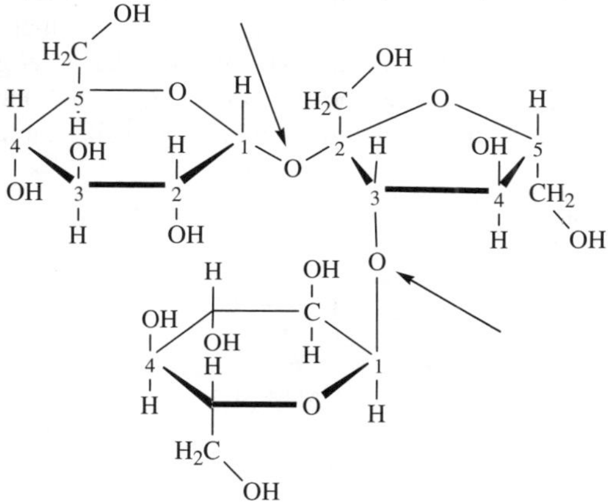

Strukturformeln der beiden Disaccharide:

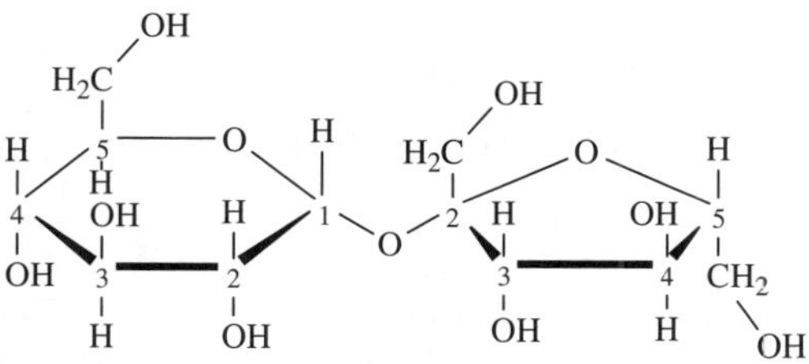

Disaccharid A

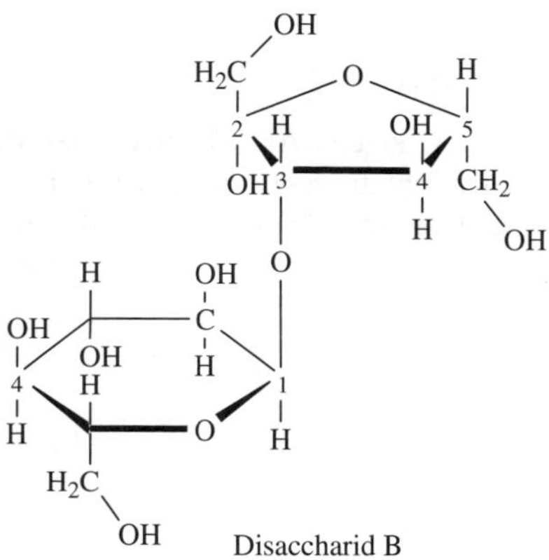

Disaccharid B

Bei dem **Disaccharid A** handelt es sich um die Saccharose, bei der ein Glucose- und ein Fructose-Monomer α, β (1→ 2) glykosidisch verknüpft sind. Die Fehling-Probe verläuft mit Disaccharid A negativ, da es sich um ein Vollacetal handelt. Das **Disaccharid B** reagiert mit dem Fehling-Reagenz positiv, da hier eine halbacetalische Gruppe nicht blockiert ist und die Ringöffnung daher möglich ist. Der Fructosering im Disaccharid B reagiert positiv auf die Fehling-Probe, da durch Keto-Enol-Tautomerie eine Umlagerung zum Endiol und weiter zum Aldehyd erfolgen kann.

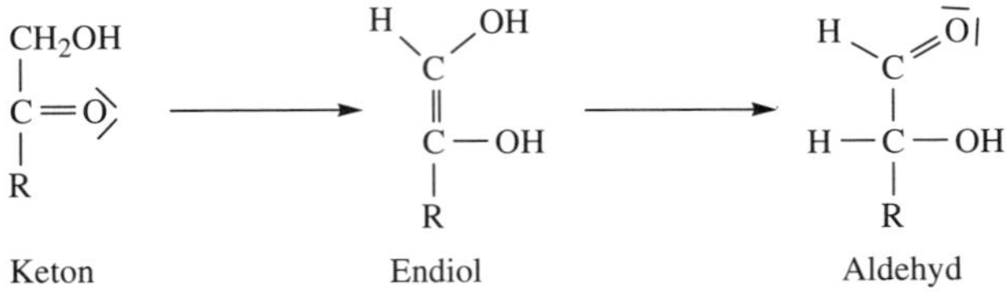

4.3 **Reaktionsgleichung:**

$$C_6H_{12}O_6 \longrightarrow 2\,C_2H_5OH + 2\,CO_2$$

Die Reaktionsenthalpie berechnet sich wie folgt:

$$\Delta_R H^0 = \sum \Delta_f H_m^0\,(\text{Produkte}) - \sum \Delta_f H_m^0\,(\text{Edukte})$$

$$\Delta_R H^0 = [2\cdot(-278\text{ kJ}\cdot\text{mol}^{-1}) + 2\cdot(-393\text{ kJ}\cdot\text{mol}^{-1})] - [(-1260\text{ kJ}\cdot\text{mol}^{-1}]$$

$$= -82\text{ kJ}\cdot\text{mol}^{-1}$$

4.4 *Die Struktur der Saccharose wird bei dieser Aufgabe als bekannt vorausgesetzt. Sie ist aber auch aus Aufgabe 4.2, sofern diese Aufgabe richtig bearbeitet wurde, bereits bekannt.*

Invertzucker ist ein Gemisch aus Fructose und Glucose im Verhältnis 1 : 1.

Reaktionsgleichung:

$$H_3O^+ + (HCO_3)^- \longrightarrow CO_2\uparrow + 2\,H_2O$$

Die Entwicklung von Kohlenstoffdioxid bewirkt das Aufschäumen des Reaktionsgemisches. Durch die Zugabe von Natriumhydrogencarbonat wird die Säure neutralisiert. Bei der Reaktion handelt es sich um eine Säure-Base-Reaktion.

4.5 Bei der Reaktion handelt es sich um eine nukleophile Substitution (S_N). Unter Abspaltung von Ethansäure greift die Aminogruppe des p-Aminophenols, die gegenüber der Hydroxylgruppe stärker nucleophil ist, das Carboxy-C-Atom im Ethansäureanhydrid nukleophil an.

Reaktionsmechanismus:

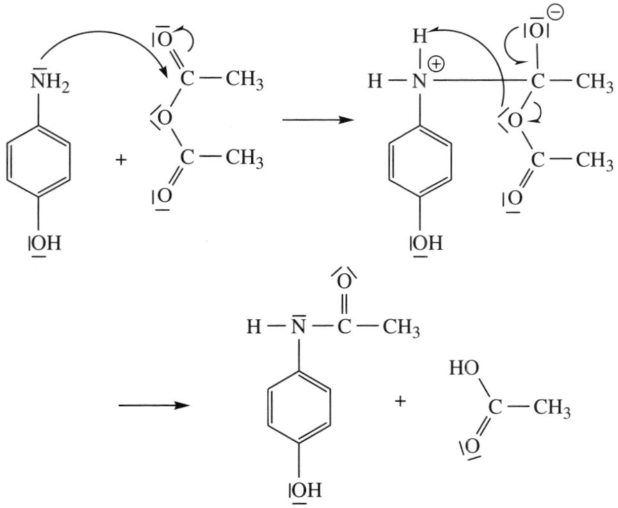

Grundkurs Chemie (Hessen)
Abiturprüfung 2010

Aufgabe A

Schwefelverbindungen BE

Mit mehr als 5 Millionen Tonnen Jahresproduktion nimmt Schwefelsäure in Deutschland unter allen Chemikalien einen Spitzenplatz ein. In der Großtechnik wird dabei in einer Gleichgewichtsreaktion Schwefeldioxid mit Hilfe von Luftsauerstoff katalytisch zu Schwefeltrioxid oxidiert. Alle an der Reaktion beteiligten Substanzen befinden sich im gasförmigen Zustand. Die Reaktion ist exotherm.
Das Schwefeltrioxid wird anschließend zu Schwefelsäure umgesetzt.

1.1 Formulieren Sie die Reaktionsgleichung und das Massenwirkungsgesetz für die Reaktion von Schwefeldioxid mit Sauerstoff. 4

1.2 Erläutern Sie die Auswirkung einer Druckerhöhung auf die Ausbeute an Schwefeltrioxid.
Nennen Sie die zugrunde liegende Gesetzmäßigkeit. 7

1.3 Das nachstehende Material zeigt die Abhängigkeit des Schwefeldioxid/Schwefeltrioxid-Gleichgewichtes von der Temperatur.
Geben Sie die prozentualen Anteile der Reaktionspartner bei 600 °C und bei 800 °C an. Vergleichen und erklären Sie die Lage des Gleichgewichts bei den genannten Temperaturen. 8

1.4 Schwefeldioxid reagiert in wässriger Lösung mit Iod zu Schwefeltrioxid und Iodid-Ionen. Die entstehende Lösung hat einen pH-Wert, der kleiner als 7 ist.
Geben Sie die wesentlichen Oxidationszahlen an und zeigen Sie anhand der Elektronenübergänge, dass es sich um eine Redoxreaktion handelt.
Formulieren Sie die Gesamtgleichung. 8

1.5 Die in Aufgabe 1.4 entstandene Lösung hat einen pH-Wert von 2,74.
Berechnen Sie die H_3O^+-Ionenkonzentration dieser Lösung. 3

30

Material: Abhängigkeit des Schwefeldioxid/ Schwefeltrioxid-Gleichgewichts von der Temperatur

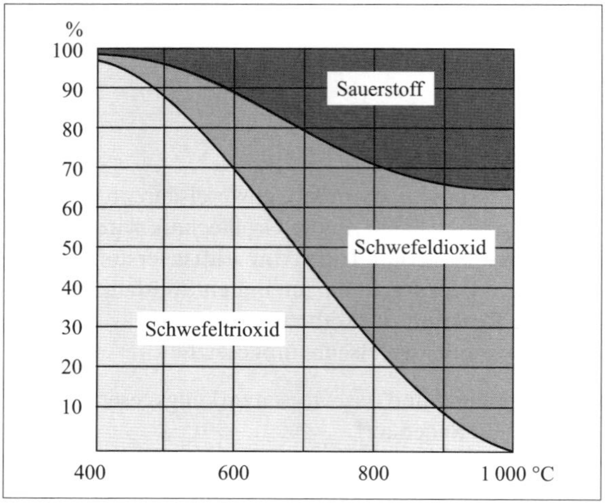

Quelle:
Fritz Goetze, Walter Fischer: Anorganische und allgemeine Chemie, Buchner Verlag, Bamberg 1984, S. 236 (Grafik verändert)

Aufgabe B

Synthese und Reaktionen von Alkoholen (Alkanolen) BE

Alkohole (Alkanole) lassen sich über einen zweistufigen Prozess synthetisieren. Organischer Ausgangsstoff ist ein Alkan, das im ersten Schritt zu einem Halogenalkan umgesetzt wird. Ausgehend von diesem Halogenalkan wird im folgenden Reaktionsschritt ein Alkanol hergestellt.
Alkanole mit zwei Hydroxylgruppen spielen in der Kunststoffchemie eine große Rolle. Beispielsweise kann Butan-1,4-diol (Material 1) mit Butan-1,4-diisocyanat (Material 2) als Reaktionspartner zu einem Kunststoff reagieren.
Die Ausgangsstoffe Butan-1,4-diol und Butan-1,4-diisocyanat können als Reaktionsklebstoff (Zweikomponentenkleber) zum hochfesten Verkleben von Papier verwendet werden. Dazu werden diese Bestandteile vermischt und das Gemisch auf einem ersten Papier verstrichen. Danach legt man ein zweites Papier darüber; nach ca. 30 Minuten Reaktionszeit ist der Klebevorgang abgeschlossen. Papier besteht im Wesentlichen aus Cellulose, einem Makromolekül aus β-D-Glucose, β -1,4-glycosidisch verknüpft.

2.1 Bei der Halogenalkansynthese reagiert Butan mit Chlor unter Einfluss von Licht; dabei erhält man ein Gemisch aus verschiedenen Halogenalkanen. Formulieren Sie den Mechanismus am Beispiel der Synthese von 2-Chlorbutan und benennen Sie ihn. 10

2.2 Aus dem gebildeten 2-Chlorbutan kann in einer weiteren Reaktion Butan-2-ol hergestellt werden.
Formulieren Sie in Strukturformeln eine Reaktionsgleichung für diese Synthese und benennen Sie den Reaktionsmechanismus.
Alternativ zu diesem Herstellungsweg kann man Butan-2-ol auch durch eine Additionsreaktion aus einem Alken und einem anorganischen Reaktionspartner erhalten.
Formulieren Sie die Reaktionsgleichung und verwenden sie für die organischen Substanzen Strukturformeln. 7

2.3 Formulieren Sie für die Reaktion von einem Molekül Butan-1,4-diol (Material 1) mit einem Molekül Butan-1,4-diisocyanat (Material 2) die Reaktionsgleichung in Strukturformeln.
Benennen Sie den Reaktionstyp und die funktionelle Gruppe im Produkt.
Zeichnen Sie einen Ausschnitt des linearen Polymeren aus Butan-1,4-diisocyanat und Butan-1,4-diol. 6

2.4 Zeichnen Sie die Haworth-Formel von β-D-Glucose und einen Ausschnitt aus einem Cellulosemolekül, der aus drei β-D-Glucosebausteinen besteht.
Erklären sie das Verkleben des Papiers durch den Reaktionsklebstoff aus Butan-1,4-diol und Butan-1,4-diisocyanat (weitere Wechselwirkungen sollen nicht betrachtet werden). 7

30

Material 1: Halbstrukturformel von Butan-1,4-diol

$HO-CH_2-CH_2-CH_2-CH_2-OH$

Material 2: Halbstrukturformel von Butan-1,4-diisocyanat

$OCN-CH_2-CH_2-CH_2-CH_2-NCO$

Quelle:
Heinz Wambach: Materialienhandbuch Kursunterricht Chemie, Band 5, Köln 1997, S. 85 ff.

Aufgabe C

Eigenschaften und Reaktionen von Aminosäuren — BE

2-Aminopropansäure (Alanin) ist ein Baustein der Eiweiße, 1-Aminopropan dient als Zwischenprodukt bei chemischen Synthesen und Propansäure hat eine große Bedeutung in der Lebensmittelchemie.
Material 1 zeigt ausgewählte Eigenschaften dieser drei Substanzen.
Das Antioxidans Glutathion (Material 2) ist in unseren Körperzellen lebenswichtig. Es wird in der Leber hergestellt und dient unter anderem als Reservestoff für die Aminosäure Cystein. Aufgrund seiner positiven Wirkungen wird Glutathion auch als Nahrungsergänzungsmittel vermarktet und in Form von S-Acetylglutathion im Handel angeboten.

3.1 Zeichnen Sie die Strukturformeln von 1-Aminopropan und Propansäure. Von 2-Aminopropansäure existieren zwei verschiedene räumliche Isomere, die D- und die L-Form. Zeichnen Sie beide Isomere und beschreiben Sie den Unterschied. 6

3.2 Ordnen Sie den Stoffen 1-Aminopropan, Propansäure und 2-Aminopropansäure die in der Tabelle aufgeführten Aggregatzustände (bei Raumtemperatur) sowie die Siedetemperaturen zu. Begründen Sie Ihre Zuordnung.
Erklären Sie die pH-Bereiche der drei wässrigen Lösungen mit Hilfe von Reaktionsgleichungen. 14

3.3 Erklären Sie den Aufbau von Glutathion und zeichnen Sie die Strukturformeln der drei darin enthaltenen Bausteine. 6

3.4 Das Nahrungsergänzungsmittel S-Acetylglutathion kann durch Umsetzung von Glutathion mit Ethansäure hergestellt werden. Die Reaktion findet an der SH-Gruppe des Glutathions unter Abspaltung von Wasser statt.
Formulieren Sie die Reaktionsgleichung in Strukturformeln und benennen Sie den Reaktionstyp. 4

30

Material 1: Ausgewählte Eigenschaften von 2-Aminopropansäure (Alanin), 1-Aminopropan und Propansäure

Eigenschaft	Stoff A	Stoff B	Stoff C
Aggregatzustand bei Raumtemperatur	flüssig	fest (lässt sich nicht ohne Zersetzung schmelzen)	flüssig
Siedetemperatur	Die Siedetemperaturen der beiden flüssigen Stoffe betragen 48 °C bzw. 141 °C.		
pH-Wert der wässrigen Lösung	4–5	6–7	11–12

Material 2: Strukturformel des Glutathions

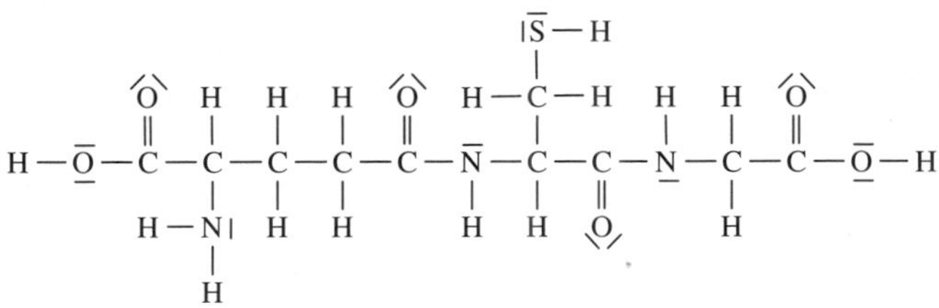

Quellen:
Horst Bayrhuber, Ulrich Kull: Linder Biologie, Arbeitsbuch, Hannover, 22. Aufl. 2006, S. 51
M. Tausch, M. von Wachtendonk: Chemie 2000+, Bamberg 2007, S. 384–385
http://www.gifte.de/chemikalien/n-propylamin.htm (abgerufen 14. 09. 2009; 10:05)
http://www.merck-chemicals.com/documents/sds/emd/deu/de/8006/800605.pdf
(abgerufen 14. 09. 2009; 10:06)
http://www.cysticus.de/glutathion.htm (abgerufen 14. 09. 2009; 10:07)
http://www.chemicalregister.com/S-Acetyl-L-glutathione/Suppliers/pid56541.htm
(abgerufen 14. 09. 2009; 10:08)

Aufgabe D

Synthese und Reaktionen von Propensäure BE

Propensäure (Acrylsäure; Material 1) ist ein wichtiger Ausgangsstoff für die Herstellung vieler Kunststoffe, die als Lacke und Klebstoffe sowie in der Papier-, Textil- und Lederveredlung Anwendung finden. Acrylsäure lässt sich in der Gasphase durch direkte Oxidation von Propen mit Luftsauerstoff an einem Katalysator herstellen. Alternativ dazu kann bei der direkten Oxidation Propenal (Material 2) entstehen. Bei beiden Reaktionswegen entsteht jeweils auch Wasser als Reaktionsprodukt.

4.1 Nennen und beschreiben Sie eine Nachweisreaktion für Alkanale. Geben Sie die Formeln der Produkte dieser Nachweisreaktion an. 5

4.2 Formulieren Sie für folgende Reaktionen die Reaktionsgleichungen:
a Reaktion von Propen mit Sauerstoff zu Propenal.
b Reaktion von Propen mit Sauerstsoff zu Acrylsäure
Geben Sie für beide Gleichungen die wesentlichen Oxidationszahlen an und zeigen Sie anhand der Elektronenübergänge, dass es sich um Redoxreaktionen handelt. 11

4.3 Acrylsäure lässt sich säurekatalysiert sehr gut mit Methanol zu Acrylsäuremethylester umsetzen.
Formulieren Sie den Reaktionsmechanismus für diese Reaktion. 7

4.4 Acrylsäuremethylester reagiert unter Einwirkung einer Startersubstanz, wie z. B. einem Peroxid (R–O–O–R) zu dem Kunststoff Polyacrylat (Polyacrylsäuremethylester), der unter anderem als Klebstoff verwendet wird. Formulieren Sie den Mechanismus dieser Polyreaktion und benennen Sie ihn. 7

30

Material 1: Formel von Propensäure (Acrylsäure)

$CH_2{=}CH{-}COOH$

Material 2: Formel von Propenal

$CH_2{=}CH{-}CHO$

Quellen:
Hans Beyer, Wolfgang Walter: Lehrbuch der Organischen Chemie, Stuttgart 2004, S. 253
J. Falbe, M. Regitz (Hrsg.): Römpp-Lexikon Chemie, Band 1, Stuttgart 9. Auflage, 1989, S. 42

Lösungsvorschläge

Aufgabe A

1.1 $2\,SO_2 + O_2 \rightleftharpoons 2\,SO_3$

Massenwirkungsgesetz

Da sich die Reaktion im Gleichgewicht befindet, müssen die Partialdrücke p aller an der Reaktion beteiligten Komponenten eingesetzt werden.

$$K = \frac{p^2_{SO_3}}{p^2_{SO_2} \cdot p_{O_2}}$$

1.2 Eine Druckerhöhung verschiebt das Gleichgewicht auf die Seite des Schwefeltrioxids und erhöht somit die Produktausbeute.

Das **Prinzip des geringsten Zwangs** von Le Chatelier und Braun besagt, dass ein Gleichgewicht bei Ausübung eines äußeren Zwangs versucht, diesem Zwang auszuweichen. Durch den äußeren Zwang einer Druckerhöhung verschiebt sich die Lage des Gleichgewichts immer auf die Seite mit den geringeren Volumenanteilen. Bei der Reaktion von Schwefeldioxid zu Schwefeltrioxid entstehen aus drei Volumenanteilen zwei Volumenanteile, sodass sich das Gleichgewicht auf die Produktseite verschiebt.

1.3 *Die prozentualen Anteile können dem Diagramm entnommen werden.*

Temperatur	Anteil SO_2 [%]	Anteil SO_3 [%]	Anteil O_2 [%]
600 °C	20	70	10
800 °C	45	25	30

Die Reaktion ist **exotherm**. Bei einer Temperaturerhöhung wird nach dem Prinzip des geringsten Zwangs die endotherme Reaktion begünstigt; das Gleichgewicht verschiebt sich auf die Seite der Edukte und die Ausbeute an SO_3 sinkt.

1.4

Oxidation: $\overset{+IV}{S}O_2 + H_2O \longrightarrow \overset{+VI}{S}O_3 + 2\,e^- + 2\,H^+$

Reduktion: $\overset{0}{I_2} + 2\,e^- \longrightarrow 2\,\overset{-I}{I^-}$

Gesamtreaktion: $SO_2 + I_2 + H_2O \longrightarrow SO_3 + 2\,I^- + 2\,H^+$

Der saure pH-Wert verweist auf die Bildung der starken Säuren Iodwasserstoffsäure oder Schwefelsäure.

Bei der Oxidation von Schwefeldioxid zu Schwefeltrioxid erhöht sich die Oxidationszahl von +IV auf +VI, es werden also 2 Elektronen abgegeben. Diese Elektronen werden von Iod aufgenommen, welches dadurch zu Iodid reduziert wird, wobei sich die Oxidationszahl von 0 auf –I erniedrigt.

1.5 **Berechnung der Oxoniumionen-Konzentration**

$$pH = -\lg c_{H_3O^+}$$

$$c_{H_3O^+} = 10^{-pH} = 0{,}00182\ mol \cdot L^{-1} = 1{,}82 \cdot 10^{-3}\ mol \cdot L^{-1}$$

Aufgabe B

2.1 **Reaktion von Butan mit Chlor**

Unter dem Einfluss von Licht wird das Chlor-Molekül homolytisch gespalten; es entstehen zwei Chlor-Radikale. Eines dieser Chlor-Radikale reagiert mit dem Butan unter Bildung von Wasserstoffchlorid und eines Butan-Radikals. Das Butan-Radikal kann nun im zweiten Schritt der Kettenreaktion Chlor-Moleküle ohne Licht spalten, wobei z. B. 2-Chlorbutan entsteht. Der Kettenabbruch erfolgt dann, wenn zwei Radikale aufeinandertreffen.

Es handelt sich um eine **radikalische Substitution** (S_R).

Startreaktion:

$$Cl{-}Cl \longrightarrow 2\,Cl\cdot$$

Kettenfortpflanzung:

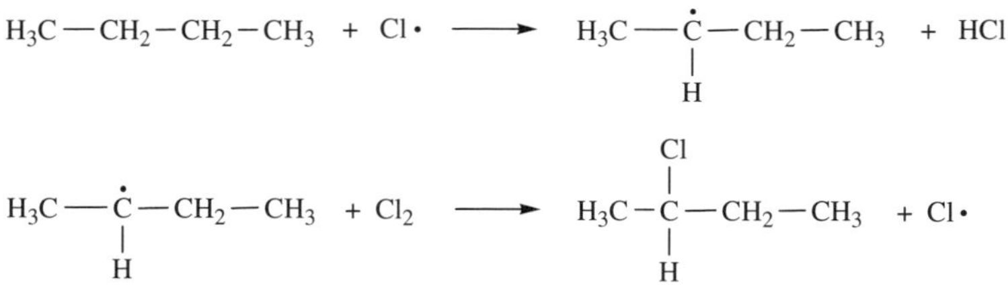

Kettenabbruch:

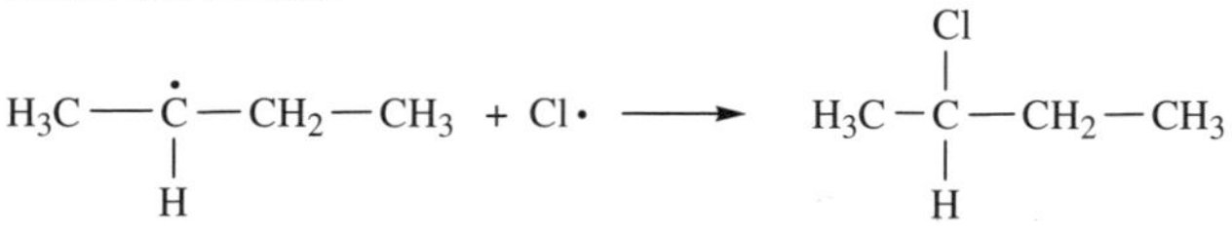

2.2 **Reaktion von 2-Chlorbutan mit Natronlauge**

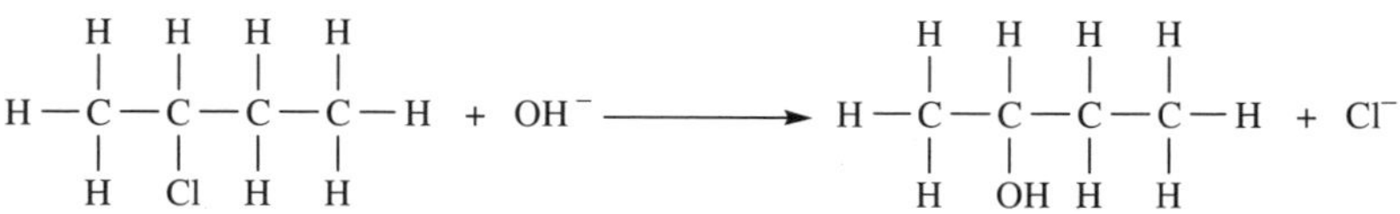

2-Chlorbutan Butan-2-ol

Bei dieser Reaktion handelt es sich um eine **nukleophile Substitutionsreaktion (S_N)**.

Als Alken kommt hier nur But-1-en in Frage, an das Wasser in einer elektrophilen Additionsreaktion addiert. Da Wasser nur schwach elektrophil ist, läuft die Reaktion unter Säurekatalyse ab.

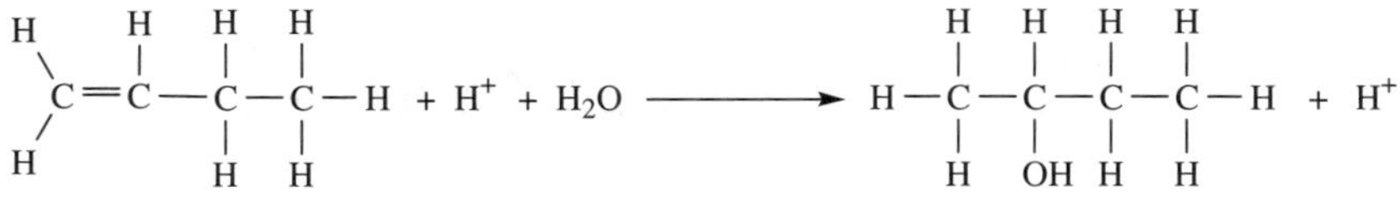

But-1-en Butan-2-ol

2.3 **Reaktionsgleichung**

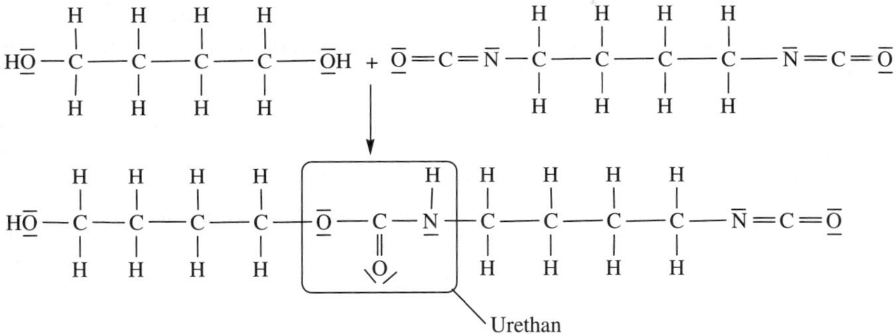

Es handelt sich um eine **Polyaddition**. Die entstehende funktionelle Gruppe heißt **Urethan**.

Strukturformelausschnitt des Polymers

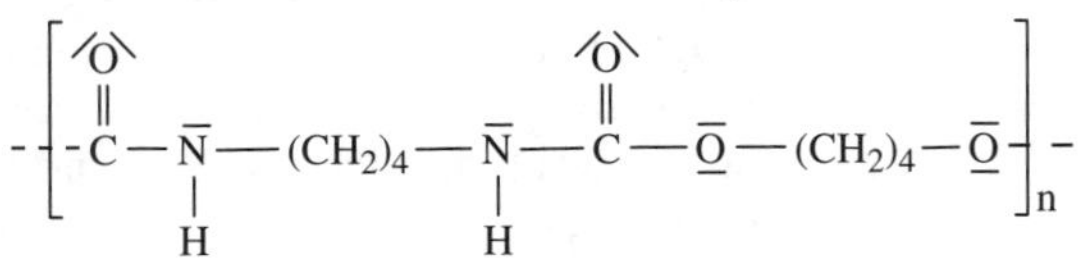

2.4

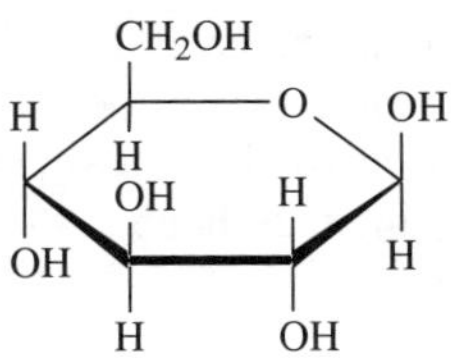

β-Glucose

Strukturausschnitt der Cellulose

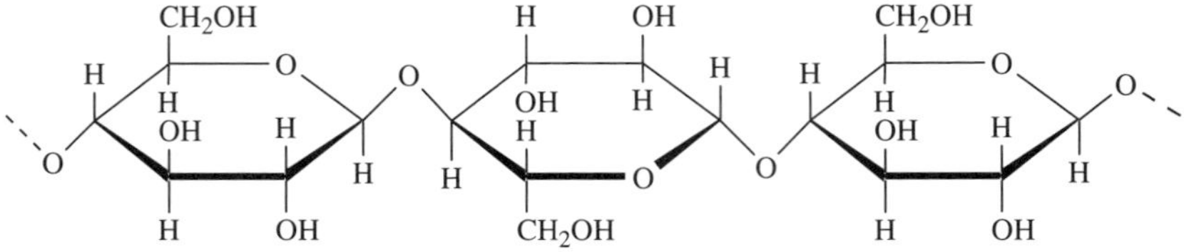

Sowohl Butan-1,4-diol als auch die Cellulose haben OH-Gruppen im Molekül. Die feste Verklebung mit dem Papier resultiert aus der Reaktion der Isocyanat-Gruppen mit den OH-Gruppen der Cellulose und des Butan-1,4-diols zu Urethanen, sodass zwischen dem sich bildenden Polyurethan und Cellulose feste Elektronenpaarbindungen gebildet werden. Es entsteht also eine Vernetzung des Polymers mit der Cellulose.

Aufgabe C

3.1 *Auch wenn es in der Aufgabenstellung nicht ausdrücklich erwähnt wird, sollte man bei den Strukturformeln alle freien Elektronenpaare einzeichnen.*

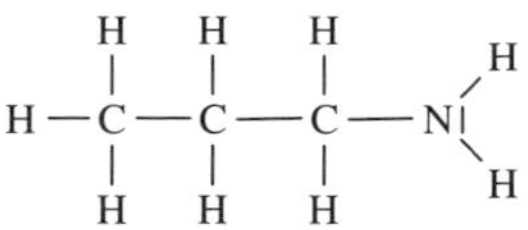

1-Aminopropan

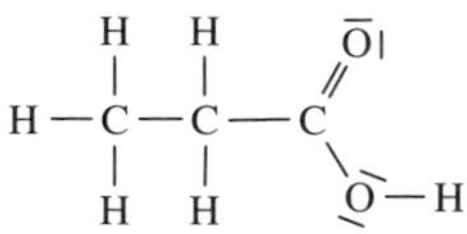

Propansäure

Das C2-Atom der 2-Aminopropansäure trägt 4 unterschiedliche Substituenten. Je nach Stellung der Aminogruppe an diesem asymmetrischen C*-Atom ergeben sich zwei unterschiedliche Isomere **(Enantiomere)**, die sich wie Bild und Spiegelbild verhalten. Befindet sich die Aminogruppe in der Fischer-Projektion auf der linken Seite, liegt die L-Form vor, befindet sie sich auf der rechten Seite, liegt die D-Form vor. Enantiomere unterscheiden sich weder in ihren chemischen noch in ihren physikalischen Eigenschaften, einzige Ausnahme ist ihre optische Aktivität, also die Fähigkeit, die Schwingungsebene des linear polarisierten Lichts zu drehen. Ein Enantiomer dreht die Schwingungsebene des Lichts nach rechts, das andere nach links.

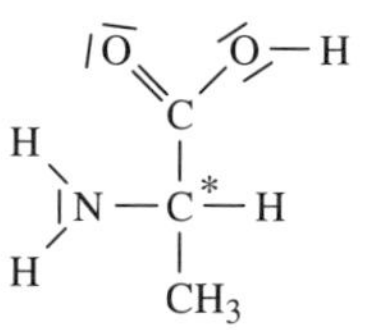

L-Aminopropansäure

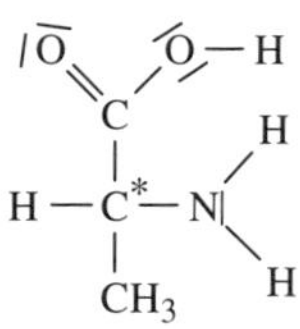

D-Aminopropansäure

3.2 **Stoffzuordnung**

Stoff A: Propansäure; Stoff B: Alanin; Stoff C: 1-Aminopropan

Da Alanin in der zwitterionischen Form vorliegt, wirken zwischen den Molekülen **starke ionische Wechselwirkungen**. Alanin ist daher, wie auch die anderen Aminosäuren, ein Feststoff.

Die Siedetemperaturen von Propansäure und 1-Aminopropan sind abhängig von den zwischenmolekularen Kräften. Hierbei spielen die Van-der-Waals-Kräfte nur eine untergeordnete Rolle, stärkere zwischenmolekulare Kräfte entstehen durch Wasserstoffbrücken zwischen den Aminogruppen im 1-Aminopropan und den Carboxylgruppen der Propansäure. Die Wasserstoffbrückenbindungen zwischen den Propansäure-Molekülen sind stärker, da die C – O-Bindungen in der Propansäure stärker polar sind. Propansäure siedet also bei 141 °C.

pH-Werte der wässrigen Lösungen

Propansäure reagiert gegenüber Wasser als schwache Säure. Der pH-Wert der wässrigen Lösung zeigt eine saure Lösung an.

$$C_3H_5—COOH + H_2O \rightleftharpoons H_3O^+ + C_3H_5—COO^-$$

Da Alanin überwiegend als Zwitterion vorliegt, erfolgt mit den Wasser-Molekülen kein Protonenaustausch. Die wässrige Lösung ist fast neutral.

1-Aminopropan ist eine relativ starke Base. Die Wasser-Moleküle übertragen daher unter Bildung von OH^--Ionen jeweils ein Proton auf 1-Aminopropan. Die wässrige Lösung reagiert basisch.

$$C_3H_7—NH_2 + H_2O \rightleftharpoons C_3H_7—NH_3^+ + OH^-$$

3.3 Glutathion ist ein **Tripeptid** und setzt sich aus drei Aminosäuren, die über **Peptidbindungen** verknüpft sind, zusammen.

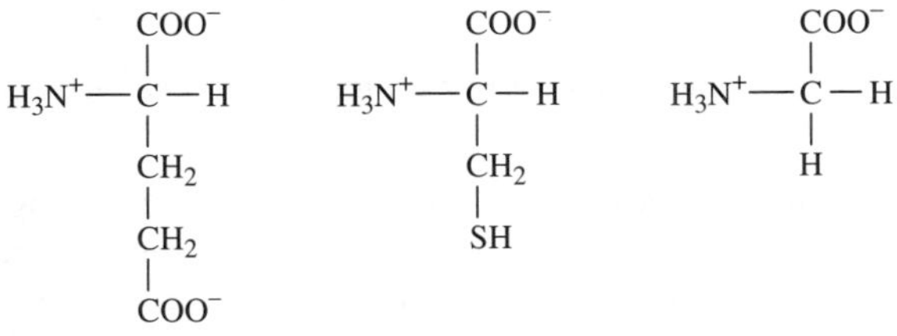

Im Glutathion knüpft die Carboxylgruppe des Seitenrests der ersten Aminosäure eine Peptidbindung zur nächsten Aminosäure.

3.4 Bei der Reaktion entsteht ein **Thioester**; es handelt sich um eine **Kondensationsreaktion.**

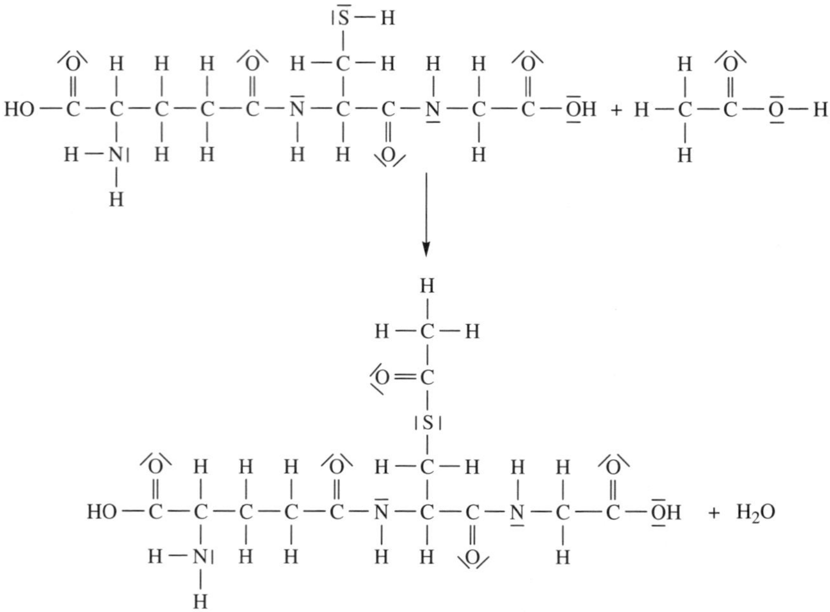

Aufgabe D

4.1 Nachweisreaktion für Aldehyde

Es muss nur eine der nachfolgenden Nachweisreaktionen beschrieben werden.

Fehling-Probe:
Das Fehling-Reagenz wird durch Mischen einer Kupfer(II)-sulfat-Lösung mit einer alkalischen Kaliumnatriumtartrat-Lösung hergestellt. Aufgrund der Komplexbildung (die Cu^{2+}-Kationen bilden mit den Tartrat-Anionen einen löslichen Komplex) nimmt die Lösung eine charakteristische dunkelblaue Farbe an. Nach der Zugabe des Aldehyds zum Fehling-Reagenz wird das Reaktionsgemisch erhitzt. Es entsteht zunächst ein gelber, dann ein ziegelroter Niederschlag. Die Cu^{2+}-Ionen werden zu Cu_2O (ziegelroter Niederschlag) reduziert, das Aldehyd wird zur Carbonsäure oxidiert.

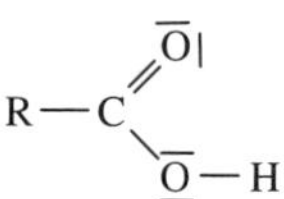

Carbonsäure

Tollens-Probe:
Das zu untersuchende Aldehyd wird zu einer ammoniakalischen Silbernitratlösung gegeben und das Reaktionsgemisch leicht erhitzt. An der Glaswand des Reaktionsgefäßes bildet sich ein Silberspiegel. Die Silber(I)-Ionen Ag^+ (als $[Ag(NH_3)_2]^+$) werden zu elementarem Silber reduziert, das Aldehyd wird zur Carbonsäure oxidiert.

4.2 **Reaktion von Propen mit Sauerstoff zu Propenal bzw. Acrylsäure**

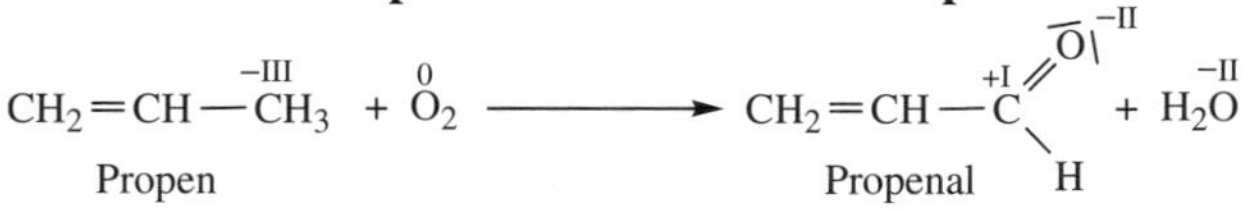

Bei der Oxidation von Propen zu Propenal erhöht sich die Oxidationszahl von –III beim Methyl-C-Atom auf +I beim Carbonyl-C-Atom. Es werden also 4 Elektronen abgegeben, die von den Sauerstoff-Atomen aufgenommen werden, wobei sich ihre Oxidationszahl von 0 auf –II im Wasser- bzw. im Propenal-Molekül verringert.

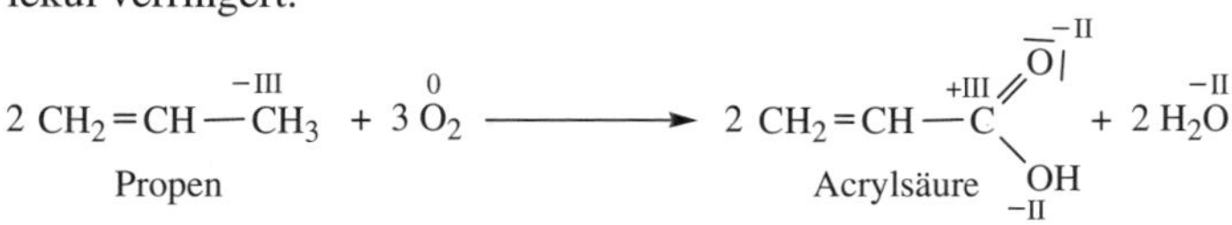

Bei der Oxidation von Propen zu Acrylsäure erhöht sich die Oxidationszahl von –III beim Methyl-C-Atom auf +III beim C-Atom der Carboxylgruppe. Die 6 Elektronen, die dabei abgegeben werden, werden von den Sauerstoff-Atomen aufgenommen, wobei sich ihre Oxidationszahl von 0 auf –II im Wasser- bzw. im Acrylsäure-Molekül verringert.

4.3 *Der erste Reaktionsschritt der Estersynthese ist eine säurekatalysierte nukleophile Additionsreaktion. Die OH-Gruppe des Alkohols addiert an das positiv polarisierte C-Atom der Carboxylgruppe. Es kommt zur Abspaltung eines Wasser-Moleküls (Kondensationsreaktion).*

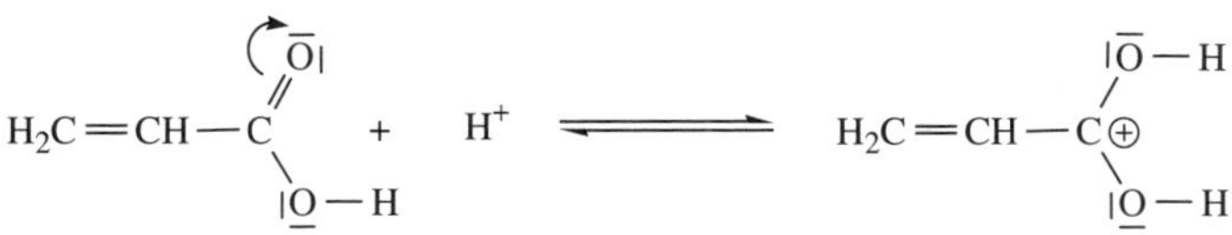

Acrylsäure

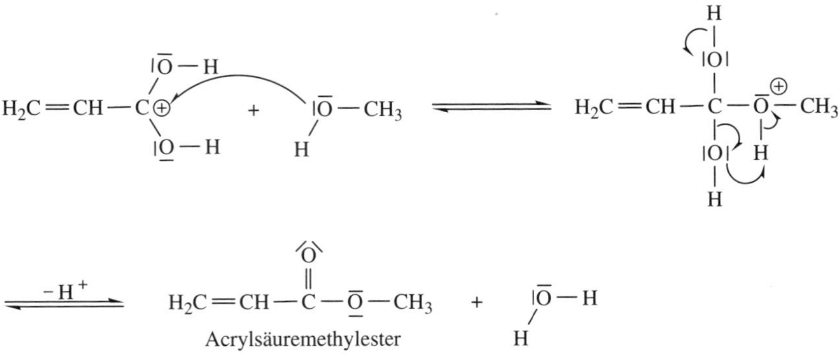

4.4 Bei der betrachteten Polyreaktion handelt es sich um eine **radikalische Polymerisation**.

Reaktionsmechanismus

Bildung eines Startradikals:

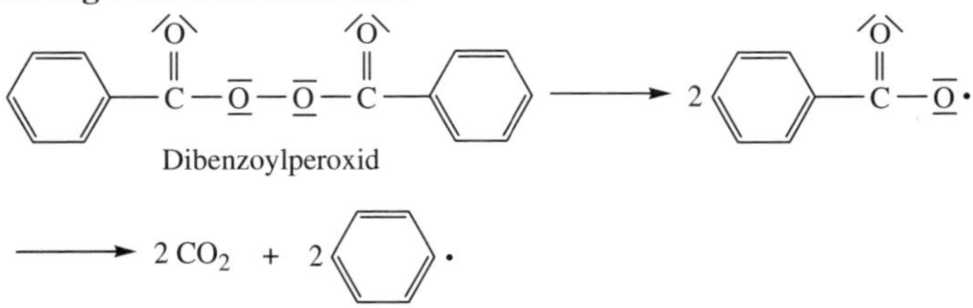

Kettenreaktion:

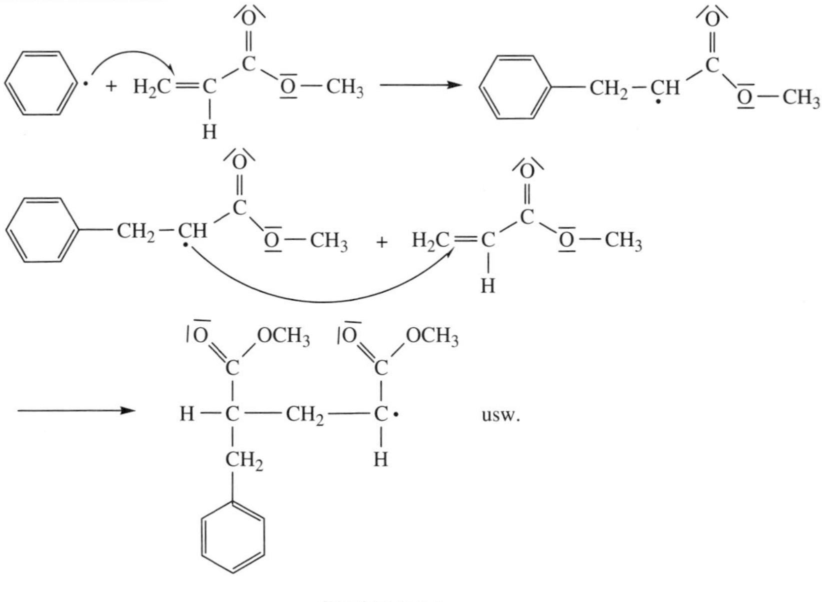

Kettenabbruch:

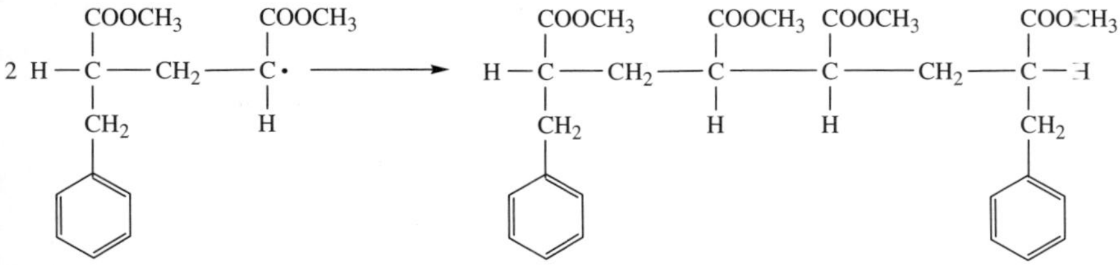

Die aus der Startersubstanz hervorgehenden Radikale greifen die Acrylsäuremethylester-Moleküle unter Ausbildung neuer Radikale an. Diese gebildeten Radikale greifen weitere Acrylsäuremethylester-Moleküle an, sodass sich die Polymerkette in einer Kettenreaktion immer weiter verlängert. Zum Kettenabbruch kommt es, wenn zwei Radikalketten zusammentreffen.

Leistungskurs Chemie (Hessen)
Abiturprüfung 2010

Aufgabe A

Halogenalkane – Herstellung und Reaktionen BE

Eine Möglichkeit zur Herstellung von Halogenalkanen ist die Umsetzung von Alkanen mit Halogenen unter Lichteinfluss. Halogenalkane werden u. a. als Lösungsmittel verwendet und dienen als Ausgangsstoffe für organische Synthesen.

1.1 Geben Sie die Strukturformeln für alle theoretisch möglichen Monosubstitutionsprodukte an, die bei der Chlorierung von 2-Methylbutan entstehen und benennen Sie diese. Formulieren Sie den vollständigen Reaktionsmechanismus für die Entstehung eines dieser Produkte und benennen Sie den Mechanismus. 10

1.2 Theoretisch lässt sich Methan sowohl mit Chlor als auch mit Iod nach dem gleichen Mechanismus umsetzen.
Formulieren Sie die beiden Schritte der Kettenfortpflanzung sowohl für eine Chlorierung als auch für eine Iodierung von Methan in Strukturformeln.
Material 1 beschreibt ein Verfahren zur Berechnung der Energiebilanz einer Reaktion bzw. eines Reaktionsschrittes.
Berechnen Sie jeweils für jeden einzelnen Teilschritt der Kettenfortpflanzungsreaktion mit Hilfe dieses Verfahrens die Energiebilanz ($\Delta_R H^0$).
Berechnen Sie dann die jeweilige Gesamtenergiebilanz und werten Sie die beiden Ergebnisse kurz aus. 11

1.3 Material 2 zeigt das Energiediagramm der Reaktion von Methan mit einem der beiden Halogene Chlor bzw. Iod. Erklären Sie Kurvenverlauf und Reaktionsmechanismus der Kettenfortpflanzung im Zusammenhang und begründen sie, welche der beiden Halogenierungen dargestellt ist. 7

1.4 In einem ersten Versuch wird 2-Brom-2-methylpropan mit einer wässrigen Lösung versetzt, die Chlorid-Ionen enthält. Dabei entstehen unter anderem zwei organische Reaktionsprodukte. In einem zweiten Versuch sind die Chlorid-Ionen in Methanol anstelle von Wasser gelöst. Dabei entstehen ebenfalls unter anderem zwei organische Reaktionsprodukte.
Benennen Sie den Reaktionsmechanismus. Geben Sie für beide Versuche die organischen Reaktionsprodukte in Strukturformeln an.
Formulieren Sie für den zweiten Versuch den Reaktionsmechanismus zur Entstehung beider organischer Reaktionsprodukte und begründen Sie den Reaktionsmechanismus. 12

40

Material 1: Verfahren zur Berechnung der Energiebilanz ($\Delta_R H^0$)

Die Energiebilanz ($\Delta_R H^0$) einer Reaktion bzw. eines Reaktionsschrittes lässt sich folgendermaßen durch den Vergleich der mittleren Bindungsenergien in den Ausgangsstoffen und in den Endprodukten abschätzen:

$$\Delta_R H^0 = \sum \text{mittlere Bindungsenergien aller gebrochenen Bindungen} \\ - \sum \text{mittlere Bindungsenergien aller neu geknüpften Bindungen}$$

Bindung	mittlere Bindungsenergie $[kJ \cdot mol^{-1}]$
H–H	435
C–C	347
C=C	619
C≡C	812
F–F	155
Cl–Cl	243
Br–Br	193
I–I	151
H–F	565
H–Cl	431
H–Br	364
H–I	297
C–H	440
C–F	460
C–Cl	356
C–Br	297
C–I	239

Die Werte für die Bindungen C–Halogen und C–H sind auf das Methan bezogen.

Material 2: Energiediagramm der Reaktion von Methan mit einem Halogen

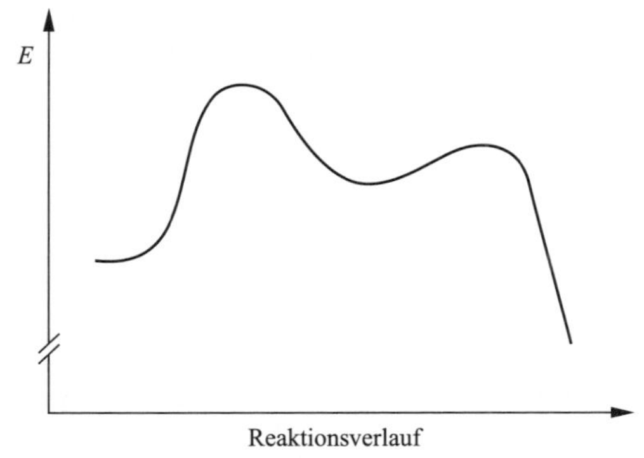

Quellen:
C. E. Mortimer, U. Müller: Chemie, Stuttgart 2007, S. 56
K. P. C. Vollhardt, N. E. Shore: Organische Chemie, Weinheim 2005, S. 104
www.chemgapedia.de/vsengine/media/vsc/de/ch/12/oc/radikale/subst_mechanismus/chlormethan3b.gif
(abgerufen 16. 09. 2009; 11:15, verändert)

Aufgabe B

Stickstoffverbindungen — BE

Stickstoffverbindungen wie z. B. Hydrazin ($NH_2–NH_2$) und seine Derivate werden u. a. als Raketentreibstoffe verwendet.
In modernen Triebwerken, wie in denen der Ariane 5, werden beispielsweise Hypergole eingesetzt. Diese Hypergole bestehen aus zwei Komponenten, einem Treibstoff (z. B. Monomethylhydrazin) und einem Oxidationsmittel (z. B. Distickstofftetraoxid, N_2O_4). Sobald diese beiden Komponenten in Kontakt kommen, zünden sie in einer spontanen Reaktion, die durch folgende Reaktionsgleichung beschrieben wird:

$$4\ CH_3—NH—NH_2 + 5\ N_2O_4 \longrightarrow 12\ H_2O + 9\ N_2 + 4\ CO_2$$

Für diese Reaktionsgleichung gilt: $\Delta_R H^0 = -4\,737{,}8$ kJ.

2.1 Berechnen Sie mit Hilfe von Material 1 die molare Standardbildungsenthalpie ($\Delta_f H_m^0$) für Monomethylhydrazin. Erklären Sie die Antriebswirkung des Raketentreibstoffs auch mit Bezug auf die Entropie. 10

2.2 Distickstofftetraoxid zerfällt in einer endothermen Reaktion zu Stickstoffdioxid. Zwischen diesen beiden Stoffen stellt sich ein chemisches Gleichgewicht ein.
Erläutern Sie, wie sich Distickstofftetraoxid als Komponente des Hypergols in möglichst hoher Konzentration erhalten lässt. 9

2.3 Material 2 zeigt die pK_B-Werte verschiedener Stickstoff-Verbindungen. Für Hydrazin lassen sich zwei pK_B-Werte ermitteln.
Erklären Sie die beiden pK_B-Werte des Hydrazins im Verhältnis zueinander.
Vergleichen Sie den pK_{B1}-Wert des Hydrazins, den pK_B-Wert von Hydroxylamin und den pK_B-Wert von Anilin miteinander. 10

2.4 Alkohole reagieren mit Aldehyden zu Halbacetalen. In einer analogen Reaktion lässt sich Hydrazin mit Ethanal zu einem Halbaminal umsetzen. Dieses Halbaminal ist nicht stabil und reagiert unter Säurekatalyse zu einem Imin (Material 3).
Entwickeln Sie ausgehend vom Hydrazin den Reaktionsmechanismus zur Bildung des Halbaminals, sowie den Reaktionsmechanismus zur Weiterreaktion zum Imin.
Benennen Sie die beiden Reaktionstypen. 11

40

Material 1: Molare Standardbildungsenthalpien

Formel	molare Standardbildungsenthalpie $\Delta_f H_m^0$ [$kJ \cdot mol^{-1}$]
C (s)	0
CO (g)	–111
CO_2 (g)	–393
H_2 (g)	0
H_2O (g)	–242
N_2 (g)	0
N_2H_4 (g)	+50,4
NO_2 (g)	+33
N_2O_4 (g)	+9
O_2 (g)	0

Material 2: pK_B-Werte verschiedener Stickstoff-Verbindungen

Verbindung	Formel	pK_B-Werte	
Hydrazin	H_2N-NH_2	pK_{B1} 6,07	pK_{B2} 9,05
Hydroxylamin	H_2N-OH	pK_B 7,98	
Anilin (Aminobenzol)	$H_2N-C_6H_5$	pK_B 9,4	

Material 3: Imin

$CH_3-CH=N-NH_2$

Quellen:
K. P. C. Vollhardt, N. E. Shore: Organische Chemie, Weinheim 2005, S. 879
http://www-pao.ksc.nasa.gov/kscpao/nasafact/count2.htm#hypergol (abgerufen 16. 09. 2009, 11:36)
www.unibw.de/lrt10/forschung/projekte/silane/diploma_thesis_Hidding-silanes.pdf
(abgerufen 07. 10. 2009, 12: 39)
www.ac.tugraz.at/lv/96778/gv_5hg.pdf (abgerufen 07. 10. 2009, 12:43)

Aufgabe C

Chemie rund um die Milch — BE

In Deutschland werden durchschnittlich pro Kopf etwa 85 kg Frischmilcherzeugnisse im Jahr verbraucht – damit liegt das Land in der Weltspitze. Milchprodukte decken ein Viertel unseres täglichen Nahrungsbedarfs. Frische Kuhmilch enthält etwa 87,3 % Wasser, 4,6 % Kohlenhydrate, 3,9 % Fette, 3,2 % Proteine (unter anderem Casein), 0,7 % Mineralstoffe. Dazu kommen geringe Mengen von organischen Säuren, Vitaminen und Enzymen. Lässt man unbehandelte Milch über mehrere Tage stehen, so wird diese unter dem Einfluss von Bakterien sauer. Diese Milchsäuregärung spielt auch bei der Herstellung von Joghurt und anderen Milchprodukten eine wichtige Rolle.

3.1 In der Joghurtwerbung wird oft der Begriff „rechtsdrehende Milchsäure" verwendet. Dabei handelt es sich um die L-(+)-Milchsäure (2-Hydroxypropansäure).
Titriert man 50 mL saure Milch unter Verwendung von Natronlauge der Konzentration 0,1 mol $\cdot$ L^{-1}, so beträgt das bis zum Erreichen des Äquivalenzpunktes verbrauchte Volumen 42 mL.
Zeichnen Sie die Strukturformel der L-(+)-Milchsäure in der Fischer-Projektion und erläutern sie die Konfiguration des Moleküls sowie den Begriff „rechtsdrehend".
Berechnen Sie den pH-Wert der sauren Milch auf der Basis des pK_S-Wertes der Milchsäure ($pK_S = 3{,}86$); betrachten Sie dabei die Milchsäure als eine schwache Säure. Weitere Inhaltsstoffe der Milch sollen bei dieser Berechnung vernachlässigt werden. 12

3.2 Milchsäure ist der Ausgangsstoff für den Kunststoff Polymilchsäure, aus dem biologisch abbaubare Verpackungsmaterialien hergestellt werden.
Formulieren Sie den Mechanismus für die säurekatalysierte Reaktion von Milchsäure zu Polymilchsäure, wobei Sie sich auf die Darstellung der Verknüpfung zweier Moleküle beschränken. (Zur Vereinfachung können Sie unbeteiligte Reste durch R in geeigneter Form ersetzten). Geben Sie Stoffklasse des Reaktionsproduktes sowie den Reaktionstyp an.

Bei der Reaktion zweier Milchsäuremoleküle kann auch eine cyclische Verbindung entstehen. Stellen Sie hierfür die Reaktionsgleichung auf, verwenden Sie dabei für die organischen Verbindungen Strukturformeln mit bindenden und nichtbindenden Elektronenpaaren. 11

3.3 Casein ist ein bedeutendes Milchprotein, das in etwa aus 200 Aminosäuren aufgebaut ist. Ein Ausschnitt der Aminosäuresequenz lautet folgendermaßen:
– Glutamin – Lysin – Glutaminsäure – (Material 1).
Zeichnen Sie einen Strukturformelausschnitt, der der oben dargestellten Aminosäuresequenz entspricht. 6

3.4 Casein ist bei einem pH-Wert von 3,1 gut löslich. Erhöht man in einem Versuch den pH-Wert dieser Lösung schrittweise, so ist bei pH = 4,6 eine deutliche Trübung erkennbar und ein Niederschlag fällt aus. Bei pH = 9,5 ist beides wieder verschwunden.
Erklären Sie die Beobachtungen. 11

40

Material 1: Aminosäuren

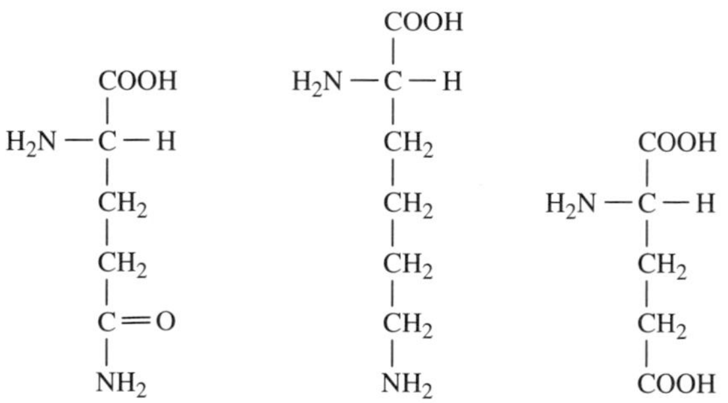

Glutamin Lysin Glutaminsäure

Quellen:
Hans Beyer, Wolfgang Walter: Lehrbuch der Organischen Chemie, Stuttgart 2004, S. 910
Gesellschaft Deutscher Chemiker (GDCh): Green Chemistry – Nachhaltigkeit in der Chemie, Weinheim 2003, S. 67 f.
M. Jäckel, K. T. Risch: Chemie heute – Sekundarbereich II, Lehrerband Teil 1 mit Kopiervorlagen, Hannover 1990, S. 218
H. Wambach, U. Hilgers (Hrsg.): Materialien-Handbuch Kursunterricht Chemie, Band 8, Köln 1994, S. 93 ff.
R. Wolff, E. Glaum: Förke /Wolff Chemie – Organische Chemie und Biochemie, Bonn 1984, S. 6/27
http://zeus.zeit.de/text/zeit-wissen/2006/01/milch.xml (abgerufen 16.09.2009; 11:50)

Aufgabe D

Reaktionen an Doppelbindungen BE

In der organischen Chemie treten Doppelbindungen beispielsweise zwischen Kohlenstoffatomen sowie zwischen Kohlenstoff- und Sauerstoffatom auf. Im ersten Fall kann dies ein Alken (z. B. But-1-en) sein, im zweiten Fall eine Carbonylverbindung (z. B. Ethanal). Die Stoffklassen mit C=C bzw. C=O-Doppelbindungen unterscheiden sich in ihrem Reaktionsverhalten.

4.1 Reagiert But-1-en mit dem Interhalogen Iodchlorid (ICl), so können vier verschiedene Produkte entstehen.
Geben Sie deren Strukturformeln unter Beachtung der räumlichen Verhältnisse an und erläutern Sie die bei diesem Beispiel auftretenden Isomeriearten. 10

4.2 Erläutern Sie für alle Bindungen im But-1-en-Molekül die Bindungsverhältnisse auf der Grundlage des Orbitalmodells.
Benennen und formulieren Sie den Reaktionsmechanismus für die Herstellung eines der Produkte aus der Reaktion von But-1-en mit Iodchlorid und erklären Sie diesen. 11

4.3 2,2,2-Trichlorethanal (Chloral) reagiert unter Wasseranlagerung in einer Gleichgewichtsreaktion zu Chloralhydrat (Material 1). Hierbei liegt das Gleichgewicht auf der Seite des Reaktionsprodukts. Im Vergleich dazu liegt bei der entsprechenden Reaktion von Ethanal mit Wasser das Gleichgewicht auf der Seite der Ausgangsstoffe.
Formulieren Sie den Reaktionsmechanismus für die Reaktion von Chloral mit Wasser zu Chloralhydrat.
Begründen sie im Hinblick auf die beiden oben genannten Reaktionen die unterschiedliche Lage des Gleichgewichts. 11

4.4 Kohlenstoff-Kohlenstoff-Doppelbindungen spielen bei der Herstellung von Kunststoffen eine wichtige Rolle.
Material 2 zeigt einen Strukturformelausschnitt aus einem Polymer, das aus unterschiedlichen Monomeren entstanden ist. Dagegen sind in Material 3 zwei Monomere dargestellt, die sich zu einem Polymer verknüpfen lassen.
Formulieren Sie die Strukturformeln der drei Monomere, die zur Herstellung des Polymeren in Material 2 verwendet wurden.
Formulieren sie einen Strukturformelausschnitt des Polymeren, in dem die beiden Monomere in Material 3 abwechselnd verknüpft wurden. 8

40

Material 1: Strukturformel von Chloralhydrat

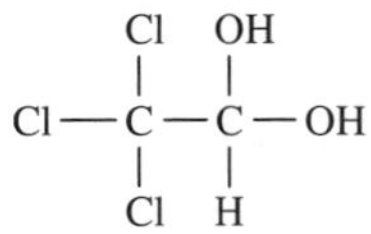

Material 2: Strukturformelausschnitt aus einem Polymer

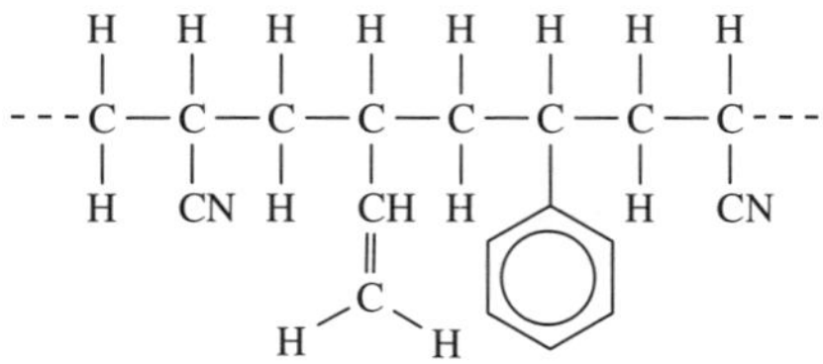

Material 3: Strukturformeln zweier Monomere

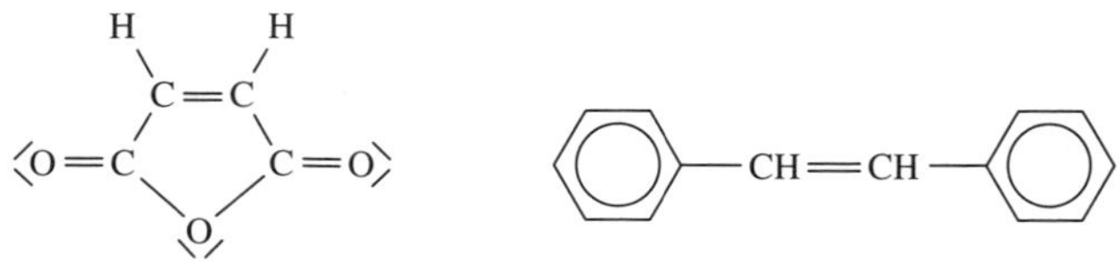

Quellen:

W. Asselborn, M. Jäckel, K. T. Risch: Chemie heute – Sekundarbereich II, Lehrerband mit Kopiervorlagen, Hannover 1998, S. 290

K. P. C. Vollhardt, N. E. Shore: Organische Chemie, Weinheim 2005, S. 187, 871

R. Wolff, E. Glaum: Flörke/Wolff Chemie – Spezielle chemische Arbeitsgebiete, Bonn 1984, S. 8/25

Lösungsvorschläge

Aufgabe A

1.1 *Anhand der Strukturformel von 2-Methylbutan werden alle möglichen Monosubstitutionsprodukte ermittelt.*

2-Methylbutan

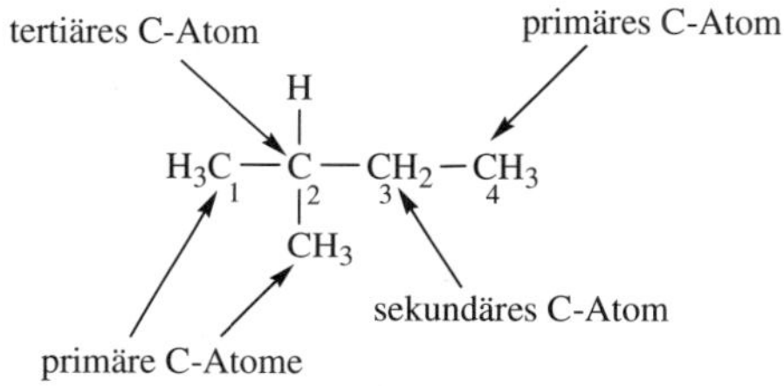

Im 2-Methylbutan-Molekül existieren drei **primäre** Kohlenstoff-Atome. Die Substitution der an ihnen gebundenen Wasserstoff-Atome liefert zwei isomere Monosubstitutionsprodukte, da es sich bei den am C2-Atom gebundenen Methylgruppen um zwei identische Methylgruppen handelt.

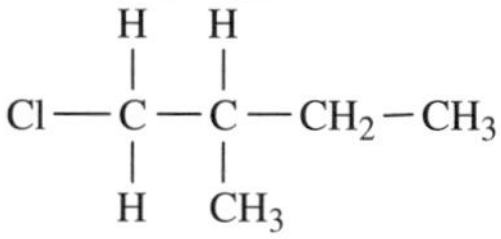

1-Chlor-2-methylbutan

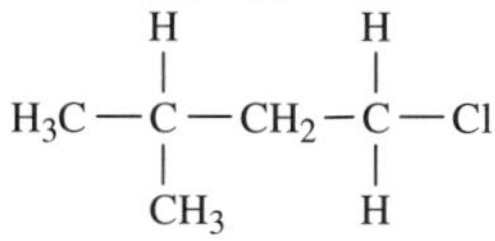

1-Chlor-3-methylbutan

Werden die Wasserstoff-Atome am **sekundären** und am **tertiären** Kohlenstoff-Atom gegen ein Chlor-Atom ersetzt, so erhält man zwei weitere isomere Monosubstitutionsprodukte.

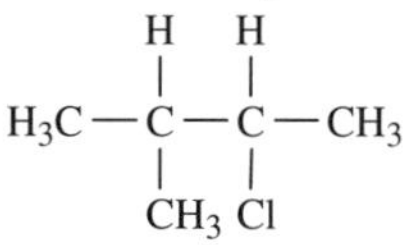

2-Chlor-3-methylbutan

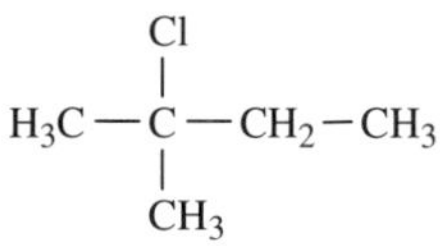

2-Chlor-2-methylbutan

Bei der Reaktion handelt es sich um eine lichtinduzierte **radikalische Substitution** (S_R).

Reaktionsmechanismus

Startreaktion:

Durch die Einwirkung von Licht wird das Chlor-Molekül homolytisch gespalten. Es entstehen zwei reaktive Chlor-Radikale mit je einem ungepaarten Elektron.

$$Cl-Cl \xrightarrow{\text{Licht}} 2\,Cl\cdot$$

Kettenreaktion:

Es bietet sich an, den Molekülteil, der nicht direkt an der Reaktion beteiligt ist, mit R abzukürzen, da man sich so viel Zeit und Zeichenarbeit sparen kann.

Das im Verlauf der Startreaktion gebildete Chlor-Radikal greift die C–H-Bindung an; es entsteht ein Alkylradikal und Chlorwasserstoff.

$$R-H + Cl\cdot \longrightarrow HCl + R\cdot$$

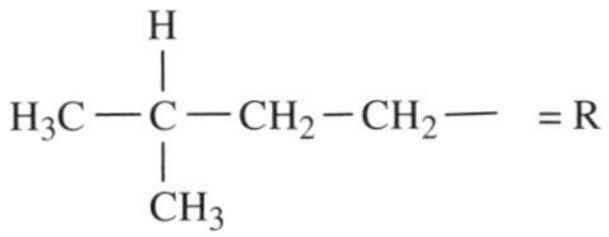

Das Alkylradikal spaltet Chlor-Moleküle homolytisch, wobei ein Chlor-Radikal und ein Halogenalkan entstehen. Diese beiden Schritte der Kettenreaktion laufen im weiteren Reaktionsverlauf immer wieder nacheinander ab.

$$R\cdot + Cl-Cl \longrightarrow R-Cl + Cl\cdot$$

Möglicher Kettenabbruch:

Die Kettenreaktion wird dann unterbrochen, wenn keine Radikale mehr zur Verfügung stehen, wie etwa durch Rekombination zweier Radikale.

$$R\cdot + \cdot R \longrightarrow R-R$$

oder

$$R\cdot + \cdot Cl \longrightarrow R-Cl$$

1.2 **Chlorierung von Methan (Kettenfortpflanzung):**

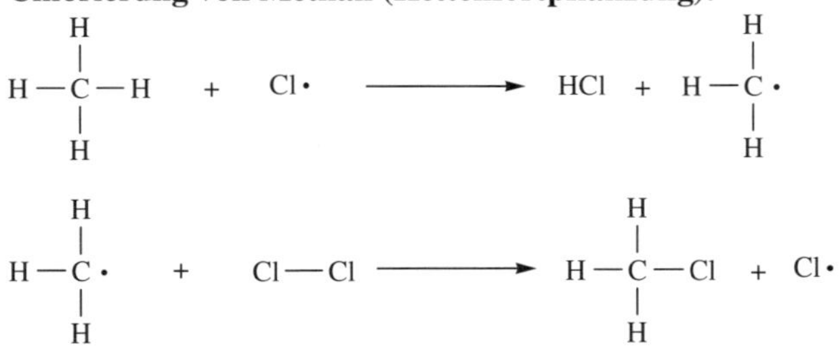

Iodierung von Methan (Kettenfortpflanzung):

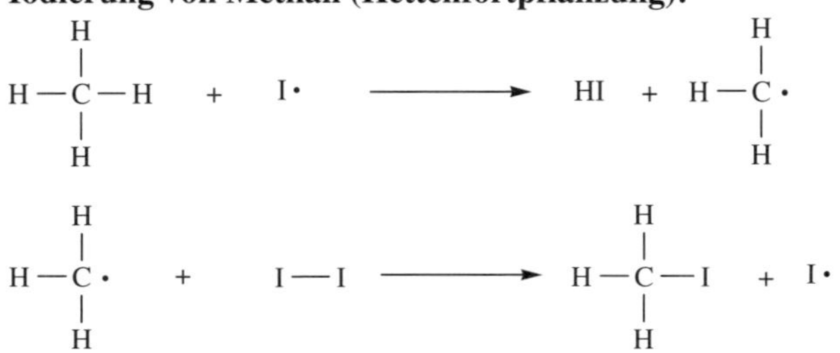

Energiebilanz der einzelnen Teilschritte

Chlorierung:

1. Schritt: C–H-Bindung wird gespalten, H–Cl-Bindung wird geknüpft.

$$\Delta_R H^0 = 440\ \text{kJ} \cdot \text{mol}^{-1} - 431\ \text{kJ} \cdot \text{mol}^{-1} = 9\ \text{kJ} \cdot \text{mol}^{-1}$$

2. Schritt: Cl–Cl-Bindung wird gespalten, C–Cl-Bindung wird geknüpft.

$$\Delta_R H^0 = 243\ \text{kJ} \cdot \text{mol}^{-1} - 356\ \text{kJ} \cdot \text{mol}^{-1} = -113\ \text{kJ} \cdot \text{mol}^{-1}$$

Iodierung:

1. Schritt: C–H-Bindung wird gespalten, H–I-Bindung wird geknüpft.

$$\Delta_R H^0 = 440\ \text{kJ} \cdot \text{mol}^{-1} - 297\ \text{kJ} \cdot \text{mol}^{-1} = +143\ \text{kJ} \cdot \text{mol}^{-1}$$

2. Schritt: I–I-Bindung wird gespalten, C–I-Bindung wird geknüpft.

$$\Delta_R H^0 = 151\ \text{kJ} \cdot \text{mol}^{-1} - 239\ \text{kJ} \cdot \text{mol}^{-1} = -88\ \text{kJ} \cdot \text{mol}^{-1}$$

Gesamtenergiebilanz

Chlorierung:

$\Delta_R H^0(\text{gesamt}) = 9\ \text{kJ} \cdot \text{mol}^{-1} + (-113)\ \text{kJ} \cdot \text{mol}^{-1} = -104\ \text{kJ} \cdot \text{mol}^{-1}$

Die Reaktion ist **exotherm**.

Iodierung:

$\Delta_R H^0(\text{gesamt}) = 143\ \text{kJ} \cdot \text{mol}^{-1} + (-88)\ \text{kJ} \cdot \text{mol}^{-1} = 55\ \text{kJ} \cdot \text{mol}^{-1}$

Die Reaktion ist **endotherm**.

1.3 *Die im Energiediagramm dargestellten Minima bzw. Maxima können den Edukten, Zwischenstufen und Produkten, die im Verlauf der Kettenfortpflanzung entstehen, zugeordnet werden.*

Um eine Reaktion zu starten, muss zunächst Energie hineingesteckt werden; es muss also ein Aktivierungsberg überwunden werden. Im Fall der betrachteten Halogenierung wird mit dieser Energie die C–H-Bindung unter Bildung des Methylradikals, einer reaktiven Zwischenstufe, gespalten. Das Methylradikal ist energiereicher als das Methan. Dieser erste Schritt der Kettenfortpflanzung ist daher endotherm.

Auch für den zweiten Schritt der Kettenfortpflanzung wird Aktivierungsenergie benötigt. Mithilfe dieser Energie wird die Halogen–Halogen-Bindung gespalten. Das Produkt dieses zweiten Schrittes der Halogenierung ist ein Halogenalkan. Das Halogenalkan ist energieärmer als das Methylradikal; diese Teilreaktion ist, wie auch die gesamte Kettenfortpflanzung, exotherm.

Da die Iodierung von Methan insgesamt endotherm verläuft, muss es sich um das Energiediagramm der Chlorierung von Methan handeln.

1.4 Den Versuchen liegen **nukleophile Substitutionsreaktionen (S_N1)** zugrunde.

Das Edukt 2-Brom-2-methylpropan ist ein tertiäres Alkylbromid und löst sich weder in Wasser noch in Methanol. Die ablaufenden Reaktionen sind daher nicht sehr erfolgreich, da sie nur an der Grenzfläche ablaufen können.

Im ersten Versuch können die Chlorid-Ionen oder auch die Wasser-Moleküle 2-Brom-2-methylpropan nukleophil angreifen.

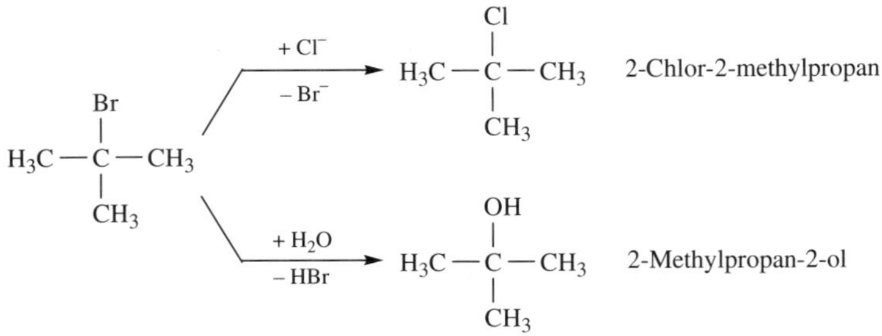

Im zweiten Versuch wird 2-Brom-2-methylpropan von Chlorid-Ionen und Methanol-Molekülen nukleophil angegriffen.

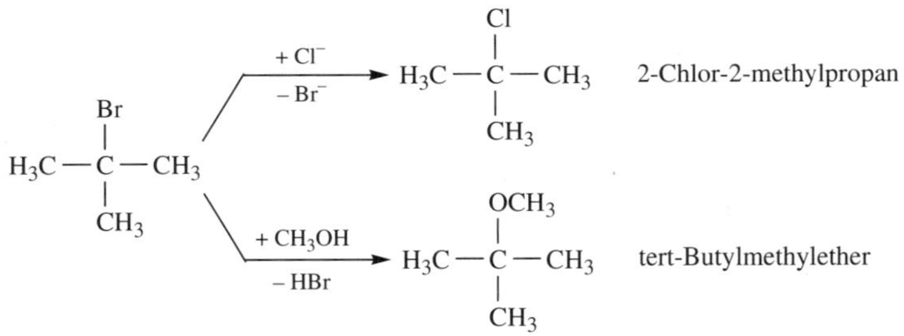

Reaktionsmechanismus

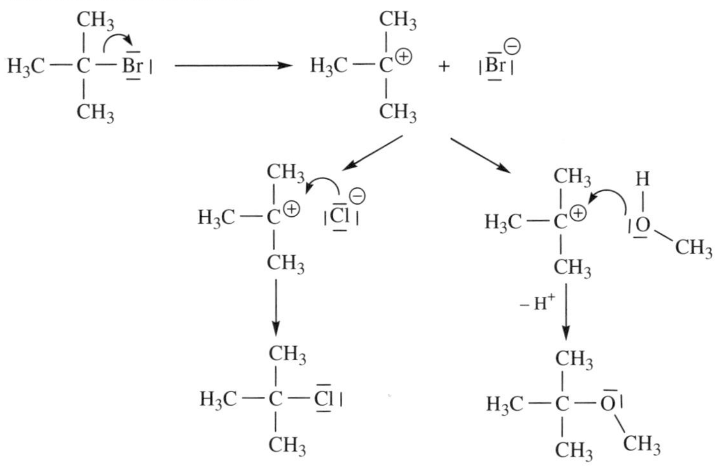

Die S_N1-Reaktion wird gegenüber der S_N2-Reaktion bevorzugt, da sie über die Bildung stabiler **tertiärer Carbenium-Ionen** verläuft. Durch den +I-Effekt der drei Methylguppen wird die positive Ladung am tertiären C-Atom gut kompensiert, was die hohe Stabilität dieser Ionen erklärt.

Die Bildung des Carbenium-Ions ist der geschwindigkeitsbestimmende Schritt der gesamten Reaktion. Die Reaktionsgeschwindigkeit hängt als nur von der Bildung dieses Kations ab.

Aufgabe B

2.1 *Die Reaktionsenthalpie $\Delta_R H^0$ ergibt sich aus der Differenz der molaren Standardbildungsenthalpien $\Delta_f H_m^0$ der Produkte und der Edukte unter Berücksichtigung der molaren Umsätze.*

$$\Delta_R H^0 = 12\,\text{mol}\cdot\Delta_f H_m^0(H_2O) + 9\,\text{mol}\cdot\Delta_f H_m^0(N_2) + 4\,\text{mol}\cdot\Delta_f H_m^0(CO_2) - (4\,\text{mol}\cdot\Delta_f H_m^0(N_2H_3CH_3) + 5\,\text{mol}\cdot\Delta_f H_m^0(N_2O_4))$$

$$\Delta_R H^0 = 12\,\text{mol}\cdot(-242\,\text{kJ}\cdot\text{mol}^{-1}) + 9\,\text{mol}\cdot 0\,\text{kJ}\cdot\text{mol}^{-1} + 4\,\text{mol}\cdot(-393\,\text{kJ}\cdot\text{mol}^{-1}) - 4\,\text{mol}\cdot\Delta_f H_m^0(N_2H_3CH_3) - 5\,\text{mol}\cdot 9\,\text{kJ}\cdot\text{mol}^{-1}$$

$$\Delta_R H^0 = -4521\,\text{kJ} - 4\,\text{mol}\cdot\Delta_f H_m^0(N_2H_3CH_3)$$

$$\Delta_f H_m^0(N_2H_3CH_3) = \frac{-4521\,\text{kJ} + 4737{,}8\,\text{kJ}}{4} = 54{,}2\,\text{kJ}$$

Die Antriebswirkung ist mit der Entstehung zahlreicher gasförmiger Produkte aus den beiden Edukten zu begründen. Die Entropie nimmt daher im Verlauf der Reaktion zu. Insgesamt handelt es sich bei dieser Reaktion gemäß der Gibbs-Helmholtz-Gleichung um eine stark exergonische Reaktion ($\Delta G < 0$), da es sich um eine exotherme Reaktion mit **Entropiezunahme** handelt. Wird Materie (gasförmige Reaktionsprodukte) rasch nach hinten ausgestoßen, so wird der ausstoßende Körper aufgrund der Impulserhaltung in die Gegenrichtung beschleunigt.

2.2 *Bei dieser Aufgabe soll mithilfe des Prinzips vom geringsten Zwang (Le Chatelier und Braun) argumentiert werden.*

$$N_2O_{4\,(g)} \rightleftharpoons 2\,NO_{2\,(g)}$$

Da die Hinreaktion zu NO_2 endotherm verläuft, muss es sich bei der Rückreaktion um eine exotherme Reaktion handeln. Eine **Temperaturerniedrigung** verlagert daher das Gleichgewicht in Richtung N_2O_4. Auch durch **Druckerhöhung** kann das Gleichgewicht auf die Seite von N_2O_4 verschoben werden, da sich hierbei das Volumen verringert.

2.3 *Der pK_B einer Substanz gibt Auskunft über deren Basenstärke. Je kleiner der pK_B-Wert, umso stärker basisch reagiert die Substanz.*

Hydrazin reagiert gegenüber Wasser als Base und nimmt ein Proton auf.

$$NH_2{-}NH_2 + H_2O \rightleftharpoons NH_2{-}NH_3^+ + OH^-$$

Durch die zweite Aminogruppe kann das Molekül noch ein weiteres Proton aufnehmen. Das Bestreben zur Aufnahme dieses zweiten Protons ist aber deutlich geringer ($pK_{B2} > pK_{B1}$), da die beim ersten Protonenübertrag entstandene positive Ladung vom nichtbindenden Elektronenpaar Elektronendichte abzieht. Das nichtbindende Elektronenpaar am Stickstoff ist für die Protonenaufnahme daher weniger verfügbar.

Laut Aufgabenstellung sollen die pK_B-Werte der genannten Substanzen miteinander verglichen werden. Es genügt in diesem Fall allerdings nicht, lediglich die Zahlenwerte miteinander zu vergleichen. Es müssen zusätzlich entsprechende Erklärungen gegeben werden, auch wenn der verwendete Oparator darauf nicht eindeutig hinweist.

Die Basenstärke der drei Verbindungen nimmt in folgender Richtung zu:

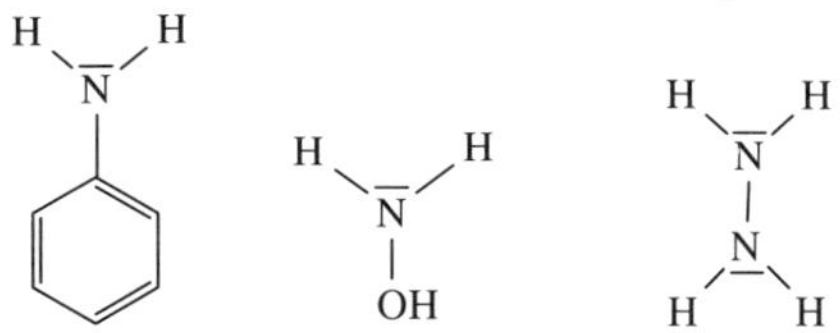

Anilin Hydroxylamin Hydrazin

Im Hydroxylamin wird durch den –I-Effekt des benachbarten Hydroxylsauerstoff-Atoms die Elektronendichte am freien Elektronenpaar des Stickstoff-Atoms verringert. Dies erklärt die gegenüber Hydrazin geringere Basenstärke des Hydroxylamins.
Die Basenstärke des Anilins ist noch geringer, da sich das freie Elektronenpaar am Stickstoff-Atom an der Mesomerie des Benzolrings beteiligen kann.

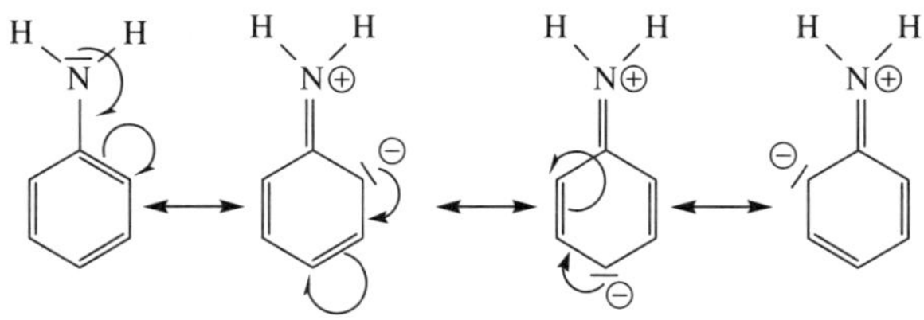

2.4 Bei der Reaktion zum Halbaminal handelt es sich um eine **nukleophile Addition** (A_N).

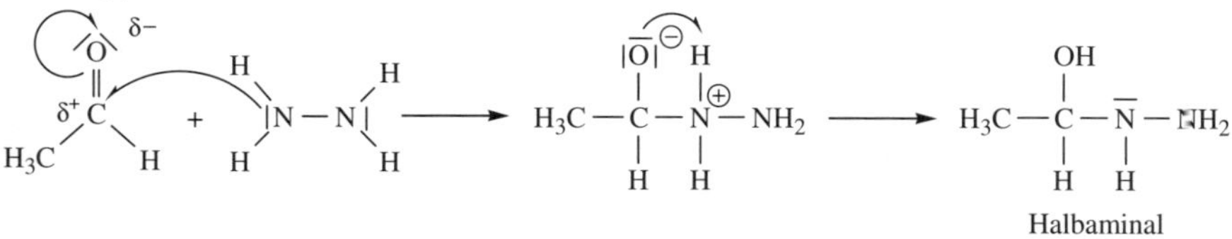

Halbaminal

Im zweiten Reaktionsschritt kommt es aufgrund von Säurekatalyse zur Protonierung der OH-Gruppe und anschließender Wasserabspaltung (**Eliminierung, Dehydratisierung**). Es entsteht das Imin.

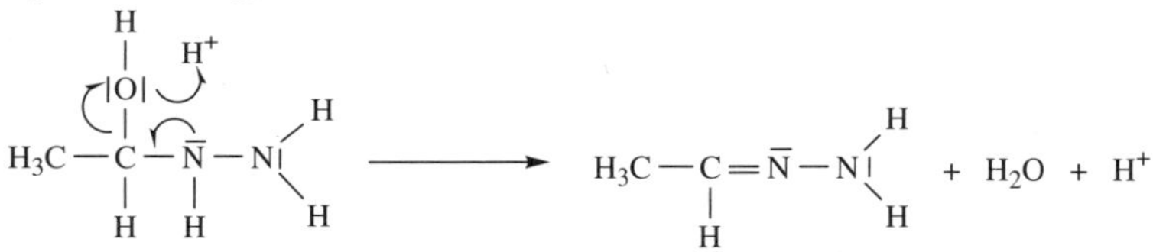

Imin

Aufgabe C

3.1 *In der Fischerprojektion wird das höchstoxidierte C-Atom (Carboxyl-C-Atom) nach oben gestellt. Am C2-Atom sind vier verschiedene Substituenten gebunden; das C2-Atom ist somit asymmetrisch, d. h. ein chirales Zentrum (*).*

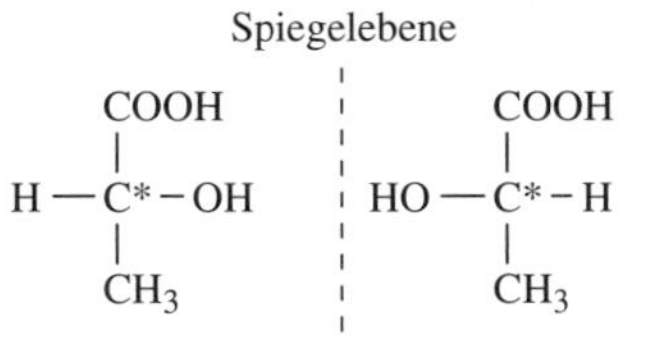

D (–)-Milchsäure L (+)-Milchsäure

Besitzt ein Molekül ein asymmetrisches C-Atom, ergeben sich zwei **Konfigurationsisomere (Enantiomere)**, die sich wie Bild und Spiegelbild verhalten. Enantiomere unterscheiden sich weder in ihrem chemischen Verhalten, noch in ihren physikalischen Eigenschaften voneinander, einzige Ausnahme ist ihre **optische Aktivität**, also die Fähigkeit, die Schwingungsebene linear polarisierten Lichts zu drehen.

Befindet sich die OH-Gruppe in der Fischerprojektion auf der rechten Seite, so spricht man von D-Milchsäure, befindet sie sich auf der linken Seite, so handelt es sich um L-Milchsäure. Das (–)-Zeichen bedeutet, dass die Schwingungsebene des linear polarisierten Lichts nach links gedreht wird, das (+)-Zeichen, dass sie nach rechts gedreht wird.

Bestimmung des pH-Wertes der Milchsäure

$$c_{\text{Milchsäure}} \cdot V_{\text{Milchsäure}} = c_{\text{Lauge}} \cdot V_{\text{Lauge}}$$

$$c_{\text{Milchsäure}} = \frac{c_{\text{Lauge}} \cdot V_{\text{Lauge}}}{V_{\text{Milchsäure}}} = \frac{0{,}1\ \text{mol} \cdot \text{L}^{-1} \cdot 0{,}042\ \text{L}}{0{,}05\ \text{L}} = 0{,}084\ \text{mol} \cdot \text{L}^{-1}$$

pH-Wert-Berechnung einer schwachen Säure

$$\text{pH} = \frac{1}{2} \cdot (\text{pK}_\text{S} - \lg c_{\text{Milchsäure}}) = \frac{1}{2} \cdot (3{,}86 - \lg 0{,}084) = 2{,}47$$

3.2 **Reaktionsmechanismus**

Bei dieser Polymerisationsreaktion greift die Hydroxylgruppe eines Milchsäure-Moleküls das Carboxyl-C-Atom eines weiteren Milchsäure-Moleküls unter Abspaltung von Wasser an.

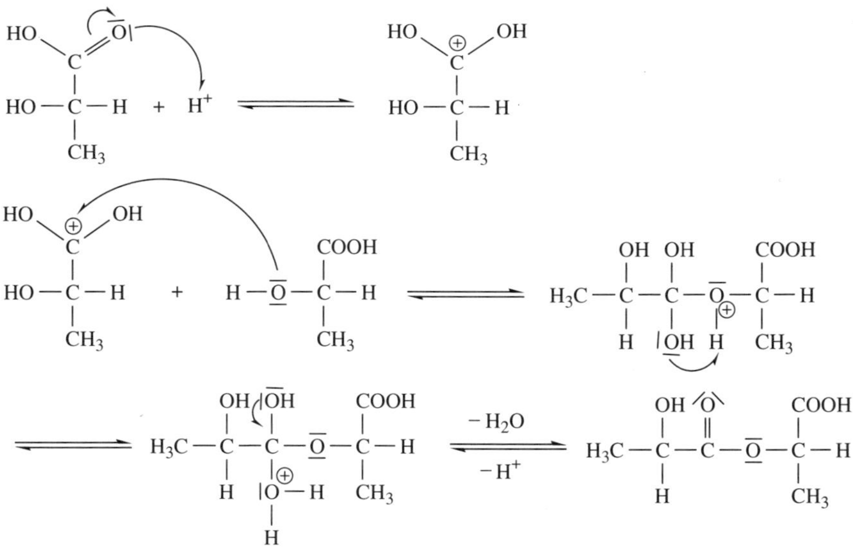

Es handelt sich bei dieser Reaktion um eine **Estersynthese** bzw. eine **Polykondensationsreaktion**. Das Produkt gehört der Stoffklasse der **Polyester** an.

Reaktionsgleichung für die Bildung eines cyclischen Dimers

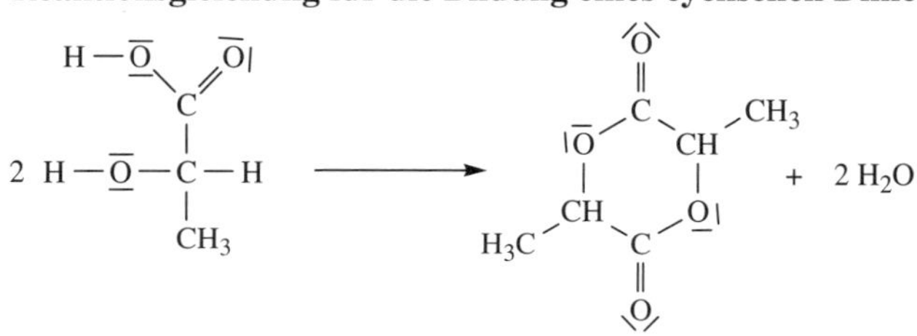

3.3 *Auch wenn es aus der Aufgabenstellung nicht eindeutig hervorgeht, sollten die nichtbindenden Elektronenpaare dennoch beim Strukturformelausschnitt berücksichtigt werden.*

Strukturformelausschnitt

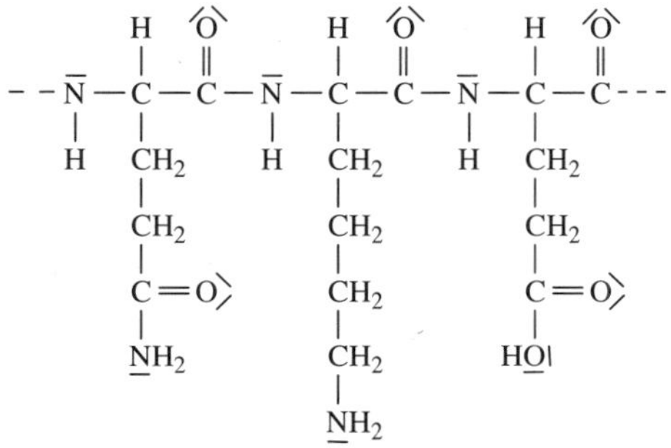

3.4 Die elektrische Ladung eines Proteins hängt von der Protonierung bzw. der Deprotonierung der Seitenreste ab, da die Carboxyl- bzw. die α-Aminogruppe unter Ausbildung von Peptidbindungen miteinander reagiert haben. Diese Protolysegleichgewichte finden bei verschiedenen pH-Werten statt.
Bei einem bestimmten pH-Wert, welcher von Protein zu Protein variiert, heben sich die Ladungen der Seitenreste auf, das Protein ist nach außen hin elektrisch neutral. Dieser pH-Wert wird als **isoelektrischer Punkt** (pH (IEP)) bezeichnet. Die Proteine liegen am pH (IEP) als Zwitterionen vor und sind bei diesem pH-Wert am schlechtesten löslich. Im Sauren (pH = 3,1) liegt Casein weitgehend als Kation, im Basischen (pH = 9,5) hingegen als Anion vor, was eine bessere Löslichkeit bewirkt. Der pH (IEP) von Casein liegt offensichtlich bei 4,6.

Die γ-Carboxylgruppe der Glutaminsäure wird erst ab pH < 5,3 (pKs = 4,3) protoniert, während die ε-Aminogruppe des Lysins bei pH > 9,5 (pKs = 10,5) deprotoniert wird. Daher liegt ein hypothetisches Protein, welches nur aus diesen beiden Aminosäuren aufgebaut ist, in einem pH- Bereich zwischen 6 und 9 weitgehend als Zwitterion vor. Oberhalb von pH 9,5 wird es zum Anion, unterhalb von pH 5,3 wird es zunehmend zum Kation, da jetzt die γ-Carboxylgruppe protoniert wird.

Aufgabe D

4.1 Das Interhalogen addiert an die Doppelbindung von But-1-en. Dabei können zwei **Konstitutionsisomere** (Strukturisomere) entstehen, bei denen die Halogen-Atome an unterschiedliche C-Atome gebunden sind.

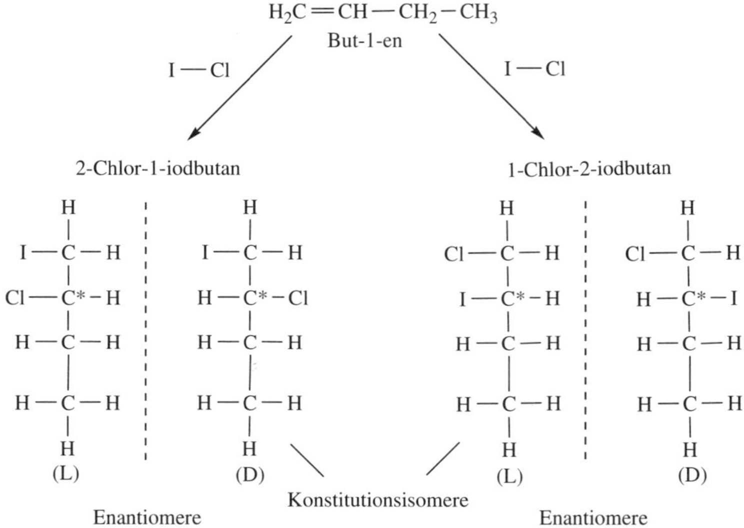

In jedem dieser beiden Konstitutionsisomere gibt es ein **chirales C-Atom** (*) mit vier unterschiedlichen Substituenten. Von den Konstitutionsisomeren gibt es daher jeweils zwei **Enantiomere**, die sich wie Bild und Spiegelbild zueinander verhalten.

4.2

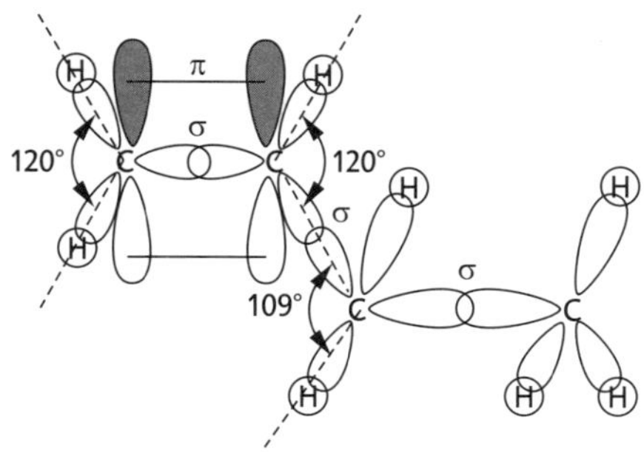

Die Kohlenstoff-Atome C1 und C2 sind sp^2-hybridisiert, C3 und C4 sind sp^3-hybridisiert. Die drei sp^2-Hybridorbitale von C1 bzw. C2 liegen in einer Ebene und zeigen in die Ecken eines gleichseitigen Dreiecks. Die σ-Bindung zwischen C1 und C2 kommt durch die Überlappung zweier sp^2-Hybridorbitale zustande. Die beiden verbleibenden sp^2-Hybridorbitale des C1-Atoms überlappen mit je einem

s-Orbital eines Wasserstoff-Atoms. Die sp^2-Hybridorbitale des C2-Atoms überlappen mit dem s-Orbital eines H-Atoms und mit einem sp^3-Hybridorbital von C3. Senkrecht zur Ebene der σ-Bindung bildet sich zwischen C1 und C2 eine π-Bindung aus, die durch die Überlappung der p_z-Orbitale, senkrecht zur Ebene der σ-Bindungen, entsteht.
Die σ-Bindung zwischen C3 und C4 kommt durch die Überlappung zweier sp^3-Hybridorbitale zustande. Die restlichen sp^3-Hybridorbitale von C3 und C4 werden zur Bindung von Wasserstoff-Atomen benötigt. Die Bindungswinkel zwischen den sp^3-Hybridorbitalen betragen 109°. Die sp^3-Hybridorbitale zeigen in die Ecken eines Tetraeders.

Reaktionsmechanismus
Bei der Reaktion von But-1-en mit Interhalogen handelt es sich um eine **elektrophile Addition** (A_E).

Jodchlorid ist aufgrund der Elektronegativitätsdifferenz zwischen Iod und Chlor **polar**; Chlor ist negativ, Iod ist positiv polarisiert. Die Bindung wird heterolytisch gespalten.

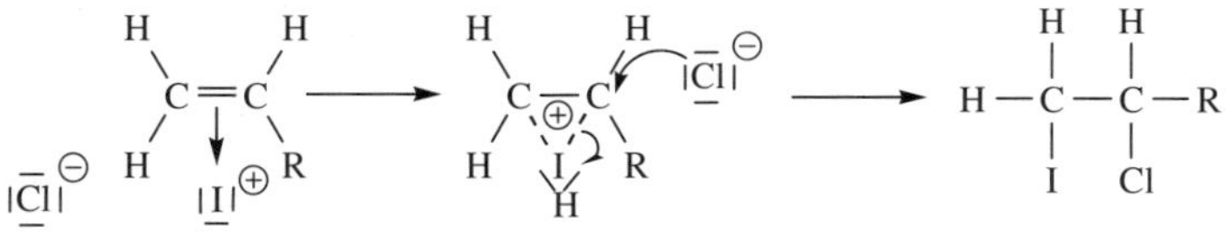

π-Komplex σ-Komplex

Die Doppelbindung im But-1-en ist elektronenreich und wird daher vom Iod-Kation elektrophil angegriffen. Es bildet sich zunächst ein π-Komplex, der schließlich unter Bindung des Iod-Kations an das C-Gerüst in einen σ-Komplex übergeht. Im nächsten Schritt greift das Chlorid-Ion von der Rückseite nukleophil an.

4.3 *Bei der Reaktion von Wasser mit Aldehyden handelt es sich um eine nukleophile Addition.*

Reaktionsmechanismus

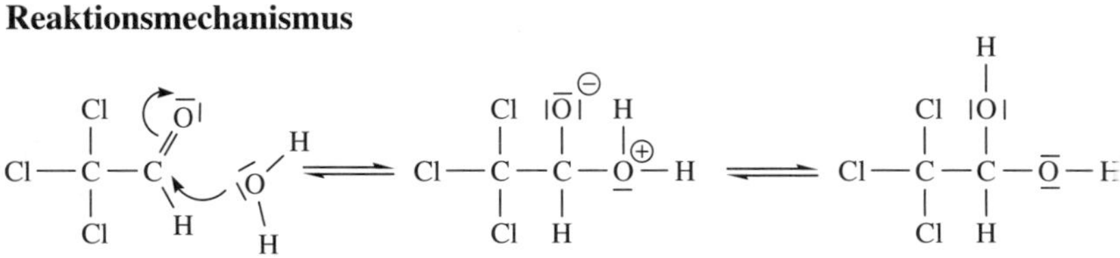

Das Carbonyl-C-Atom im Chloral ist durch die elektronenziehende Wirkung (–I-Effekt) der elektronegativen Cl-Atome stark positiv polarisiert. Im Gegensatz dazu erhöht die Methylgruppe im Ethanal mit ihrem +I-Effekt die Elektronendichte am Carbonyl-C-Atom.

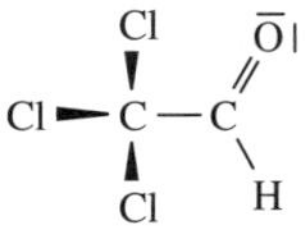

Chloral

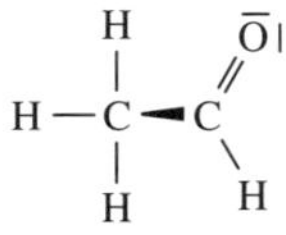

Ethanal

Ein nukleophiler Angriff ist daher beim Chloral begünstigt und die Lage des Gleichgewichts liegt bei dieser Reaktion auf der Seite der Produkte.

4.4 *Das Polymer in Material 2 enthält eine Kohlenwasserstoffkette. Als Monomere kommen daher nur Moleküle mit einer Kohlenstoff-Kohlenstoff-Doppelbindung in Frage.*

Strukturformeln der Monomere

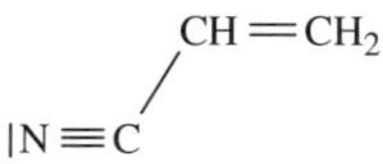

Acrylnitril

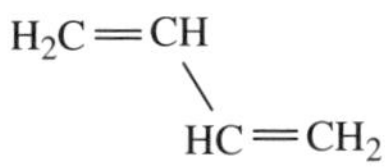

Butadien

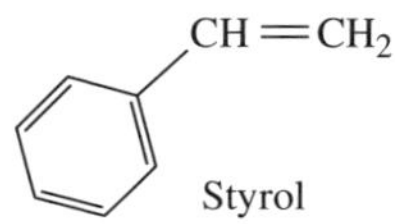

Styrol

Strukturformelausschnitt des Polymers

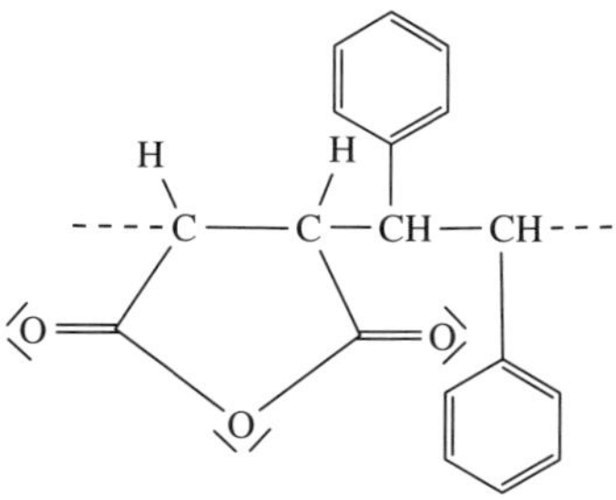

Grundkurs Chemie (Hessen)
Abiturprüfung 2011

Aufgabe A

Kunststoffe im Bad BE

Als Heimwerkerprojekt steht in diesem Frühjahr eine Badezimmerrenovierung an. Das alte Fenster mit Holzrahmen wird gegen eines mit Kunststoffrahmen aus Polyvinylchlorid ausgetauscht, das mit einer Dichtungsmasse aus Polyurethan abgedichtet wird. Die neuen Abwasserrohre bestehen aus Polypropen. Anstelle der alten Badewanne mit Duschvorhang aus Polyester wird eine Duschkabine mit Trennwand aus Plexiglas eingebaut. Zur Befestigung der Duschwand verwendet man Dübel aus Polyamid. Der neue Badteppich (Badematte) ist aus einem Garn gefertigt, das hauptsächlich aus einem Polyester besteht. Beide Handtuchregale werden mit einem Lack aus Alkydharz neu gestrichen. Die Tabelle im Material gibt einen Überblick über die beim Heimwerkerprojekt verwendeten chemischen Substanzen.

1.1 Benennen und formulieren Sie den Reaktionsmechanismus für die Herstellung von Polyvinylchlorid.
Verwenden Sie als Startersubstanz das Peroxid: 7

R—$\underline{\overline{O}}$—$\underline{\overline{O}}$—R

1.2 Formulieren Sie die Reaktionsgleichung für die Herstellung der Dichtungsmasse Polyurethan in Strukturformeln.
Zeichnen Sie einen Strukturformelausschnitt aus Polypropen, dem Material der Abwasserrohre.
Das Polyamid für die Dübel wird aus zwei verschiedenen Ausgangsstoffen hergestellt. Geben Sie die Strukturformeln und Namen dieser Monomere an. 10

1.3 Methacrylsäuremethylester, der Ausgangsstoff für die Herstellung des Plexiglases (Duschtrennwand), lässt sich durch Dehydrierung (Abspaltung von elementarem Wasserstoff) von 2-Methylpropansäuremethylester bei einer Temperatur von ca. 500 °C herstellen.
Formulieren Sie die Reaktionsgleichung in Strukturformeln. 3

1.4 Bei dem Polyester des Badteppichs handelt es sich um einen Polyester, der mithilfe von konzentrierter Schwefelsäure als Katalysator hergestellt werden kann.
Formulieren Sie den Mechanismus für die Herstellung eines Esters an einem selbstgewählten Beispiel. 6

1.5 Der für das Handtuchregal verwendete Malerlack enthält ein Alkydharz. Dieser Polyester besteht aus den Monomeren Propan-1,2,3-triol und Terephthalsäure. Je nach Menge der verwendeten Ausgangsstoffe entstehen Polymere mit unterschiedlicher Struktur.
Für Polyester A werden die Monomere im Molverhältnis Alkanol : Säure gleich 1 : 1 eingesetzt.
Für Polyester B erhöht man die Menge der Säure deutlich.
Formulieren Sie einen Strukturformelausschnitt für Polyester B und erklären Sie den Unterschied zwischen den Strukturen der Polyester A und B. 4

30

Material: Materialien für die Badezimmerrenovierung

„Gegenstand" Werkstück	Kunststoff: Name	Monomer(e): Name bzw. Strukturformel	Kunststoff: Strukturformelausschnitt
Fensterrahmen	Polyvinylchlorid (PVC)	Chlorethen	–
Dichtungsmasse	Polyurethan (PU)	Ethan-1,2-diol und Hexan-1,6-diisocyanat: $OCN-(CH_2)_6-NCO$	–
Abwasserrohre	Polypropen (PP)	Propen	–
Dübel	Polyamid (Nylon)	–	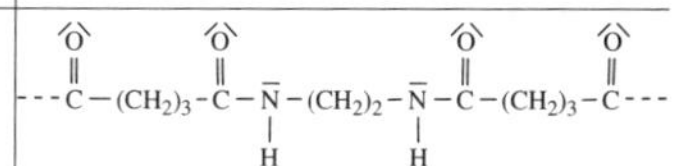
Duschtrennwand	Plexiglas	Methacrylsäuremethylester: 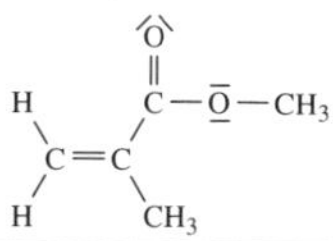	–
Badezimmerteppich	Polyester	–	–
Möbellack	Alkydharz	Propan-1,2,3-triol und Terephthalsäure: 	–

Quellen:
Fonds der Chemischen Industrie: Textheft zur Informationsserie Lacke und Farben, Frankfurt 2003, S. 18 f. (vereinfacht)

Aufgabe B

Chemie der Süßigkeiten

BE

Die natürliche Weinsäure (L-(+)-Weinsäure, Material) wurde 1769 von dem schwedischen Apotheker C. W. Scheele aus Weinstein isoliert. Diese L-(+)-Weinsäure findet heute als Inhaltsstoff von verschiedenen Süßigkeiten wie Brausepulver, Brausebonbons und Orangendragees Verwendung. Neben der L-(+)-Weinsäure existieren zwei weitere Isomere. Brausepulver enthält außer Weinsäure noch Zucker, Natriumhydrogencarbonat (Material), Aroma- und Farbstoffe. Für den sprudelnden Effekt im Wasser sind die Weinsäure und das Natriumhydrogencarbonat verantwortlich. Prüft man das hierbei entstehende Gas mit Kalkwasser, verläuft der Nachweis positiv.
Fruchtbärchen enthalten als Hauptbestandteil eingedickten Fruchtsaft, der mithilfe von Pektin als Geliermittel verfestigt wird. Demgegenüber werden Fruchtgummibärchen auf der Basis von Glukosesirup und Zucker mithilfe von Gelatine hergestellt. Die jeweils verwendeten Geliermittel gehören verschiedenen Stoffgruppen an. Pektin ist ein Kohlenhydrat, das vorwiegend aus Ketten von 1,4-α-glycosidisch verbundenen D-Galacturonsäure-Einheiten (Material) besteht. Gelatine ist ein Protein.
Ein Hauptbestandteil der Süßigkeit „Gefüllte Waffelschnitten, zum Teil schokoliert“ ist gehärtetes pflanzliches Fett. Versetzt man nicht gehärtetes pflanzliches Fett, wie zum Beispiel Sonnenblumenöl, mit Bromwasser, erfolgt auch bei Raumtemperatur und in der Dunkelheit eine rasche Entfärbung. Bei einem gehärteten pflanzlichen Fett findet diese Reaktion in der Regel nicht statt. Das Material zeigt ein Molekül, das in Sonnenblumenöl enthalten ist.

2.1 Beschriften Sie in der Strukturformel der L-(+)-Weinsäure die asymmetrischen C-Atome und geben Sie eine Definition der Bezeichnung „L“ an. Zeichnen Sie die jeweilige Strukturformel der beiden zu L-(+)-Weinsäure isomeren Moleküle. 5

2.2 Formulieren Sie die Reaktionsgleichung für die Protolyse von Weinsäure in Wasser. Erklären Sie mithilfe einer Reaktionsgleichung den sprudelnden Effekt von Brausepulver in Wasser. 6

2.3 Zeichnen Sie die Haworth-Strukturformel von α-D-Galacturonsäure als 6-Ring und einen Ausschnitt aus dem Polysaccharid, indem Sie drei Moleküle D-Galacturonsäure 1,4-α-glycosidisch miteinander verknüpfen. 5

2.4 Formulieren Sie die allgemeine Strukturformel einer Aminosäure und einen Strukturformelausschnitt aus dem Protein Gelatine, indem Sie die drei Aminosäuren Ser–Asp–Thr (Formeln der Reste: Material) in dieser Reihenfolge miteinander verknüpfen. 4

2.5 Beschreiben Sie den Aufbau des im Sonnenblumenöl enthaltenen Moleküls (Material). Erklären Sie das Verhalten von ungehärtetem Sonnenblumenöl gegenüber Bromwasser, benennen und formulieren Sie den Mechanismus dieser Reaktion unter Verwendung von „R“ für Rest.
Erklären Sie im Gegensatz dazu das Verhalten von gehärtetem Fett gegenüber Bromwasser. 10

30

Material: Einige Inhaltsstoffe von Süßigkeiten

Name	Formel
L-(+)-Weinsäure [L-(+)-2,3-Dihydroxybutandisäure]	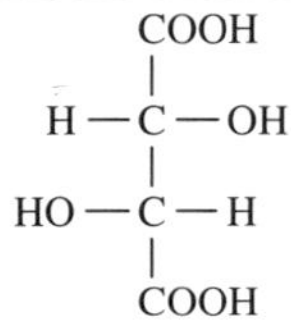
Natriumhydrogencarbonat	$Na^+ + HCO_3^-$
D-Galacturonsäure	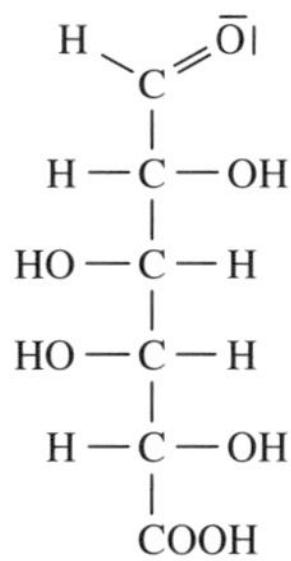
Serin (Ser) – Rest	$-CH_2-OH$
Asparaginsäure (Asp) – Rest	$-CH_2-COOH$
Threonin (Thr) – Rest	$-CH(OH)-CH_3$
Molekül im Sonnenblumenöl	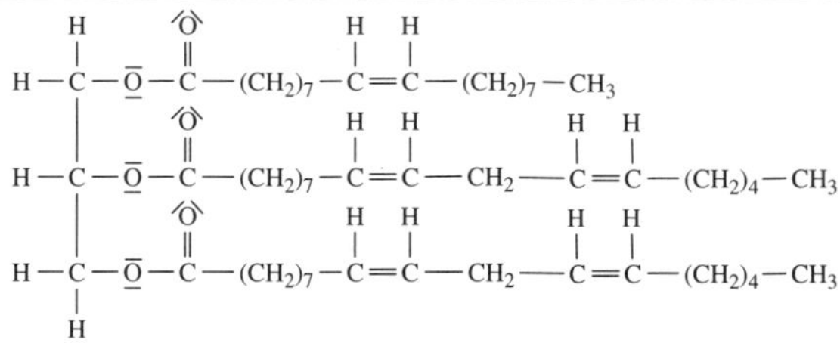

Quellen:
J. Falbe, M. Regitz (Hrsg.): Römpp-Lexikon Chemie, Band 1, Stuttgart 9. Auflage 1992, S. 4 844
Georg Schwedt: Experimente mit Supermarktprodukten, Weinheim 2009, S. 151 ff.
Grabower Süsswaren: Karree 713323 Gefüllte Waffelschnitten 650 g zum Teil schokoliert, Grabow 2010

Aufgabe C

Iodverbindungen BE

Der Iodbedarf des Menschen liegt pro Tag bei 100 µg bis 200 µg. Bei Iodmangel tritt eine Vergrößerung der Schilddrüse auf. Um einem Iodmangel vorzubeugen, versetzt man Speisesalz mit einer Iodverbindung, z. B. dem Natriumiodat ($NaIO_3$). Dieses Natriumiodat reagiert im Körper in zwei Schritten zu dem gewünschten elementaren Iod. Dabei wird das Iodat zunächst durch reduzierende Lebensmittelinhaltsstoffe zu Iodid reduziert. In einer zweiten Reaktion reagieren die entstandenen Iodid-Ionen mit weiteren Iodat-Ionen zu Iod.
Zur Veranschaulichung der zweiten Reaktion wird eine wässrige Lösung von iodiertem Speisesalz mit etwas Salzsäure und einer Stärkelösung versetzt. Gibt man dann Kaliumiodid hinzu, beobachtet man eine Blaufärbung der Lösung.

Iod kann mit Wasserstoff zu Iodwasserstoff umgesetzt werden. Diese Reaktion (Material 1) ist eine Gleichgewichtsreaktion, die sehr gut untersucht ist. Die Konzentrationen der im Gleichgewicht vorliegenden Substanzen sind von der Temperatur abhängig (Material 2).

3.1 Zunächst soll die positive Nachweisreaktion für Iod betrachtet werden. Geben Sie einen charakteristischen Strukturformelausschnitt eines in der Stärkelösung vorliegenden Makromoleküls an und benennen Sie die verknüpften Monomere sowie die Verknüpfungsart. Erläutern Sie die Blaufärbung im oben beschriebenen Experiment. 6

3.2 Formulieren Sie für die Reaktion des im Speisesalz enthaltenen Iodats mit Iodid in saurer Lösung die Reaktionsgleichung. Geben Sie die wesentlichen Oxidationszahlen an und zeigen Sie anhand der Elektronenübergänge, dass es sich um eine Redoxreaktion handelt.

Hinweis: Im Iodat-Ion (IO_3^-) hat das Iod-Atom die Oxidationszahl +V. 7

3.3 Beschreiben Sie die in Material 2 dargestellten Zusammenhänge zum Iod-Wasserstoff-Gleichgewicht. Entscheiden Sie, ob die Bildung von Iodwasserstoff aus den Elementen exotherm oder endotherm verläuft. 4

3.4 Formulieren Sie das Massenwirkungsgesetz für das Iod-Wasserstoff-Gleichgewicht. Berechnen Sie die Massenwirkungskonstante für das Gleichgewicht bei einer Temperatur von 443 °C (Material 2). Begründen Sie die Veränderung der Massenwirkungskonstante bei steigender Temperatur. 7

3.5 Iodwasserstoff ist eine sehr starke Säure. Formulieren Sie die Protolysegleichung für die Reaktion von Iodwasserstoff in wässriger Lösung. Berechnen Sie die Masse von HI bei einer Stoffmenge von $n = 0{,}2$ mol und den pH-Wert einer wässrigen HI-Lösung der Konzentration $c = 0{,}2 \text{ mol} \cdot \text{L}^{-1}$. 6

30

Material 1:

$$H_{2\,(g)} + I_{2\,(g)} \rightleftharpoons 2\,HI_{(g)}$$

Material 2: Gleichgewichtskonzentrationen im Iod-Wasserstoff-Gleichgewicht bei konstantem Druck in Abhängigkeit von der Temperatur

Temperatur in °C	$c_{Wasserstoff} = c_{Iod}$ in $mol \cdot L^{-1}$	$c_{Iodwasserstoff}$ in $mol \cdot L^{-1}$
280	0,174	1,65
356	0,200	1,60
393	0,205	1,59
443	0,220	1,56
458	0,225	1,55
508	0,240	1,52

Quellen:
Georg Schwedt: Noch mehr Experimente mit Supermarktprodukten, Weinheim 2009, S. 210
E. Riedel, C. Janiak: Anorganische Chemie, Berlin 2007, S. 270 ff. und 406
W. Asselborn, M. Jäckel, K. T. Risch: Chemie heute – Sekundarbereich II, Lehrerband, Hannover 1998, CD

Aufgabe D

Chemie rund um die Butansäure BE

Der französische Chemiker Michele-Eugène Chevreul (1786–1889) erforschte nicht nur Alterskrankheiten, sondern war auch der Begründer der modernen Fettchemie. Im Jahr 1823 isolierte er aus Butter die Buttersäure (Butansäure). In erheblicher Konzentration kommt Butansäure auch in Früchten des Ginkgo-Baumes (Ginkgo biloba) und im Fußschweiß vor. Synthetisch kann man Butansäure durch Oxidation von Butan-1-ol oder Butanal herstellen. 4-Hydroxybutansäure wird in der Anästhesie und der Schmerzbekämpfung verwendet und wegen dieser Wirkung seit Ende der 90er-Jahre als Party-Droge „liquid extasy“ missbraucht.

4.1 Geben Sie die Strukturformeln für Butan, Butan-1-ol, Butansäure und 2-Hydroxybutansäure an. Erläutern Sie mithilfe dieser Strukturformeln die unterschiedliche Löslichkeit der genannten organischen Substanzen in Wasser (Material 1). 7

4.2 Formulieren Sie die Reaktionsgleichung für die Reaktion von Butansäure mit Wasser in Strukturformeln.
Erklären Sie die unterschiedlichen Säurestärken der beiden in Material 2 angegebenen Säuren anhand der Strukturformeln. Beurteilen Sie die Säurestärke von 3-Hydroxybutansäure im Vergleich dazu. 9

4.3 Ausgehend von Butanal kann Butansäure durch Reaktion mit alkalischer Silbernitratlösung hergestellt werden. Hierbei reagieren die Silberionen mit Butanal, als weiteres Reaktionsprodukt entsteht elementares Silber. Geben Sie die wesentlichen Oxidationszahlen an und zeigen Sie anhand der Elektronenübergänge, dass es sich um eine Redoxreaktion handelt. Formulieren Sie die Gesamtgleichung. 8

4.4 Das Schmerzmittel 4-Hydroxybutansäure kann durch Reaktion von 4-Chlorbutansäure mit Natronlauge hergestellt werden. Formulieren Sie die Reaktionsgleichung dieser Umsetzung in Strukturformeln und benennen Sie den Reaktionsmechanismus. 4-Hydroxybutansäure ist der Ausgangsstoff für die Synthese von Butyrolacton, das z. B. als Lösungsmittel Verwendung findet. Dabei reagiert 4-Hydroxybutansäure unter Abspaltung von Wasser in einer intramolekularen Reaktion (Teile des Moleküls reagieren miteinander). Formulieren Sie die Strukturformel von Butyrolacton. 6

30

Material 1: Löslichkeit verschiedener organischer Substanzen in Wasser

Substanz	**Löslichkeit in Wasser**
Butan	unlöslich
Butan-1-ol	mäßig löslich
Butansäure	gut löslich
2-Hydroxybutansäure	sehr gut löslich

Material 2: Säurestärken von 2-Hydroxybutansäure und Butansäure

Säure	**pK_S-Werte**
2-Hydroxybutansäure	3,65
Butansäure	4,82

Quellen:
Hans Beyer, Wolfgang Walter: Lehrbuch der Organischen Chemie, Stuttgart 2004, S. 243, 250
J. Falbe, M. Regitz (Hrsg.): Römpp-Lexikon Chemie, Band 1, Stuttgart 9. Auflage 1989, S. 534, 538, 681
J. Falbe, M. Regitz (Hrsg.): Römpp-Lexikon Chemie, Band 3, Stuttgart 9. Auflage 1990, S. 1 899

Lösungsvorschläge

Aufgabe A

1.1 Polyvinylchlorid wird durch **radikalische Polymerisation** hergestellt.

Reaktionsmechanismus der radikalischen Polymerisation

Startreaktion: Die Peroxidmoleküle werden durch homolytische Spaltung in reaktive Radikale gespalten.

$$\mathrm{R{-}\overline{\underline{O}}{-}\overline{\underline{O}}{-}R \longrightarrow 2\,R{-}\overline{\underline{O}}\cdot}$$

Kettenwachstum: Diese Startradikale greifen die Doppelbindung des Monomers Chlorethen (Vinylchlorid) an.

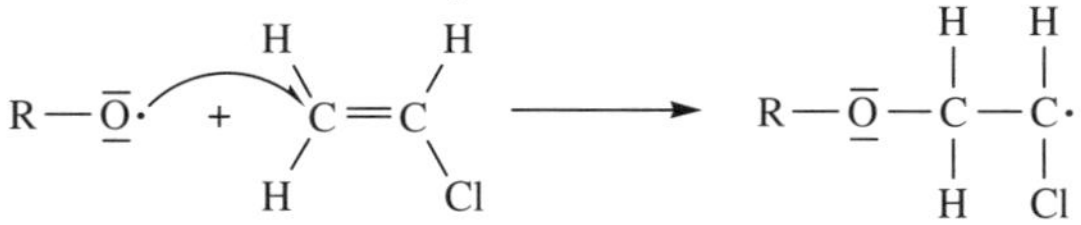

Das neu gebildete Radikal greift ein weiteres Chlorethenmolekül an; eine Kettenreaktion setzt ein.

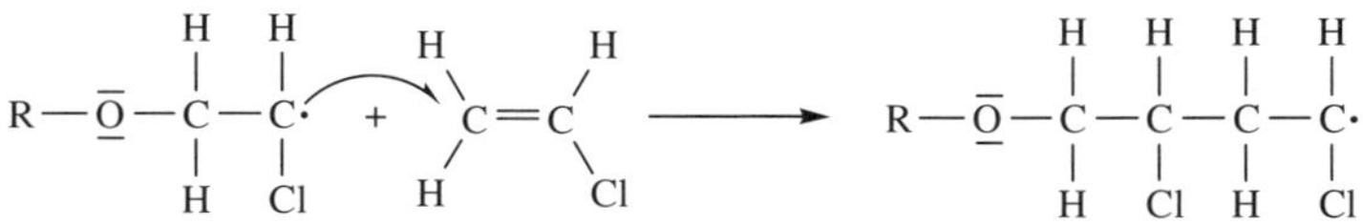

Kettenabbruch: Zum Kettenabbruch kommt es, wenn zwei Radikale aufeinandertreffen. Dies führt je nach Reaktionsbedingungen zu einem mehr oder weniger langen Makromolekül.

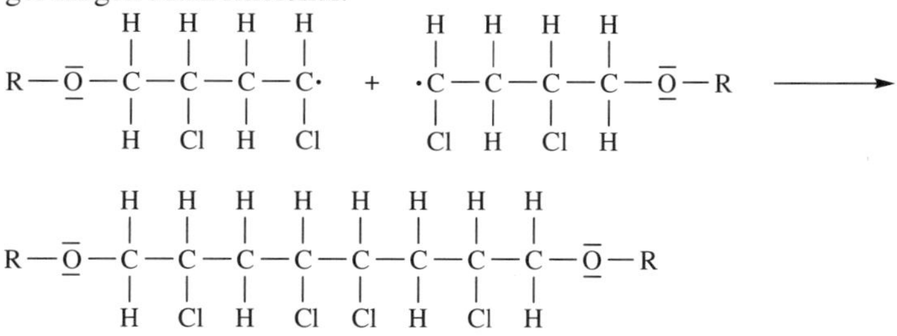

1.2 $$\mathrm{n\,H{-}\overline{\underline{O}}{-}(CH_2)_2{-}\overline{\underline{O}}{-}H \; + \; n\,\langle O{=}C{=}\overline{N}{-}(CH_2)_6{-}\overline{N}{=}C{=}O\rangle \longrightarrow}$$

Ethan-1,2-diol | Hexan-1,6-diisocyanat

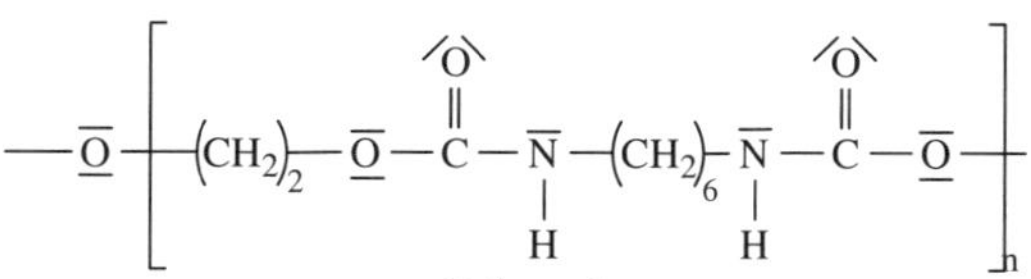

Polyurethan

Strukturformelausschnitt von Polypropen

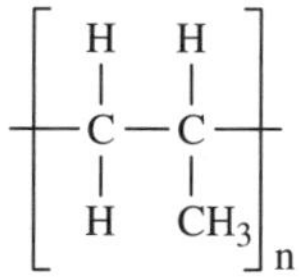

Monomere des Polyamids

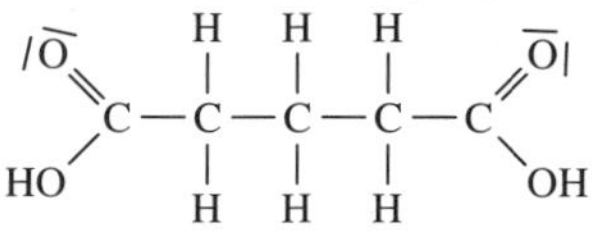

Pentandisäure

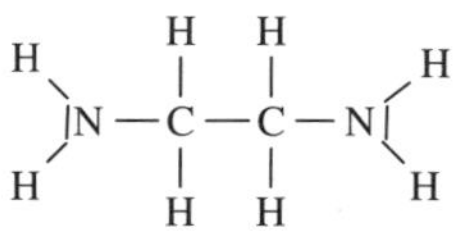

Ethan-1,2-diamin

1.3 Herstellung von Methacrylsäuremethylester

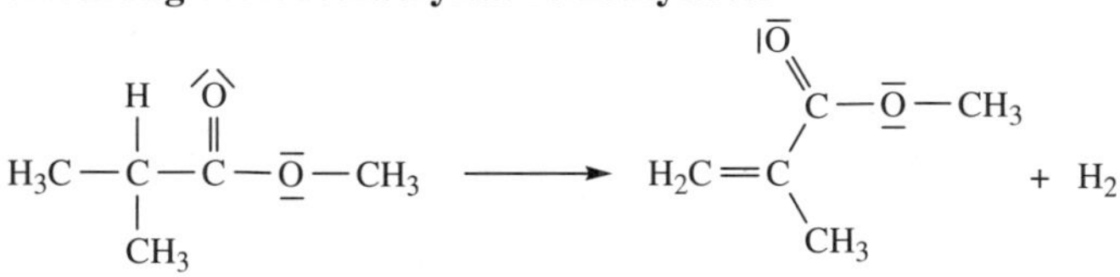

2-Methylpropansäuremethylester — Methacrylsäuremethylester

1.4 Reaktionsmechanismus der säurekatalysierten Veresterung

Die für den Reaktionsmechanismus unerheblichen Molekülteile können der Einfachheit halber mit R abgekürzt werden.

Aktivierung der Carbonsäure durch Protonierung des Carbonylsauerstoffatoms:

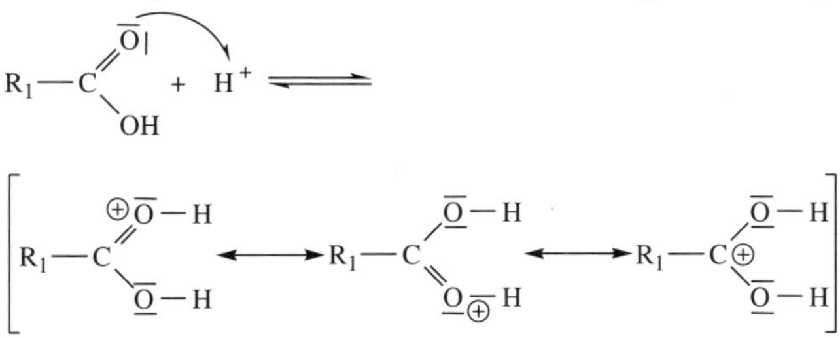

Nukleophiler Angriff des Alkanols:

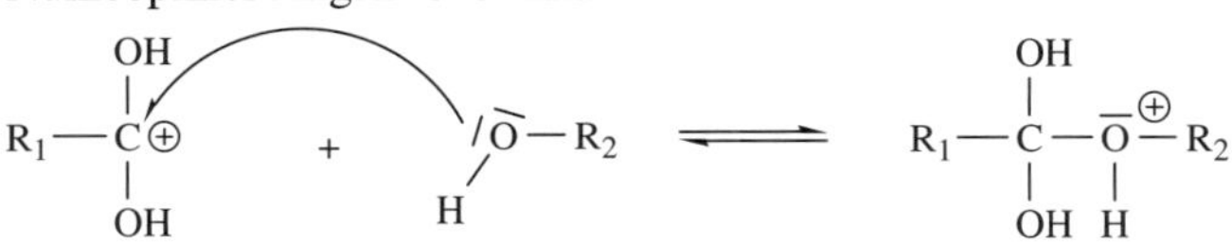

Intramolekulare Protonenwanderung:

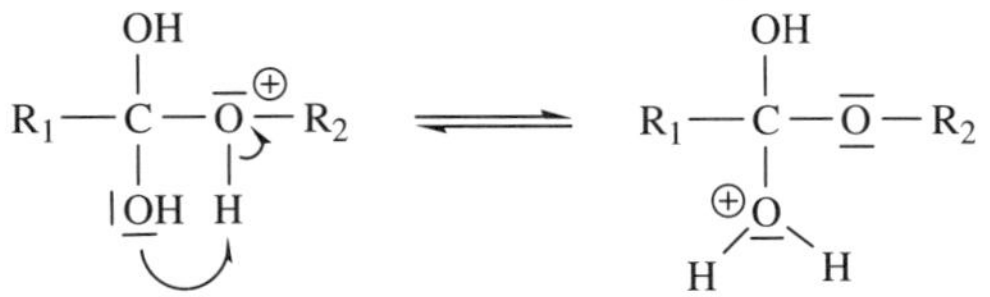

Abspaltung des Wassermoleküls und Deprotonierung:

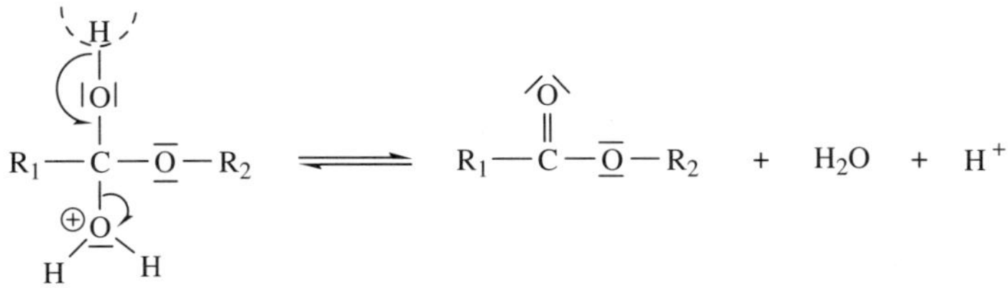

1.5 **Strukturformelausschnitt für Polyester B**

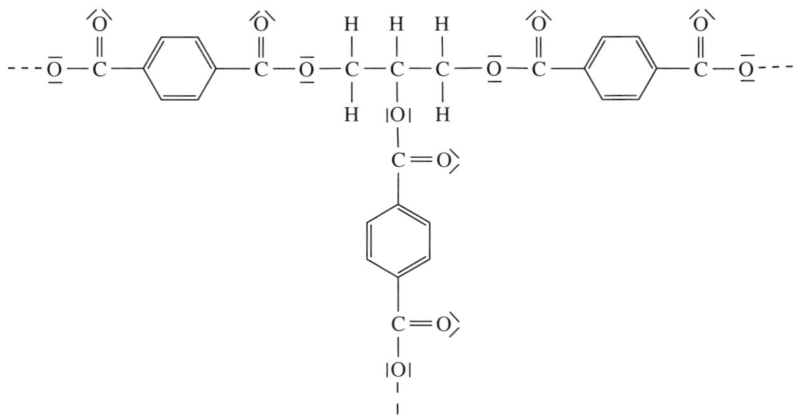

Aufgrund des Überschusses an Terephthalsäure liegen im Polyester B **Quervernetzungen** vor. Kunststoff A besteht hingegen aus **linearen Polymerketten**.

Aufgabe B

2.1

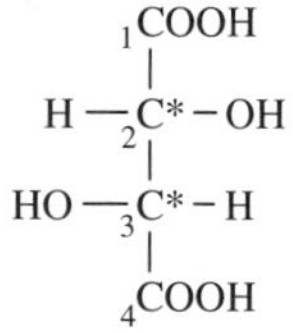

C* = asymmetrische C-Atome

L(+)-Weinsäure

Asymmetrische Kohlenstoffatome erkennt man daran, dass sie mit vier verschiedenen Atomen oder Atomgruppen verknüpft sind.

In der Fischer-Projektion wird das am höchsten oxidierte C-Atom (hier das C1-Atom) stets nach oben gezeichnet. Die Stellung der OH-Gruppe an dem asymmetrischen C3-Atom bestimmt die Zuordnung der Weinsäure zur D- oder L-Reihe. Steht die OH-Gruppe an diesem Kohlenstoffatom rechts, liegt D-Konfiguration vor (D für dexter = rechts), steht sie links, liegt L-Konfiguration vor (L für laevus = links). Bei der betrachteten L(+)-Weinsäure befindet sich die OH-Gruppe am C3-Atom auf der linken Seite, weshalb L-Konfiguration vorliegt.

Isomere zur L(+)-Weinsäure

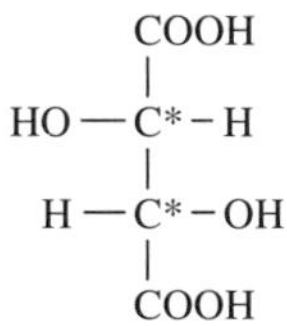

D-(–)-Weinsäure

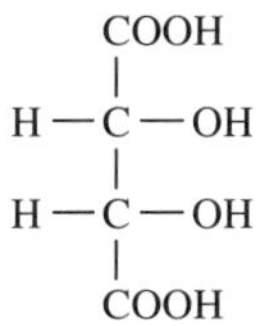

Mesoweinsäure

L(+)- und D(–)-Weinsäure sind Enantiomere, sie verhalten sich wie Bild und Spiegelbild. Sie sind optisch aktiv und drehen die Schwingungsebene des linear polarisierten Lichts. L(+)-Weinsäure dreht die Schwingungsebene nach rechts, D(–)-Weinsäure um den gleichen Betrag nach links. Die Mesoweinsäure ist hingegen optisch inaktiv.

2.2 Protolyse von Weinsäure in Wasser

Weinsäure ist eine zweiprotonige Säure und kann in wässriger Lösung zwei Protonen abgeben.

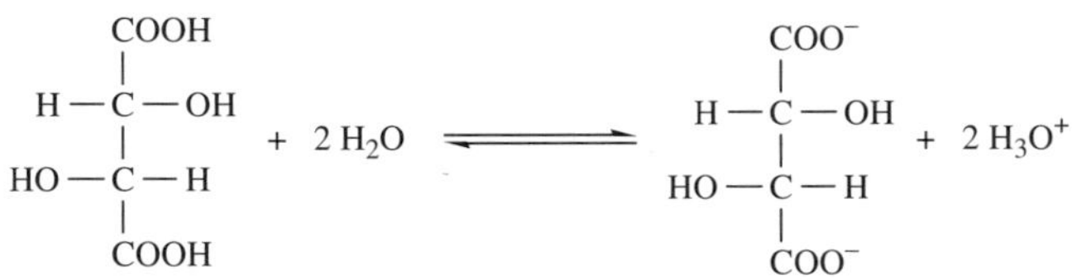

In Wasser findet zwischen Weinsäure und der Base Natriumhydrogencarbonat eine Protolysereaktion statt; es entsteht das Gas Kohlenstoffdioxid, das für den sprudelnden Effekt verantwortlich ist.

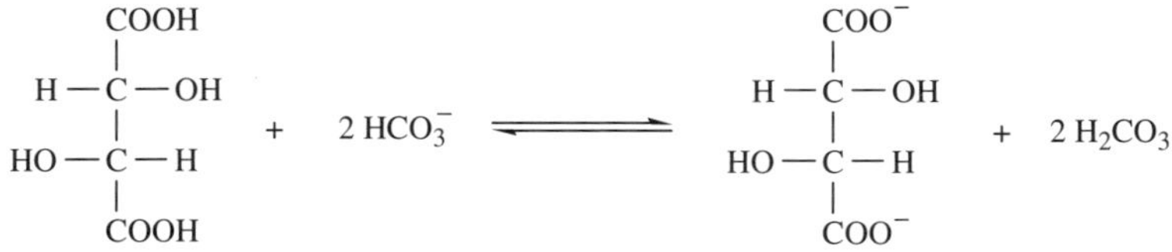

$$2\,H_2CO_3 \longrightarrow 2\,CO_2 + 2\,H_2O$$

2.3 *Im Material ist die Fischer-Projektionsformel der D-Galacturonsäure vorgegeben. Der Ringschluss zum Halbacetal erfolgt durch nukleophile Addition der am C5-Atom gebundenen OH-Gruppe an die Carbonylgruppe. Alle OH-Gruppen, die in der Fischer-Projektion rechts stehen, zeigen in der Haworth-Projektion nach unten und umgekehrt. Im α-Anomeren zeigt die OH-Gruppe am C1-Atom nach unten, im β-Anomeren nach oben.*

Haworth-Projektionsformel der α-D-Galacturonsäure

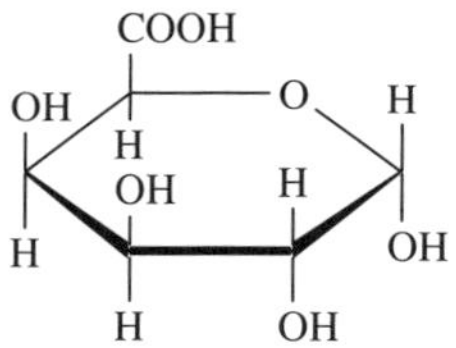

α-D-Galacturonsäure

Strukturformelausschnitt des Polymers

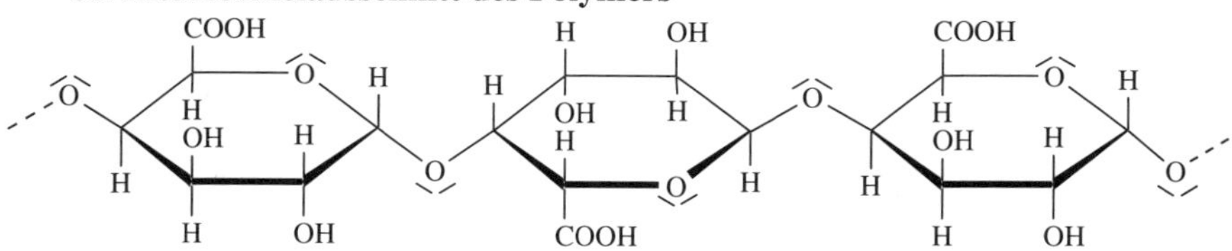

Beim zweiten Ring muss die Ringebene um 180° gedreht werden.

2.4 **Strukturformel einer Aminosäure**

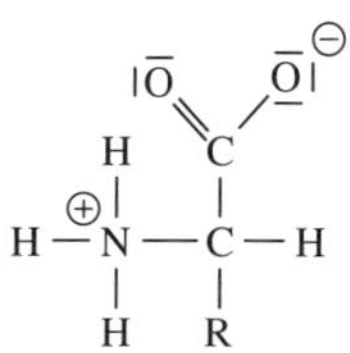

Strukturformelausschnitt der Gelatine

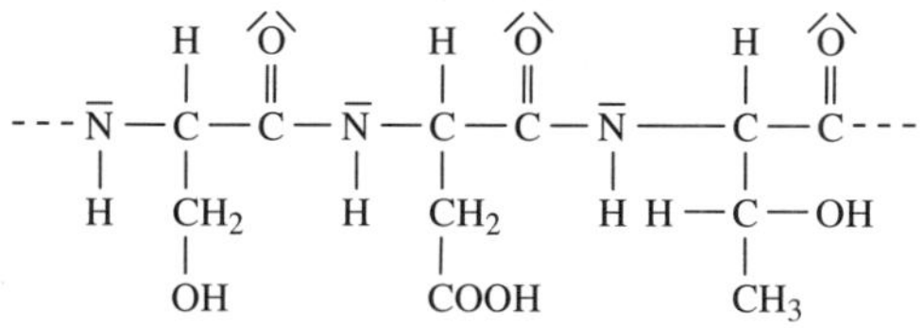

2.5 Das abgebildete Fettmolekül ist ein Glycerinester ungesättigter Fettsäuren. Es entsteht durch die Veresterung der drei Hydroxygruppen des Glycerins (Propan-1,2,3-triol) mit ungesättigten Fettsäuren. Ungesättigte Fettsäuren enthalten mindestens eine Doppelbindung im Molekül und können mit Brom nachgewiesen werden. Das Brom addiert an die Doppelbindung; eine wässrige Bromlösung wird dabei entfärbt.

Reaktionsmechanismus der elektrophilen Addition

Elektrophiler Angriff des Brommoleküls an die Doppelbindung:

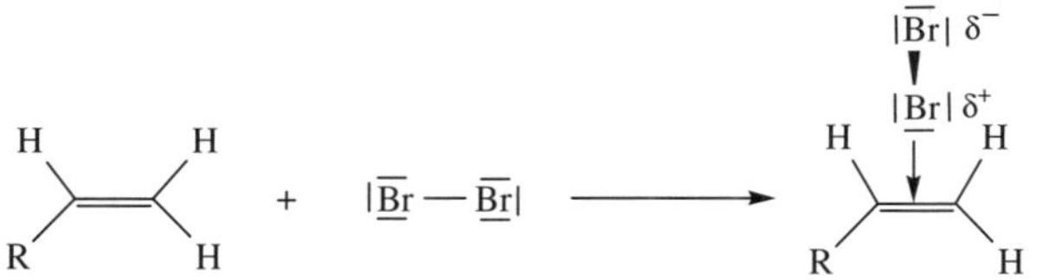

π-Komplex

Heterolytische Spaltung des Brommoleküls und Bindung des Bromkations an das Kohlenstoffgerüst:

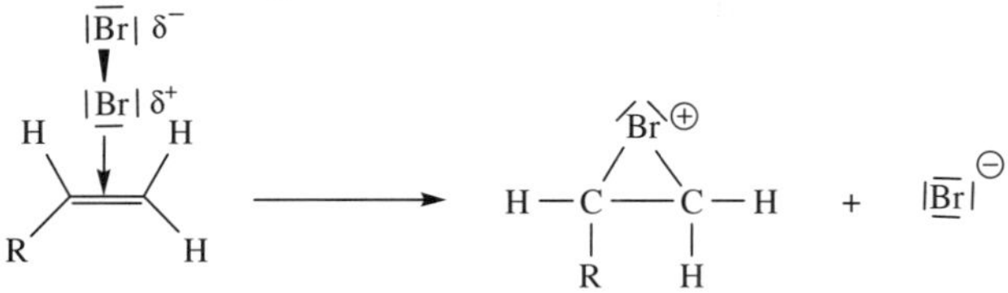

π-Komplex σ-Komplex

Nukleophiler Angriff des Bromidions:

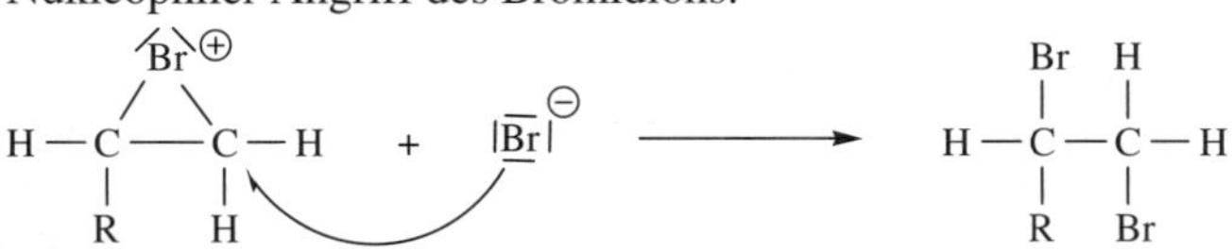

σ-Komplex

Bei der Fetthärtung wird Wasserstoff an die Doppelbindungen addiert (Hydrierung). In gehärtetem Fett sind keine Doppelbindungen mehr vorhanden, sodass das Bromwasser auch nicht entfärbt wird.

Aufgabe C

3.1 Lösliche Stärke (Amylose) ist ein Makromolekül bestehend aus bis zu 1 400 **Glucosemolekülen**, die **α-1,4-glykosidisch** verknüpft sind.

Strukturformelausschnitt der Amylose

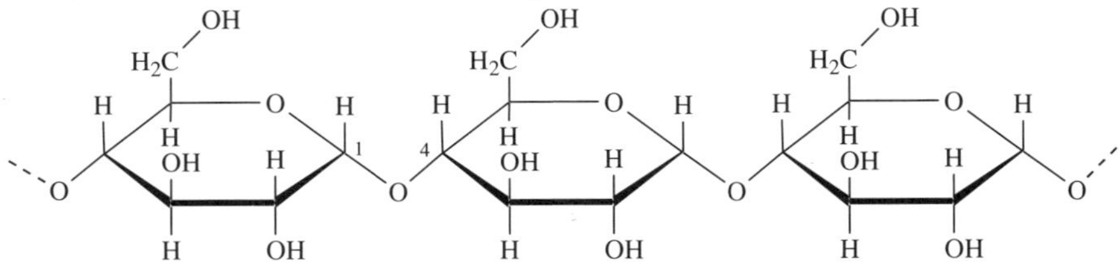

Die linearen Makromoleküle liegen als **Helix** vor. In den Hohlraum der Helix können sich Iodmoleküle einlagern. Durch diese Fixierung verschiebt sich die Wellenlänge des absorbierten Lichts und das reflektierte Licht erscheint blau.

3.2 **Reaktion von Iodid mit Iodat**

Oxidation: $2\,\overset{-I}{I^-} \longrightarrow \overset{0}{I_2} + 2\,e^-$

Reduktion: $2\,\overset{+V}{IO_3^-} + 10\,e^- \longrightarrow \overset{0}{I_2}$

Ionen- und Stoffausgleich mit H^+ und H_2O:

Oxidation: $2\,\overset{-I}{I^-} \longrightarrow \overset{0}{I_2} + 2\,e^-$

Reduktion: $2\,\overset{+V}{IO_3^-} + 10\,e^- + 12\,H_3O^+ \longrightarrow \overset{0}{I_2} + 18\,H_2O$

Ausgleich des Elektronenübergangs:

Oxidation: $10\,\overset{-I}{I^-} \longrightarrow 5\,\overset{0}{I_2} + 10\,e^-$

Reduktion: $2\,\overset{+V}{IO_3^-} + 10\,e^- + 12\,H_3O^+ \longrightarrow \overset{0}{I_2} + 18\,H_2O$

Addition der Teilgleichungen:

$$10\,I^- + 2\,IO_3^- + 12\,H_3O^+ \longrightarrow 6\,I_2 + 18\,H_2O$$

$$5\,I^- + IO_3^- + 6\,H_3O^+ \longrightarrow 3\,I_2 + 9\,H_2O$$

3.3 **Das Iod-Wasserstoff-Gleichgewicht**

Die Tabelle zeigt die **Temperaturabhängigkeit** des Iod-Wasserstoff-Gleichgewichts. Mit steigender Temperatur im Bereich von 280 bis 508 °C nimmt die Bildung von Iodwasserstoff aus den Elementen ab. Nach dem Prinzip des geringsten Zwangs von LE CHATELIER und BRAUN weicht eine Gleichgewichtsreaktion einem äußeren Zwang (z. B. einer Temperaturerhöhung) aus. Da eine Temperaturerhöhung offensichtlich eine Verschiebung des Gleichgewichts auf die Seite der Edukte zur Folge hat, handelt es sich bei der betrachteten Reaktion um eine **exotherme Reaktion**.

3.4 **Massenwirkungsgesetz für das Iod-Wasserstoff-Gleichgewicht**

$$K = \frac{c^2_{\text{HI}}}{c_{\text{H}_2} \cdot c_{\text{I}_2}}$$

$$K = \frac{(1{,}56 \text{ mol} \cdot \text{L}^{-1})^2}{(0{,}22 \text{ mol} \cdot \text{L}^{-1})^2} = 50{,}28$$

Die Konstante ist dimensionslos.

Bei steigender Temperatur verschiebt sich das Gleichgewicht auf die Seite der Edukte, die Konzentrationen der Edukte nehmen folglich zu, die Konzentration des Produkts verringert sich. Die Massenwirkungskonstante wird kleiner.

3.5 **Protolysereaktion von Iodwasserstoff**

$$\text{HI} + \text{H}_2\text{O} \rightleftharpoons \text{I}^- + \text{H}_3\text{O}^+$$

$$m(\text{HI}) = n(\text{HI}) \cdot M(\text{HI})$$
$$m(\text{HI}) = 0{,}2 \text{ mol} \cdot 127{,}9 \text{ g} \cdot \text{mol}^{-1} = 25{,}58 \text{ g}$$

Da es sich bei Iodwasserstoff um eine sehr starke Säure handelt, gilt:
$c(H_3O^+) = c(HI)$

$$\text{pH} = -\lg c(\text{H}_3\text{O}^+) = -\lg 0{,}2 = 0{,}7$$

Aufgabe D

4.1

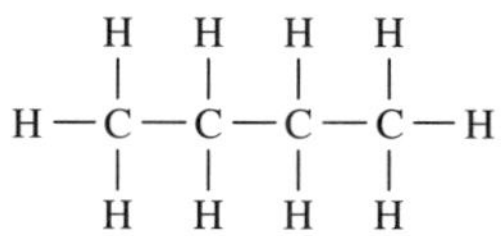

Butan

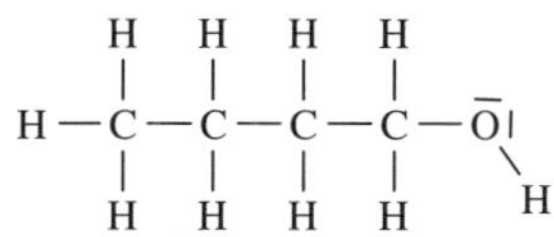

Butan-1-ol

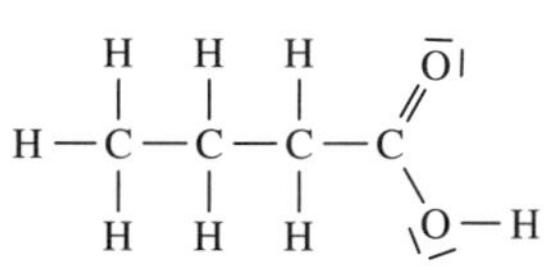

Butansäure (Buttersäure)

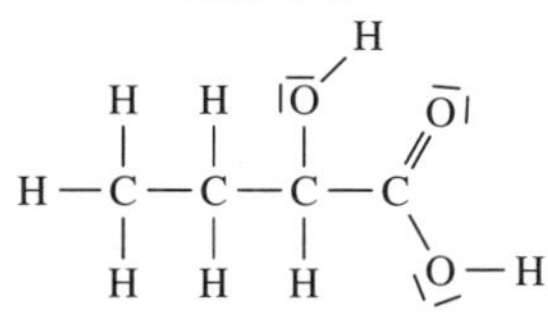

2-Hydroxybutansäure

Damit eine Verbindung wasserlöslich ist, muss sie über einen ausreichend großen polaren Molekülteil verfügen, der mit den Wassermolekülen in Wechselwirkung treten kann.
Butan ist unpolar und daher hydrophob (wasserabweisend). Es kann keine Wechselwirkungen zu den Wassermolekülen ausbilden und ist folglich in Wasser unlöslich.

Butan-1-ol ist nur mäßig in Wasser löslich. Zwar verfügt das Butan-1-ol-Molekül über eine polare OH-Gruppe, aber der unpolare Alkylrest wirkt dominierend. Die **Butansäure** ist gut in Wasser löslich, da sie über die stark polare Carboxylgruppe Wasserstoffbrückenbindungen zu den Wassermolekülen ausbilden kann. Von den genannten Verbindungen ist die **2-Hydroxybutansäure** am besten in Wasser löslich, da sich zusätzlich zur Carboxylgruppe eine weitere polare OH-Gruppe im Molekül befindet.

4.2 Reaktion von Butansäure mit Wasser

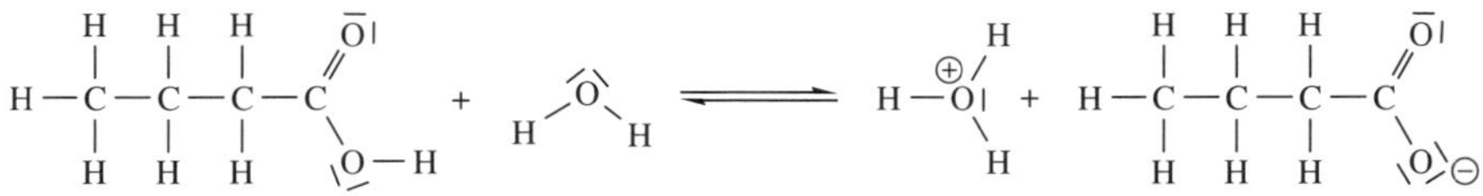

Der pK_S-Wert informiert über die Säurestärke. Je kleiner der pK_S-Wert, umso stärker ist die Säure. 2-Hydroxybutansäure ist demnach eine stärkere Säure als Butansäure. Die Hydroxylgruppe übt einen –I-Effekt auf die benachbarte Carboxylgruppe aus, wodurch die Polarität der am C1-Atom gebundenen OH-Gruppe erhöht und die Abspaltung des Protons erleichtert wird.

Mit zunehmender Entfernung der Hydroxylgruppe von der Carboxylgruppe verringert sich der Einfluss auf die Polarität der OH-Gruppe am C1-Atom. Die Säurestärke von 3-Hydroxybutansäure liegt daher zwischen den Säurestärken der beiden anderen Säuren.

4.3 Reaktion von Butanal mit alkalischer Silbernitratlösung

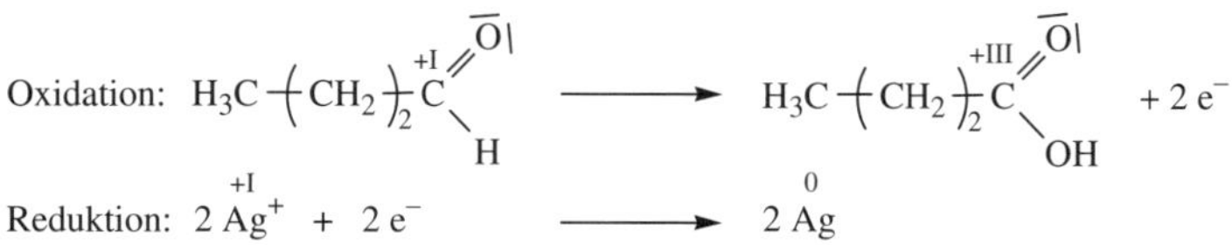

Ionen- und Stoffausgleich mit OH^- und H_2O

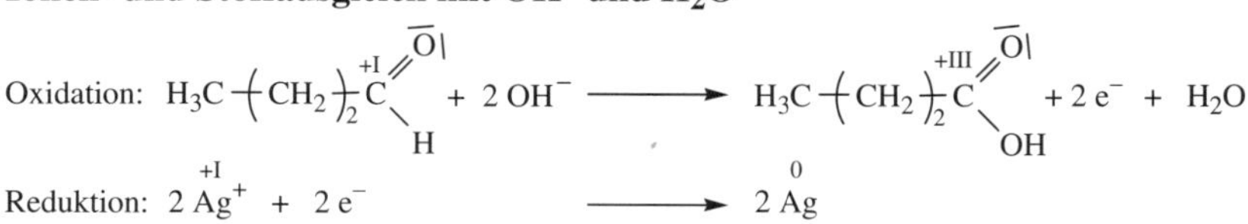

Addition der Teilgleichungen

$$C_2H_7CHO + 2\,Ag^+ + 2\,OH^- \longrightarrow C_2H_7COOH + 2\,Ag + H_2O$$

4.4 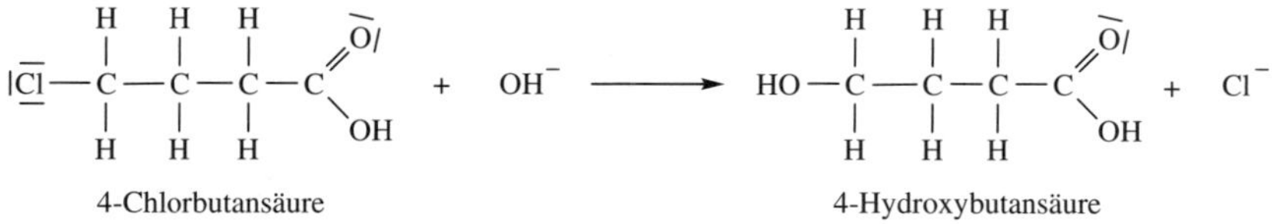

Die Reaktion läuft nach dem Mechanismus der **nukleophilen Substitution** ab.

Bei der Bildung von Butyrolacton handelt es sich um eine intramolekulare Veresterung zwischen der OH-Gruppe am C4-Atom und der Carboxylgruppe.

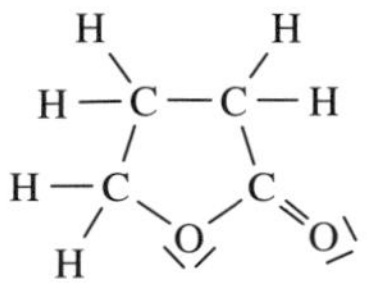

Butyrolacton

Leistungskurs Chemie (Hessen)
Abiturprüfung 2011

Aufgabe A

Blausäure und Cyanide BE

Blausäure (HCN) ist eine wasserklare Flüssigkeit mit einem Geruch nach Bittermandeln. Aufgrund der relativ niedrigen Siedetemperatur verdunstet sie bereits bei Zimmertemperatur recht schnell. Sowohl die flüssige als auch die gasförmige Blausäure sind außerordentlich giftig. Auch Kaliumcyanid (Zyankali, KCN), das wichtigste Salz der Blausäure, ist sehr giftig und leicht in Wasser löslich. Die tödliche Dosis liegt bei 1 mg Cyanid pro kg Körpergewicht.
Am Hof des russischen Zaren war bekannt, dass Zucker die Giftwirkung des Cyanids vermindert, weshalb als Maßnahme gegen mögliche Attentate häufig stark gezuckerte Speisen gereicht wurden.
Im Labor werden Reste von Blausäure mit einem Überschuss an Natronlauge versetzt, um die Gefahr zu vermindern, dass gasförmige Blausäure bei der anschließenden Entsorgung eingeatmet wird. Ein Derivat der Blausäure, das Amygdalin, findet sich z. B. in den Kernen von bitteren Mandeln und vielen Steinobstsorten.

1.1 Ein Liter einer wässrigen Lösung enthält 0,405 g Blausäure ($pK_S(HCN) = 9{,}2$). Formulieren Sie die Protolyse von Blausäure in Wasser und stellen Sie das Massenwirkungsgesetz auf. Berechnen Sie den pH-Wert der oben genannten wässrigen Blausäurelösung. 10

1.2 Beschreiben Sie das pH-Diagramm der Blausäurelösung (Material 1). Begründen Sie, inwiefern das Verwenden eines Überschusses an Natronlauge die Entstehung gasförmiger Blausäure bei der Entsorgung vermindert. 10

1.3 Material 2 zeigt die Strukturformel von Amygdalin, das aus drei Abschnitten (A), (B) und (C) besteht. Durch das Enzym Emulsin wird Amygdalin an den durch Pfeile gekennzeichneten Stellen hydrolytisch in drei Moleküle A, B und C gespalten. Molekül C kann zu Blausäure und einem weiteren Produkt zerfallen. Zeichnen Sie die drei Moleküle A, B und C, benennen Sie A und B sowie deren genaue Verknüpfungsart im Amygdalin. Erläutern Sie den Begriff „optische Aktivität“ am Beispiel von Molekül C. Zeichnen Sie die beiden Zerfallsprodukte von C unter Angabe der bindenden und nicht bindenden Elektronenpaare. 13

1.4 Für die Verminderung der Giftwirkung des Kaliumcyanids in Gegenwart von Zuckern ist deren Carbonylgruppe verantwortlich. Diese liegt in der offenkettigen Form der Zucker vor. Dabei wird das Cyanid-Ion an die Carbonylgruppe angelagert, anschließend findet eine Protonierung statt. Das entstehende Produkt wird im Körper weiter abgebaut.
Formulieren und erklären Sie den Reaktionsmechanismus für die beschriebene Reaktion zwischen Cyanid-Ionen und der offenkettigen Form der D-Glucose in wässriger Lösung und benennen Sie den Reaktionstyp. 7

40

Material 1: pH-Diagramm der Blausäurelösung

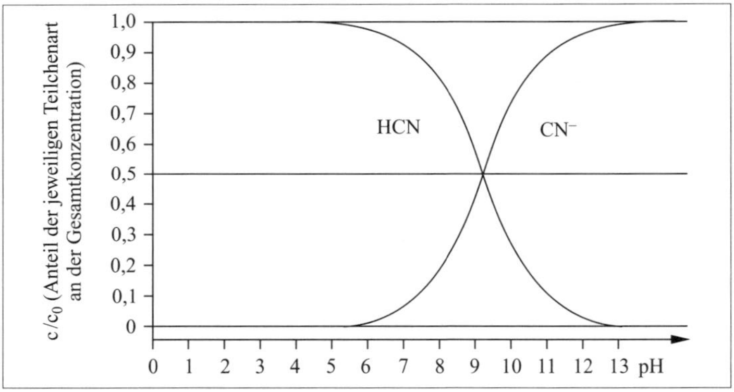

Material 2: Amygdalin

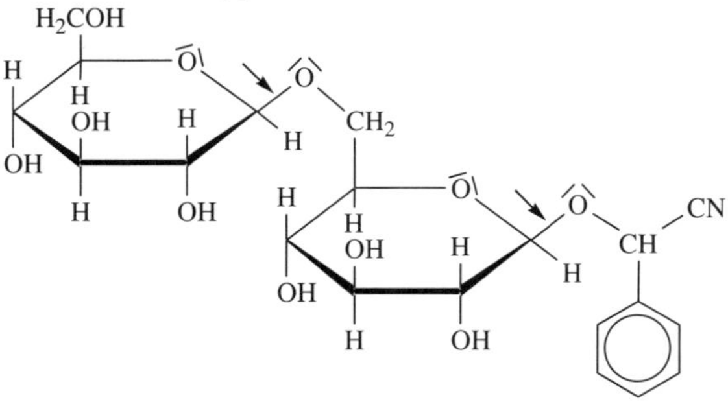

(A) (B) (C)

Quellen:
Chemie in unserer Zeit, 43. Jahrgang 2009, Heft 2, S. 118
Chemie in unserer Zeit, 43. Jahrgang 2009, Heft 3, S. 188
W. Asselborn, M. Jäckel, K. T. Risch: Chemie heute – Sekundarbereich II, Lehrerband mit Kopiervorlagen, Hannover 1999, S. 139
J. Falbe, M. Regitz (Hrsg.): Römpp-Lexikon Chemie, Band 1, Stuttgart 9. Aufl. 1989, S. 178, S. 447
K. P. Vollhardt, N. E. Schore: Organische Chemie, Weinheim 4. Aufl. 2007, S. 887
H. Wambach, U. Hilgers (Hrsg.): Materialien-Handbuch Kursunterricht Chemie, Band 5, Köln 1997, S. 155 f.

Aufgabe B

Buttersäure BE

Buttersäure (n-Butansäure) ist eine ölige und übel riechende Flüssigkeit. Im Labor lässt sie sich z. B. im sauren Milieu aus Butan-1-ol und Kaliumpermanganat (enthält Permanganat-Ionen, MnO_4^--Ionen) herstellen. Dabei entstehen unter anderem Mn^{2+}-Ionen. In der Natur produzieren einige Bakterien unter Luftabschluss Buttersäure aus Glucose und nutzen diesen Gärprozess zur Energiegewinnung. Dabei werden Kohlenstoffdioxid und Wasserstoff freigesetzt.
Zur Beseitigung von Verunreinigungen mit Buttersäure findet man bei einer Internetrecherche unter anderem folgenden Vorschlag: Die betroffene Stelle soll zunächst mit Spiritus (Hauptbestandteil: Ethanol) und anschließend mit einer geringen Menge Cola (Hauptbestandteile: Wasser, Zucker, Phosphorsäure und Aromastoffe) übergossen werden. Nach einiger Zeit sei ein angenehmer, fruchtartiger Geruch wahrnehmbar und der Buttersäuregeruch verschwunden. Im Labor kann Buttersäure mit Ammoniak (NH_3) reagieren. Hierbei entsteht entweder ein Salz oder ein Carbonsäureamid.

2.1 Formulieren Sie die Reaktionsgleichung für die oben beschriebene Herstellung von Buttersäure aus Butan-1-ol in einem Schritt und zeigen Sie anhand der Elektronenübergänge, dass es sich um eine Redoxreaktion handelt. 8

2.2 Formulieren Sie die Reaktionsgleichung für die Buttersäuregärung und berechnen Sie mithilfe von Material 1 die Reaktionsenthalpie. 8

2.3 Formulieren Sie die Reaktionsgleichung (organische Stoffe in Strukturformeln) zur Herstellung des angenehm fruchtartig riechenden Stoffes und benennen Sie dieses Produkt. Begründen Sie die Funktion der zugesetzten Cola. 6

2.4 Stellen Sie die Reaktionsgleichung für die Bildung eines Salzes aus Buttersäure und Ammoniak in Strukturformeln auf und benennen Sie den Reaktionstyp. Erklären Sie die Stabilität des entstehenden Anions auch auf der Grundlage des Orbitalmodells. 10

2.5 Entwickeln Sie den Reaktionsmechanismus für die Entstehung des Butansäureamids (Material 2) aus Butansäure und Ammoniak. 8

40

Material 1: Molare Standardbildungsenthalpien

Formel	molare Standardbildungsenthalpie $\Delta_f H_m^0$ [$kJ \cdot mol^{-1}$]
C (s)	0
CO (g)	–111
CO_2 (g)	–394
Butansäure (l)	–534
Glucose (s)	–1 273
H_2 (g)	0
H_2O (g)	–242
H_2O (l)	–286

Material 2: Carbonsäureamid

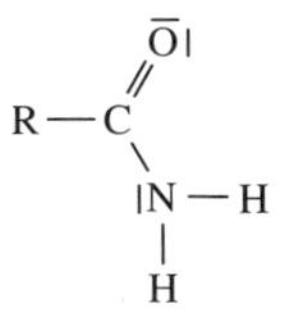

Quellen:
G. H. Aylward, T. J. V. Findlay: Datensammlung Chemie in SI-Einheiten, Weinheim 3. Aufl. 1999
E. Libbert: Lehrbuch der Pflanzenphysiologie, 4. Auflage, Stuttgart 1987, S. 48
K. P. Vollhardt, N. E. Schore: Organische Chemie, 4. Auflage, Weinheim 2007, S. 994

Aufgabe C

Süßungsmittel BE

Der Süßstoff Aspartam (Material 1) wird beispielsweise unter den Handelsnamen NutraSweet® oder Canderel® vertrieben. Seine Süßkraft ist etwa 200-mal höher als die von Haushaltszucker. Aspartam findet Verwendung in Light-Limonaden, anderen kalorienarmen Getränken, Fruchtjoghurts und Kaugummis.
In einigen Ländern müssen Lebensmittel, die Aspartam enthalten, mit dem Hinweis „enthält eine Phenylalaninquelle" versehen sein. Ursache hierfür ist, dass durch den Verzehr aspartamhaltiger Lebensmittel die Aminosäure Phenylalanin als Stoffwechselprodukt freigesetzt wird. Dies kann bei Menschen, die an der Stoffwechselkrankheit Phenylketonurie (PKU) leiden, zu Schädigungen des Gehirns führen.
Aspartam wird im Magen durch saure Hydrolyse unter katalytischer Wirkung der Salzsäure des Magens abgebaut. Ist der Magen ungefüllt, beträgt der pH-Wert der Flüssigkeit im Magen etwa 1. In gefülltem Zustand des Magens steigt der pH-Wert bis auf etwa 3,5 an. In ungefülltem Zustand enthält der Magen ungefähr 250 mL, in gefülltem Zustand etwa 500 mL Magenflüssigkeit.

Xylit ist als Zuckeraustauschstoff in Kaugummis enthalten. Es handelt sich um einen fünfwertigen Alkohol, der in wässriger Lösung aus D-Xylose (Material 2) herstellbar ist.

3.1 Beschriften Sie die funktionellen Gruppen im Aspartam-Molekül. Formulieren Sie die Reaktionsgleichung für die vollständige saure Hydrolyse des Aspartams im Magen. Verwenden Sie für die organischen Stoffe Strukturformeln mit bindenden und nicht bindenden Elektronenpaaren. 8

3.2 Entwickeln Sie den Reaktionsmechanismus für die saure Hydrolyse der –CO–NH–-Gruppe des Aspartams. 9

3.3 Berechnen Sie jeweils die Stoffmenge der H_3O^+-Ionen $n(H_3O^+)$ in ungefülltem sowie in gefülltem Magen für die oben angegebenen Werte. 6

3.4 Zeichnen Sie die Haworth-Projektion von α-D-Xylose als 6-Ring sowie Xylit in der Fischer-Projektion.
Erläutern Sie die Entstehung von Xylit aus Xylose. Gehen Sie hierbei von der Ringform der Xylose aus und benennen Sie die bei der Umwandlung auftretenden Stoffklassen. 9

3.5 D-Xylose lässt sich in wässriger Lösung mit Brom und Wasser zu D-Xylonsäure umsetzen. Als weiteres Produkt entsteht ein Stoff, der sauer reagiert und mit Silbernitratlösung einen weißlichgelben Niederschlag bildet. Dampft man die wässrige Lösung ein, bildet sich aus D-Xylonsäure das Xylonolacton. Dabei handelt es sich um einen cyclischen Ester, der als 5-Ring vorliegt.
Formulieren Sie die Reaktionsgleichung zur Entstehung von D-Xylonsäure in Strukturformeln. Verwenden Sie hierbei die D-Xylose in der Fischer-Projektion.
Formulieren Sie ebenfalls die Strukturformel des Xylonolactons. 8

40

Material 1: Aspartam

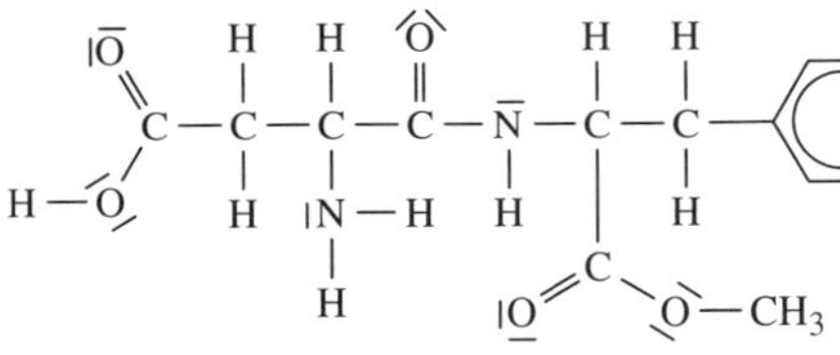

Material 2: D-Xylose

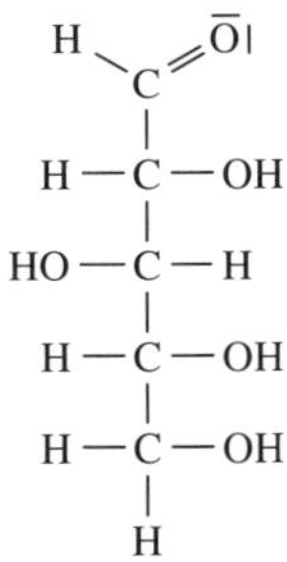

Quellen:
W. Asselborn, M. Jäckel, K. T. Risch: Chemie heute – Sekundarbereich II, Lehrerband Teil 4 mit Kopiervorlagen, Hannover 1998, S. 455
K. P. Vollhardt, N. E. Schore: Organische Chemie, Weinheim, 4. Aufl. 2007, S. 1 270

Aufgabe D

Phenol BE

Phenol (Hydroxybenzol) ist ein Feststoff, der in farblosen Nadeln mit charakteristischem Geruch vorliegt. Bereits im 19. Jahrhundert erlangten Phenol und einige seiner Derivate in der Medizin eine große Bedeutung.
So führte der schottische Mediziner Joseph Lister 1865 eine 5 %ige wässrige Lösung als Desinfektionsmittel in der Chirurgie ein. 1887 wurde das Phenolderivat Phenacetin (Material 1) als schmerzstillender Wirkstoff eingeführt.
Die Synthese von Phenacetin kann in fünf Stufen durchgeführt werden.

1. Stufe: Nitrierung von Phenol
2. Stufe: Bildung von Natriumnitrophenolat durch Zugabe von Natronlauge
3. Stufe: Umsetzung des Natriumnitrophenolats mit Chlorethan zu 4-Ethoxynitrobenzol (Material 2)
4. Stufe: Katalytische Reduktion von 4-Ethoxynitrobenzol zu 4-Ethoxyaminobenzol; als Reduktionsmittel verwendet man elementaren Wasserstoff
5. Stufe: Umsetzung von 4-Ethoxyaminobenzol mit Essigsäureanhydrid (Material 3) zu Phenacetin

4.1 Eine wässrige Lösung von Phenol reagiert schwach sauer.
Formulieren Sie die Reaktionsgleichung und erläutern Sie das Reaktionsverhalten von Phenol auch mithilfe mesomerer Grenzstrukturen für das Reaktionsprodukt. 7

4.2 2,9 g Natriumphenolat werden in Wasser gelöst und anschließend wird auf 1 Liter Lösung aufgefüllt. Man misst einen pH-Wert der Lösung von 11,2.
Berechnen Sie den pK_B-Wert des Phenolat-Ions. 7

4.3 Benennen und formulieren Sie den Reaktionsmechanismus für die Nitrierung von Phenol als 1. Stufe der Synthese von Phenacetin.
Ordnen Sie im Mechanismus die wesentlichen Fachbegriffe zu und erläutern Sie die dirigierende Wirkung des Erstsubstituenten auch mithilfe von Grenzformeln. Für die Entstehung des angreifenden Elektrophils reicht die Formulierung einer Reaktionsgleichung aus. 14

4.4 Formulieren Sie jeweils die Reaktionsgleichung für die 3., 4. und 5. Stufe der Phenacetin-Synthese.
Bei der Reaktion der Synthesestufe 4 handelt es sich um eine Redoxreaktion.
Zeigen Sie dies anhand der Elektronenübergänge. 12

40

Material 1: Phenacetin

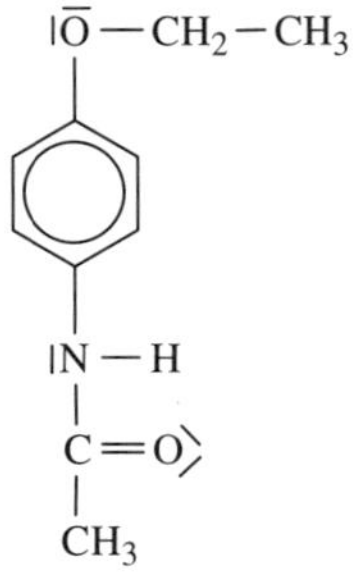

Material 2: 4-Ethoxynitrobenzol

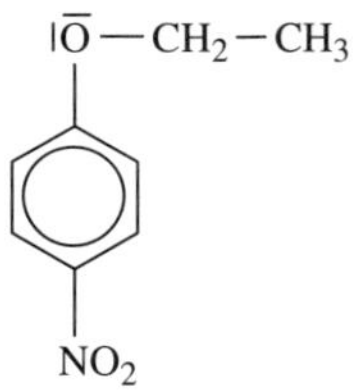

Material 3: Essigsäureanhydrid (Ethansäureanhydrid)

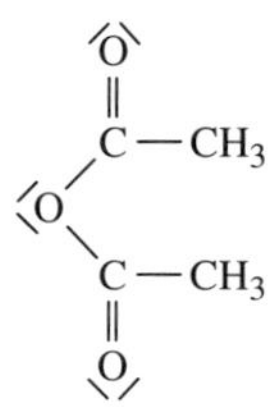

Quellen:
J. Falbe, M. Regitz (Hrsg.): Römpp-Lexikon Chemie, Band 4, Stuttgart 9. Auflage 1991, S. 3 244
K. P. Vollhardt, N. E. Schore: Organische Chemie, Weinheim 2007, S. 1 210

Lösungsvorschläge

Aufgabe A

1.1 **Protolyse von Blausäure in Wasser**

$HCN + H_2O \rightleftharpoons CN^- + H_3O^+$

Massenwirkungsgesetz

$$K_s = \frac{c_{CN^-} \cdot c_{H_3O^+}}{c_{HCN}}$$

Aus dem angegebenen pK_S-Wert ($pK_S(HCN) = 9{,}2$) geht hervor, dass es sich bei Blausäure um eine schwache Säure handelt. Das Protolysegleichgewicht liegt demnach weitgehend auf der Seite der Edukte. Als Vereinfachung kann man bei schwachen Säuren davon ausgehen, dass die Gleichgewichtskonzentration der Säure (c_{HCN}) der Konzentration der Säure vor der Protolyse, also der Anfangskonzentration (c^0_{HCN}), entspricht.

$$n_{HCN} = \frac{m_{HCN}}{M_{HCN}} = \frac{0{,}405\ g}{27\ g \cdot mol^{-1}} = 0{,}015\ mol \Rightarrow c^0_{HCN} = 0{,}015\ mol \cdot L^{-1}$$

$$K_s = \frac{c_{CN^-} \cdot c_{H_3O^+}}{c_{HCN}}$$

$$c_{CN^-} = c_{H_3O^+} \Rightarrow K_s = \frac{c^2_{H_3O^+}}{c_{HCN}} = \frac{c^2_{H_3O^+}}{c^0_{HCN}}$$

$$c_{H_3O^+} = \sqrt{K_s \cdot c^0_{HCN}}$$

$$pH = \frac{1}{2} \cdot (pK_s - \lg c^0_{HCN}) = \frac{1}{2} \cdot (9{,}2 - \lg 0{,}015) = 5{,}5$$

1.2 **pH-Diagramm**

Grundlage des Diagramms ist die Henderson-Hasselbalch-Gleichung (Puffergleichung), die allerdings nicht verlangt ist.

$$pH = pKs + lg \frac{c_{CN^-}}{c_{HCN}}$$

In dem Diagramm ist das Konzentrationsverhältnis der Blausäure und ihrer konjugierten Base in Abhängigkeit vom pH-Wert aufgetragen. Unterhalb von pH 5,5 liegt ausschließlich HCN vor, oberhalb von pH 12,5 ausschließlich das Anion CN^-. Bei pH 9,2 entspricht die Konzentration der Blausäure der Konzentration ihrer konjugierten Base CN^-. Die Pufferwirkung ist an diesem Punkt am größten.

Bei pH = 9,2 gilt:
$c_{CN^-} = c_{HCN}$
Eingesetzt in die Henderson-Hasselbalch-Gleichung ergibt sich dann:
$pH = pK_s$

Wird Natronlauge im Überschuss zugegeben, steigt der pH-Wert und es liegt ausschließlich das Anion der Blausäure (in Form einer Natriumcyanidlösung) vor. Die giftige Blausäure kann nicht mehr entstehen.

1.3 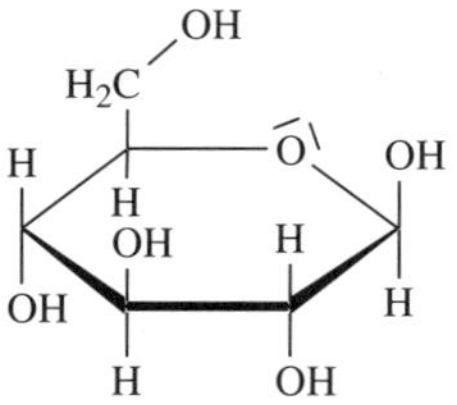

(A) = (B)

β-D-Glucose

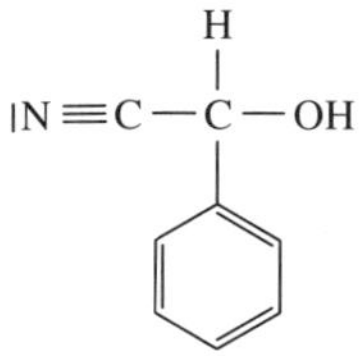

(C)

Die beiden D-Glucose-Einheiten sind im Amygdalin **β-1,6-glykosidisch** verknüpft.

Optische Aktivität
Optisch aktive Substanzen drehen die Schwingungsebene linear polarisierten Lichts. Voraussetzung dafür, dass eine Verbindung optisch aktiv ist, ist ein **chiraler Molekülbau**. Eine Verbindung ist chiral, wenn sie mindestens ein asymmetrisches Kohlenstoffatom enthält, ein Kohlenstoffatom also, an dem vier unterschiedliche Substituenten gebunden sind. In Molekül C ist das mit dem Sternchen versehene Kohlenstoffatom das asymmetrische C-Atom. Von Molekül C gibt es zwei Enantiomere, die sich wie Bild und Spiegelbild verhalten. Das eine Enantiomer ist links-, das andere rechtsdrehend.

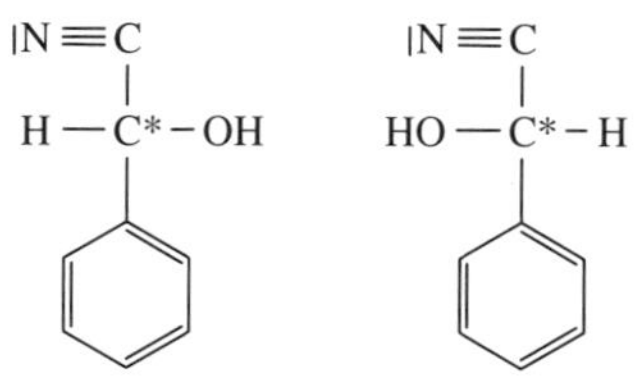

Zerfallsprodukte von Molekül C

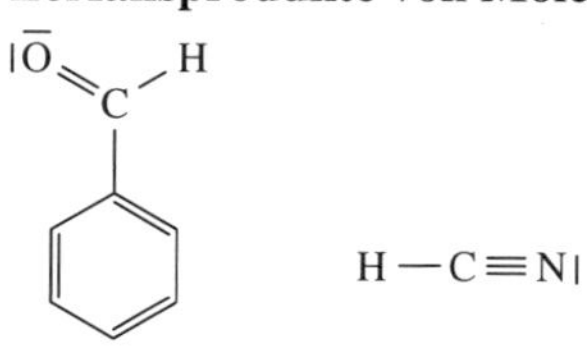

1.4 Reaktionsmechanismus

Nukleophile Addition des Cyanidions an das positiv polarisierte Carbonylkohlenstoffatom:

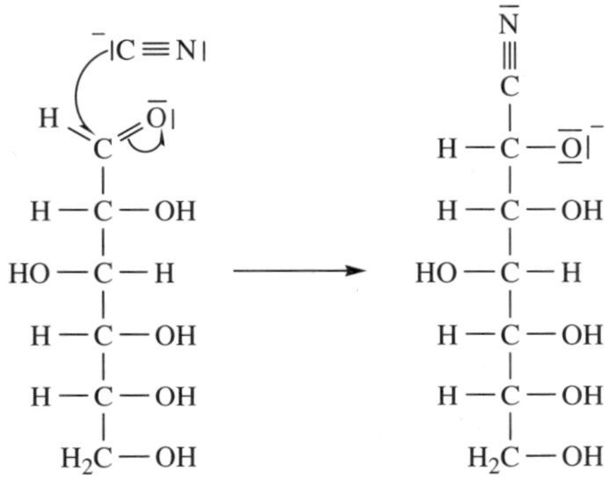

Protonierung:

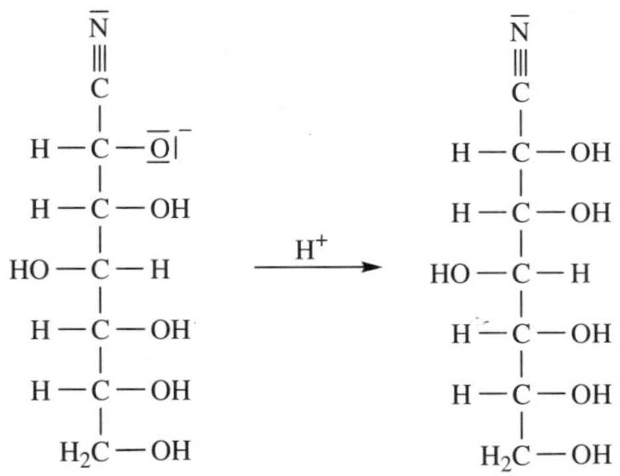

Aufgabe B

2.1 Herstellung von Buttersäure

$$\text{Ox.: } H_3C-(CH_2)_2-\overset{-I}{C}H_2-OH + 5\,H_2O \longrightarrow H_3C-(CH_2)_2-\overset{+III}{C}(=\overline{O})-OH + 4\,e^- + 4\,H_3O^+ \quad |\ 5$$

$$\text{Red.: } \overset{+VII}{Mn}O_4^- + 5\,e^- + 8\,H_3O^+ \longrightarrow \overset{+II}{Mn}{}^{2+} + 12\,H_2O \quad |\ 4$$

$$5\,C_4H_9OH + 4\,MnO_4^- + 12\,H_3O^+ \longrightarrow 5\,C_3H_7COOH + 4\,Mn^{2+} + 23\,H_2O$$

Durch die Oxidation von Butan-1-ol zur Butansäure erhöht sich die Oxidationsstufe am C1-Atom von –I auf +III. Bei der Reduktion des Permanganations zum Mn^{2+}-Ion verringert sich die Oxidationsstufe des Mangans von +VII auf +II.

2.2 *Gärung ist eine Redoxreaktion, die ohne Beteiligung von Sauerstoff stattfindet. Bakterien bauen Glucose unter strikt anaeroben Bedingungen ab und gewinnen dabei ATP. Da kein Oxidationsmittel vorhanden ist, erfolgt eine Disproportionierung, d. h., ein Molekülteil der Glucose wird reduziert, ein anderer oxidiert.*

$$C_6H_{12}O_6 \longrightarrow C_3H_7COOH + 2\,CO_2 + 2\,H_2$$

Berechnung der Reaktionsenthalpie

$$\Delta_R H^0 = \sum \Delta_f H^0 \text{ (Produkte)} - \sum \Delta_f H^0 \text{ (Edukte)}$$

$$= \Delta_f H_m^0 \,(C_3H_7COOH) + 2 \cdot \Delta_f H_m^0 \,(CO_2) - \Delta_f H_m^0 \,(C_6H_{12}O_6)$$

$$= (-534 \text{ kJ} \cdot \text{mol}^{-1}) + 2 \cdot (-394 \text{ kJ} \cdot \text{mol}^{-1}) - (-1273 \text{ kJ} \cdot \text{mol}^{-1})$$

$$= -49 \text{ kJ} \cdot \text{mol}^{-1}$$

2.3 *Es handelt sich bei der vorliegenden Reaktion um eine säurekatalysierte Esterbildung zwischen Buttersäure und Ethanol.*

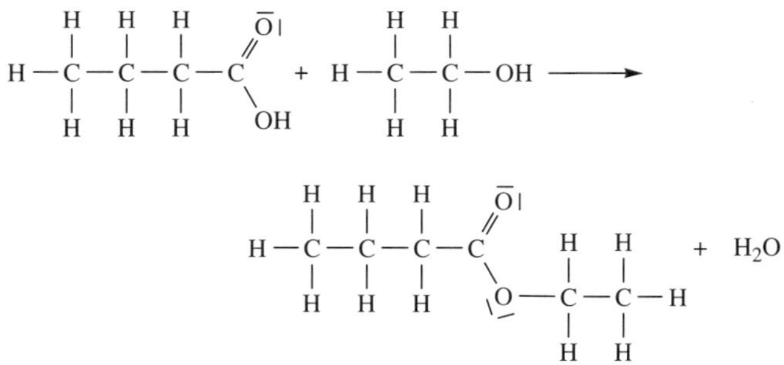

Butansäureethylester

Die Cola wird zugesetzt, da die in ihr enthaltene Phosphorsäure als Katalysator wirkt (Säurekatalyse).

2.4 **Reaktion von Buttersäure mit Ammoniak**

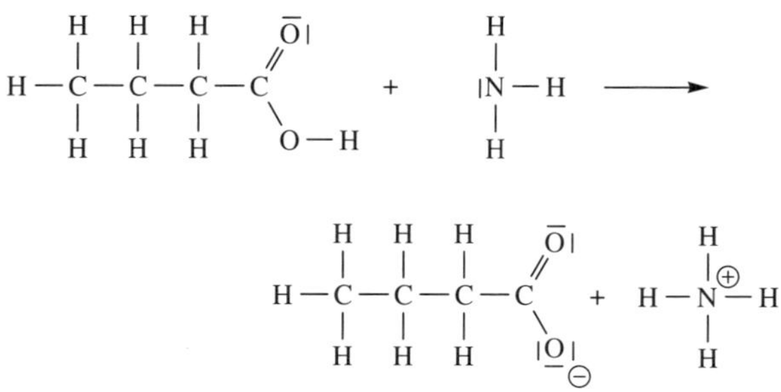

Es handelt sich um eine **Protolyse**. Die Buttersäure überträgt ein Proton auf das Ammoniakmolekül, wobei das Anion der Buttersäure und das Ammoniumion entstehen (Ammoniumsalz der Buttersäure).

Stabilität des Carboxylatanions

Das Anion der Buttersäure ist **mesomeriestabilisiert**. Es lassen sich zwei energetisch gleichwertige mesomere Grenzstrukturformeln formulieren.

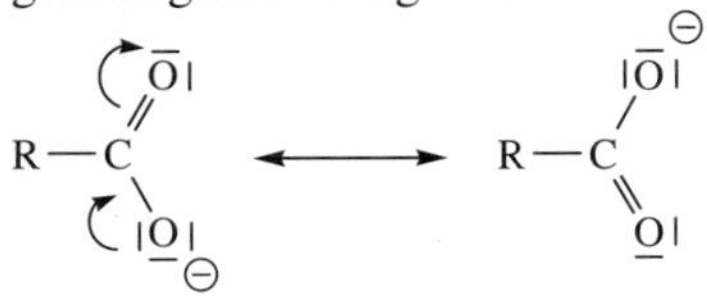

Die Doppelbindungselektronen (π-Elektronen) sowie die negative Ladung sind delokalisiert und die beiden C–O-Bindungslängen daher gleich lang.
Im Orbitalmodell befinden sich die hantelförmigen p_z-Orbitale senkrecht zur Ebene, die von den σ-Bindungselektronen aufgespannt wird. Durch die Überlappung der p_z-Orbitale, die zu beiden Seiten möglich ist, kommt es zur Ausbildung der jeweiligen π-Bindung.

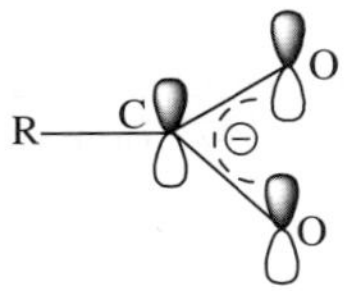

2.5 *Betrachtet wird hierbei ein nukleophiler Angriff des Ammoniakmoleküls an das positiv polarisierte Carboxylkohlenstoffatom der Butansäure. Nach einer intramolekularen Protonenwanderung und der Abspaltung eines Wassermoleküls bildet sich das Butansäureamid.*

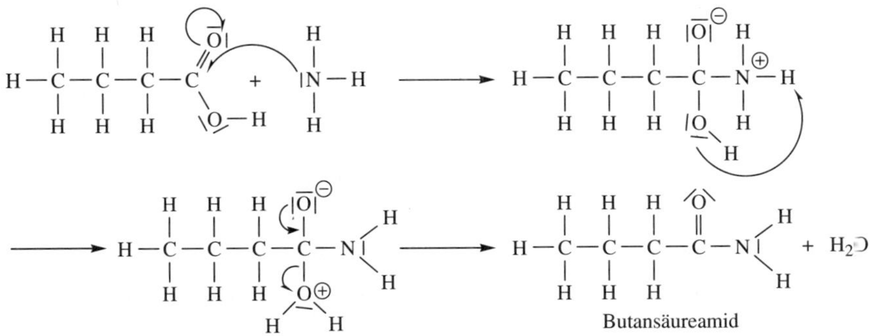

Aufgabe C

3.1 Funktionelle Gruppen im Aspartammolekül

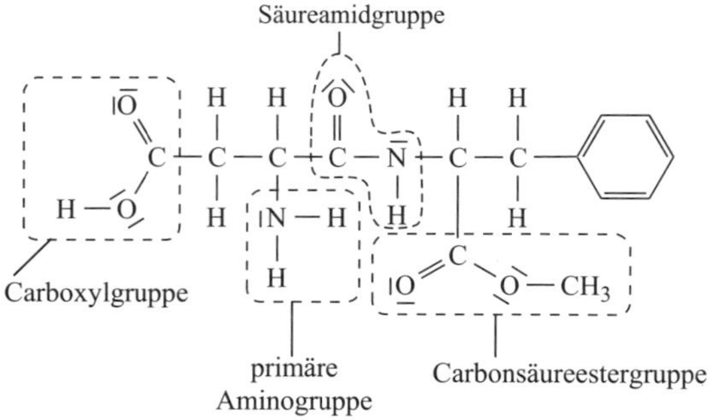

Im sauren Milieu des Magens werden im Aspartammolekül die Säureamid- und die Esterbindung säurehydrolytisch gespalten. Es entstehen die Aminosäuren Asparaginsäure und Phenylalanin sowie Methanol.

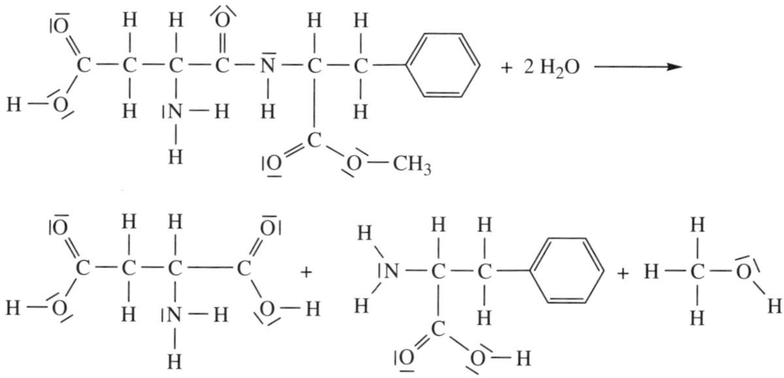

3.2 Reaktionsmechanismus der sauren Hydrolyse

Bei dieser Aufgabe kann so vorgegangen werden, dass nur die Peptidgruppe gezeichnet wird. Die für den Reaktionsmechanismus unerheblichen Molekülteile sollten aus Zeitgründen mit R für Rest abgekürzt werden.

Protonierung der Carbonylgruppe:

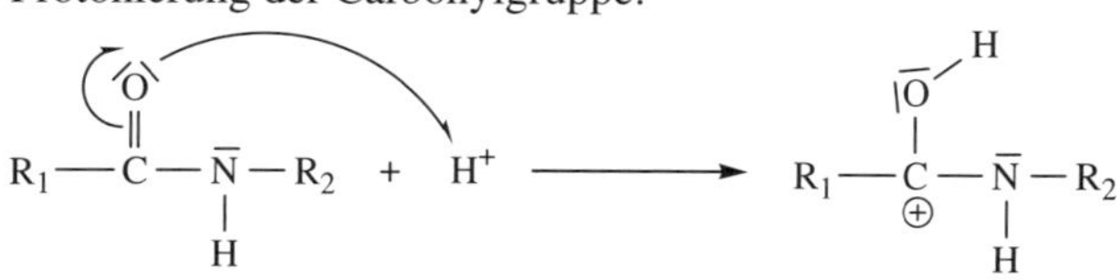

Nukleophiler Angriff eines Wassermoleküls:

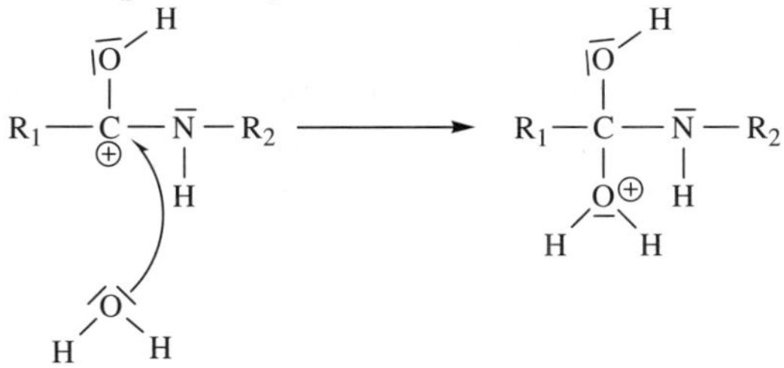

Intramolekulare Protonenwanderung:

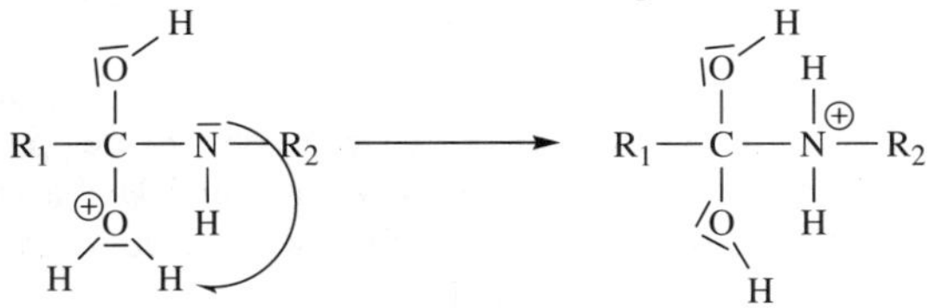

Deprotonierung und Spaltung der Kohlenstoff-Stickstoff-Bindung:

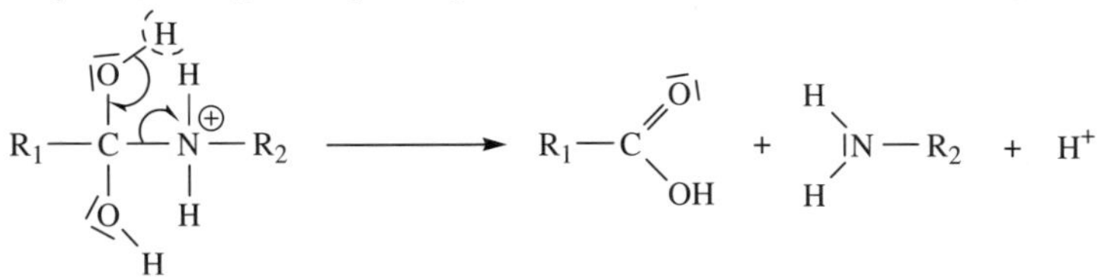

3.3 **Stoffmengenberechnung**

In ungefülltem Magen ist der pH = 1.

$pH = -\log c_{H_3O^+} \quad \Rightarrow \quad c_{H_3O^+} = 10^{-pH} = 10^{-1} = 0{,}1 \text{ mol} \cdot L^{-1}$

$$c_{H_3O^+} = \frac{n_{H_3O^+}}{V} \quad \Rightarrow \quad n_{H_3O^+} = c_{H_3O^+} \cdot V = 0{,}1 \text{ mol} \cdot L^{-1} \cdot 0{,}25 \text{ L} = 0{,}025 \text{ mol}$$

In gefülltem Magen ist der pH-Wert 3,5.

$c_{H_3O^+} = 10^{-pH} = 10^{-3{,}5} = 3{,}16 \cdot 10^{-4} \text{ mol} \cdot L^{-1}$

$n_{H_3O^+} = c_{H_3O^+} \cdot V = 3{,}16 \cdot 10^{-4} \text{ mol} \cdot L^{-1} \cdot 0{,}5 \text{ L} = 1{,}58 \cdot 10^{-4} \text{ mol}$

3.4 **α-D-Xylose und Xylit**

Durch nukleophile Addition der OH-Gruppe am C5-Atom an das Carbonylkohlenstoffatom erhält man die cyclische Halbacetalform der D-Xylose, die in der Haworth-Projektionsformel dargestellt wird.

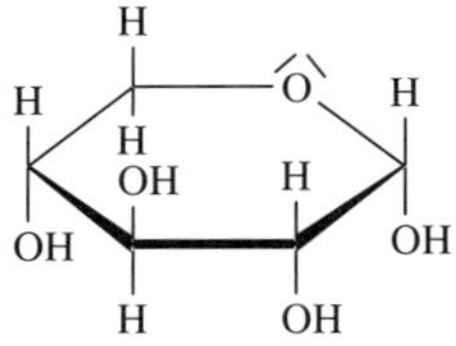

α-D-Xylose

In wässriger Lösung stellt sich ein Gleichgewicht zwischen der α-, der β- und der offenkettigen Form der Xylose ein. α- und β-D-Xylose sind Halbacetale. Durch Reduktion der in der offenkettigen Form vorhandenen Aldehydgruppe zur Hydroxylgruppe erhält man den fünfwertigen Alkohol Xylit.

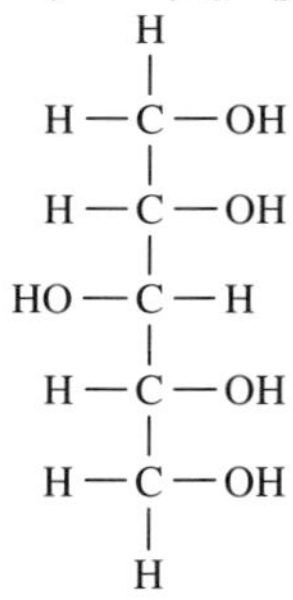

Xylit

3.5 *Durch das Oxidationsmittel Brom wird die Aldehydgruppe der Xylose zur Carboxylgruppe oxidiert. Brom wird dabei zu Bromidionen (bzw. HBr) reduziert.*

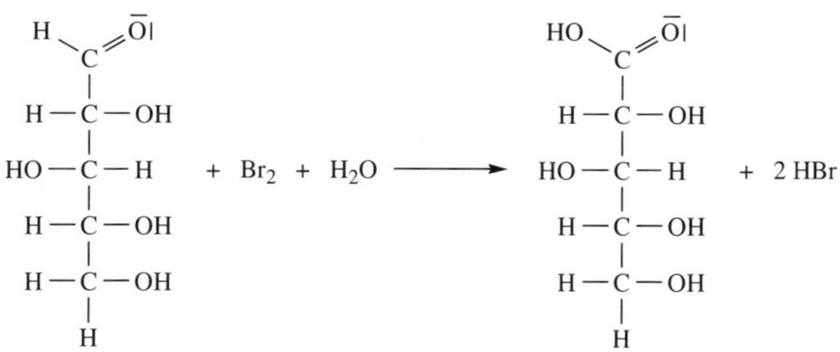

Xylonolacton bildet sich durch einen nukleophilen Angriff der Hydroxylgruppe am C4-Atom an das Carboxylkohlenstoffatom.

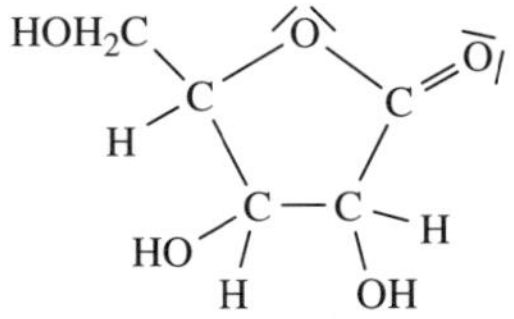

Xylonolacton

Aufgabe D

4.1 Reaktion von Phenol in Wasser

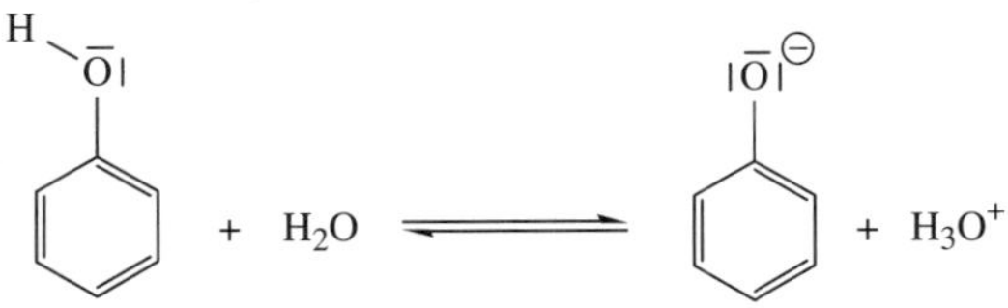

Das bei der Protolyse entstehende Phenolation ist mesomeriestabilisiert. Es können vier energetisch gleichwertige mesomere Grenzstrukturen formuliert werden, bei denen die negative Ladung über den Ring verteilt vorliegt. Die Abgabe des Protons in wässriger Lösung ist daher begünstigt.

Mesomere Grenzstrukturformeln des Phenolations

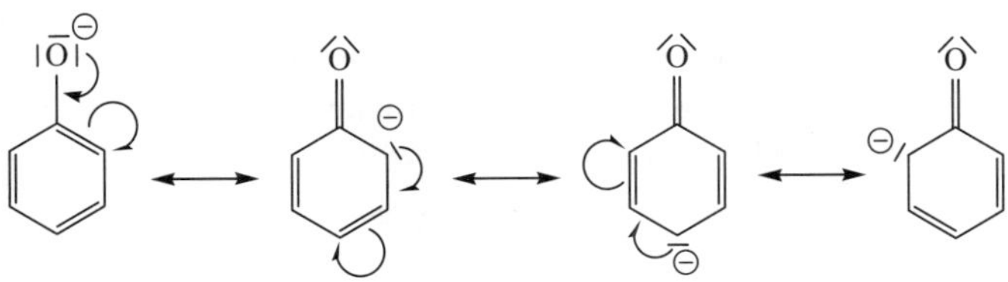

4.2 pK_B-Wert des Phenolations

Phenolation (Ph^-) Phenol (Ph)

Massenwirkungsgesetz:

$$K_B = \frac{c_{Ph} \cdot c_{OH^-}}{c_{Ph^-}}$$

$$c_{Ph} = c_{OH^-} \qquad \Rightarrow \quad K_B = \frac{c^2_{OH^-}}{c_{Ph^-}}$$

$$pH + pOH = 14 \qquad \Rightarrow \quad pOH = 14 - pH = 2{,}8$$

$$pOH = -\lg c_{OH^-} \quad \Rightarrow \quad c_{OH^-} = 10^{-pOH} = 10^{-2{,}8} = 1{,}58 \cdot 10^{-3}\ mol \cdot L^{-1}$$

Als Näherung wird angenommen, dass die Phenolatkonzentration im Gleichgewicht (c_{Ph^-}) der Ausgangskonzentration ($c^0_{Ph^-}$) entspricht.

Berechnung der Ausgangskonzentration $c^0_{Ph^-}$:

$$n^0_{Ph^-} = \frac{m_{NaPh}}{M_{NaPh}} = \frac{2{,}9\ g}{116\ g \cdot mol^{-1}} = 0{,}025\ mol$$

$$c^0_{Ph^-} = 0{,}025\ mol \cdot L^{-1}$$

Berechnung des pK_B-Wertes:

$$K_B = \frac{c^2_{OH^-}}{c_{Ph^-}} = \frac{(1{,}58 \cdot 10^{-3}\ mol \cdot L^{-1})^2}{0{,}025\ mol \cdot L^{-1}} = 9{,}99 \cdot 10^{-5}\ mol \cdot L^{-1}$$

$$pK_B = -\lg K_B = 4$$

Der pK_B-Wert des Phenolations ist 4.

4.3 **Nitrierung von Phenol**

Es handelt sich um eine **elektrophile aromatische Substitution**.

Bei der Nitrierung ist das Nitroniumion das elektrophile Teilchen. Es bildet sich bei der Reaktion von Salpetersäure mit Schwefelsäure.

$$HNO_3 + H_2SO_4 \xrightarrow{} H_2NO_3^+ + HSO_4^- \xrightarrow{} NO_2^+ + H_2O + HSO_4^-$$

(H^+ wird von H_2SO_4 auf HNO_3 übertragen; NO_2^+: Nitroniumion)

Das Nitroniumion greift den Benzolring an den Stellen elektrophil an, an denen die Elektronendichte durch den **+ M-Effekt der OH-Gruppe** erhöht ist. Anhand der mesomeren Grenzstrukturen kann man erkennen, dass es sich dabei um die **ortho-** und die **para-Position** handelt.

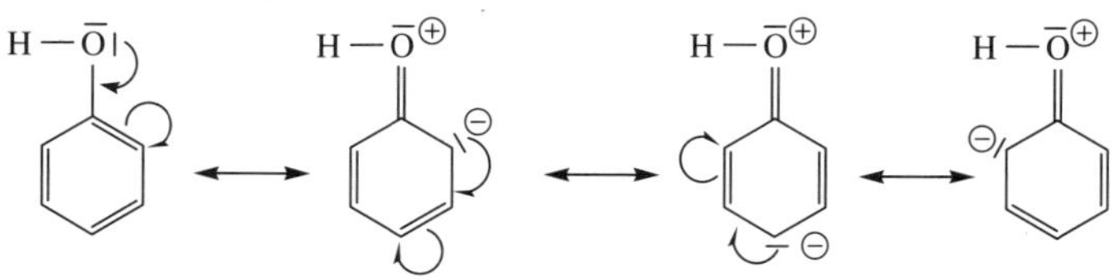

alternativ:

Die Position der Zweitsubstitution kann auch mithilfe der Stabilität des σ-Komplexes begründet werden. Je mehr energetisch gleichwertige mesomere Grenzstrukturen des σ-Komplexes formuliert werden können, umso wahrscheinlicher ist das Entstehen dieses Produkts.

ortho-Stellung:

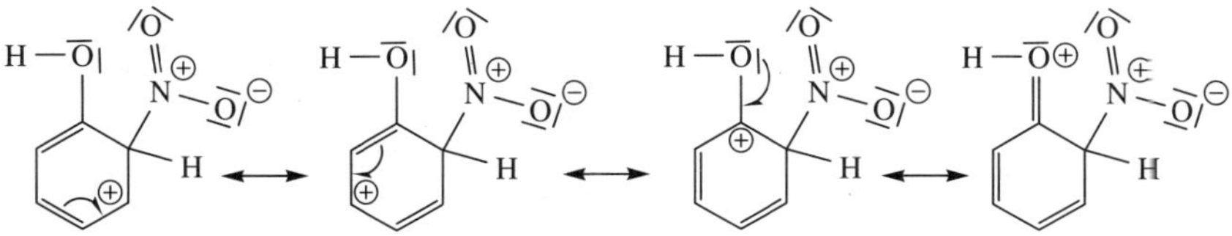

meta-Stellung:

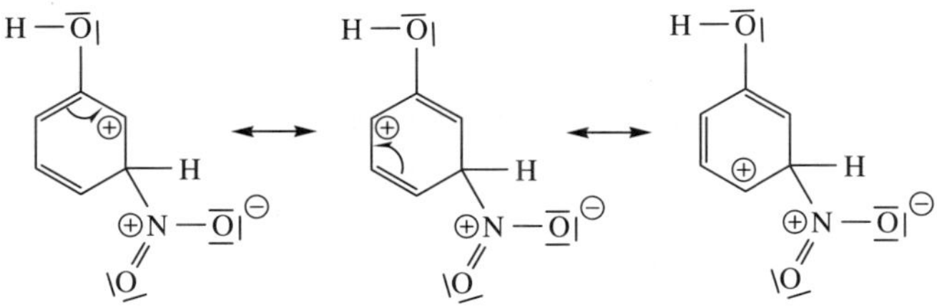

para-Stellung:

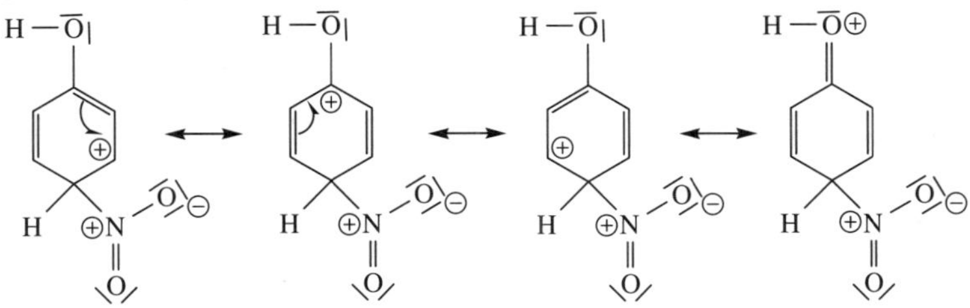

Reaktionsmechanismus der elektrophilen aromatischen Substitution

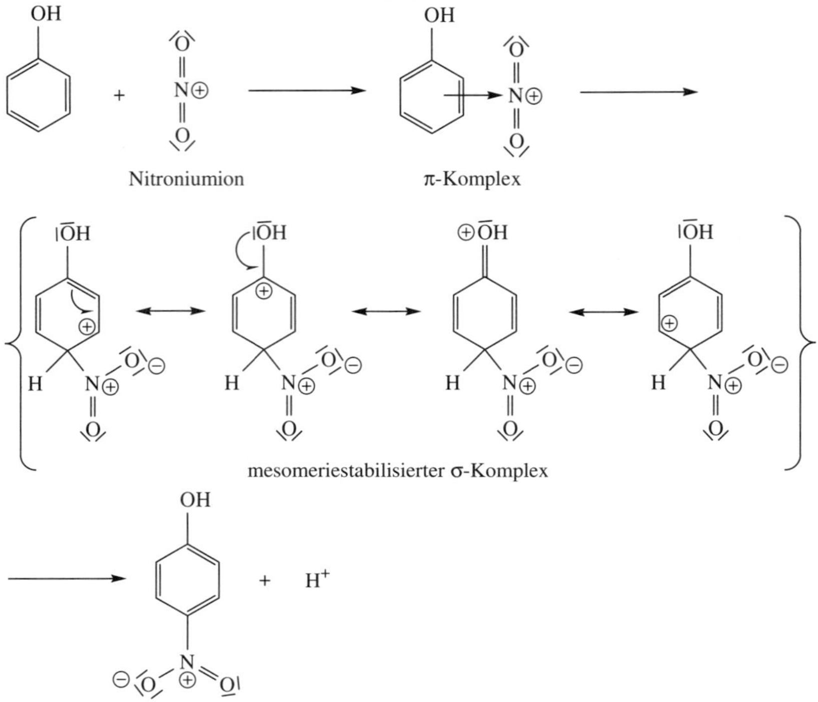

4.4 Reaktionsgleichungen

3. Stufe der Phenacetinsynthese:

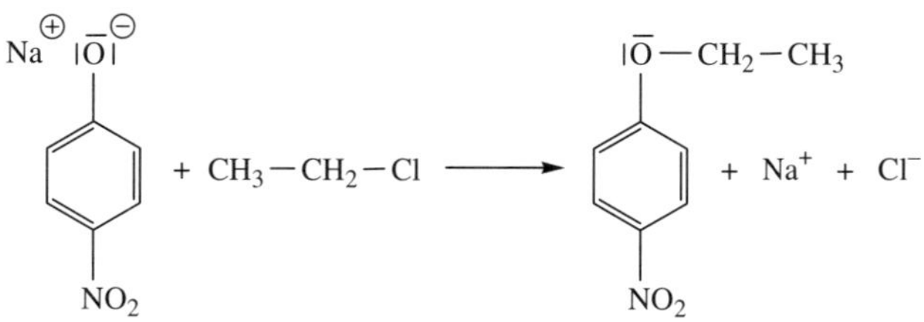

4. Stufe der Phenacetinsynthese:

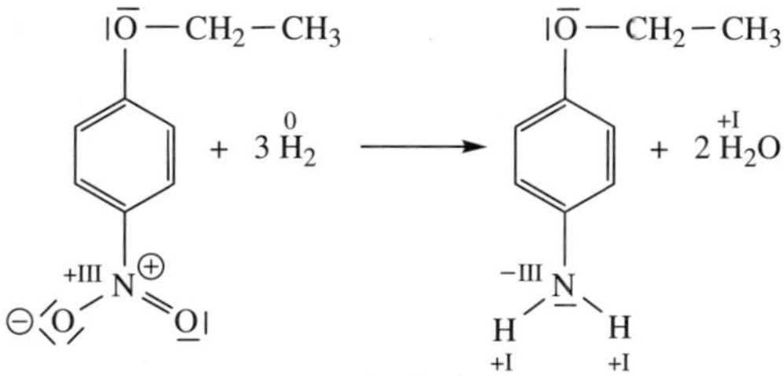

Die Oxidationszahl des Stickstoffatoms verringert sich von +III im Edukt auf –III im Produkt. Stickstoff nimmt sechs Elektronen auf und wird folglich reduziert. Wasserstoff wird gleichzeitig oxidiert; die Oxidationsstufe von Wasserstoff erhöht sich von 0 auf +I.

5. Stufe der Phenacetinsynthese:

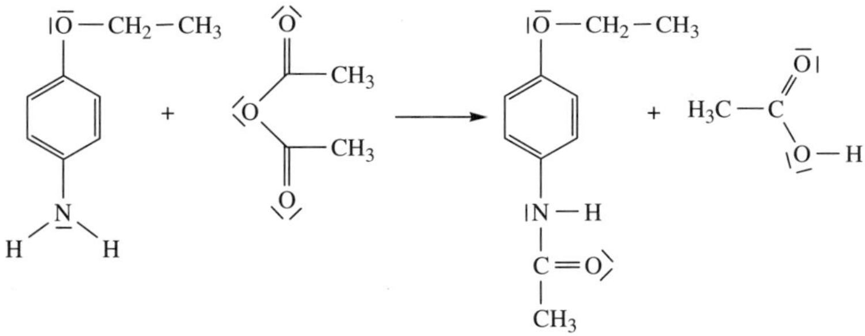

Grundkurs Chemie (Hessen)
Abiturprüfung 2012

Aufgabe A

Chemie des Kohlenstoffmonooxids

BE

Kohlenstoffdioxid und Kohlenstoff sowie Kohlenstoffmonooxid stehen miteinander in einem Gleichgewicht, dem so genannten Boudouard-Gleichgewicht. Die Lage dieses Gleichgewichts hängt von verschiedenen Faktoren ab. Das Material 1 zeigt die Konzentration an Kohlenstoffmonooxid im Gleichgewicht in Abhängigkeit von der Temperatur bei zwei verschiedenen Drücken.
Das mit dieser Rektion gewonnene Kohlenstoffmonooxid kann für zahlreiche chemische Synthesen verwendet werden. Beispielsweise können Metalloxide zu den entsprechenden Metallen umgesetzt werden. Von großtechnischer Bedeutung ist die Reaktion von Kohlenstoffmonooxid mit Wasserstoff zu Alkanen oder Alkenen (Fischer-Tropsch-Verfahren), wie zum Beispiel zu Propen.
Propen kann als Ausgangsstoff für die Synthese von Propanon (Aceton), einem wichtigen organischen Lösungsmittel, dienen. Hierbei wird Propen unter geeigneten Bedingungen zunächst mit Wasser zur Reaktion gebracht, das Produkt dieser Reaktion wird dann zu Propanon oxidiert. Material 2 zeigt einen schematischen Überblick.

1.1 Formulieren Sie für die Bildung von Kohlenstoffmonooxid aus Kohlenstoffdioxid und Kohlenstoff die Reaktionsgleichung und das darauf basierende Massenwirkungsgesetz.
Beschreiben und erläutern Sie den Verlauf der Kurve bei $p = 1$ bar in Material 1.
Vergleichen Sie die Ausbeute an Kohlenstoffmonooxid bei den beiden Drücken $p = 1$ bar und $p = 10$ bar und erläutern Sie den Unterschied. 11

1.2 Formulieren Sie die Reaktionsgleichung für die Reaktion von Eisen(III)-oxid mit Kohlenstoffmonooxid zu Eisen und Kohlenstoffdioxid.
Geben Sie die für die Reaktion wesentlichen Oxidationszahlen an und zeigen Sie anhand der Elektronenübergänge, dass es sich um eine Redoxreaktion handelt. 6

1.3 Formulieren Sie die Reaktionsgleichung für die Reaktion von Kohlenstoffmonooxid mit Wasserstoff zu Propen und Wasser. 4

1.4 Geben Sie die Strukturformel von Propanon an.
Formulieren Sie die Reaktionsgleichung für die Reaktion von Propen mit Wasser in Strukturformeln, benennen Sie das Reaktionsprodukt und den Reaktionstyp.
Zeigen Sie, dass es sich bei der Weiterreaktion des hierbei entstehenden Produktes zu Propanon um eine Oxidation handelt. 9

30

Material 1: Temperatur- und Druckabhängigkeit der Kohlenstoffmonooxid-Konzentration im Boudouard-Gleichgewicht

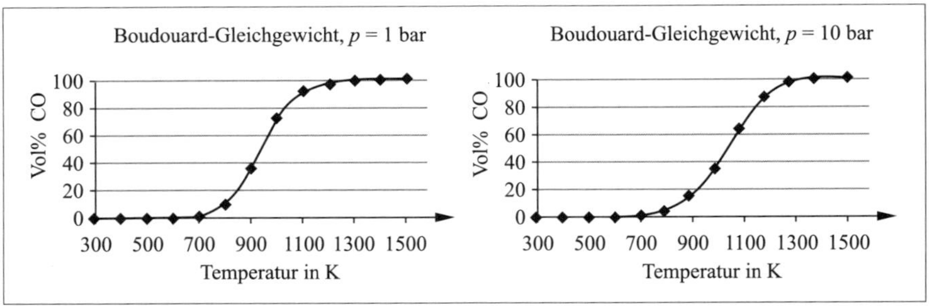

Material 2: Reaktionen von Kohlenstoffmonooxid: Schematischer Überblick

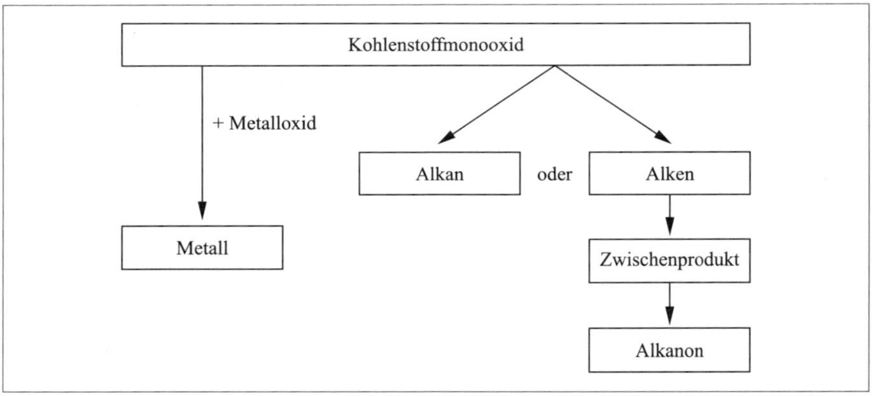

Materialgrundlage:
E. Riedel, C. Janiak: Anorganische Chemie, Berlin 2007, S. 527
http://www.fh-koblenz.de/fileadmin/medien/Hoehr_Grenzhausen/Werkstofftechnik/PDF-Download-Dateien/Boudouard_1009.pdf (05. 09. 2011, bearbeitet)

Aufgabe B

Der Süßstoff Aspartam BE

Aspartam ist ein Süßstoff, der unter verschiedenen Handelsnamen (NutraSweet®, Canderel®) z. B. in Tablettenform oder als Lösung vertrieben wird. Er ist etwa 200-mal süßer als Zucker, wohlschmeckend und weist einen relativ niedrigen Brennwert auf. Zur Herstellung von Aspartam werden Methanol und die Aminosäuren Phenylalanin und Asparaginsäure (Materialien 1 und 2) benutzt. Die genannten Aminosäuren können aus Alkanalen durch die Strecker-Synthese gewonnen werden.
Als gängiges Verpackungsmaterial für Medikamente wird zudem häufig der Stoff Polyethen (Polyethylen) verwendet.

2.1 Benennen und formulieren sie den Reaktionsmechanismus für die Herstellung von Polyethen aus dem Monomer Ethen mit zwei verschiedenen Abbruchreaktionen. Verwenden Sie als Startersubstanz das Peroxid:

$R—\overline{\underline{O}}—\overline{\underline{O}}—R$

Erläutern Sie das Verhalten von Polyethen beim Erwärmen und ordnen Sie Polyethen diesbezüglich einer Gruppe von Kunststoffen zu. 11

2.2 Geben Sie die Strukturformel für D-Phenylalanin und eine Definition für die Bezeichnungen D- und L-Form an.
Formulieren Sie die Strukturformeln von L-Phenylalanin in stark saurer und in stark alkalischer Lösung. 6

2.3 Phenylalanin wird nach der Strecker-Synthese in vereinfachter Darstellung aus Phenylethanal (Material 3), Wasser und Cyanwasserstoff (HCN) hergestellt.
Formulieren Sie in Strukturformeln die Reaktionsgleichung für diese Synthese.
Ermitteln Sie auf der Grundlage der Strecker-Synthese die Strukturformel für das Alkanal, aus dem Asparaginsäure hergestellt werden kann. 5

2.4 Für die Herstellung von Aspartam aus Methanol und den beiden Aminosäuren sind zwei Reaktionsschritte erforderlich.
Reaktionsschritt 1:
Methanol und Phenylalanin reagieren in einer Esterreaktion.
Reaktionsschritt 2:
Ein Molekül des in Schritt 1 entstandenen Esters reagiert mit einem Molekül Asparaginsäure unter Wasserabspaltung.

Formulieren Sie für beide Reaktionsschritte jeweils die Reaktionsgleichung unter Verwendung von Strukturformeln oder Halbstrukturformeln. Verwenden Sie hierbei vereinfachend Aminosäure-Strukturen mit nicht geladenen funktionellen Gruppen. 8

30

Material 1: Phenylalanin in L-Form

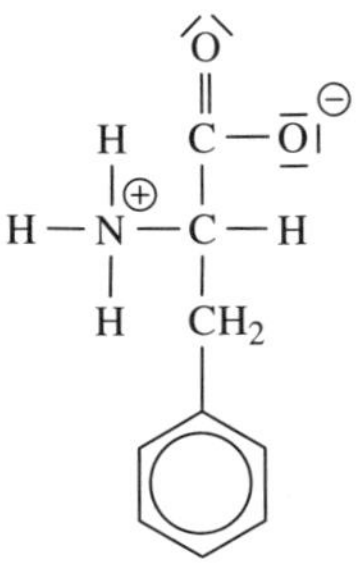

Material 2: Asparaginsäure in L-Form

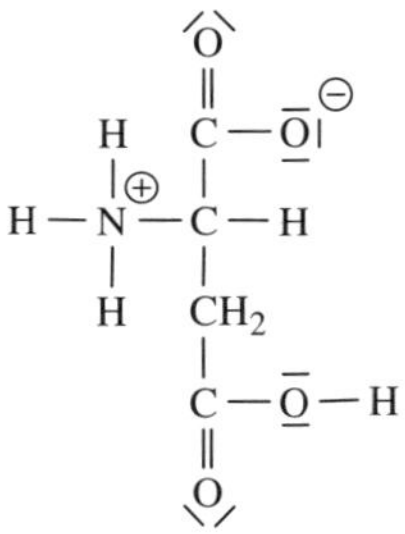

Material 3: Phenylethanal

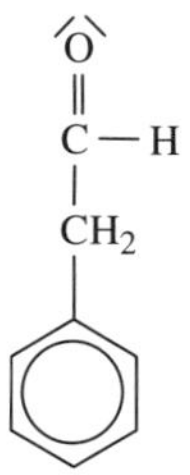

Quellen:
K. P. Vollhardt, N. E. Schore: Organische Chemie, Weinheim 2007, S. 1380 (Strecker-Synthese) – vereinfacht ohne Ammoniak
http://www.canderel.de/produkte/streususse.html (10. 03. 2011)

Aufgabe C

Olestra – ein Fettersatzstoff zur kalorienreduzierten Ernährung BE

Wissenschaftler sind seit vielen Jahren auf der Suche nach geeigneten Fettaustauschstoffen und Fettersatzstoffen, da eine übermäßig fettreiche Ernährung häufig Ursache für Übergewicht und dessen Folgeerkrankungen ist (zum Beispiel Herz-Kreislauf-Erkrankungen und Diabetes).
Ein Fettaustauschstoff auf Kohlenhydratbasis ist z. B. Maisstärke, die in Wasser stark aufquillt, sodass eine cremige, weiche, an Fett erinnernde Masse entsteht.
Fettersatzstoffe werden synthetisch hergestellt und besitzen die gleichen oder sehr ähnliche geschmackliche und physikalische Eigenschaften wie natürliche Fette. Sie können jedoch aufgrund ihres Molekülbaus von den körpereigenen fettverdauenden Enzymen kaum abgebaut werden und sind daher fast „kalorienfrei".

Wissenschaftler des Unternehmens „Procter & Gamble" entwickelten synthetische Fettersatzstoffe, die aus Estern von Fettsäuren und Zuckermolekülen bestehen. Diese Erfindung ließ sich der Konzern 1971 patentieren. Erst 1996, nach zahlreichen Tests, ließ die US-amerikanische „Food and Drug Administration" das Produkt unter dem Namen „Olestra" erstmals zur Verwendung in Lebensmitteln zu. Olestra ist ein Gemisch aus verschiedenen Estern der Saccharose mit Fettsäuren. Man findet Olestra auf dem US-Markt beispielsweise als Fettersatzstoff in Kartoffelchips. In Material 2 sind die einzelnen Reaktionsschritte, die zur Herstellung von Olestra führen, angegeben.

3.1 Der Fettaustauschstoff Maisstärke enthält einen großen Anteil an Amylose, in der die Monomere 1,4-verknüpft sind.
Zeichnen Sie einen Strukturformelausschnitt der Amylose bestehend aus drei Monomeren.
Beschreiben und erklären Sie eine Nachweisreaktion für Stärke. 6

3.2 Formulieren Sie die Reaktionsgleichung für eine positive Fehling-Reaktion an einem selbst gewählten Beispiel.
Benennen Sie die Monomere, aus denen Saccharose (Material 1) aufgebaut ist, und deren Verknüpfungsart.
Erläutern Sie das Reaktionsverhalten von Saccharose bei der Fehling-Probe. 8

3.3 Formulieren Sie in Strukturformeln die Reaktionsgleichung für die Reaktion des in Material 3 vorgegebenen Triglyceridmoleküls mit Methanol zu Propan-1,2,3-triol und den Alkansäuremethylestern (Reaktionsschritt B in Material 2). 4

3.4 Formulieren Sie die Strukturformel eines Oktaesters der Saccharose (Ester von Saccharose mit acht Alkansäuren; Produkt aus Reaktionsschritt C in Material 2).
Hinweis: Die Alkansäurereste im Oktaester können jeweils mit „R" abgekürzt werden. 6

3.5 Formulieren Sie den Mechanismus der alkalischen Hydrolyse des Triglycerides aus Material 3 exemplarisch an einer funktionellen Gruppe.
Hinweis: Die für die Reaktion nicht relevanten Molekülteile können mit „R“ abgekürzt werden. 6

30

Material 1: Saccharose-Molekül

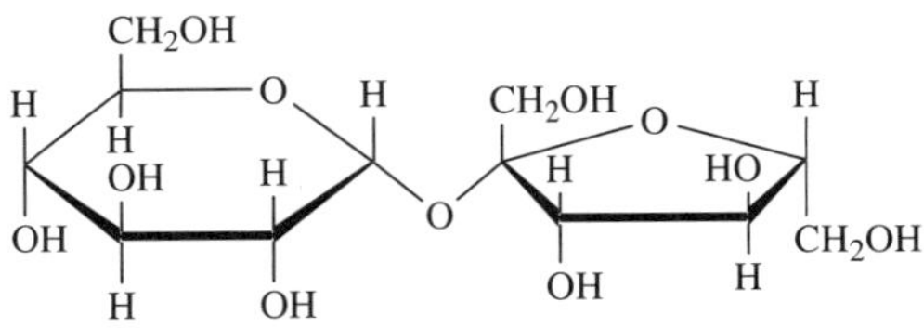

Material 2: Herstellung von Olestra

Reaktionsschritt A:
Isolierung von Triglyceridmolekülen aus Baumwollsamenöl oder Sojabohnenöl

Reaktionsschritt B:
Reaktion von Triglyceridmolekülen mit Methanol zu Propan-1,2,3-triol und Alkansäuremethylestern (bei dieser Reaktion handelt es sich um eine „Umesterung“).

Reaktionsschritt C:
Reaktion der Alkansäuremethylester mit den OH-Gruppen der Saccharose zu Methanol und Oktaestern (Veresterung der Saccharose mit acht Alkansäuren) oder zu Heptaestern (Veresterung der Saccharose mit sieben Alkansäuren).

Material 3: Triglycerid-Molekül

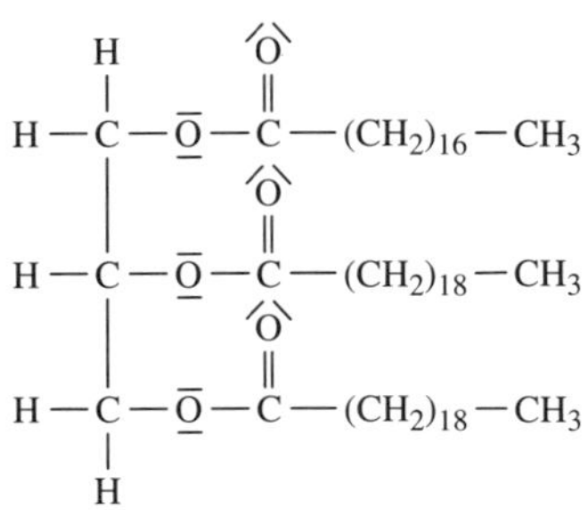

Quellen:
Hans Beyer, Wolfgang Walter: Lehrbuch der Organischen Chemie, Stuttgart 2004, S. 260 f. (Umesterung)
Paula Y. Bruice, Organische Chemie, 5., aktualisierte Auflage, Pearson Studium 2007, S. 1 348
http://www.margarine-institut.de/presse2/bilder/fettersatz1 (26. 01. 2011)
http://www.novafeel.de/ernaehrung/fette/fettersatzstoffe.htm (26. 01. 2011)

Aufgabe D

Inhaltsstoffe der Orangen BE

Aus den Schalen von Orangen lässt sich durch einfaches Auspressen das wohlriechende Orangenöl gewinnen. Dieses ätherische Öl enthält als Hauptbestandteil den Stoff Limonen (Material 1), eine angenehm zitronenartig riechende Flüssigkeit. Limonen ist in Wasser nicht, in Benzin jedoch gut löslich. Für den sauren Geschmack der Orangen sind die darin enthaltenen Fruchtsäuren wie zum Beispiel Zitronensäure und Äpfelsäure (Material 2) verantwortlich.

4.1 Material 1 zeigt die Strukturformel von Limonen.
Geben Sie das asymmetrische C-Atom im Limonenmolekül und die Definition für den Begriff asymmetrisches C-Atom an.
Erläutern Sie die gute Löslichkeit des Limonens in Benzin. 5

4.2 Versetzt man Limonen mit Brom, beobachtet man eine rasche Entfärbung. Hierbei greift das Brom insbesondere an einer der Seitenketten des Moleküls an.
Formulieren Sie in Strukturformeln die Reaktionsgleichung für die Reaktion von Brom mit Limonen für den Fall, dass der Brom-Angriff tatsächlich an einer Seitenkette erfolgt.
Benennen, formulieren und erläutern Sie den Mechanismus dieser Reaktion unter Verwendung von „R“ für Rest. 10

4.3 Benennen Sie die Äpfelsäure nach IUPAC.
Formulieren Sie in Strukturformeln die Reaktionsgleichung für die vollständige Protolyse von Äpfelsäure in Wasser.
Der pK_S-Wert der Carboxylgruppe des C_1-Atoms beträgt 3,46. Demgegenüber hat Ethansäure einen pK_S-Wert von 4,76.
Erklären Sie die unterschiedlichen pK_S-Werte anhand der Strukturformeln. 10

4.4 In 250 mL Orangensaft wurde experimentell eine H_3O^+-Ionen-Stoffmenge von $n = 1{,}75 \cdot 10^{-4}$ mol bestimmt.
Berechnen Sie den pH-Wert des Saftes. 5

30

Material 1: Limonen

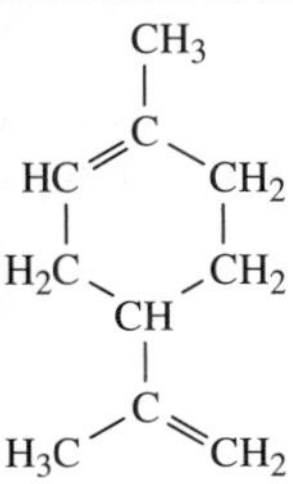

Material 2: Äpfelsäure

HOOC — CH(OH) — CH_2 — COOH

Quellen:
http://www.chids.online.uni-marburg.de/dachs/expvortr/787orange_Griesel.pdf
(24. 02. 2011)

Lösungsvorschläge

Aufgabe A

1.1 *Das Massenwirkungsgesetz (MWG) ergibt sich nur aus den beiden gasförmigen Komponenten CO_2 und CO, der Feststoff Kohlenstoff kann in die Gleichgewichtskonstante einbezogen werden, da seine Wirkung bei der Gasreaktion konstant ist.*
Das MWG soll auch mit Worten beschrieben und abgeleitet werden.

$$CO_2 + C \rightleftharpoons 2\,CO \qquad K = \frac{c^2(CO)}{c(CO_2)}$$

Die Konstante im MWG beschreibt das Verhältnis der Konzentrationen der Produkte zu denen der Edukte im Gleichgewicht. Die Konzentrationen der Produkte werden im Zähler, die der Edukte im Nenner aufgeführt. Der stöchiometrische Faktor wird im Exponenten aufgezeigt.

Der Kurvenverlauf in den Diagrammen von Material 1 zeigt die Temperatur- und Druckabhängigkeit des Gleichgewichts. Im ersten Diagramm bei 1 bar Druck steigt erst ab 700 K der Gehalt an CO und strebt bei etwa 1 200 K einem Volumenanteil von 100 % zu, der sich auch bei höheren Temperaturen nicht mehr ändert (Sättigung). Bei 10 bar fängt die CO-Bildung bei 800 K an und erreicht bei 1 300 K den Sättigungswert. Aus beiden Diagrammen wird ersichtlich, dass erst bei hohen Temperaturen CO gebildet wird, d. h., es muss sich bei der Bildung von CO um eine endotherme Reaktion handeln, da nach dem Prinzip des geringsten Zwangs das Gleichgewicht dann zur Produktbildung verschoben wird. Die Reaktion ist aber auch vom Druck abhängig, das zeigt das 2. Diagramm, da sich bei der Reaktion das Volumen verdoppelt, wird das Gleichgewicht bei Druckerhöhung zu den Edukten hin verschoben. Bei 1 100 K liegen bei 1 bar 100 % CO, bei 10 bar lediglich etwa 60 % im Gleichgewicht vor.

1.2 *Es handelt sich um die Reaktion in der Reduktionszone des Hochofens.*

$$\overset{+III}{Fe_2O_3} + 3\,\overset{+II}{C}O \longrightarrow 2\,\overset{0}{Fe} + 3\,\overset{+IV}{C}O_2$$

Reduktion: $Fe_2O_3 + 6\,e^- \longrightarrow 2\,Fe + 3\,O^{2-}$

Oxidation: $3\,CO + 3\,O^{2-} \longrightarrow 3\,CO_2 + 6\,e^-$

Das Eisenatom im Eisen(III)oxid ist Elektronenakzeptor und nimmt jeweils 3 Elektronen auf. Das Kohlenstoffatom im Kohlenstoffmonooxid ist Elektronendonator und gibt jeweils 2 Elektronen ab. Insgesamt gehen 6 Elektronen über.

1.3 **Reaktionsgleichung in Summenformeln**

$$3\,CO + 6\,H_2 \longrightarrow C_3H_6 + 3\,H_2O$$

1.4 **Strukturformel von Propanon (Aceton)**

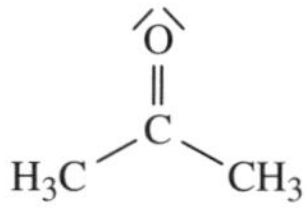

Gefragt ist die Reaktion von Propen mit Wasser in Strukturformeln und die Benennung des Reaktionstyps und des Produkts. Der Mechanismus soll nicht beschrieben werden.

Es handelt sich um eine Addition. Das Produkt ist Propan-2-ol (Isopropanol).
Die Oxidationszahl des mittleren C-Atoms im Propanon ist +II, die im Propan-2-ol ist 0.
Also wird die Oxidationsstufe des mittleren C-Atoms im Propan-2-ol um 2 Stufen bei der Reaktion zu Propanon erhöht, d. h., es werden 2 Elektronen an das Oxidationsmittel, z. B. erhitztes Kupfer(II)-oxid (CuO) abgegeben, welches zu elementarem Kupfer reduziert wird.

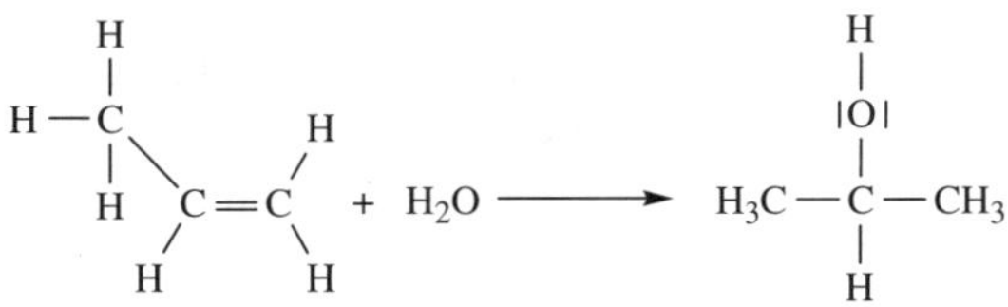

Aufgabe B

2.1 Es handelt sich bei der Herstellung von Polyethen um eine radikalische Polymerisation.

Ein Startradikal wird durch die homolytische Spaltung des Peroxids erzeugt. Dieses lagert sich an die Doppelbindungselektronen des Ethens an und spaltet diese Bindung homolytisch, wodurch ein neues Radikal entsteht. Dies setzt sich fort, es entsteht eine Molekülkette (Kettenwachstum). Kettenwachstum erfolgt also, wenn in der Polymerkette immer wieder neue Radikale durch Reaktion des Polymerradikals mit Ethen gebildet werden. Abbruch der Reaktion erfolgt, wenn zwei Radikale aufeinander treffen und rekombinieren.

R—O—O—R ⟶ 2 R—O·

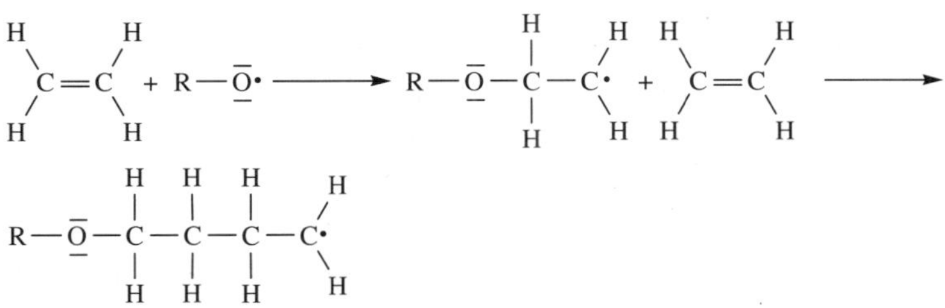

Kettenabbruchreaktionen

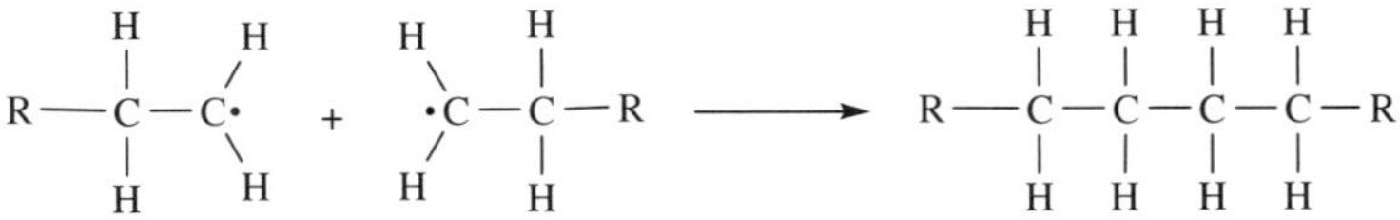

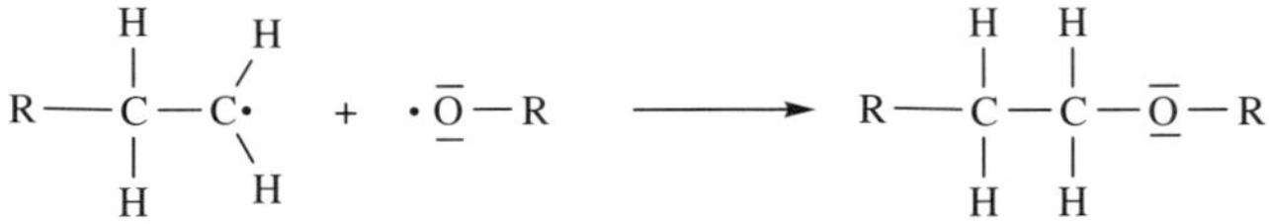

Es besteht auch die Abbruchvariante der Disproportionierung, bei welcher ein Alkan und ein Alken gebildet werden:

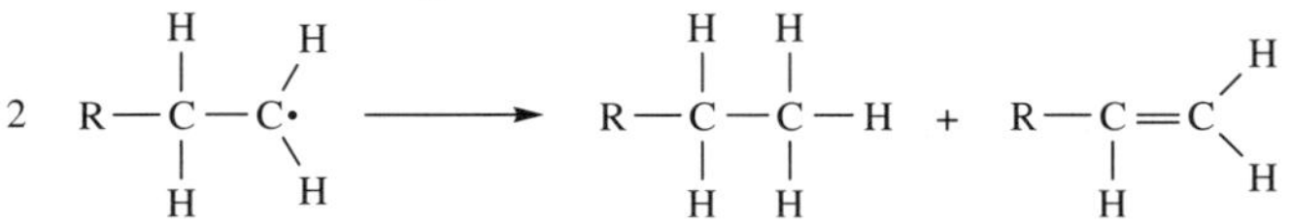

Es entsteht ein mehr oder weniger langes Kohlenwasserstoff-Makromolekül. In eckigen Klammern die sich wiederholende Einheit.

$$\cdots\!\left[\!-CH_2-CH_2-\right]\!CH_2-CH_2-CH_2-\cdots$$

Eigenschaften des Polyethens

Es handelt sich um lange Molekülketten, die linear angeordnet sind und sich gegeneinander verschieben können. Dieses Verformen durch Verringerung der zwischenmolekularen Wechselwirkungen geschieht z. B. beim Erwärmen, daher ist Polyethen ein Thermoplast.

2.2 *Es ist die Darstellung in der Fischer-Projektion gemeint.*
Als Strukturformel ist nur die D-Form verlangt, sowie die L-Form im stark Sauren und stark Alkalischen.

Das höchstoxidierte C-Atom zeigt nach oben, dann entspricht die Darstellung mit der Amino-Gruppe nach rechts der D-Form (**D**exter), mit der Amino-Gruppe nach links der L-Form (**L**aevus).

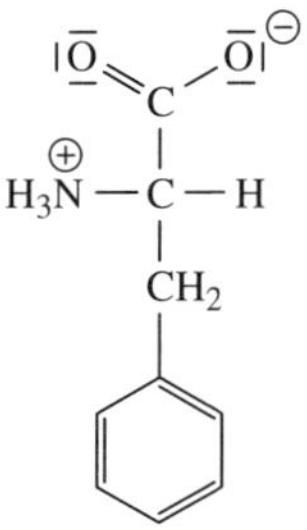

L-Phenylalanin

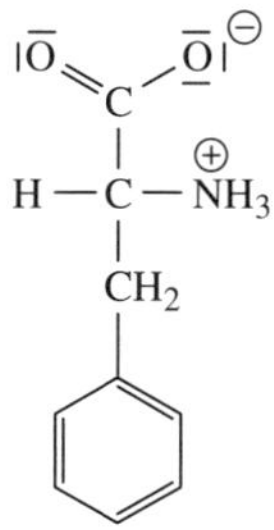

D-Phenylalanin

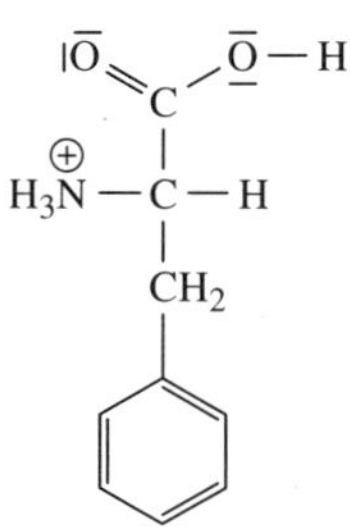

Kation im stark Sauren

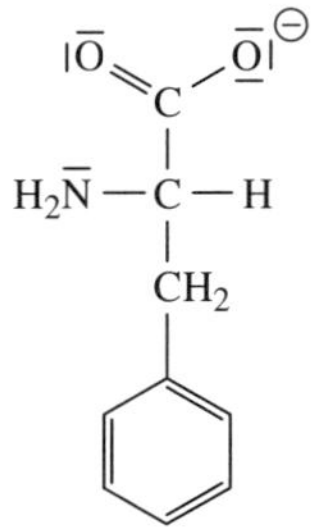

Anion im stark Alkalischen

2.3 **Reaktionsgleichung in Strukturformeln**

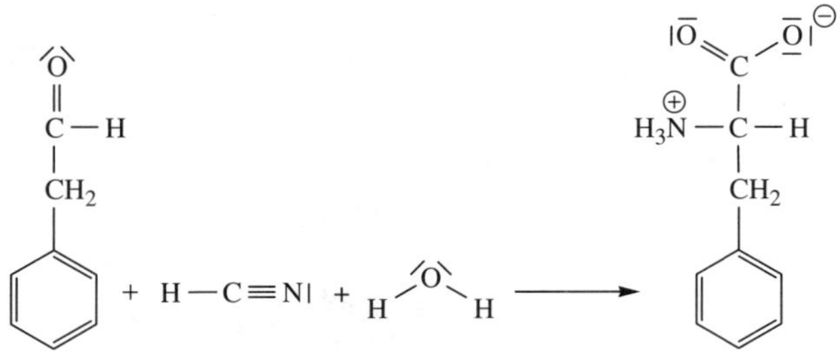

Das Ausgangs-Molekül, welches mit der Strecker-Synthese zu L-Asparaginsäure synthetisiert werden kann, ist 3-Oxopropansäure:

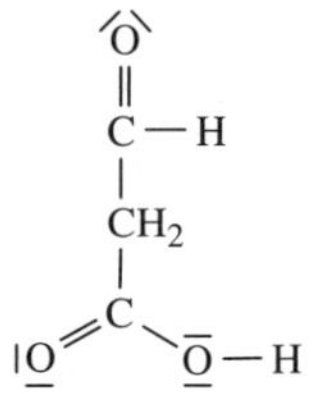

2.4 *Aspartam soll in zwei Reaktionsschritten hergestellt werden. Die Reaktionstypen sind im Aufgabentext angegeben. Es sollen Struktur- oder Halbstrukturformeln verwendet werden.*
Für die Bildung von Aspartam muss eine Peptidbindung geknüpft werden. Da Asparaginsäure zwei Carboxylgruppen enthält, gibt es dafür zwei Möglichkeiten, die beide zulässig sind.

Schritt 1
Estersynthese aus Methanol und Phenylalanin. Dabei wird Phenylalaninmethylester gebildet.

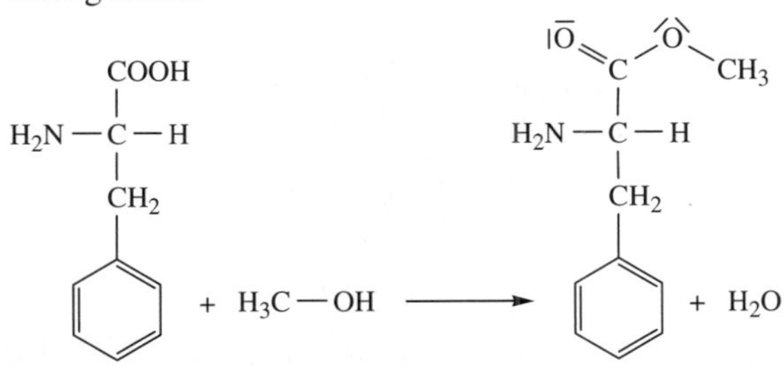

Schritt 2

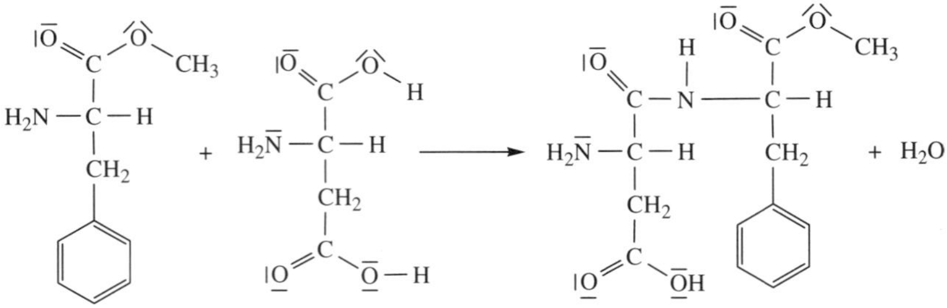

Strukturformel des Aspartams

Aufgabe C

3.1 Stärke besteht aus Glucose-Molekülen, die α-1,4-verknüpft sind.

Strukturformel eines Ausschnitts mit drei Monomeren in der Haworth-Projektion

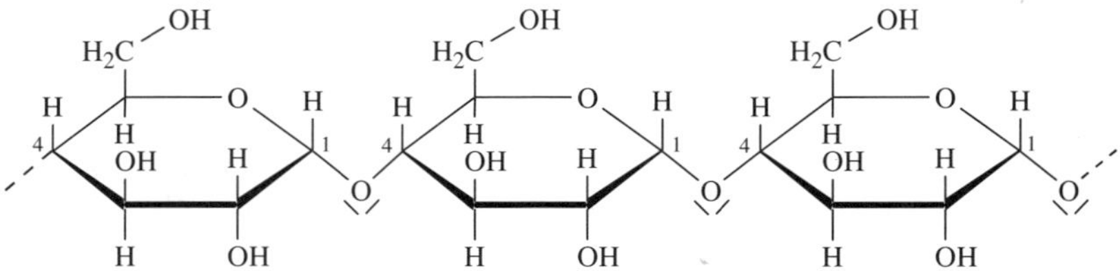

Stärke ist nicht eben gebaut. Aufgrund der tetraedrisch umgebenen C-Atome und der gewinkelten Ringstruktur ergibt sich bei einer α-1,4-Verknüpfung eine schraubenförmige Anordnung der Glucose-Monomere. In diese Hohlräume können sich Iod-Moleküle einlagern und einen blauen Farbkomplex bilden. Dies ist eine Nachweisreaktion für Stärke mit sogenannter Lugol'scher Lösung, einer wässrigen Lösung von Kaliumiodid und Iod ($K^+I_3^-$).

In nebenstehender Abbildung wird die Entstehung der schraubenförmigen Struktur im Stärkemolekül deutlich.Es sind nur die Ring-Atome in der Sesselstruktur sowie die α-1,4-Verknüpfung der beiden Ringe eingezeichnet.

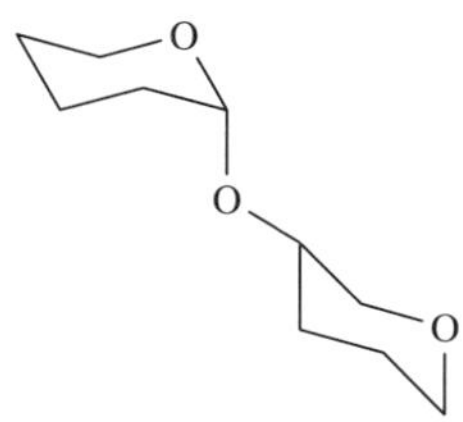

3.2 In der Fehling-Reaktion wird die Aldehydgruppe (C-Atom mit der Oxidationszahl +I) z. B. in der Glucose zur Carbonsäure (C-Atom mit der Oxidationszahl +III) oxidiert. Die Cu^{2+}-Ionen der eingesetzten Fehling-Lösung werden zu Cu^+-Ionen reduziert.

$$2\,\overset{+II}{Cu}{}^{2+}{}_{(aq)} + R{-}\overset{+I}{C}HO + 4\,OH^- \longrightarrow R{-}\overset{+III}{C}OOH + \overset{+I}{Cu}{}_2O_{(s)} + 2\,H_2O$$

Bei positiver Reaktion auf Glucose oder andere reduzierende Zuckermoleküle fällt Kupfer(I)oxid als ziegelroter Feststoff aus.
In der Saccharose ist α-D-Glucose mit β-D-Fructose 1,2-glykosidisch verknüpft. Dadurch entsteht ein Acetal. Durch diese Verknüpfung kann sich der Ring der Glucose nicht zur offenkettigen Form mit einer freien Aldehydgruppe an C1 öffnen. Dies ist aber Voraussetzung für eine positive Fehling-Reaktion. Saccharose reagiert also Fehling-negativ.

3.3 **Reaktionsgleichung für die Umesterung (Schritt B in Material 2) in Strukturformeln**

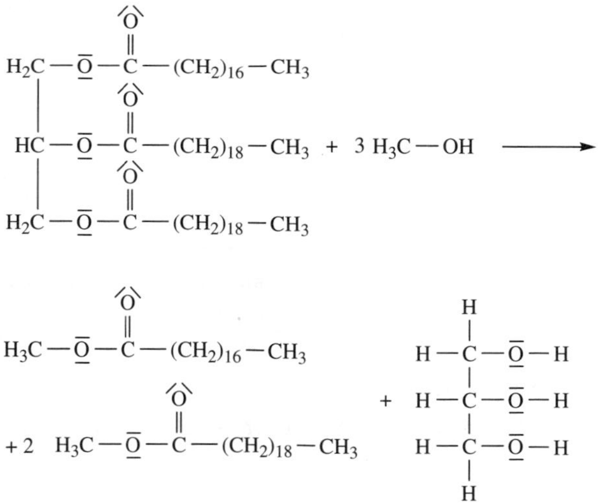

3.4 *Hier soll der Octaester der Saccharose mit Fettsäuren gezeichnet werden. Aus dem Hinweis geht hervor, dass hier die Reste der Fettsäuren mit R abgekürzt werden können. Aufgrund der Übersichtlichkeit wird auf das Zeichnen von nichtbindenden Elektronenpaaren verzichtet.*

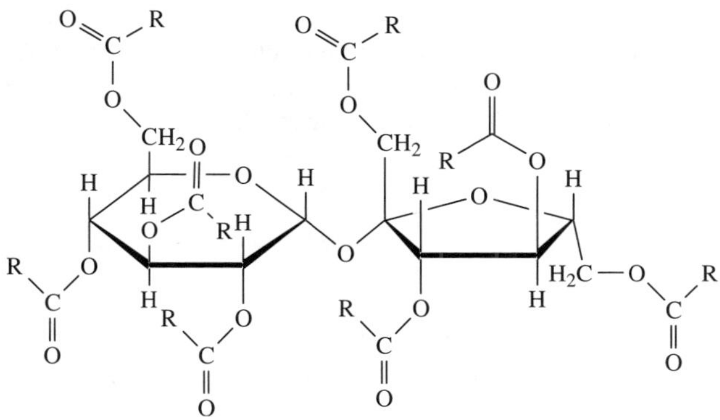

3.5 *Es soll die alkalische Esterspaltung gezeichnet werden. Zuerst erfolgt ein nukleophiler Angriff des Hydroxidions an das positiv polarisierte C-Atom des Esters und die Bildung eines Anions. Die Esterbindung spaltet sich und es entsteht ein Alkoholat-Anion. Durch Protonentransfer entstehen die Produkte Alkohol und das Anion der Carbonsäure.*

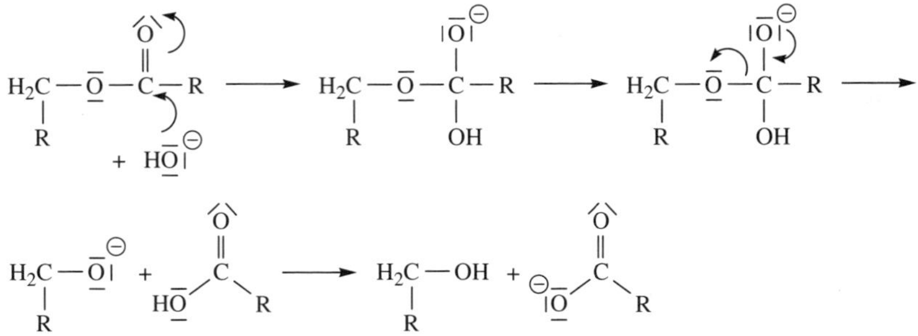

Aufgabe D

4.1 *Es sollen die Kriterien für ein asymmetrisches C-Atom angegeben werden. Bei Limonen ist es nur ein C-Atom, welches dieses Kriterium erfüllt. Es ist mit einem Stern gekennzeichnet.*

Definition asymmetrisches C-Atom

Asymmetrische C-Atome haben in der Regel vier verschiedene Substituenten.

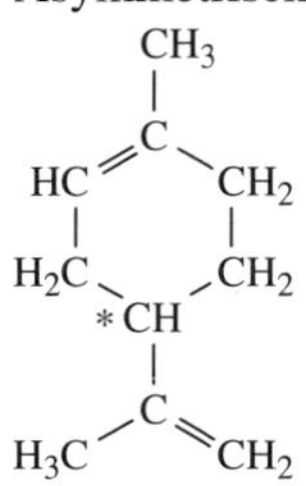

Limonen ist wie auch das Kohlenwasserstoffgemisch Benzin hydrophob (unpolar). Die Kräfte zwischen den Molekülen sind van-der-Waals-Kräfte. Daher ist es in Wasser unlöslich. „Gleiches löst sich in Gleichem".

4.2 *Es ist nach der Bromaddition an eine Doppelbindung gefragt.*
Es wurde angegeben, dass die Addition an die Seitenkette erfolgt.

Die Reaktionsgleichung in Strukturformeln:

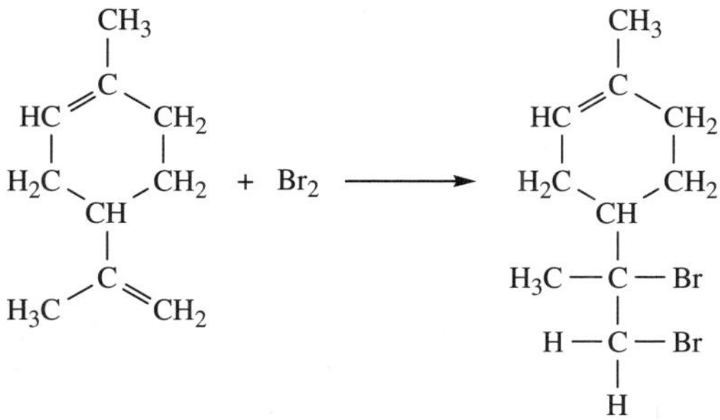

Der Mechanismus ist der einer elektrophilen Addition (A_E):

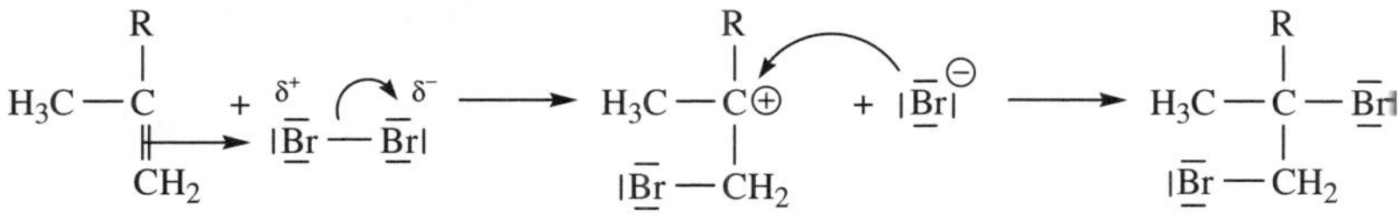

π-Komplex σ-Komplex

Das Brommolekül lagert sich an die elektronenreiche Doppelbindung an und wird besonders in einem polaren Lösungsmittel heterolytisch gespalten. Es bildet sich der π-Komplex, die Doppelbindung wird gespalten. Es entsteht ein Kation, diese Form wird auch als σ-Komplex bezeichnet. Nun greift das aus der heterolytischen Spaltung entstandene Bromidion das positiv geladene C-Atom von der Rückseite an. Hier entsteht ein neues chirales Zentrum (asymmetrisches C-Atom).

4.3 **Bezeichnung der Äpfelsäure nach der IUPAC-Nomenklatur:**

2-Hydroxybutandisäure

Die Bezeichnung 2-Hydroxybutan-1,4-disäure ist nicht notwendig, da obige Angabe eindeutig ist.
In diesem Molekül befindet sich ein chirales Zentrum an Position 2, somit gibt es die beiden Enantiomere D- *und* L-*Äpfelsäure. Die natürliche Äpfelsäure liegt in der* L-*Form vor.*

Es werden beide Protonen bei der vollständigen Protolyse an Wassermoleküle abgegeben, somit entsteht ein Dianion. Diese vollständige Protolyse findet allerdings nur im Alkalischen statt (OH^--Ionen statt H_2O-Moleküle als Protonenfänger).

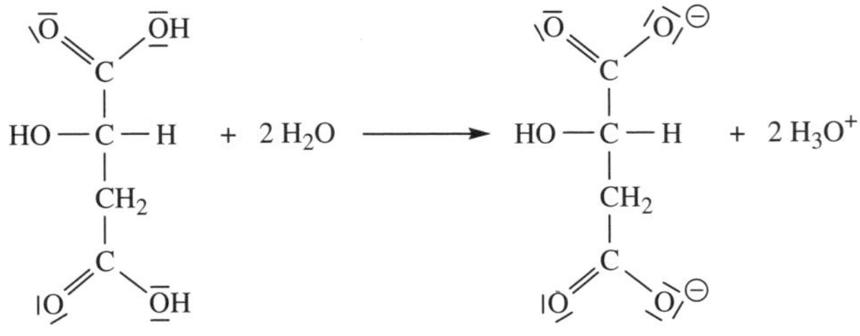

Vergleich und Interpretation der unterschiedlichen pK_S-Werte der Äpfelsäure und der Essigsäure:

Bei der Äpfelsäure ist der unterschiedliche pK_S-Wert auf den –I-Effekt der OH-Gruppe in Nachbarschaft zur Carboxylgruppe zurückzuführen. Dadurch wird die Polarität der Carboxylgruppe verstärkt, sodass das Proton leichter abgespalten wird. Ein pK_S-Wert von 3,46 bedeutet, dass Äpfelsäure eine stärkere Säure nach Brönstedt (ein besserer Protonenspender) ist als die Essigsäure mit einem pK_S-Wert von 4,76.

Die Thematisierung des Effekts der zweiten Carboxylgruppe ist nicht verlangt. Da sie sich in Distanz zur ersten Carboxylgruppe befindet, kann ihr Effekt in erster Näherung vernachlässigt werden.

4.4 *Hier soll der pH-Wert aus der Stoffmenge der H_3O^+-Ionen in 250 mL Orangensaft berechnet werden. Dazu muss zunächst die Konzentration der H_3O^+-Ionen aus der Stoffmenge und dem angegebenen Volumen berechnet werden.*

Es gilt:

$$\mathrm{pH} = -\lg \frac{c(\mathrm{H_3O^+})}{\mathrm{mol \cdot L^{-1}}}$$

$$c(\mathrm{H_3O^+}) = \frac{n}{V} = \frac{1{,}75 \cdot 10^{-4}\ \mathrm{mol}}{0{,}25\ \mathrm{L}} = 7 \cdot 10^{-4}\ \mathrm{mol \cdot L^{-1}}$$

$$\mathrm{pH} = -\lg 7 \cdot 10^{-4}\ \mathrm{mol \cdot L^{-1} \cdot L \cdot mol^{-1}} = 3{,}15$$

Leistungskurs Chemie (Hessen)
Abiturprüfung 2012

Aufgabe A

Benzoesäure

BE

Benzoesäure (Benzolcarbonsäure) ist ein häufig verwendeter Konservierungsstoff, der technisch durch Oxidation von Toluol (Methylbenzol) hergestellt wird. Unter der Bezeichnung E 210 ist sie vor allem in gesäuerten Lebensmitteln zu finden.
Benzoesäure kann allergische Reaktionen auslösen. Gefährdet sind Menschen mit Asthma oder einer Allergie gegen Salicylsäure. Die Weltgesundheitsorganisation (WHO) hat einen ADI-Wert *(Acceptable Daily Intake)* von 0,5 für Benzoesäure festgelegt. Dieser Wert gibt die Masse in mg pro kg Körpergewicht an, die ein Mensch ein Leben lang täglich mit der Nahrung aufnehmen kann, ohne dass nach heutigem Wissensstand gesundheitliche Gefahren zu erwarten wären.
Benzoesäure und deren Derivate sind Ausgangsstoffe für zahlreiche Synthesen. Salicylsäure ist einer der ersten synthetisch hergestellten Wirkstoffe mit schmerzlindernder und fiebersenkender Wirkung. Die Gewinnung der Salicylsäure kann beispielsweise ausgehend von Natriumphenolat erfolgen. Dabei wird das Phenolat-Ion unter einem Druck von 4 bis 7 bar mit Kohlenstoffdioxid zur Reaktion gebracht. Anschließend wird das gebildete 2-Hydroxybenzoat-Ion mit Salzsäure zur Salicylsäure umgesetzt (Material 2).

1.1 Formulieren Sie die Reaktionsgleichung für die Herstellung von Benzoesäure aus Toluol und Kaliumpermanganat (enhält MnO_4^--Ionen) in alkalischer Lösung. Als weiteres Reaktionsprodukt entsteht Braunstein (MnO_2). Zeigen Sie anhand der Elektronenübergänge, dass es sich um eine Redoxreaktion handelt. 7

1.2 Beschreiben Sie die Bedeutung des Begriffes „pK_S-Wert“.
Formulieren Sie die Reaktionsgleichung für die Protolyse von Benzoesäure mit Wasser.
Berechnen Sie ausgehend von diesem Protolysegleichgewicht den pH-Wert einer wässrigen Benzoesäurelösung der Ausgangskonzentration $2{,}5 \cdot 10^{-2}\ mol \cdot L^{-1}$, wobei sie die Benzoesäure mit einem pK_S-Wert von 4,2 für die Berechnung vereinfachend als schwache Säure betrachten. 6

1.3 Benzoesäure kommt in der Natur unter anderem in Preiselbeeren vor. Die Untersuchung einer Preiselbeerprobe ergibt einen Gehalt an Benzoesäure von $1{,}95 \cdot 10^{-3}\ mol \cdot kg^{-1}$ Preiselbeeren.
Ermitteln Sie, ob eine 85 kg schwere Person durch den Verzehr von 150 g dieser Preiselbeeren den ADI-Wert überschreitet. 7

1.4 Bei der Umsetzung von Phenol mit Benzoesäurechlorid (Material 1) entstehen ein organisches Reaktionsprodukt und ein Gas. Formulieren Sie in Strukturformeln die Reaktionsgleichung für diese Reaktion und benennen Sie die Stoffklasse des organischen Reaktionsproduktes.
Geben Sie die mesomeren Grenzstrukturen des Phenols an. 6

1.5 Formulieren Sie den Reaktionsmechanismus für die Reaktion von Natriumphenolat mit Kohlenstoffdioxid zum 2-Hydroxybenzoat-Ion (Material 2).
Benennen Sie den Reaktionsmechanismus sowie die für die Reaktion bedeutsamen Zwischenschritte.
Begründen Sie, weshalb hierbei das 2-Hydroxybenzoat-Ion entsteht und nicht die in Material 3 dargestellte Struktur gebildet wird.
Erklären Sie, warum für die Synthese der Salicylsäure Natriumphenolat anstelle von Phenol (Hydroxybenzol) als Ausgangsstoff eingesetzt wird und warum die Reaktion bei erhöhtem Druck durchgeführt wird. 14

40

Material 1: Formel von Benzoesäurechlorid

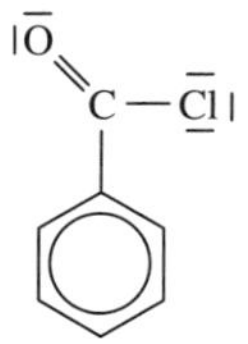

Material 2: Synthese von Salicylsäure

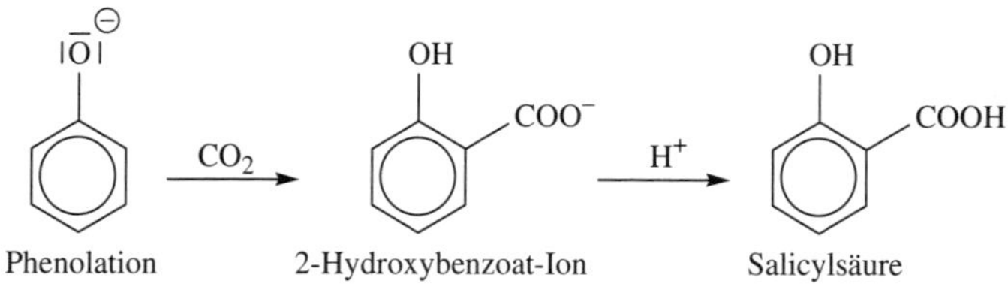

Material 3: Hypothetische Struktur

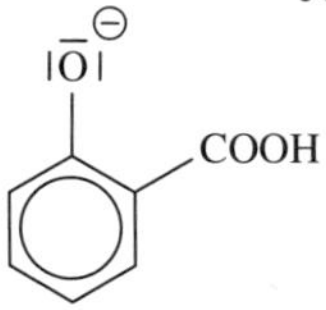

Quelle:
K. Arnold, et al.: Chemie Oberstufe Gesamtband, Berlin 2010, S. 348; H. Beyer, W. Walter: Lehrbuch der Organischen Chemie, Stuttgart 2004, S. 586; W. Ternes et al.: Lebensmittel-Lexikon, Hamburg 2005, S. 194; E. Breitmaier, G. Jung: Organische Chemie, Stuttgart 2005, S. 350, S. 266; H. Wambach, U. Hilgers (Hrsg.): Materialien-Handbuch Kursunterricht Chemie, Bd. 9, Köln 2001, S. 153 ff.

Aufgabe B

Von der Kohle zum Kunststoff BE

Kohlenstoffdioxid, Kohlenstoff und Kohlenstoffmonooxid stehen miteinander in einem Gleichgewicht, dem so genannten Boudouard-Gleichgewicht. Die Lage dieses Gleichgewichts hängt von verschiedenen Faktoren ab (Material 1).
Das mit dieser Rektion gewonnene Kohlenstoffmonooxid kann für zahlreiche chemische Synthesen verwendet werden. Von großtechnischer Bedeutung ist die Reaktion von Kohlenstoffmonooxid mit Wasserstoff zu Alkanen oder Alkenen (Fischer-Tropsch-Verfahren), wie zum Beispiel zu Propen.
Propen stellt einen wichtigen Ausgangsstoff für chemische Synthesen dar. Bei der Polymerisation von Propen bildet sich Polypropen (Polypropylen).
Reagiert Propen mit Chlorwasserstoff, so entsteht mit überwiegendem Anteil 2-Chlorpropan als Reaktionsprodukt, 1-Chlorpropan jedoch lediglich mit sehr geringem Anteil.
Aus Kohlenstoffmonooxid lässt sich auch Phosgen ($COCl_2$) herstellen. Unter anderem dient Phosgen als „Chlorlieferant" zur Herstellung von Carbonsäurechloriden. Material 3 zeigt einen schematischen Reaktionsweg von Kohlenstoffmonooxid zu einem Carbonsäurechlorid.

2.1 Formulieren Sie für die Bildung von Kohlenstoffmonooxid aus Kohlenstoffdioxid und Kohlenstoff die Reaktionsgleichung und das darauf basierende Massenwirkungsgesetz.
Beschreiben Sie Ihre Vorgehensweise bei der Formulierung des Massenwirkungsgesetzes.
Beschreiben Sie den Kurvenverlauf für die Reaktion bei einem Druck von $p = 1$ bar (Material 1).
Erläutern Sie jeweils mit konkretem Bezug auf die Graphen die Auswirkung einer Temperatur- sowie einer Druckerhöhung auf die Lage des Gleichgewichts. 10

2.2 Formulieren Sie die Reaktionsgleichung für die Reaktion von Kohlenstoffmonooxid mit Wasserstoff zu Propen und Wassser.
Die Standardreaktionsentropie für diese Reaktion beträgt $\Delta_R S^0 = -546\ J \cdot K^{-1}$. Erläutern Sie diesen Wert und berechnen Sie mithilfe von Material 2 die Standardentropie für Propen. 8

2.3 Zeichnen Sie einen Strukturformelausschnitt von Polypropen (Polypropylen).
Beschreiben Sie den Bau des Polypropens sowie sein Verhalten beim Erwärmen und ordnen Sie diesbezüglich Polypropen einer Gruppe von Kunststoffen zu. 6

2.4 Formulieren Sie den Reaktionsmechanismus für die Herstellung von 2-Chlorpropan aus Propen und Chlorwasserstoff und benennen Sie diesen. Begründen Sie die bevorzugte Bildung von 2-Chlorpropan gegenüber 1-Chlorpropan. 9

2.5 Formulieren Sie für die Reaktionsschritte A, B und C in Material 3 jeweils eine Reaktionsgleichung. Für den Schritt A reicht die Angabe der Summenformeln, bei den Schritten B und C ist die Angabe der Strukturformeln erforderlich. 7

40

Material 1: Temperatur- und Druckabhängigkeit der Kohlenstoffmonooxid-Konzentration im Boudouard-Gleichgewicht

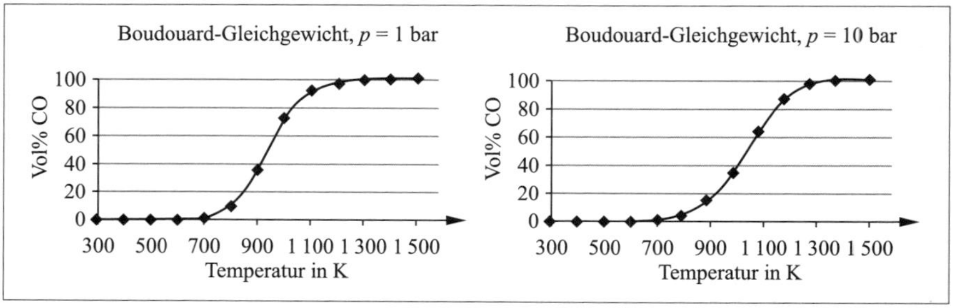

Material 2: Molare Standardentropien

Formel	molare Standardentropie S^0_m [$J \cdot K^{-1} \cdot mol^{-1}$]
$CO_{(g)}$	198
$H_{2\,(g)}$	131
$H_2O_{(g)}$	189

Material 3: Schematischer Reaktionsweg von Kohlenstoffmonooxid zu einem Carbonsäurechlorid

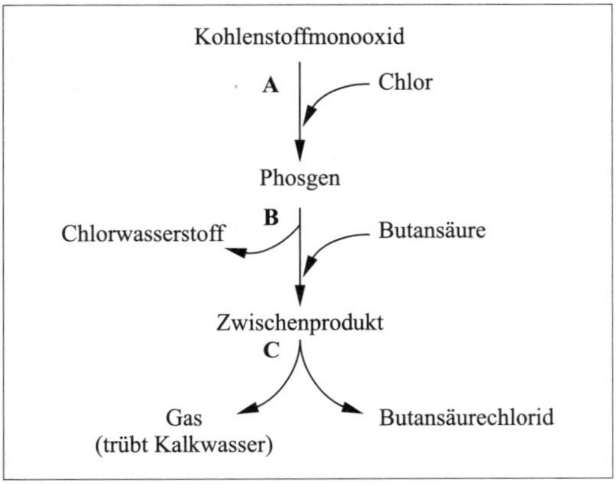

Allgemeine Formel für ein Carbonsäurechlorid:

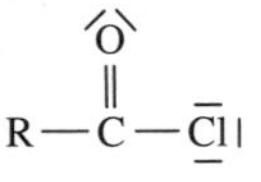

Quellen:

E. Riedel, C. Janiak: Anorganische Chemie, Berlin 2007, S. 527

J. Falbe, M. Regitz (Hrsg.): Römpp-Lexikon Chemie, Band 3, Stuttgart 9. Auflage 1990, S. 2 286

K. P. C. Vollhardt, N. E. Schore: Organische Chemie, Weinheim, 1995, 2. Auflage, S. 450 ff., S. 828 f.

Brachtel, G.: Ergänzung/Handout zum Skript Allgemeine und Anorganische Chemie, Fachrichtung WGK im Fachbereich IW der FH Koblenz, Campus Höhr-Grenzhausen

Holleman, A., Wiberg, N.: Lehrbuch der Anorganischen Chemie, 101. Auflage, de Gruyter Berlin, 1995, S. 863 ff.

Aufgabe C

Kondensationsreaktionen BE

Kondensationsreaktionen sind Substitutionsreaktionen, bei denen sich zwei Moleküle unter Abspaltung eines kleinen Moleküls verbinden. Dieser Reaktionstyp kann auch intramolekular auftreten. Kondensationsreaktionen sind die Basis für die Bildung vieler natürlicher und synthetisch hergestellter Polymere.

3.1 Ein im Alltag vielfältig eingesetzter Kunststoff ist unter der Abkürzung PET bekannt; u. a. findet er als Material für Getränkeflaschen Verwendung.
PET lässt sich aus Benzol-1,4-dicarbonsäure (Terephthalsäure) und Ethan-1,2-diol herstellen.
Geben Sie die Strukturformel für jedes der beiden Monomere an, formulieren Sie einen Ausschnitt aus dem Makromolekül und benennen Sie die Stoffklasse des Kunststoffes. 5

3.2 Cellulose ist ein in der Natur vorkommendes Polykondensat. Es ist Hauptbestandteil pflanzlicher Zellwände und von Papier.
Geben Sie einen Ausschnitt aus dem Makromolekül Cellulose an, der drei Monomere umfasst.
Benennen sie das Monomer und die genaue Verknüpfungsart. 5

3.3 Ähnlich wie Kohlenstoff kann auch Silicium makromolekulare Verbindungen bilden, zu denen die Silikone gehören. In diesen wechseln sich Siliciumatome und Sauerstoffatome ab. Großtechnisch wird Silicium in einer Gleichgewichtsreaktion durch Umsetzung von Sand (Siliciumdioxid, SiO_2) mit Koks (Kohlenstoff) gewonnen, wobei noch Kohlenstoffmonooxid entsteht.
Formulieren Sie die Reaktionsgleichung für die großtechnische Gewinnung von Silicium.
Zeigen Sie anhand der wesentlichen Oxidationszahlen und der Elektronenübergänge, dass es sich um eine Redoxreaktion handelt.
Berechnen Sie mithilfe von Material 1 für diese Reaktion die Reaktionsenthalpie und erläutern Sie den erhaltenen Wert. 10

3.4 Material 2 schildert die Verarbeitung von Silicium zum Silikon-Polymer in drei Schritten.
Formulieren Sie für die Schritte 1 und 2 jeweils die Reaktionsgleichung in Strukturformeln und benennen Sie für die in Schritt 2 ablaufende Reaktion den Reaktionsmechanismus.
Formulieren Sie gemäß Schritt 3 einen Ausschnitt aus einem Silikon-Polymer, der vier Monomere umfasst.

In Schritt 1 der Verarbeitung von Silicium zu Silikonen kann anstelle von Dichlordimethylsilan auch Trichlormethylsilan entstehen.
Begründen Sie die Konsequenzen für die Schritte 2 und 3 sowie für das entstehende Silikon-Polymer und formulieren Sie einen entsprechenden Polymerausschnitt. 13

3.5 Papier besteht hauptsächlich aus Cellulose. Durch Beschichtung mit Silikonöl, das lineare Silikon-Polymere enthält, lässt sich das Verhalten der Papieroberfläche gegenüber Wasser verändern.
Erklären Sie die Haftung der Silikonschicht auf dem Papier und beurteilen Sie das Verhalten der Papieroberfläche gegenüber Wasser vor und nach dem Beschichten mit Silikonöl. 7

40

Material 1: Molare Standardbildungsenthalpien

Formel	molare Standardbildungsenthalpie $\Delta_f H_m^0$ [kJ · mol^{-1}]
Kohlenstoff (s)	0
Kohlenstoffdioxid (g)	–393
Kohlenstoffmonooxid (g)	–111
Sauerstoff (g)	0
Silicium (s)	0
Siliciumdioxid (s)	–911

Material 2: Verarbeitung von Silicium zu Silikonen

Im 1. Schritt wird Silicium mit Monochlormethan in einer katalysierten Reaktion umgesetzt, wobei hauptsächlich Dichlordimethylsilan entsteht.

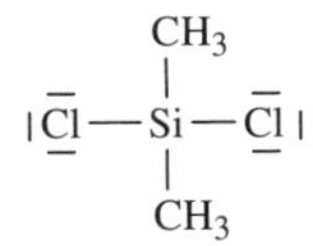

Dichlordimethylsilan

Im 2. Schritt wird Dichlordimethylsilan mit Wasser umgesetzt, wobei Dimethylsilandiol und Chlorwasserstoff entstehen.

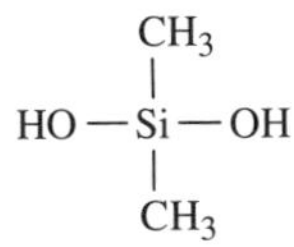

Dimethylsilandiol

Im 3. Schritt erfolgt eine Polykondensation des Dimethylsilandiols, wobei Silikon-Polymere entstehen.

Quellen:
S. Hasse (Hrsg.): Giesserei Lexikon Ausgabe 2008, Schiele & Schön: Berlin 2007, S. 529
http://www.chemiedidaktik.uni-wuppertal.de/disido_cy/de/index_de.html (01. 02. 2011)

Aufgabe D

Chemie der Bakterienzellwand BE

Ein wesentlicher Bestandteil der Gerüstsubstanz von Bakterienzellwänden ist Murein. In Murein treten Kohlenhydrate und Aminosäuren als Bausteine auf. Als Kohlenhydratbausteine sind abwechselnd *N*-Acetylglucosamin und *N*-Acetylmuraminsäure β-1,4-glycosidisch miteinander verknüpft. Als Aminosäurebausteine findet man Alanin, Glutaminsäure und Lysin. Neben den L-Formen der Aminosäuren kommen auch die in der Natur relativ wenig verbreiteten D-Formen vor. Ebenfalls tritt in Murein die ungewöhnliche Diaminosäure *meso*-2,6-Diaminopimelinsäure auf. Material 1 zeigt die in Murein vorkommenden Molekülbausteine, Material 2 verdeutlicht deren mögliche Verknüpfung.

4.1 Drei verschiedene wässrige Lösungen von Mureinbausteinen werden im Polarimeter untersucht. In Versuch 1 verwendet man eine wässrige Lösung von L-Alanin, in Versuch 2 eine Lösung, die L- und D-Alanin in gleicher Konzentration enthält. In Versuch 3 wird eine Lösung von *meso*-2,6-Diaminopimelinsäure untersucht; hier wird keine optische Aktivität festgestellt.
Zeichnen Sie L-sowie D-Alanin in der Fischer-Projektionsformel.
Erläutern Sie zu den Versuchen 1 und 2 die jeweils zu erwartende Beobachtung und erklären Sie die Beobachtung aus Versuch 3. 10

4.2 Zeichnen Sie den in Material 2 gekennzeichneten Ausschnitt des Mureins in Strukturformeln. 7

4.3 Aus Murein werden die Aminosäuren Alanin (IEP = 6,1), Glutaminsäure (IEP = 3,2) und Lysin (IEP = 9,7) freigesetzt. Man erhält eine wässrige Lösung, die auf einen pH-Wert von 6,1 eingestellt wird. Diese Lösung wird in eine Elektrophorese-Apparatur (Material 3) gegeben, um die darin enthaltenen Aminosäuren voneinander zu trennen. Dabei wird das Gemisch auf die Startlinie in der Mitte einer Celluloseacetat-Folie aufgetragen und an den beiden Enden der Folie eine Gleichspannung angelegt.
Erklären Sie das unterschiedliche Wanderungsverhalten der drei Aminosäuren im elektrischen Feld. 8

4.4 In *N*-Acetylglucosamin liegt am C_3-Atom eine Hydroxylgruppe vor. Reagiert diese Hydroxylgruppe mit der Hydroxylgruppe von 2-Hydroxypropansäure (Milchsäure), so entsteht *N*-Acetylmuraminsäure. Die neu entstehende C–O–C-Bindung nennt man Etherbindung; Stoffe mit einer solchen Bindung nennt man allgemein Ether.
Im Labor lassen sich nach diesem Prinzip Alkohole unter Säurekatalyse zu einem Ether verknüpfen.

Entwickeln Sie einen Reaktionsmechanismus zur Verknüpfung zweier Ethanolmoleküle zu einem Ethermolekül und benennen Sie den Reaktionstyp. 7

4.5 Der Ether 1-Methoxypropan ($CH_3-O-CH_2-CH_2-CH_3$) sowie die Alkohole Butan-1-ol und Propan-1,2-diol weisen vergleichbare Molekülmassen, jedoch unterschiedliche Siedetemperaturen auf.
Ordnen Sie die Siedetemperaturen 39 °C, 118 °C und 188 °C den einzelnen Stoffen zu und begründen Sie Ihre Zuordnung. 8

40

Material 1: Strukturformeln von Molekülbausteinen, die am Aufbau des Mureins beteiligt sind

N-Acetylmuraminsäure (Mur*N*Ac)

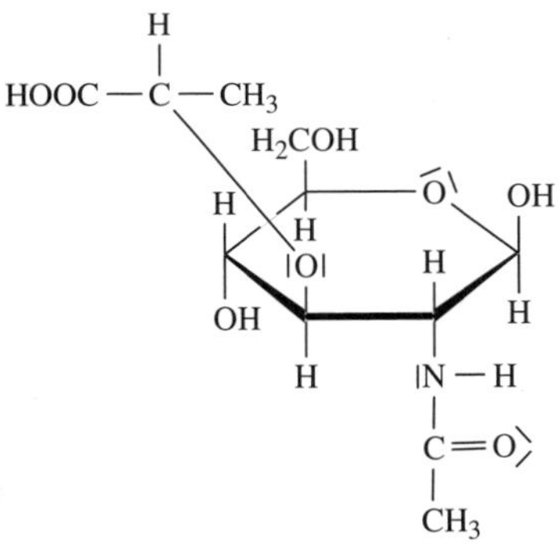

N-Acetylglucosamin (Glc*N*Ac)

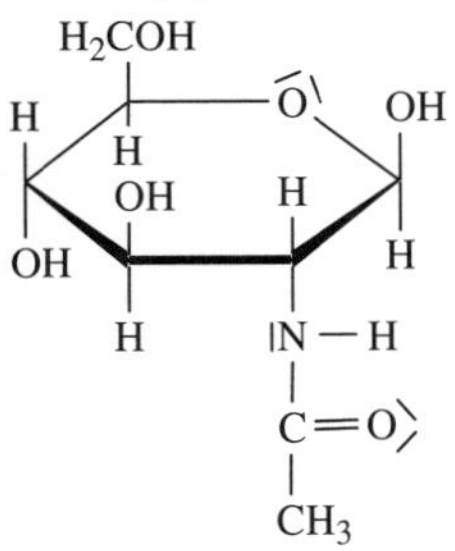

meso-2,6-Diaminopimelinsäure (*meso*-Dpm)

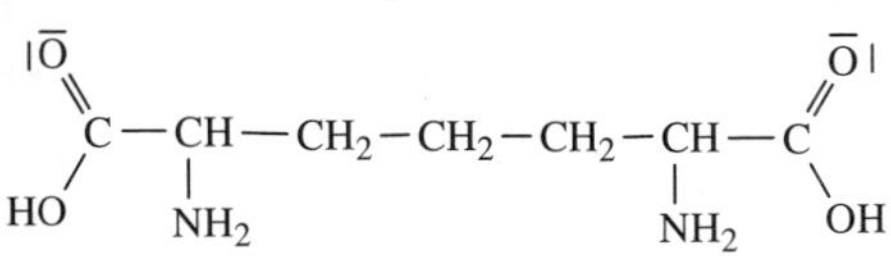

Aminosäuren

Aminosäure	Kurzbezeichnung	Seitenkette R
Alanin	Ala	$-CH_3$
Glutaminsäure	Glu	$-CH_2-CH_2-COOH$
Lysin	Lys	$-(CH_2)_4-NH_2$

Material 2: Verknüpfung von Molekülbausteinen im Murein

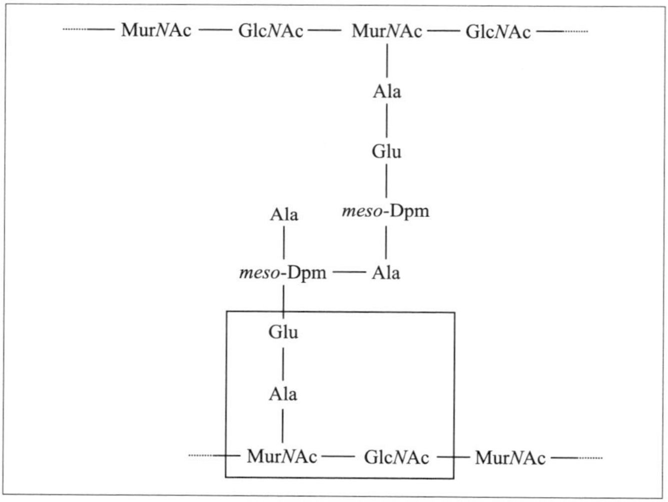

Material 3: Gelelektrophorese schematisch

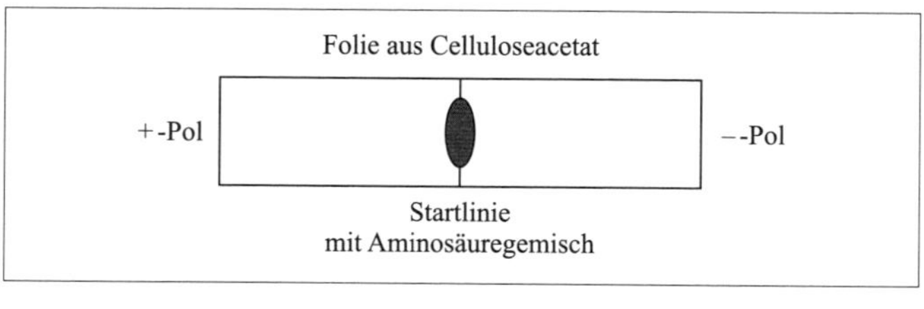

Quellen:
http://www.roempp.com/prod/roempp.php → RÖMPP-Online, Suchbegriff Murein (04. 05. 2011)
http://www.biologie.uni-erlangen.de/mpp/LEHRE/pages/Sem-1/Murein-01.html (04. 05. 2011)

Lösungsvorschläge

Aufgabe A

1.1 *Im Text wird Toluol als Trivialname für Methylbenzol genannt, ebenso werden die Formeln für Permanganat (MnO_4^-) und Braunstein (MnO_2) angegeben. Unter den angegebenen Bedingungen kann der Aromat nicht oxidiert werden, sondern nur die Methylgruppe.*

R = C_6H_5—

Analyse der Oxidationszahlen

Methyl-C-Atom: –III, Carboxylat-C-Atom +III
Mn-Atom im Permanganat +VII, Mn-Atom im Braunstein +IV

Oxidation = Elektronenabgabe, Reduktion = Elektronenaufnahme

$$\text{Oxidation} \quad R-\overset{-III}{C}H_3 + 7\,OH^- \longrightarrow R-\overset{+III}{C}OO^- + 6\,e^- + 5\,H_2O$$

$$\text{Reduktion} \quad \overset{+VII}{Mn}O_4^- + 3\,e^- + 2\,H_2O \longrightarrow \overset{+IV}{Mn}O_2 + 4\,OH^- \quad | \cdot 2$$

$$2\,MnO_4^- + 6\,e^- + 4\,H_2O \longrightarrow 2\,MnO_2 + 8\,OH^-$$

$$\text{Gesamtgleichung} \quad R-CH_3 + 2\,MnO_4^- \longrightarrow R-COO^- + 2\,MnO_2 + OH^- + H_2O$$

Redoxreaktionen sind Elektronenübergänge, dabei gibt es einen Elektronendonator und einen Elektronenakzeptor. Die Aufstellung der Redoxgleichung zeigt, dass das Kohlenstoffatom in der Methylgruppe oxidiert wird und als Elektronendonator wirkt. Es gibt 6 Elektronen ab, welche vom Elektronenakzeptor, der reduziert wird (Manganatome), aufgenommen werden.

Die Zahl der abgegebenen und aufgenommenen Elektronen muss gleich sein, folglich muss die doppelte Menge an Permanganationen eingesetzt werden. Die Ionenladungen werden hier in den Teilgleichungen durch Zugabe von Hydroxidionen ausgeglichen, da es sich um eine alkalische Lösung handelt. Parallel zu den Redoxreaktionen laufen Protolysen ab, so dass statt der Benzoesäure als Produkt das Anion (Benzoat) formuliert wird.

1.2 Der pK_S-Wert ist definiert als $pK_S = -\lg K_S$. Er ist ein Maß für die Säurestärke. Der pK_S-Wert sinkt mit der Säurestärke. Starke Säuren haben kleine pK_S-Werte (z. B. Salzsäure: –6), schwache Säuren haben große pK_S-Werte (z. B. Essigsäure: +4,75). Der K_S-Wert ergibt sich aus dem Massenwirkungsgesetz:

Protolysereaktion

$$R-COOH + H_2O \rightleftharpoons R-COO^- + H_3O^+$$

$$K_S = \frac{c_{H_3O^+} \cdot c_{R-COO^-}}{c_{R-COOH}}$$

Berechnung des pH-Werts einer schwachen Säure

$$pH = \tfrac{1}{2}\,[pK_S - \lg \frac{c_0(R-COOH)}{mol \cdot L^{-1}}]$$

$$= \tfrac{1}{2}\,(4{,}2 - \lg 2{,}5 \cdot 10^{-2}\ mol \cdot L^{-1} \cdot mol^{-1} \cdot L) = 2{,}9$$

Der pH-Wert selbst hat als Logarithmus keine Einheit, wohl aber die eingesetzten Konzentrationen (mol · L^{-1}), daher kürzen sich diese heraus.

1.3 **Berechnung der molaren Masse von Benzoesäure**
$7 \cdot 12{,}01\ g \cdot mol^{-1} + 2 \cdot 16{,}00\ g \cdot mol^{-1} + 6 \cdot 1{,}008\ g \cdot mol^{-1} = 122{,}12\ g \cdot mol^{-1}$

Der Benzoesäuregehalt beträgt $1{,}95 \cdot 10^{-3}$ mol · 1 000 g^{-1} Preiselbeeren, der ADI-Wert für Benzoesäure beträgt 0,5 mg · kg^{-1} Körpergewicht.

ADI-Grenzwert für eine Person mit 85 kg
0,5 mg · kg^{-1} · 85 kg = **42,5 mg**

Stoffmenge der Benzoesäure in 150 g Preiselbeeren
$1{,}95 \cdot 10^{-3}$ mol · 1 000 g^{-1} · 150 g = $2{,}925 \cdot 10^{-4}$ mol

Masse der Benzoesäure in 150 g Preiselbeeren
$m = M \cdot n = 122{,}12\ g \cdot mol^{-1} \cdot 2{,}925 \cdot 10^{-4}\ mol = 0{,}0357\ g =$ **35,7 mg**

Da eine Person mit 85 kg Körpergewicht 42,5 mg Benzoesäure täglich verzehren darf, liegt der Gehalt für 150 g Preiselbeeren mit 35,7 mg also unter dem ADI-Grenzwert.

1.4 *Die Strukturformel für das Benzoesäurechlorid ist im Material angegeben. Es soll die Reaktionsgleichung in Strukturformeln mit nichtbindenden Elektronenpaaren formuliert werden.*

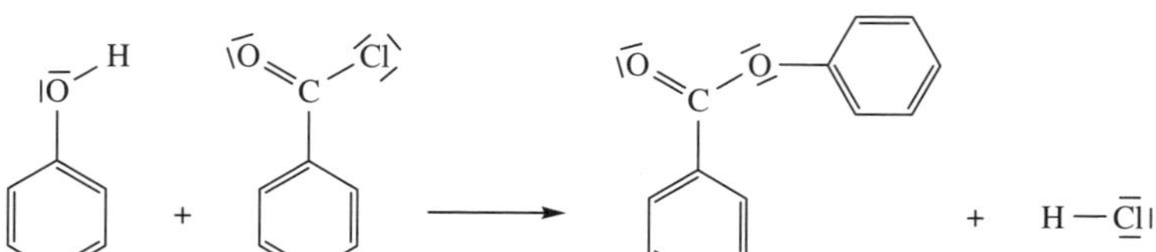

Das organische Reaktionsprodukt ist ein Carbonsäureester, die Stoffklasse ist demnach Ester.

Mesomere Grenzstrukturen des Phenols

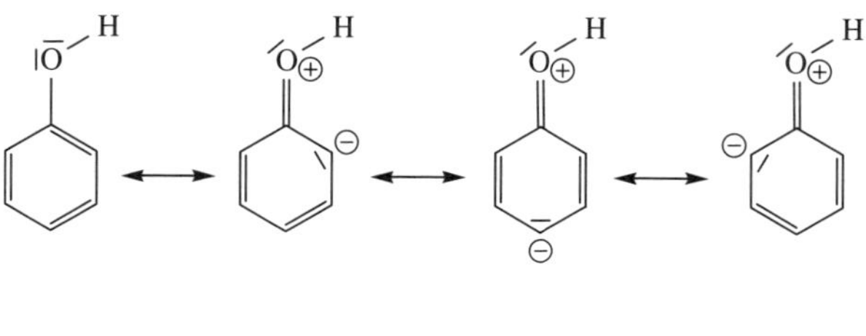

1.5 Reaktionsmechanismus mit Zwischenstufen

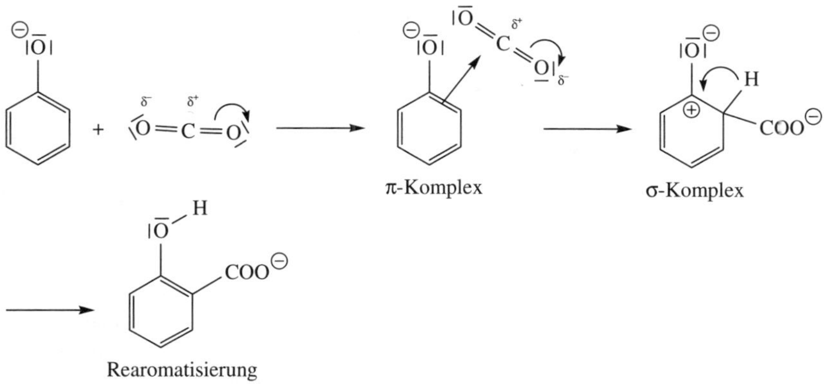

Es handelt sich um eine elektrophile Substitution (S_E).

Die phenolische Gruppe (Anion) hat eine größere Basizität als das mesomeriestablisierte Carboxylation, daher wird das Proton zuerst von dieser aufgenommen und es entsteht eine OH-Gruppe. Daher kommt es nicht zur Bildung der hypothetischen Struktur im Materialteil.

Das Phenolat ist als Anion reaktiver als Phenol, da es einen großen +M-Effekt ausübt, indem die anionische Gruppe Elektronen in den Benzolring gibt und ihn somit elektronenreicher macht. Dadurch ist er stärker nukleophil und kann auch ein so schwaches Elektrophil wie das CO_2 angreifen.

+M-Effekt des Phenolat-Ions mit mesomerer Grenzstruktur

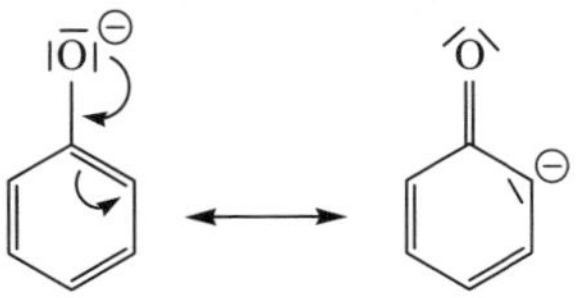

An der Stelle im Ring (*ortho*-Position), an der das H-Atom durch die Carboxyl-Gruppe substituiert wird, ist dadurch die Elektronendichte erhöht.

Bei erhöhtem Druck wird das Gleichgewicht der Reaktion in die Richtung verschoben, in der der gasförmige Reaktionspartner CO_2 verbraucht wird, d. h. gebunden wird. Die Produktausbeute wird damit erhöht, um dem äußeren Zwang auszuweichen. Dies ist die Erklärung nach dem Prinzip von LE CHATELIER bzw. Prinzip des kleinsten Zwangs.

Aufgabe B

2.1 **Reaktionsgleichung und Massenwirkungsgesetz**

$$CO_2 + C \rightleftharpoons 2\,CO \qquad K = \frac{c^2(CO)}{c(CO_2)}$$

Das Massenwirkungsgesetz (MWG) ergibt sich nur aus den beiden gasförmigen Komponenten CO_2 und CO, der Feststoff Kohlenstoff kann in die Gleichgewichtskonstante einbezogen werden, da seine Wirkung bei der Gasreaktion konstant ist.

Beschreibung des MWGs in Worten:
Die Konstante im MWG beschreibt das Verhältnis der Konzentrationen der Produkte zu denen der Edukte im Gleichgewicht. Die Konzentrationen der Produkte werden im Zähler, die der Edukte im Nenner aufgeführt. Der stöchiometrische Faktor wird im Exponenten aufgezeigt.

Der Kurvenverlauf in den Diagrammen von Material 1 zeigt die Temperatur- und Druckabhängigkeit des Gleichgewichts. Im ersten Diagramm bei 1 bar Druck steigt erst ab 700 K der Gehalt an CO und strebt bei etwa 1 200 K einem Volumenanteil von 100 % zu, der sich auch bei höheren Temperaturen nicht mehr ändert (Sättigung). Bei 10 bar fängt die CO-Bildung bei 800 K an und erreicht bei 1 300 K den Sättigungswert. Aus beiden Diagrammen wird ersichtlich, dass erst bei hohen Temperaturen CO gebildet wird, d. h., es muss sich bei der Bildung von CO um eine endotherme Reaktion handeln, da nach dem Prinzip des kleinsten Zwangs das Gleichgewicht dann zur Produktbildung verschoben wird. Die Reaktion ist aber auch vom Druck abhängig, das zeigt das 2. Diagramm, da sich bei der Reaktion das Volumen verdoppelt, wird das Gleichgewicht bei Druckerhöhung zu den Edukten hin verschoben. Bei 1 100 K liegen bei 1 bar 100 % CO, bei 10 bar lediglich etwa 60 % im Gleichgewicht vor.

2.2 **Reaktionsgleichung**

$$3\,CO + 6\,H_2 \longrightarrow H_2C{=}CH{-}CH_3 + 3\,H_2O$$

Ein negativer Entropiewert besagt, dass die Reaktion unter Entropieabnahme abläuft. Das hängt damit zusammen, dass sich die Zahl der Moleküle bei der Reaktion mehr als halbiert und außerdem bei den Produkten weniger Gasmoleküle vorhanden sind. Dadurch steigt die Ordnung bei dieser Reaktion, die Entropie ist ein Maß für die Ordnung bzw. Unordnung eines Systems.

Für die Berechnung der Standardbildungsentropie gilt

$$\Delta_R S^0 = \sum S^0 \text{ (Produkte)} - \sum S^0 \text{ (Edukte)}$$

$$\Delta_R S^0 = 1\,\text{mol} \cdot S^0_m \text{ (Propen)} + 3\,\text{mol} \cdot S^0_m \text{ (H}_2\text{O)}$$
$$- [3\,\text{mol} \cdot S^0_m \text{ (CO)} + 6\,\text{mol} \cdot S^0_m \text{ (H}_2\text{)}]$$

Umformung nach

$$1\,\text{mol} \cdot S^0_\text{m}\ (\text{Propen}) = \Delta_\text{R} S^0 - 3\,\text{mol} \cdot S^0_\text{m}\ (\text{H}_2\text{O}) + [3\,\text{mol} \cdot S^0_\text{m}\ (\text{CO}) + 6\,\text{mol} \cdot S^0_\text{m}\ (\text{H}_2)]$$

$$1\,\text{mol} \cdot S^0_\text{m}\ (\text{Propen}) = (-546\ \text{J} \cdot \text{K}^{-1}) - 3\,\text{mol} \cdot 189\ \text{J} \cdot \text{K}^{-1} \cdot \text{mol}^{-1} + 3\,\text{mol} \cdot 198\ \text{J} \cdot \text{K}^{-1} \cdot \text{mol}^{-1} + 6\,\text{mol} \cdot 131\ \text{J} \cdot \text{K}^{-1} \cdot \text{mol}^{-1} = +\,267\ \text{J} \cdot \text{K}^{-1}$$

Die Standardentropie von Propen ist demnach $+267\ \text{J} \cdot \text{K}^{-1}$.

2.3 *Hier sind nur ein Formelausschnitt und die Eigenschaften des Polymeren gefragt.*

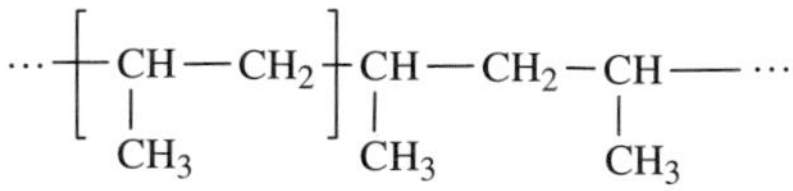

Eine Monomeren-Einheit ist in Klammern gekennzeichnet.

Polypropen ist ein Thermoplast. Da sich die linearen Molekülketten beim Erwärmen gegenseitig verschieben können, kann es durch Wärme weich und verformt werden.

2.4 Der Reaktionsmechanismus ist der einer elektrophilen Addition (A_E).

Das Chlorwasserstoffmolekül lagert sich mit seinem positiv polarisierten Ende an die Doppelbindung an und bildet den π-Komplex (elektrophiler Angriff). Das Molekül wird heterolytisch gespalten, das Proton bindet am wasserstoffreicheren C-Atom und bildet den σ-Komplex. Schließlich greift das Chloridion nukleophil von der Rückseite an.

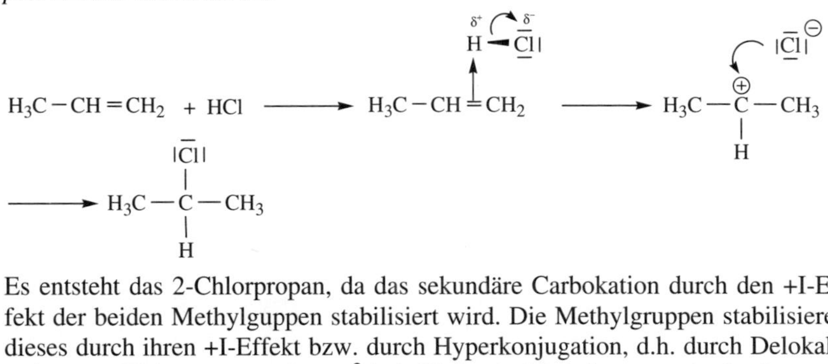

Es entsteht das 2-Chlorpropan, da das sekundäre Carbokation durch den +I-Effekt der beiden Methylguppen stabilisiert wird. Die Methylgruppen stabilisieren dieses durch ihren +I-Effekt bzw. durch Hyperkonjugation, d.h. durch Delokalisation von Elektronen aus den sp^3-hybridisierten Methylgruppen in das leere p_z-Orbital des planaren Carbokations. Die Bildung des sekundären Carbokations ist wahrscheinlicher als die Bildung des instabilen primären Carbokations, deshalb entsteht bei der Weiterreaktion 2-Chlorpropan in höherer Ausbeute als 1-Chlorpropan.

Dieses Ergebnis, dass das Proton an das wasserstoffreichere C-Atom bindet, wird auch als Markownikow-Regel bezeichnet.

2.5 **Reaktionsgleichung von Schritt A in Summenformeln:**

$$CO + Cl_2 \longrightarrow COCl_2$$

Reaktionsgleichung von Schritt B in Strukturformeln:

Da Chlorwasserstoff abgespalten wird (Material 3), kann nur die Addition von Phosgen an die Carboxylgruppe unter Abspaltung des Protons erfolgen.

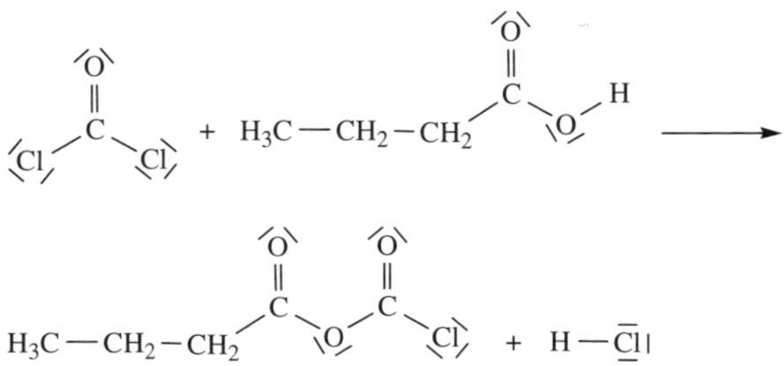

Reaktionsgleichung von Schritt C in Strukturformeln:

Das Zwischenprodukt spaltet ein Gas bei der Umlagerung ab. Dabei kann es sich nur um CO_2 handeln. Das ergibt sich aus dem Hinweis im Material, dass es Kalkwasser trübt.

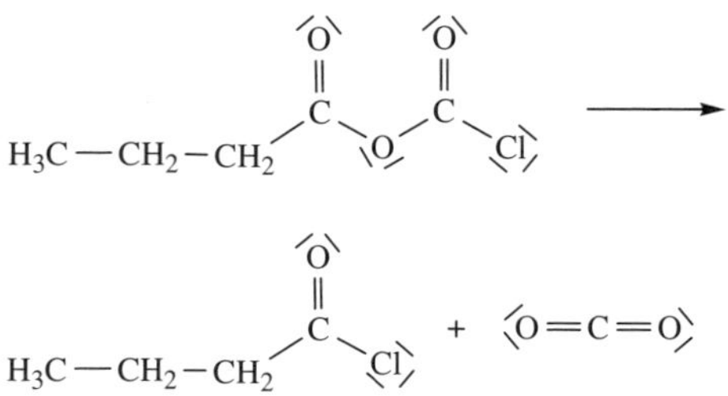

Aufgabe C

3.1 *In den beiden Monomeren Benzol-1,4-dicarbonsäure (Terephthalsäure) und Ethan-1,2-diol (Ethylenglykol) sind jeweils bifunktionale Carboxy- bzw. Hydroxy-Gruppen vorhanden, sodass ein Polyester gebildet werden kann. Dabei reagiert die OH-Gruppe des Ethan-1,2-diols mit der COOH-Gruppe der Benzol-1,4-dicarbonsäure unter Abspaltung von Wasser.*

Strukturformeln der Monomere

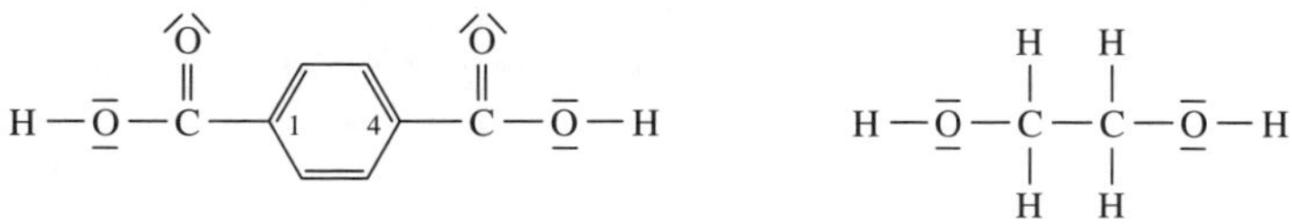

Ausschnitt aus dem Makromolekül

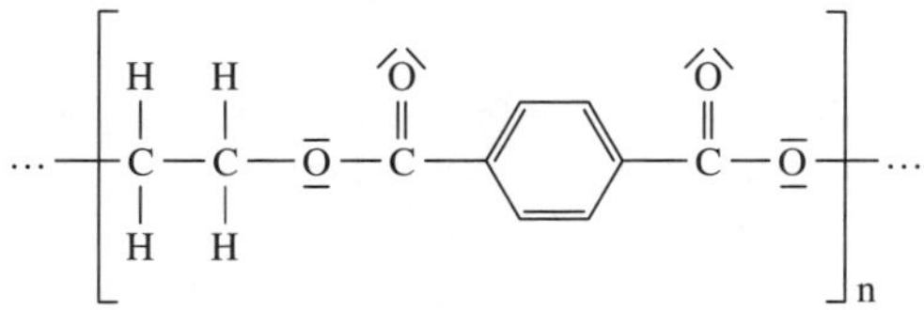

Die Stoffklasse ist Polyester.

3.2 *Strukturformel des Monomeren β-D-Glucose (nicht verlangt)*

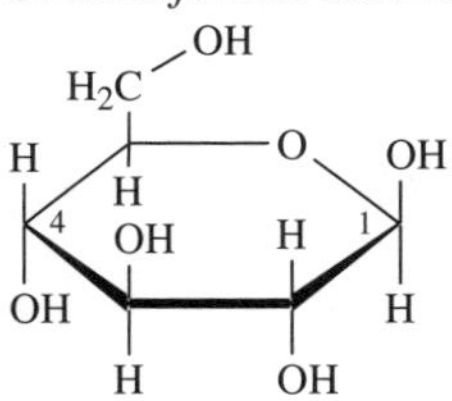

Die in der Schule übliche Strukturformel, die die Verknüpfung der Monomeren beschreibt, ist die nach Haworth. Diese Struktur projiziert den Sechsring in eine Ebene, da die tetraedrischen Bindungen der sp^3-hybridisierten C-Atome schwer zu zeichnen sind.

Da die OH-Gruppe an C-Atom 1 aus der Ringebene nach oben steht, die OH-Gruppe an C-Atom 4 aber nach unten, muss der zweite Ring jeweils um 180° um eine Drehachse zwischen C1 und C4 gedreht werden, damit das Makromolekül in einer linearen Kette dargestellt werden kann.

Ausschnitt aus dem Cellulose-Makromolekül mit drei Monomeren

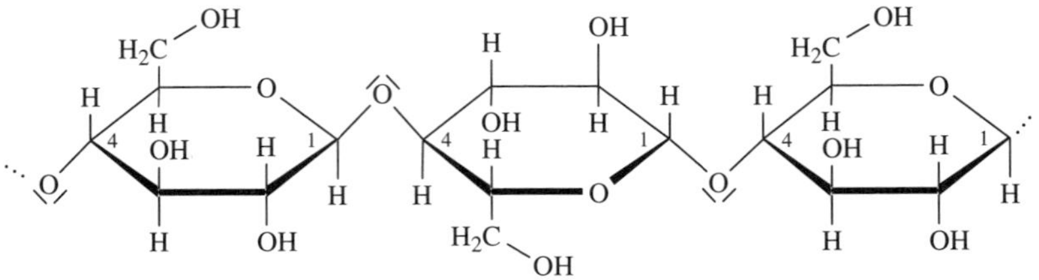

Das Monomer heißt β-D-Glucose, die Verknüpfungsart ist β-1,4-glykosidisch.

3.3 **Reaktionsgleichung**

$$\overset{+IV}{Si}O_2 + 2\,\overset{0}{C} \rightleftharpoons \overset{0}{Si} + 2\,\overset{+II}{C}O$$

Analyse der Oxidationszahlen

Im Laufe der Hinreaktion wird die Oxidationsstufe des Siliciumatoms von +IV nach 0 erniedrigt, die des Kohlenstoffatoms von 0 nach +II erhöht.

Reduktion = Elektronenaufnahme $SiO_2 + 4\,e^- \longrightarrow Si + 2\,O^{2-}$

Oxidation = Elektronenabgabe $2\,C + 2\,O^{2-} \longrightarrow 2\,CO + 4\,e^-$

Es handelt sich um eine Redoxreaktion, da Elektronenübergänge stattfinden. Das Siliciumatom ist der Elektronenakzeptor, der 4 Elektronen vom Elektronendonator (Kohlenstoffatome) aufnimmt.

Für die Berechnung der Reaktionsenthalpie gilt

$$\begin{aligned}\Delta_R H^0 &= \sum \Delta_f H_m^0 \text{ (Produkte)} - \sum \Delta_f H_m^0 \text{ (Edukte)}\\ &= [1 \cdot 0\ \text{kJ} \cdot \text{mol}^{-1} + 2 \cdot (-111\ \text{kJ} \cdot \text{mol}^{-1})]\\ &\quad - [1 \cdot (-911\ \text{kJ} \cdot \text{mol}^{-1}) + 2 \cdot 0\ \text{kJ} \cdot \text{mol}^{-1}]\\ &= 689\ \text{kJ} \cdot \text{mol}^{-1}\end{aligned}$$

Die Reaktion ist endotherm. Für die Reaktion muss Wärme zugefügt werden.

3.4 *Bei dieser Reaktion handelt es sich um die sogenannte Müller-Rochow-Synthese zur Herstellung von Methylchlorsilanen, welche durch Kupfer oder Kupferoxid katalysiert wird (nicht verlangt).*

Reaktionsgleichung 1. Schritt in Strukturformeln:

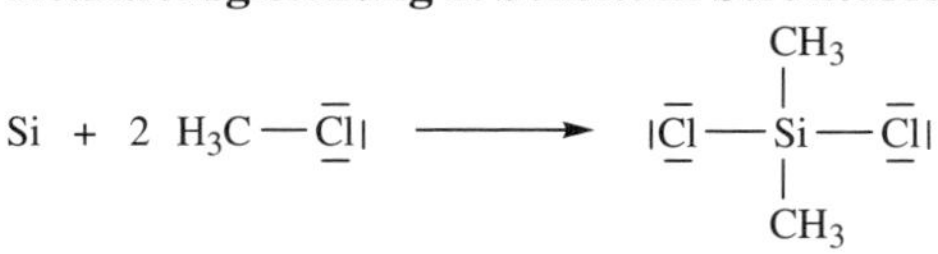

Reaktionsgleichung 2. Schritt in Strukturformeln:

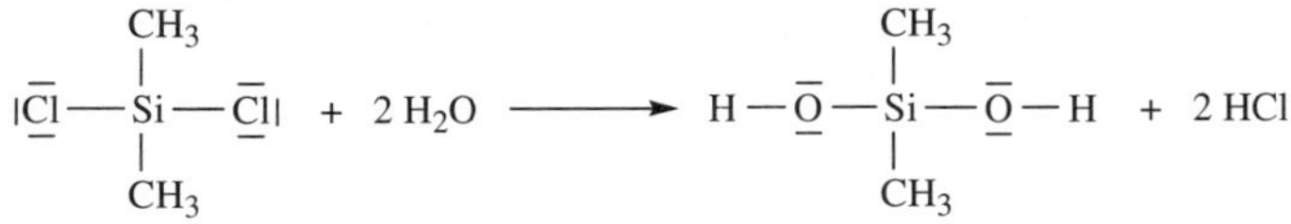

Bei diesem Schritt handelt es sich um eine nukleophile Substitution (S_N), bei der das Chloratom gegen eine OH-Gruppe substituiert wird.

Ausschnitt aus dem Silikon-Polymer mit vier Monomeren (3. Schritt/Polykondensationsprodukt):

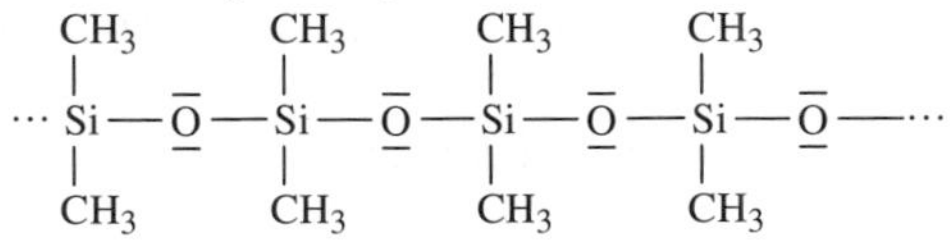

Wenn in Schritt 1 anstelle von Dichlordimethylsilan auch Trichlormethylsilan entsteht, kann in Schritt 2 neben Dimethylsilandiol auch Methylsilantriol entstehen. Mit Dimethylsilandiol bilden sich lineare Makromoleküle, da es sich um ein bifunktionales Molekül handelt. Mit Methylsilantriol dagegen kommt es zur Bildung von vernetzten Makromolekülen, da es sich um ein trifunktionales Monomer handelt.

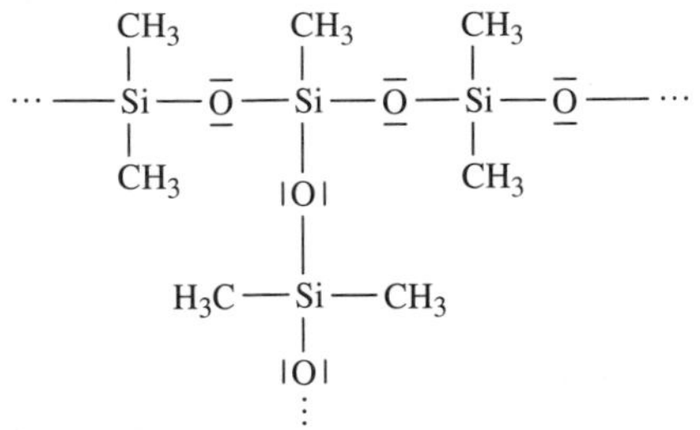

Formelausschnitt eines vernetzten Silikons

3.5 **Haftung der Silikonschicht auf Papier:**
Durch Ausbildung von Wasserstoffbrückenbindungen zwischen den Sauerstoffatomen des Silikons und den Wasserstoffatomen der OH-Gruppen der Cellulose kommt es zur Haftung auf dem Papier.

Verhalten der Papieroberfläche gegenüber Wasser vor und nach dem Beschichten mit Silikonöl:
Cellulose kann aufgrund seiner OH-Gruppen sowohl zwischen den Ketten wie auch zu Wassermolekülen Wasserstoffbrückenbindungen ausbilden und somit ein Vielfaches seiner Masse an Wasser binden. Deshalb ist unbehandeltes Papier nicht wasserabweisend. Silikonöl ist hydrophob, bildet aber auf polaren Stoffen Filme durch die Bildung von Wasserstoffbrückenbindungen mittels seiner Sauerstoffatome. Die unpolaren Methylresten weisen von der Papieroberfläche weg,

deshalb wird diese hydrophobisiert und kann kein Wasser mehr aufsaugen. Zwischen den Methylresten und den Wassermolekülen können keine intermolekularen Wechselwirkungen auftreten.

Aufgabe D

4.1 *Die Aminosäuren L-und D-Alanin sollen in der Fischer-Projektion gezeichnet werden. Dabei wird das höchstoxidierte C-Atom nach oben angeordnet, bei L-Alanin zeigt die NH_2-Gruppe dann nach links (**L**aevus-Form), bei der D-Form nach rechts (**D**exter-Form). Der Seitenrest von Alanin ($-CH_3$) ist im Materialteil angegeben.*
Beide Moleküle verhalten sich wie Bild und Spiegelbild zueinander und können somit nicht durch Drehung ineinander überführt werden.

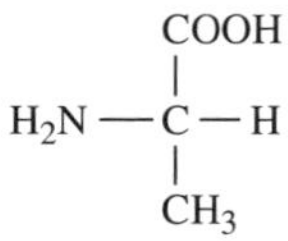
L-Alanin

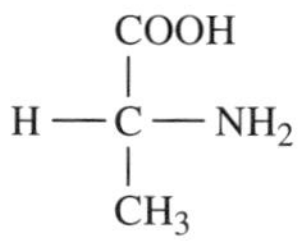
D-Alanin

Allerdings liegen die Aminosäuren wie Alanin im neutralen Bereich als Zwitterion vor.

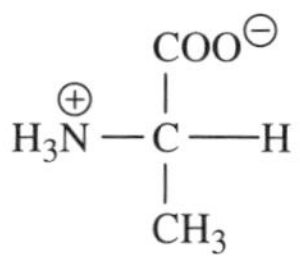
Zwitterion von L-Alanin

Mit einem Polarimeter wird die optische Aktivität von Stoffen gemessen, d. h., optisch aktive oder Moleküle mit einem oder mehreren chiralen Zentren drehen die Schwingungsebene von linear polarisiertem Licht entweder nach rechts oder links. Dies wird mit (+) oder (–) gekennzeichnet. L(+)-Alanin ist rechtsdrehend, D(–)-Alanin linksdrehend. Bei L(+)-Alanin wird eine optische Aktivität festgestellt, d. h. die Schwingungsebene des linear polarisierten Lichts wird nach rechts gedreht. D- und L-Alanin sind Enantiomere, d. h. wenn sie gleich konzentriert vorliegen, handelt es sich um ein Racemat, bei dem sich die Drehwerte gegenseitig aufheben.

Bei der *meso*-2,6-Diaminopimelinsäure kann eine Spiegelebene durch das Molekül gelegt werden (gestrichelte Linie). Es ist demnach keine optische Aktivität festzustellen, da der rechte und linke Teil des Moleküls sich wie Bild und Spiegelbild verhalten und die Schwingungsebene des linear polarisierten Lichts um den gleichen Betrag, aber in unterschiedliche Richtungen drehen. Deshalb heben sich die Drehwerte in der *meso*-Form gegenseitig auf.

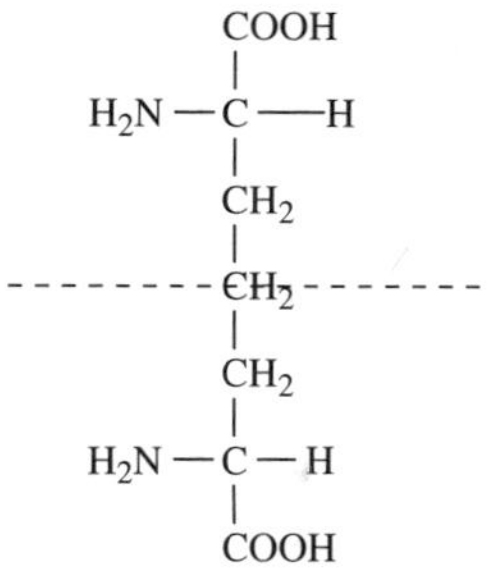

meso-Form

4.2 *Im Material 1 sind die beiden Molekülbausteine des Mureins angegeben. Es soll ein markierter Ausschnitt aus der Quervernetzung zwischen den beiden Polysaccharidketten durch die Aminosäuren gezeichnet werden. Glutaminsäure und Alanin werden durch Peptidbindungen verknüpft, Alanin kann nur mit seiner Aminogruppe mit der Carboxylgruppe von N-Acetylmuraminsäure verknüpft sein. Im Text ist angegeben, dass die beiden Kohlenhydratbausteine β-1,4-glycosidisch miteinander verknüpft sind. Im Glutaminsäure-Baustein kann eine weitere Verknüpfung auch über die Carboxy-Gruppe am α-C-Atom erfolgen.*

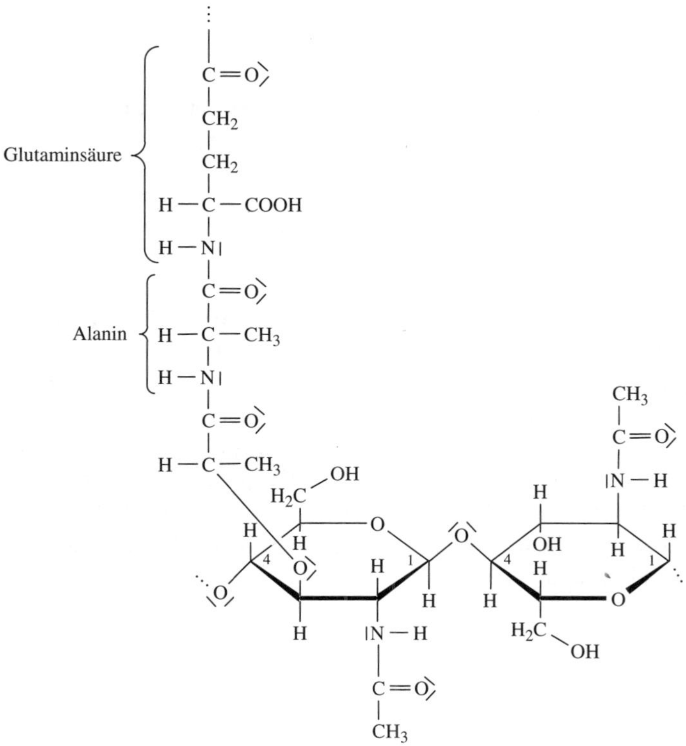

4.3 *In dieser Aufgabe soll das Verhalten der drei Aminosäuren des Mureins im elektrischen Feld bei pH = 6,1 beschrieben werden. Dazu sind die isoelektrischen Punkte (IEP) angegeben.*

Am IEP liegt die jeweilige Aminosäure als Zwitterion und somit elektrisch neutral vor. Es erfolgt keine Wanderung im elektrischen Feld. Alanin hat einen IEP von 6,1, dies entspricht dem pH-Wert der Lösung, also wird keine Wanderung stattfinden, d. h. Alanin bleibt am Startpunkt liegen. Glutaminsäure hat eine Carboxylgruppe mehr und einen IEP von 3,2. Sie liegt also bei pH = 6,1 als Anion (mit deprotonierter Carboxylgruppe) vor und wandert zum Plus-Pol. Lysin hat eine zweite Aminogruppe und einen IEP von 9,7. Lysin liegt demnach bei pH = 6,1 als Kation (mit protonierter Aminogruppe) vor und wandert zum Minus-Pol.

Strukturformeln von Glutaminsäure und Lysin bei pH = 6,1 (nicht verlangt):

4.4 **Reaktionsmechanismus zur Synthese von Diethylether aus Ethanol**

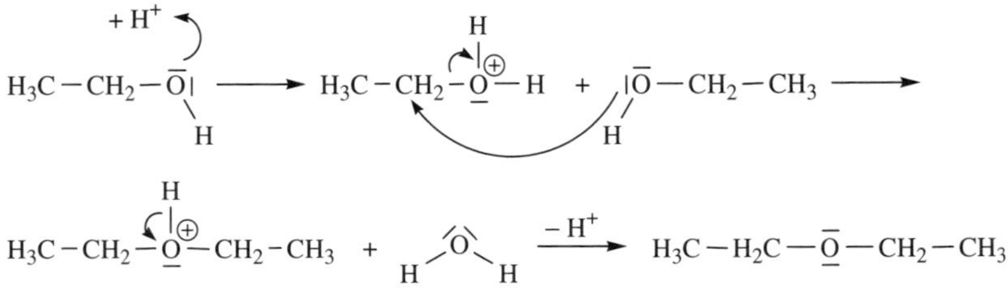

Als Katalysator wird z. B. Schwefelsäure verwendet. Der erste Schritt ist die Protonierung des freien Elektronenpaars der OH-Gruppe, danach erfolgt ein nukleophiler Angriff des O-Atoms des zweiten Ethanol-Moleküls an das positiv polarisierte C-Atom des protonierten Ethanol-Moleküls mit anschließender Wasser-Abspaltung, und der letzte Schritt ist eine Deprotonierung.

Bei der Reaktion handelt es sich um eine nukleophile Substitution (S_N) bzw. um eine Kondensation.

4.5 Die Siedetemperatur ist von der Masse und der Struktur eines Moleküls abhängig. Da hier vergleichbare Molekülmassen vorliegen, kann nur die Struktur für die unterschiedlichen Siedetemperaturen verantwortlich sein. Die zwischenmolekularen Kräfte sind aufgrund der Strukturen unterschiedlich. 1-Methoxypropan ist ein eher unpolares Molekül, welches keine Wasserstoffbrückenbindungen ausbilden kann. Die zwischenmolekularen Bindungen beruhen hier hauptsächlich auf schwachen van-der-Waals-Kräften. Bei Butan-1-ol ist zwar ein großer Kohlenwasserstoffrest vorhanden, aber auch eine OH-Gruppe, welche polar ist und Wasserstoffbrücken als stärkere zwischenmolekulare Kräfte ausbilden kann. Bei Propan-1,2-diol liegen sogar zwei polare OH-Gruppen vor, wodurch die zwischenmolekularen Wechselwirkungen aufgrund von Wasserstoffbrückenbindungen und damit die Siedetemperatur nochmals erhöht wird.

Substanz	**Siedetemperatur**
1-Methoxypropan	39 °C
Butan-1-ol	118 °C
Propan-1,2-diol	188 °C

Strukturformeln (nicht verlangt):

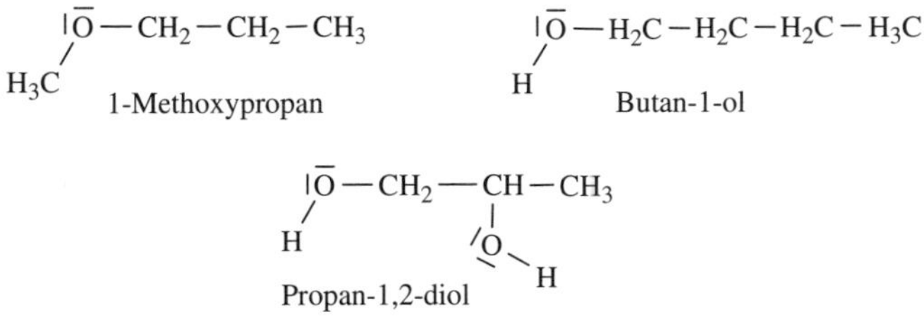

Aufgabe A

Tennisspiel mit Filz und Gummi BE

Durch die Kombination unterschiedlicher Materialien zu sogenannten Verbundwerkstoffen können maßgeschneiderte Werkstoffe hergestellt werden, deren chemische und physikalische Eigenschaften die der Einzelkomponenten übertreffen. Im Tennis zum Beispiel sind für die verschiedenen Platzoberflächen (Rasen, Lehm, Zement, Asphalt oder Kunststoff) unterschiedliche Balltypen mit jeweils anderen Eigenschaften erforderlich. Die heutigen Bälle bestehen aus zwei Schichten, einer inneren Schicht, vor allem aus Naturgummi, und einer strapazierfähigen Filzhülle aus z. B. Schafwolle und Polyester.
Für die Saiten der Tennisschläger ging die Entwicklung ausgehend von Schafdärmen hin zu einer Kombination verschiedener synthetischer Fasern. Die Saiten haben häufig einen Polyamidkern, der zur Erhöhung der Haltbarkeit meist von einer Hülle aus einem anderen Material umgeben ist.
Material 1 gibt Ihnen einen Überblick zu den verwendeten Werkstoffen.

1.1 Für die Herstellung des für den Saitenkern einer Tennisschlägersaite verwendeten Polyamids wird 1,6-Diaminohexan mit Hexandisäure zur Reaktion gebracht.
Geben Sie die Strukturformeln der Ausgangsstoffe und einen Ausschnitt aus dem Reaktionsprodukt an.
Benennen Sie den Reaktionstyp.
Erklären Sie die Reißfestigkeit des Polyamids. 8

1.2 Das Polyestermaterial für den Ball-Filz und die Hülle einer Tennisschlägersaite kann z. B. aus Ethan-1,2-diol und Terephthalsäure (Material 1) synthetisiert werden.
Formulieren Sie den Mechanismus für diese säurekatalysierte Reaktion und geben Sie einen Ausschnitt aus dem Polymer an. 7

1.3 Ein Strukturformelausschnitt aus einer für den Ball-Filz verwendeten Schafwolle ist im Material 1 vorgegeben.
Beschriften Sie die funktionellen Gruppen dieses Molekülausschnitts.
Formulieren Sie die Strukturformeln der Ausgangsstoffe in Fischer-Projektion.
Benennen Sie die Ausgangsstoffe nach der IUPAC-Nomenklatur und geben Sie für diese eine Stoffklasse an. 9

1.4 Ausgangsmaterial für die Herstellung der inneren Schicht des Balls ist Kautschuk, ein Naturgummi (Material 1). Um daraus ein festes, elastisches Material zu erhalten, wird der zähflüssige Kautschuk vulkanisiert, das heißt, mit Schwefel zur Reaktion gebracht. Je mehr Schwefel dabei eingesetzt wird, desto härter wird der entstehende Gummi. Einen Strukturformelausschnitt aus dem Reaktionsprodukt finden Sie in Material 2.
Vergleichen Sie die Strukturformelausschnitte von Kautschuk vor und nach der Vulkanisierung.
Erklären Sie die unterschiedliche Härte des Gummis in Abhängigkeit von der beim Vulkanisieren verwendeten Schwefelmenge. 6

30

Material 1: Beim Tennis verwendete Materialien

„Gegenstand“ Werkstück	Material: Name	Monomer(e): Name bzw. Strukturformel	Material: Strukturformelausschnitt
Saiten der Schläger (Kern)	Polyamid (Nylon)	1,6-Diaminohexan und Hexandisäure	
Ball-Filz und Saiten der Schläger (Hülle)	Polyester	Ethan-1,2-diol und Terephthalsäure: 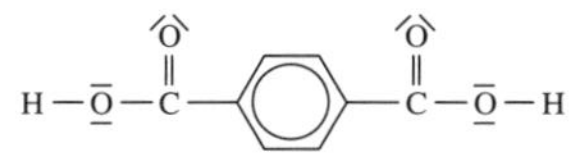	
Ball-Filz	Schafwolle		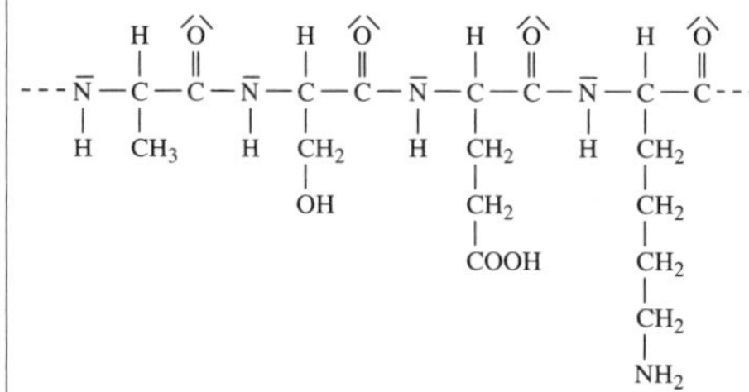
Ball-Gummi	Kautschuk (Polyisopren)		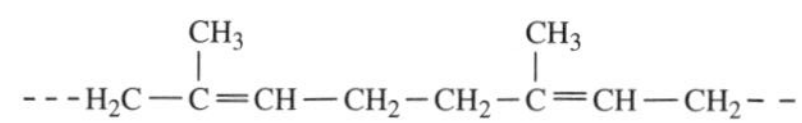

Material 2: Molekülausschnitt aus vulkanisiertem Kautschuk

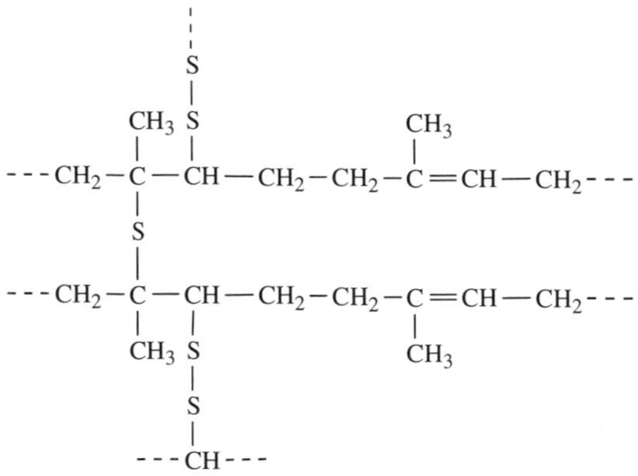

Materialgrundlage:
Der Tennisball: Schnelles Spiel mit Filz und Gummi von Mark Fischetti.
In: Spektrum der Wissenschaft, Heidelberg, Ausgabe 7/07, S. 42 f.
www.tennisclub-bad-ueberkingen.de/equipment.html (abgerufen am 29. 09. 2011)

Aufgabe B

Stickstoffverbindungen BE

Stickstoff bildet verschiedene gasförmige Oxide wie Stickstoffmonooxid, Stickstoffdioxid und Distickstofftetraoxid. Stickstoffmonooxid wird in der Medizin eingesetzt. Aus Stickstoffdioxid kann Salpetersäure hergestellt werden, Distickstofftetraoxid wird als Oxidationsmittel in Treibstoffmischungen von Raketen verwendet.
Stickstoffdioxid und Distickstofftetraoxid sind in einer Gleichgewichtsreaktion miteinander verbunden. Das Material 2 zeigt Ihnen einen Versuch zum Stickstoffdioxid-Distickstofftetraoxid-Gleichgewicht. Eine andere Gruppe von Stickstoffverbindungen sind die Nitroalkane. Diese kommen in den unterschiedlichsten Bereichen zur Anwendung. Die Bandbreite reicht vom Lösungsmittel bis zum Sprengstoff. Nitromethan ist beispielsweise ein Ausgangsstoff zur Herstellung des Insektizids Chlorpikrin (Trichlornitromethan).
Mit Wasserstoff reagiert Nitromethan zu Aminomethan, einem Rohstoff für Waschmittel.
Aminomethan kann auch aus Methanol und Ammoniak hergestellt werden. Bei dieser Reaktion entstehen neben Aminomethan außerdem Di- und Trimethylamin.

2.1 Formulieren Sie für die Gleichgewichtsreaktion von Stickstoffdioxid zu Distickstofftetraoxid die Reaktionsgleichung und das dazugehörende Massenwirkungsgesetz.
Berechnen Sie mithilfe der Angaben in Material 1 die Massenwirkungskonstante K_c. 4

2.2 Beschreiben und begründen Sie die im Experiment in Material 2 zu erwartende Veränderung der Farbintensität des braunen Gasgemischs in Abhängigkeit von der Stellung des Stempels in Position B und C. 7

2.3 Nitromethan (H_3C-NO_2) reagiert mit Chlor unter Einwirkung von Licht zu Chlorpikrin (Trichlornitromethan, Cl_3C-NO_2) und Chlorwasserstoff.
Formulieren Sie die Reaktionsgleichung.
Formulieren Sie einen Reaktionsmechanismus für die Reaktion von Nitromethan mit Chlor zu Monochlornitromethan. 8

2.4 Formulieren Sie die Reaktionsgleichung für die Reaktion von Nitromethan mit Wasserstoff zu Aminomethan (H_3C-NH_2) und Wasser.
Zeigen Sie anhand der Elektronenübergänge, dass es sich um eine Redoxreaktion handelt. 5

2.5 Formulieren Sie die Reaktionsgleichung für die Reaktion von Methanol mit Ammoniak zu Aminomethan und benennen Sie den Reaktionstyp.
Formulieren Sie die Reaktionsgleichung für die Reaktion von Aminomethan mit Methanol zum Trimethylamin (Material 3).
Erläutern Sie den Einfluss der Methanolkonzentration auf die Bildung von Mono-, Di- oder Trimethylamin. 6

30

Material 1: Konzentrationen im Stickstoffdioxid-Distickstofftetraoxid-Gleichgewicht

$c(NO_2)$ in $mol \cdot L^{-1}$	$c(N_2O_4)$ in $mol \cdot L^{-1}$
0,0547	0,0727

Material 2: Versuch: Das Stickstoffdioxid-Distickstofftetraoxid-Gleichgewicht

Aufbau:

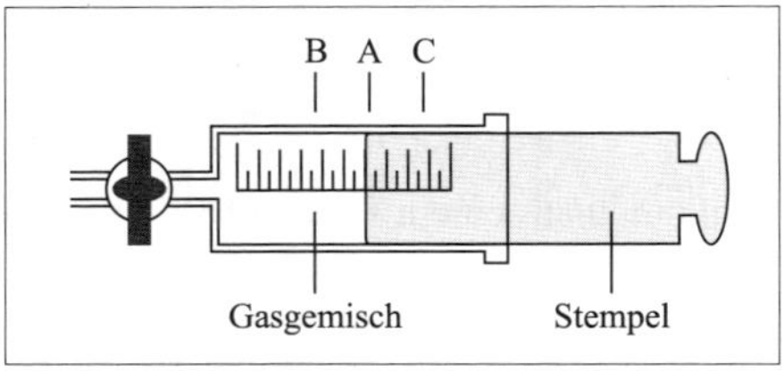

Durchführung:
Der Kolbenprober wird mit einem braunen Gasgemisch aus Stickstoffdioxid (braunes Gas) und Distickstofftetraoxid (farbloses Gas) gefüllt. Der Hahn wird geschlossen, wenn sich der Stempel in Position A befindet.
Jetzt verschiebt man den Stempel innerhalb des Kolbens zunächst in Position B, dann in Position C und beobachtet jeweils die Veränderung der Farbintensität des braunen Gasgemischs.

Material 3: Trimethylamin

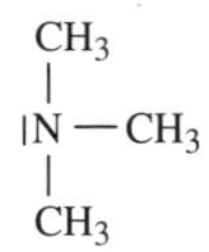

Materialgrundlage:
Hans Beyer, Wolfgang Walter: Lehrbuch der Organischen Chemie, Stuttgart 2004, S. 161 ff.
E. Riedel, C. Janiak: Anorganische Chemie, Berlin 2007, S. 480 f.
www.jagemann-net.de/gleichgewicht/gleichgewicht.php (abgerufen am 03. 11. 2011)

Aufgabe C

Milchsäure

BE

Lässt man Milch bei Raumtemperatur längere Zeit stehen, wird sie sauer. Dieser Vorgang beruht auf der Umwandung von Milchzucker (Lactose) in Milchsäure (2-Hydroxypropansäure) durch die in der Milch enthaltenen Milchsäurebakterien. Die Milchsäure wurde 1780 vom deutsch-schwedischen Apotheker Carl Wilhelm Scheele entdeckt. In der sauren Milch sind die D- und die L-Form der Milchsäure enthalten.
In der Lebensmittelindustrie wird Milchsäure unter anderem als Konservierungsstoff und als Säuerungsmittel (E 270) verwendet. Bei der technischen Herstellung von Milchsäure werden Kohlenhydrate, z. B. Mais-, Kartoffel- oder Getreidestärke, mithilfe des Enzyms Diastase in Maltose gespalten. In weiteren Reaktionsschritten wird mithilfe von zugesetzten Milchsäurebakterien Maltose in Glucose und anschließend Glucose in Milchsäure umgewandelt.
Im Labor kann man Milchsäure durch die Reaktion von 2-Chlorpropansäure mit Wasser synthetisieren.

3.1 Material 1 zeigt die Fischer-Projektionsformel für D-Glucose.
Geben Sie für α-D-Glucose und für das darauf basierende Disaccharid Maltose die Haworth-Projektionsformeln an.
Benennen Sie die Verknüpfungsart der Monosaccharide in Maltose. 4

3.2 Formulieren Sie die Fischer-Projektionsformeln von D- und L-Milchsäure, beschriften Sie in der Strukturformel das asymmetrische Kohlenstoff-Atom und definieren Sie die Begriffe asymmetrisches Kohlenstoff-Atom, Stereoisomerie und Racemat.
Formulieren Sie die Reaktionsgleichung für die Umwandlung von Glucose zu Milchsäure. 7

3.3 Lactose ist ein Disaccharid, das aus β-D-Galactose und D-Glucose in einer β-1,4-Verknüpfung aufgebaut ist. D-Galactose unterscheidet sich von D-Glucose lediglich durch die Stellung der OH-Gruppe am C_4-Atom.
Formulieren Sie die Haworth-Projektionsformeln von β-D-Galactose und von Lactose. 4

3.4 Bei der Reaktion von 2-Chlorpropansäure mit Wasser entstehen Milchsäure und ein Gas, das mit Silbernitrat-Lösung einen weißen Niederschlag ergibt.
Formulieren Sie für diese Synthese von Milchsäure die Reaktionsgleichung in Strukturformeln und benennen Sie den Reaktionstyp.
Erläutern Sie die Reaktion des entstandenen Gases mit Silbernitrat-Lösung und formulieren Sie die Reaktionsgleichung. 8

3.5 Milchsäure kann in neutraler Kaliumpermanganat-Lösung (enthält MnO_4^--Ionen) zu Brenztraubensäure (Material 2) und Mangandioxid umgesetzt werden. Dabei wird die Lösung alkalisch.
Formulieren Sie die Reaktionsgleichung.
Zeigen Sie anhand der wesentlichen Oxidationszahlen und der Elektronenübergänge, dass es sich um eine Redoxreaktion handelt. 7

30

Material 1: D-Glucose in Fischer-Projektionsformel

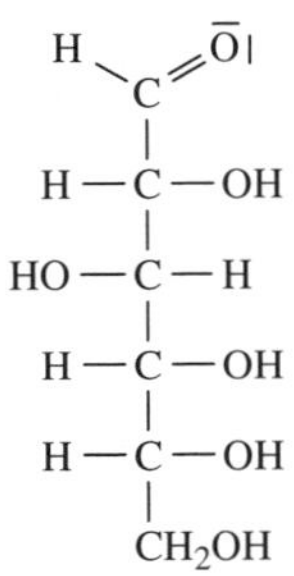

Material 2: Brenztraubensäure

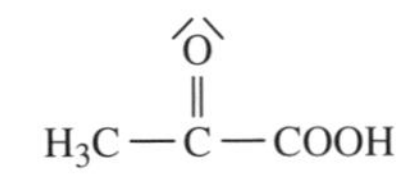

Materialgrundlage:
Hans Beyer, Wolfgang Walter: Lehrbuch der Organischen Chemie, Stuttgart 1991, S. 283 (Fermentation); S. 279
www.seilnacht.com (Lexika) (abgerufen am 15. 12. 2011)

Aufgabe D

Zahnpasta

BE

Zahnpflegemittel dienen der Reinigung und der Gesunderhaltung der Zähne. Früher wurde pulverförmiger Kalk zum Putzen der Zähne verwendet. Dieser ist auch heute noch ein Hauptbestandteil von Zahnpasta. Kalk (Calciumcarbonat, $CaCO_3$) ist als Putzkörper für die mechanische Reinigung der Zähne von Bedeutung. Das aus Marmor gewonnene Kalkpulver kann wegen der noch enthaltenen Verunreinigungen nicht direkt eingesetzt werden, deshalb überführt man es zunächst in Calciumoxid, das in drei Reaktionsschritten weiter verarbeitet wird.
Die Polyalkohole Glycerin (Propan-1,2,3-triol), Propylenglycol (Propan-1,2-diol) und Sorbit (Hexan-1,2,3,4,5,6-hexaol) sorgen als Feuchthaltemittel für eine gleichbleibende Konsistenz und verhindern das Austrocknen der Paste. Zur Schaumbildung und Oberflächenbenetzung beim Putzvorgang enthalten einige Zahnpasten Natriumdodecylsulfat.
Ein weiterer Inhaltsstoff kann Xylit sein, der als zahnfreundlicher Zuckeraustauschstoff eingesetzt wird.

4.1 Calciumoxid wird in drei Reaktionsschritten in Calciumcarbonat überführt.

1. Kalklöschen: Festes Calciumoxid reagiert mit Wasser in einer exothermen Reaktion zu festem Calciumhydroxid (gelöschter Kalk).
2. Calciumhydroxid wird mit Salzsäure zu einer Calciumchlorid-Lösung umgesetzt.
3. Fällung: Calciumchlorid-Lösung wird mit Natriumcarbonat-Lösung zu schwer löslichem Calciumcarbonat umgesetzt.

Formulieren Sie für die drei Reaktionsschritte jeweils eine Reaktionsgleichung.
Geben Sie für Reaktionsschritt 2 den Reaktionstyp an. 7

4.2 In einer Zahnpastaportion von 0,4 g ist die Stoffmenge $n = 1{,}2 \cdot 10^{-3}$ mol Calciumcarbonat enthalten.
Berechnen Sie für diese Zahnpastaportion die Masse und den prozentualen Massenanteil an Calciumcarbonat. 4

4.3 Geben Sie die Strukturformeln für Propan-1,2,3-triol, Propan-1,2-diol und Hexan-1,2,3,4,5,6-hexaol an.
Erläutern Sie die Funktion dieser Substanzen als Feuchthaltemittel in der Zahnpasta. 5

4.4 Natriumdodecylsulfat (Material 1) kann in zwei Schritten hergestellt werden. Im ersten Schritt wird in einer Kondensationsreaktion eine organische Substanz mit Schwefelsäure umgesetzt. Das dabei entstehende Reaktionsprodukt reagiert im zweiten Schritt mit Natronlauge zum gewünschten Natriumdodecylsulfat.
Formulieren Sie für die beiden Syntheseschritte jeweils eine Reaktionsgleichung in Strukturformeln.

Skizzieren und erklären Sie die Anordnung der Dodecylsulfat-Anionen auf einer Wasseroberfläche. 9

4.5 Das Polysaccharid Xylan ist der Ausgangsstoff für die Gewinnung von Xylit. Xylan besteht aus D-Xylose-Bausteinen, die β-1,4-glycosidisch miteinander verknüpft sind. Aus Xylose wird Xylit (Material 2) hergestellt. Entwickeln und erläutern Sie die beiden Reaktionsschritte für die Reaktion von Xylan zu Xylit.
Hinweis: Die Angabe der Reaktionsgleichungen oder der Strukturformeln ist nicht erforderlich. 5

30

Material 1: Natriumdodecylsulfat

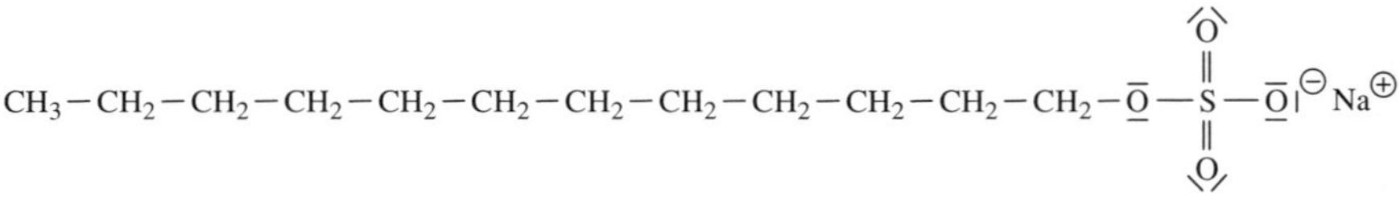

Material 2

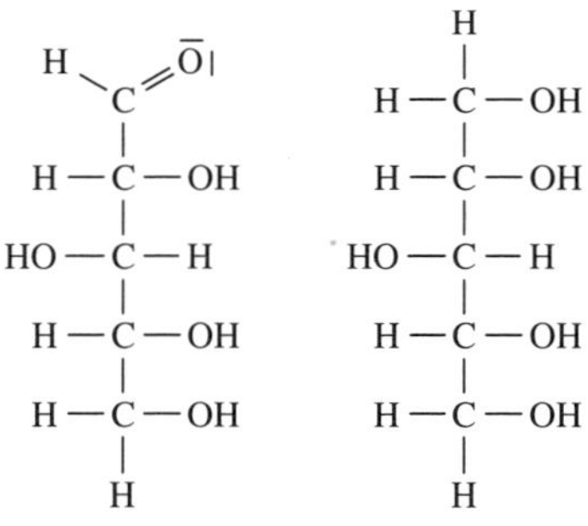

Materialgrundlage:
Römpp, H.: Chemie des Alltags, Kosmos-Gesellschaft der Naturfreunde, Stuttgart 1936
http://www.chemieberufe.net/media/CL-Praeparativ/CL1_PQ_Calciumcarbonat.pdf
(abgerufen am 08. 03. 2012)
http://online-media.uni-marburg.de/chemie/chids/veranstaltungen/uebungen_experimentalvortrag.html
(abgerufen am 20. 02. 2012)
www.chids.de/dachs/expvortr/730Kalk_Behrmann.ppt (abgerufen am 08. 03. 2012)
http://www.gaba-dent.de/htm/575/de_DE/aronal-Zahnpasta.htm?Brand=aronal&Subnav=&Product=17883
(abgerufen am 08. 03. 2012)
http://www.gaba-dent.de/htm/481/de_DE/Glossar.htm?Page=12 (abgerufen am 08. 03. 2012)
http://chids.online.uni-marburg.de/dachs/expvortr/692Zahnpflegemittel_Erbar.ppt
(abgerufen am 08. 03. 2012)

Lösungsvorschläge

Aufgabe A

1.1 *Hier sollen die Strukturformeln der Ausgangsstoffe nach Lewis einschließlich der nichtbindenden Elektronenpaare an den Stickstoff- bzw Sauerstoffatomen gezeichnet werden.*

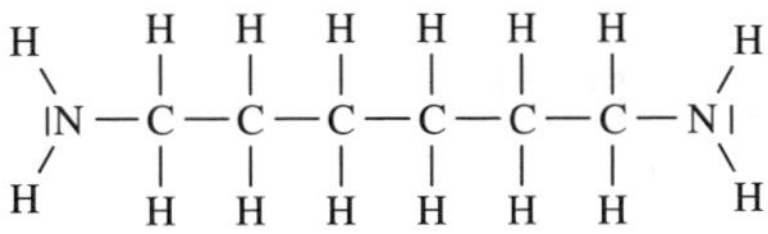

1,6-Diaminohexan

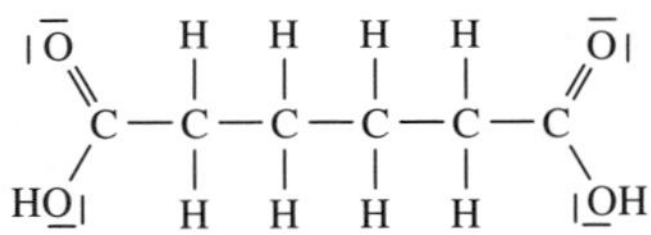

Hexandisäure

Unter Abspaltung von Wassermolekülen entsteht ein Polyamid, der Reaktionstyp ist Kondensation.

Ein Ausschnitt aus dem Polymer kann z. B. dargestellt werden, indem die sich wiederholende Einheit gezeichnet wird. Dabei können die Halbstrukturschreibweisen verwendet werden.

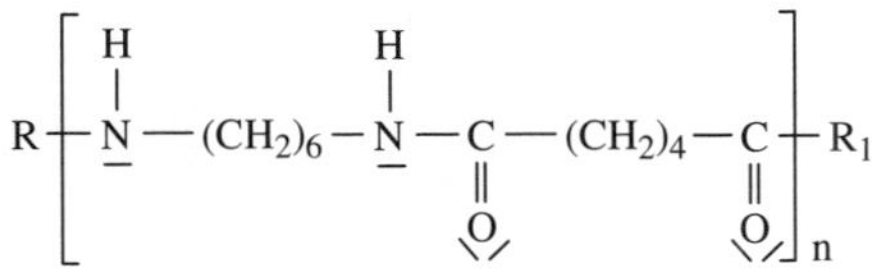

Die Reißfestigkeit hängt von den zwischenmolekularen Kräften ab. Neben den van-der-Waals-Kräften wirken Wasserstoffbrücken zwischen den Amidgruppen. Letztere erzeugen starke Kräfte und sind hauptsächlich für die Reißfestigkeit verantwortlich. Ein natürliches Polymer, das solche zwischenmolekularen Kräfte ausbildet, ist Seide.

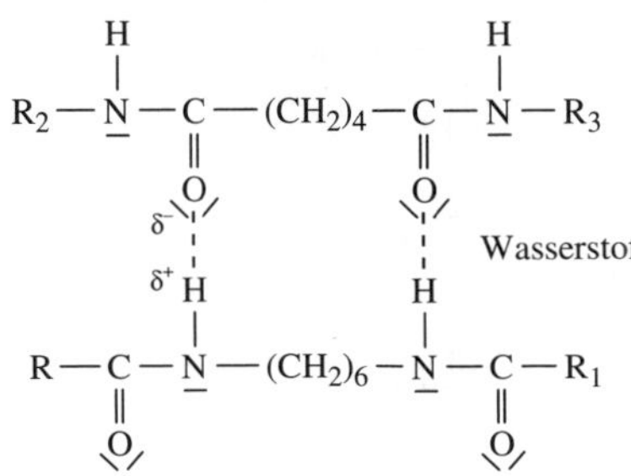

1.2 *Der Reaktionsmechanismus ist im Prinzip eine nukleophile Substitution. Unter Abspaltung von Wassermolekülen erfolgt wie oben eine Polykondensation. Für die nicht reagierenden Molekülteile kann hier wieder R bzw. R_1 eingesetzt werden. Säure katalysiert die Reaktion durch Protonierung des Carbonylsauerstoffatoms.*

Strukturformel Ethan-1,2-diol: $H-\underline{\overline{O}}-CH_2-CH_2-\underline{\overline{O}}-H$

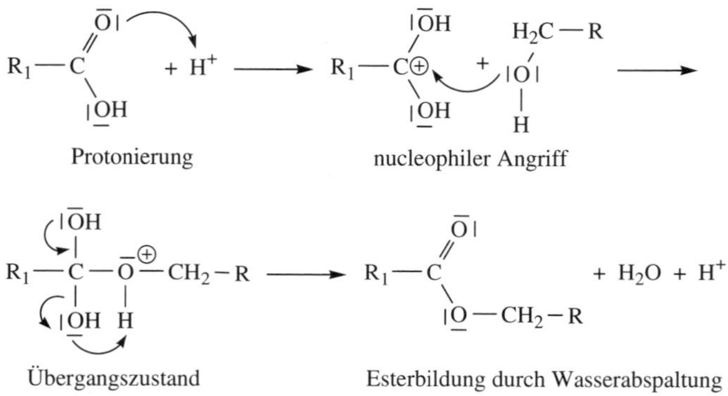

Formelausschnitt des Polyesters (PET = Polyethylenterephthalat)

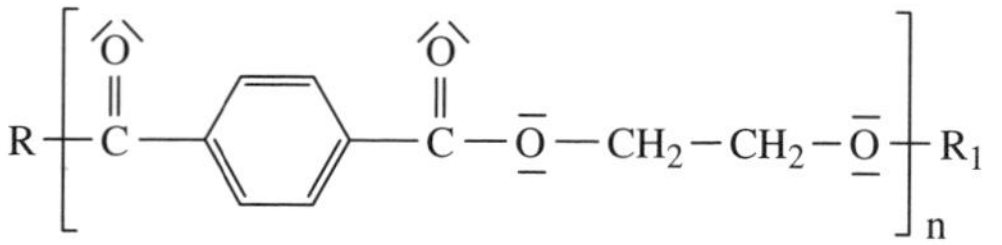

1.3 *Die Benennung der funktionellen Gruppen in dem Tetrapeptid kann folgendermaßen erfolgen:*

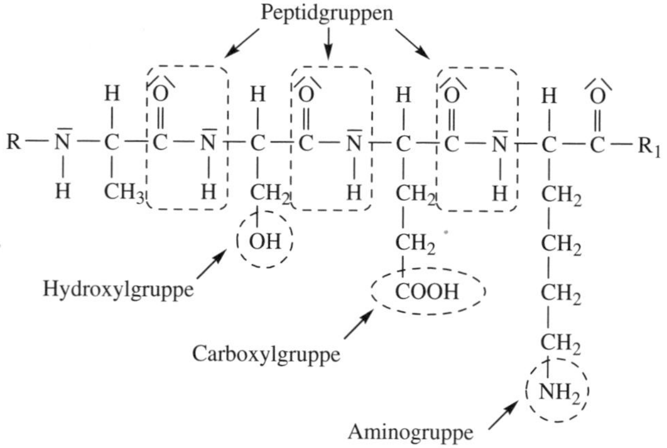

Die Fischer-Projektionen der vier Aminosäuren anhand der Angabe der IUPAC-Bezeichnung im Materialteil, in Klammern die Trivialnamen:

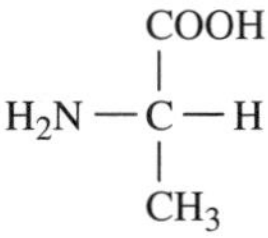

2-Aminopropansäure
(Alanin)

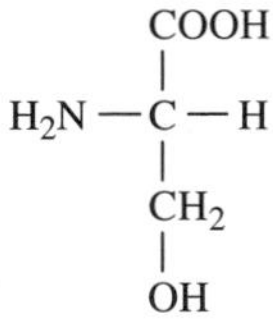

2-Amino-3-hydroxy-propansäure
(Serin)

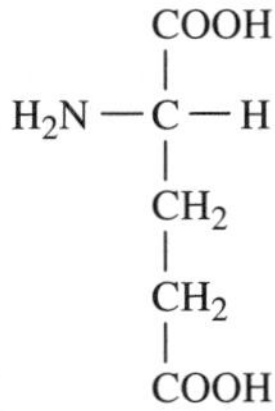

2-Aminopentandisäure
(Glutaminsäure)

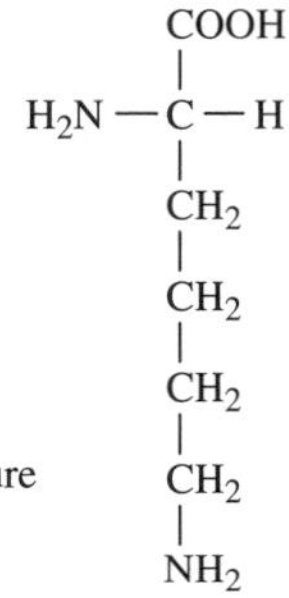

2,6-Diaminohexansäure
(Lysin)

Die Stoffklasse ist die der Aminosäuren.

Allerdings liegen die Aminosäuren nicht in dieser Form, sondern je nach pH-Wert als Zwitterion, Kation oder Anion vor.

1.4 *Die im Material angegebene Struktur des Kautschuks wird in bestimmten Pflanzen aus Isopren polymerisiert und dient dem Wundverschluss. Es wurden als Beispiel im Materialteil zwei Isoprenmoleküle zur Reaktion gebracht:*

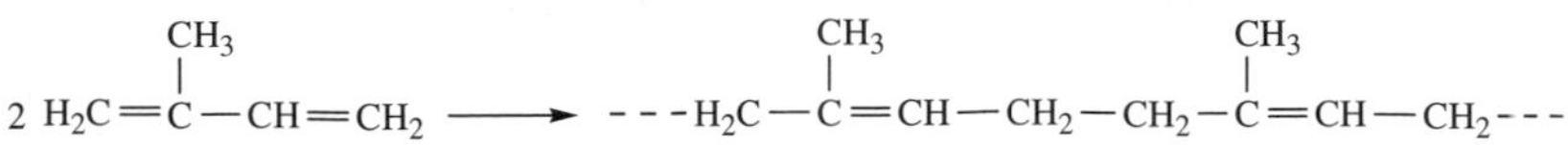

Diese Reaktion war aber nicht gefragt.

Dieser Kautschuk ist nicht elastisch, eher zähflüssig und klebrig (Thermoplast). Die Ketten werden nur durch van-der-Waals-Kräfte zusammengehalten. Vergleicht man die beiden Formeln in Material 1 und 2, so stellt man fest, dass die Reaktion mit Schwefel Disulfidbrücken mit den reaktiven Doppelbindungen des „Polyisoprens" erzeugt. Dadurch entstehen Vernetzungen und der Stoff wird zu Gummi, einem Elastomer.
Je größer die Zahl der Disulfidbrücken ist, desto härter wird dieses Elastomer (Hartgummi).

Das Verfahren heißt Vulkanisieren.

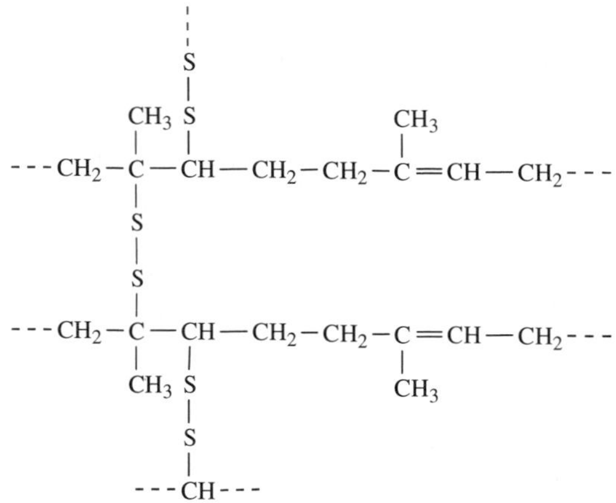

Aufgabe B

2.1 Reaktionsgleichung für die Gleichgewichtsreaktion:

$$2\,NO_2 \rightleftharpoons N_2O_4$$

Das zugehörige MWG lautet:

$$K_c = \frac{c(N_2O_4)}{c^2(NO_2)} = \frac{0{,}0727\ mol \cdot L^{-1}}{0{,}0547^2\ mol^2 \cdot L^{-2}} = 24{,}3\ L \cdot mol^{-1}$$

2.2 Das Gleichgewicht ist abhängig vom Druck. Wenn der Druck erhöht wird, d. h. der Stempel von A nach B gebracht wird, verschiebt sich das Gleichgewicht nach dem Prinzip des kleinsten Zwangs zum Distickstofftetraoxid, da hier dem äußeren Zwang (Druckerhöhung) durch Volumenverminderung ausgewichen wird. Die Volumenverminderung entsteht in dieser Richtung, da sich die Teilchenzahl verringert. Das braune Gasgemisch wird farblos.
Zieht man den Stempel von A nach C, erniedrigt sich der Druck, das Gleichgewicht verschiebt sich zum Stickstoffdioxid. Es wird brauner.

2.3 Reaktionsgleichung:

$$H_3C-NO_2 + 3\,Cl_2 \longrightarrow Cl_3C-NO_2 + 3\,HCl$$

Lichtabhängige Reaktionen mit Chlor sind in der Regel Radikalreaktionen.

Homolytische Spaltung des Chlormoleküls durch Licht:

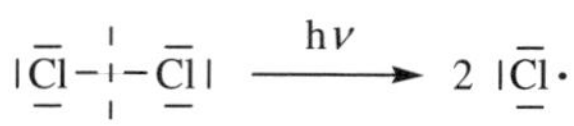

Kettenreaktion:

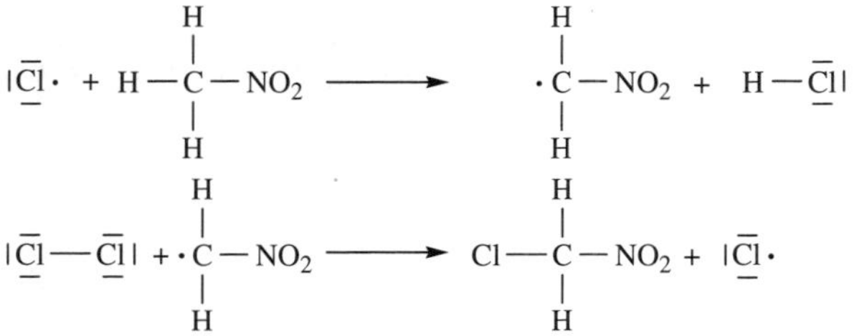

Kettenabbruch:

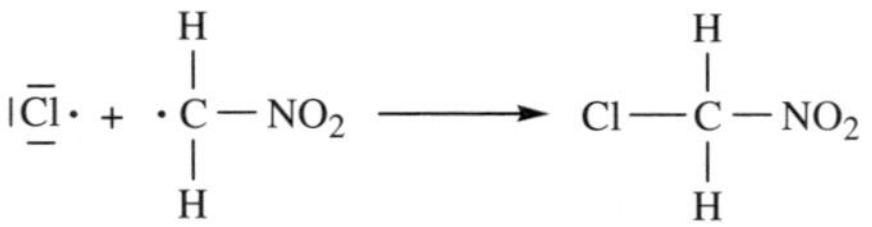

2.4 *Die Redoxgleichung mit Elekronenübergängen soll dargestellt werden. Die Nitrogruppe ist Elektronenakzeptor, der Wasserstoff Elektronendonator. Das Stickstoffatom in der Nitrogruppe hat die Oxidationszahl +III (Berechnung siehe Leistungskurs, Aufgabe D), Wasserstoffatome im Molekül die Oxidationszahl 0. Im Amin hat das Stickstoffatom die Oxidationszahl –III, Wasserstoffatome im Wassermolekül +I. Somit werden 6 Elektronen ausgetauscht.*

Redoxgleichung: $H_3C-\overset{+III}{N}O_2 + 3\,\overset{0}{H}_2 \longrightarrow H_3C-\overset{-III}{N}\overset{+I}{H}_2 + 2\,\overset{+I}{H}_2O$

2.5 *Es soll nur der Reaktionstyp benannt und die Reaktionsgleichung erstellt werden.*

Es handelt sich um eine Substitution:

$$H_3C-OH + NH_3 \longrightarrow H_3C-NH_2 + H_2O$$

Methylamin bzw. Aminomethan kann mit Methanol weiter unter Abspaltung von Wassermolekülen substituiert werden, wobei je nach stöchiometrischem Verhältnis der Edukte Dimethyl- bzw. Trimethylamin entstehen. Je höher die Methanolkonzentration ist, umso mehr Di- bzw. Trimethylamin wird gebildet.

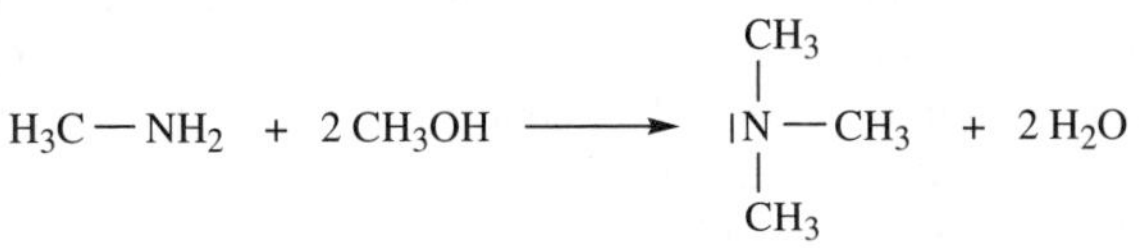

Aufgabe C

3.1 *Darstellung der Glucoseringe mit durchnummerierten C-Atomen in der Haworth-Projektion. Der zweite Ring der Maltose und die Glucose in der β-Form.*

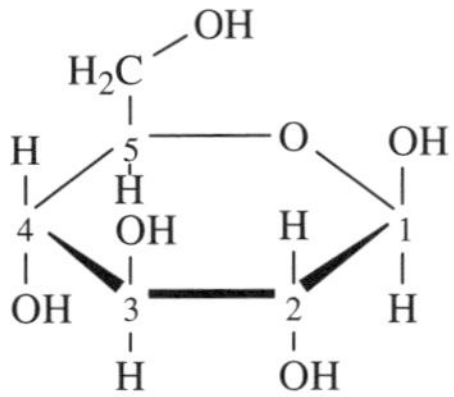

Glucose

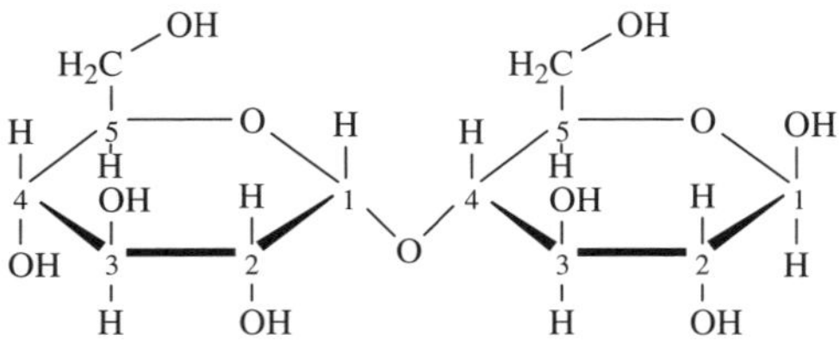

Maltose

Das Disaccharid Maltose besteht aus α-(1→4)-verknüpften Glucosemolekülen.

3.2 *In der Fischer-Projektion stehen immer die höchstoxidierten C-Atome oben, das unterste asymmetrische C-Atom bestimmt die Konfiguration, die Zugehörigkeit zur D- bzw. L- Reihe. In der D-Form steht die OH-Gruppe nach rechts (dexter), in der L-Form nach links (laevus). Der Drehwert für linear polarisiertes Licht ist nicht aus der Konfiguration zu entnehmen.*

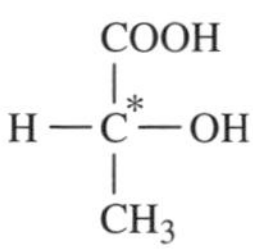

D-(–)-Milchsäure

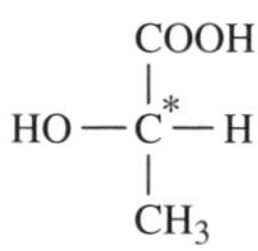

L-(+)-Milchsäure

Asymmetrische C-Atome werden mit einem Stern gekennzeichnet und haben vier verschiedene Substituenten. **Stereoisomerie** wird dadurch beschrieben, dass solche Moleküle die gleiche Summenformel und Konstitution, aber unterschiedliche räumliche Struktur aufweisen. Die Unterschiede in der Struktur bedingen eine unterschiedliche Konfiguration der Substituenten am C-Atom. Konfigurationsisomere, die sich wie Bild und Spiegelbild verhalten, sind Enantiomere (z. B. D- und L-Milchsäure), Stereoisomere mit mehreren asymmetrischen Zentren sind Diastereomere (z. B. D-Glucose und D-Galactose). Konstitutionsisomere können ohne Bindungsbruch nicht ineinander überführt werden. **Racemate** sind Gemische aus gleichen Teilen von Enantiomeren, z. B. D- und L-Milchsäure. Sie zeigen keine optische Aktivität.

Milchsäuregärung: $C_6H_{12}O_6 \longrightarrow 2\ C_3H_6O_3$

3.3 *Die Haworth-Projektion der Galactose kann aus den Angaben im Text aus der bekannten Glucosestruktur entwickelt werden.*
Bei der β-(1→4)-Verknüpfung der beiden Hexosen steht die eine OH-Gruppe oberhalb, die andere unterhalb der Ringebene. Entweder dreht man den ersten oder zweiten Ring entsprechend, oder aber man wählt eine „gebogene Bindung“ bzw. schreibt die Ringe „gestapelt“. Das Drehen des zweiten Rings kann durch diese Schreibweise, wie sie oft in Schulbüchern zu finden ist, umgangen werden.

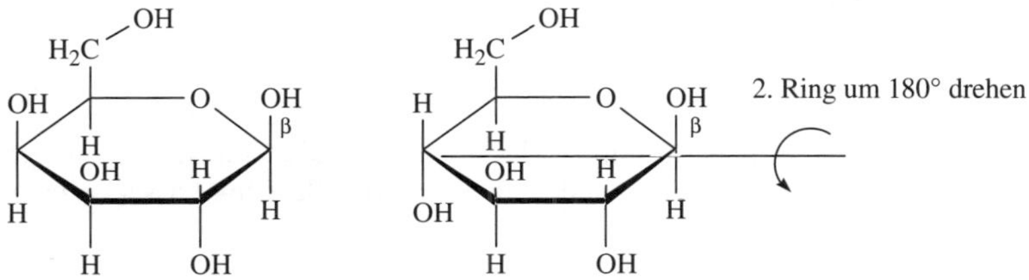

β-Galactose β-Glucose

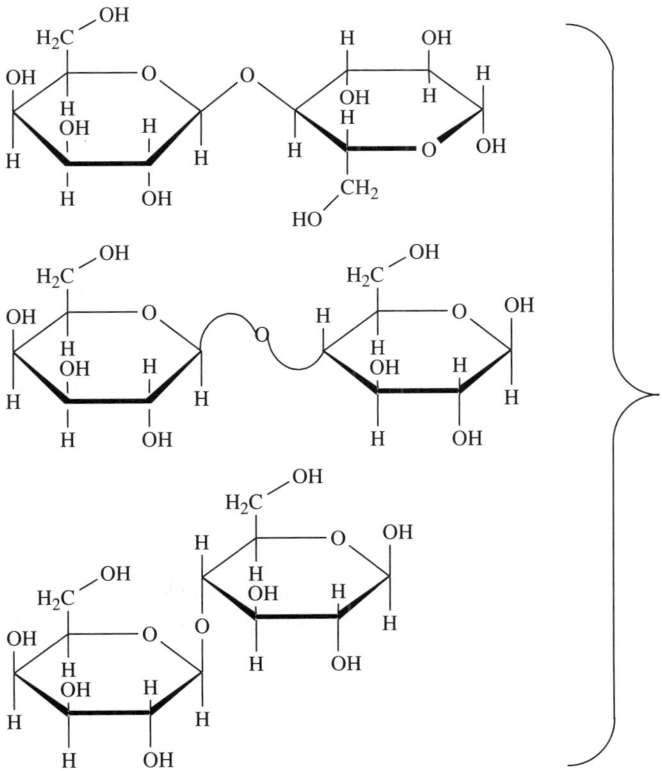

β-Lactose

3.4 *Da die Reaktion nach dem S_N2-Mechanismus abläuft, erfolgt eine Inversion der Konfiguration am angegriffenen Kohlenstoffatom.*

Es handelt sich um eine Substitution:

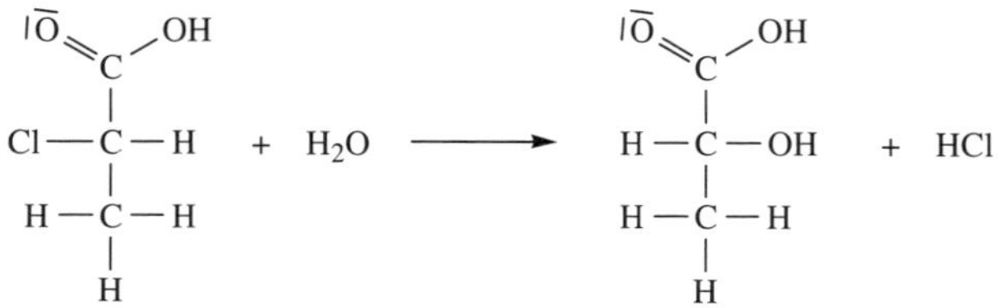

HCl reagiert in wässriger Lösung zu H_3O^+ und Cl^-. Die Chloridionen bilden mit den Silberionen einen weißen Niederschlag, da das Salz in Wasser schwer löslich ist:

$$Cl^-_{(aq)} + Ag^+_{(aq)} \longrightarrow AgCl\downarrow$$

3.5 Reaktion von Kaliumpermanganat mit Milchsäure in wässriger Lösung

Oxidation:

$$CH_3-\overset{0}{C}HOH-COOH + 2\,OH^- \longrightarrow CH_3-\overset{+II}{C}O-COOH + 2\,e^- + 2\,H_2O$$

Reduktion:

$$\overset{+VII}{Mn}O_4^- + 3\,e^- + 2\,H_2O \longrightarrow \overset{+IV}{Mn}O_2 + 4\,OH^-$$

Elektronenausgleich (KGV)

Oxidation:

$$3\,CH_3-\overset{0}{C}HOH-COOH + 6\,OH^- \longrightarrow 3\,CH_3-\overset{+II}{C}O-COOH + 6\,e^- + 6\,H_2O$$

Reduktion:

$$2\,\overset{+VII}{Mn}O_4^- + 6\,e^- + 4\,H_2O \longrightarrow 2\,\overset{+IV}{Mn}O_2 + 8\,OH^-$$

Addition der Teilgleichungen:

$$3\,CH_3-CHOH-COOH + 2\,MnO_4^- \longrightarrow$$

$$3\,CH_3-CO-COOH + 2\,MnO_2 + 2\,OH^- + 2\,H_2O$$

Das mittlere C-Atom in der Milchsäure ist der Elektronendonator, das Permanganation ist der Elektronenakzeptor. Es werden 6 Elektronen pro 2 mol Permanganat und 3 mol Milchsäure ausgetauscht.

Aufgabe D

4.1 1. Kalklöschen:

$$CaO + H_2O \longrightarrow Ca(OH)_2$$

2. $$Ca(OH)_2 + 2\,H_3O^+{}_{(aq)} + 2\,Cl^-{}_{(aq)} \longrightarrow Ca^{2+}{}_{(aq)} + 2\,Cl^-{}_{(aq)} + 4\,H_2O$$

Es handelt sich hier um eine Neutralisation bzw. Säure-Base-Reaktion.

3. Fällung:

$$Ca^{2+}{}_{(aq)} + 2\,Cl^-{}_{(aq)} + 2\,Na^+{}_{(aq)} + CO_3^{2-}{}_{(aq)} \longrightarrow CaCO_3\downarrow + 2\,Cl^-{}_{(aq)} + 2\,Na^+{}_{(aq)}$$

4.2 Berechnung der molaren Masse von $CaCO_3$:

$M = 40\ g \cdot mol^{-1} + 12\ g \cdot mol^{-1} + 3 \cdot 16\ g \cdot mol^{-1} = 100\ g \cdot mol^{-1}$

$1{,}2 \cdot 10^{-3}$ mol entsprechen einer Masse von:

$m = M \cdot n = 100\ g \cdot mol^{-1} \cdot 1{,}2 \cdot 10^{-3}\ mol = 0{,}12\ g$

0,12 g entsprechen 30 % von 0,4 g (= 100 %).

4.3

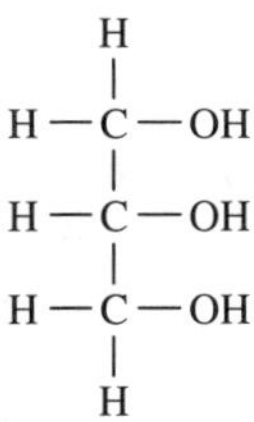

Propan-1,2-3-triol
(Glycerin)

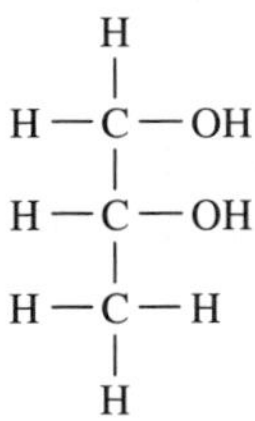

Propan-1,2-diol
(Propylenglycol)

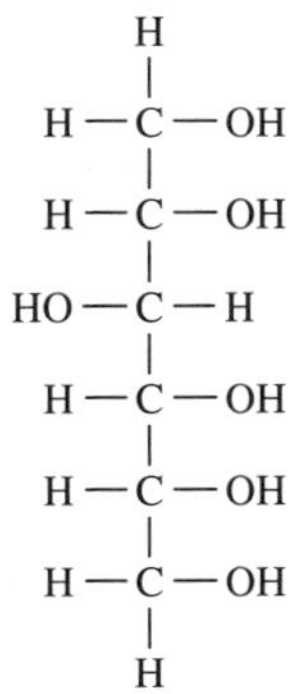

Hexan-1,2,3,4,5,6-hexaol
(Sorbit)

Aus der Angabe Hexan-1,2,3,4,5,6-hexaol kann nicht eindeutig auf die Stellung der OH-Gruppen geschlossen werden.
Dargestellt ist der im Aufgabentext erwähnte Zuckeralkohol Sorbit.

Aus den Strukturformeln kann man ersehen, dass alle drei Stoffe mehrwertige Alkohole sind, deren viele OH-Gruppen über Wasserstoffbrücken Wassermoleküle binden können. Dadurch bleibt die Zahnpasta feucht.

4.4 *Im Materialteil ist das Natriumdodecylsulfat in der Halbstruktur gezeichnet, folglich kann diese auch in der Reaktionsgleichung verwendet werden. Ausgangsstoffe sind Dodecanol, ein primärer Alkohol mit einem Kohlenwasserstoffrest $R = -C_{12}H_{25}$ und Schwefelsäure. Diese werden verestert.*

$$H_3C-CH_2-CH_2-CH_2-CH_2-CH_2-CH_2-CH_2-CH_2-CH_2-CH_2-CH_2-OH$$

Es bietet sich hier an, den langen Kohlenwasserstoffrest mit R zu bezeichnen, oder R als Summenformel:

$$R = -H_2C-H_2C-H_2C-H_2C-H_2C-H_2C-H_2C-H_2C-H_2C-H_2C-H_2C-CH_3$$

$$R = -C_{12}H_{25}$$

Die Reaktion ist eine Kondensation (Esterbildung).

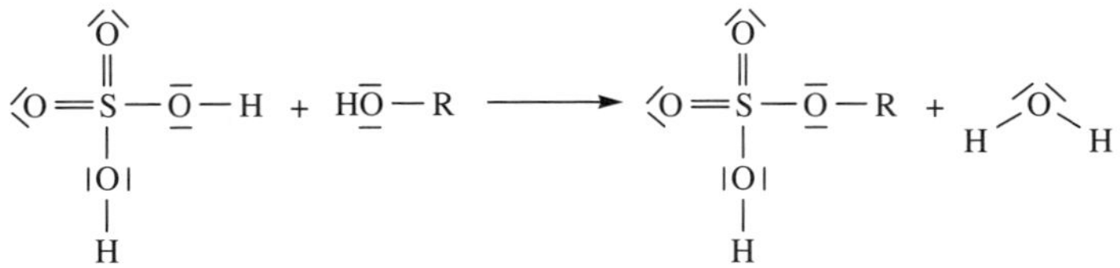

Mit Natronlauge entsteht dann das Salz des Dodecylsulfats.

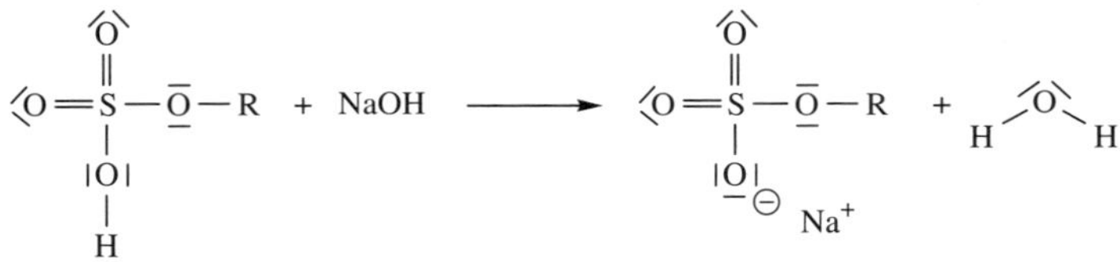

Natriumdodecylsulfat ist ein Tensid, welches sich dadurch auszeichnet, dass es die Oberflächenspannung des Wassers herabsetzt. Mit seinem langen hydrophoben Kohlenwasserstoffrest kann es nicht in das Wasser eindringen, um gelöst zu werden.
Nur der hydrophile „Kopf", der ionische Natriumsulfatrest, dringt in das Wasser ein. Folge ist, dass sich die Substanz auf der Wasseroberfläche als Schicht ausbreitet und die Anziehungskräfte zwischen den Wassermolekülen (Wasserstoffbrücken) verringert. So erklärt sich die verminderte Oberflächenspannung.

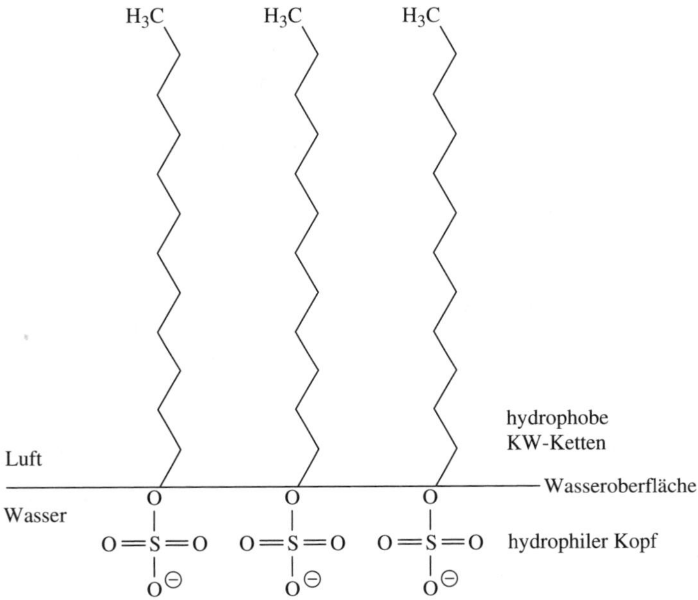

4.5 *Aus dem Aufgabentext geht hervor, dass Xylan ein Polysaccharid ist, in dem die Monomere D-Xylose durch β-(1→4)-glycosidische Bindungen verknüpft sind.*

Solche Polyacetale – wie z. B. in Cellulose – können säurekatalytisch gespalten werden.

Aus der Aufgabenstellung ist ersichtlich, dass keine Formeldarstellung gewählt werden soll.

Das Acetal wird zu einem Halbacetal durch Reaktion mit Wasser gespalten. Xylit entsteht dann aus Xylose durch Reduktion mit Wasserstoff (Hydrierung). Dabei wird das Aldehyd zum Alkanol reduziert.

Letzteres kann aus den Fischer-Projektionen im Materialteil gefolgert werden.

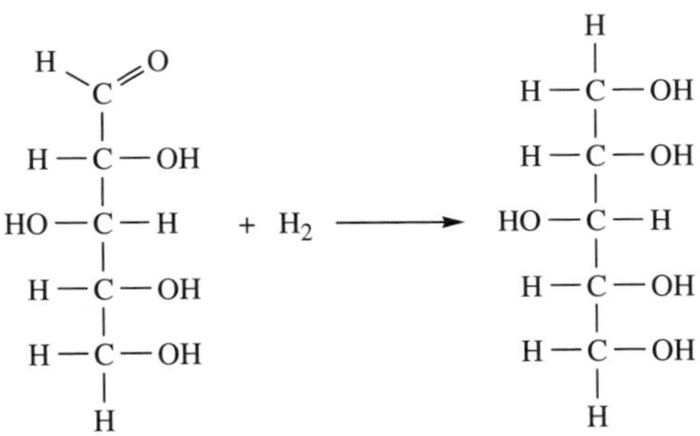

Weitere Informationen:
Xylane sind weit verbreitete Hemicellulosen in der Natur. Sie bestehen unter anderem aus β-(1→4)-glycosidisch verknüpften D-Xylose-Monomeren, wobei die Xylose-Moleküle als Sechsringe vorliegen.

Ausschnitt aus einem Xylanpolymer und dessen Spaltung (Hydrolyse):

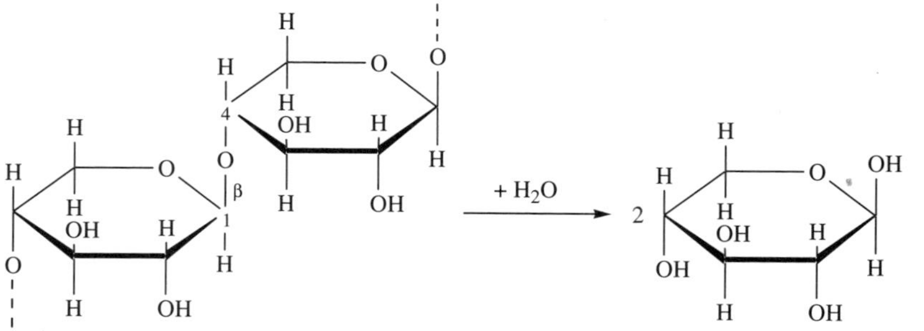

Aufgabe A

Tennisspiel mit Filz und Gummi BE

Durch die Kombination unterschiedlicher Materialien zu sogenannten Verbundwerkstoffen können maßgeschneiderte Werkstoffe hergestellt werden, deren chemische und physikalische Eigenschaften die der Einzelkomponenten übertreffen. Solche Werkstoffe werden beispielsweise bei der Herstellung von Tennisausrüstungen eingesetzt.
So bestehen die heutigen Tennisbälle aus zwei Schichten, einer inneren Schicht, vor allem aus Naturgummi, und einer strapazierfähigen Filzhülle aus z. B. Schafwolle und Polyester. Bei den Tennisschlägern ging die Entwicklung für die Schlägerrahmen ausgehend von Naturmaterialien wie Holz hin zu Verbundwerkstoffen aus Kohlefaser und Epoxidharzen. Epoxidharze sind Polymere, die durch Reaktion von Epoxid-Verbindungen z. B. mit Diaminen gebildet werden.
Verwendete man früher noch die Außenseite von Schafdärmen als Saiten, so benutzt man heute eine Kombination verschiedener synthetischer Fasern. Die Saiten haben häufig einen Polyamidkern, der zur Erhöhung der Haltbarkeit meist von einer Hülle aus einem anderen Material umgeben ist.

1.1 Für die Herstellung des für den Saitenkern einer Tennisschlägersaite verwendeten Polyamids wird 1,6-Diaminohexan mit Hexandisäure zur Reaktion gebracht.
Das Material für den Ballfilz soll aus Ethan-1,2-diol und Terephthalsäure (Benzol-1,4-dicarbonsäure) synthetisiert werden.
Geben Sie jeweils die Strukturformeln der Ausgangsstoffe sowie jeweils einen Ausschnitt aus den beiden Polymerformeln an und benennen Sie jeweils den Reaktionstyp. 11

1.2 Epoxid-Verbindungen, wie sie z. B. für die Herstellung von Tennisschlägern verwendet werden, haben als reaktionsfähige funktionelle Gruppe Dreiringe mit einem Sauerstoff-Atom (Material 1). Die einfachste Epoxid-Verbindung lässt sich in zwei Schritten herstellen:
Im ersten Schritt wird Ethen unter Lichtabschluss mit einer wässrigen Lösung, die Brom enthält, versetzt, wobei als organisches Reaktionsprodukt neben dem reinen Halogenalkan auch 1-Brom-2-hydroxyethan (2-Bromethanol) entsteht.
Im zweiten Schritt reagiert 1-Brom-2-hydroxyethan zu der einfachsten Epoxid-Verbindung.
Formulieren und benennen Sie den Reaktionsmechanismus für die Reaktion von Ethen zu 1-Brom-2-hydroxyethan (erster Schritt der Epoxid-Herstellung).

Geben Sie die Strukturformel für die einfachste Epoxid-Verbindung an und stellen Sie die Reaktionsgleichung für deren Bildung aus 1-Brom-2-hydroxyethan auf (zweiter Schritt der Epoxid-Herstellung). 12

1.3 Reagiert eine Verbindung mit zwei oder mehreren Epoxid-Gruppen (Material 2) mit 1,6-Diaminohexan, so entsteht ein Epoxidharz (Material 3). Entwickeln Sie einen möglichen Reaktionsmechanismus für die Verknüpfung einer Epoxid-Komponente mit einer Amin-Komponente zu einem Epoxidharz und benennen Sie den Reaktionstyp. 7

1.4 Um aus Kautschuk, einem Naturgummi (Material 4), eine feste, elastische innere Schicht eines Tennisballs zu erhalten, wird der zähflüssige Kautschuk vulkanisiert, das heißt, mit Schwefel zur Reaktion gebracht. Dabei entstehen zwischen den Kautschuk-Molekülen durch Addition von Schwefel in unregelmäßigen Abständen vor allem Disulfidbrücken.
Zeichnen Sie einen Strukturformelausschnitt für vulkanisierten Kautschuk. Erläutern Sie die Auswirkung der eingesetzten Schwefelmenge auf die Eigenschaften des vulkanisierten Kautschuks. Begründen Sie in diesem Zusammenhang eine mögliche Zuordnung des vulkanisierten bzw. sehr stark vulkanisierten Kautschuks zu unterschiedlichen Kunststoffklassen. 10

40

Material 1: Allgemeine Strukturformel für ein Epoxid

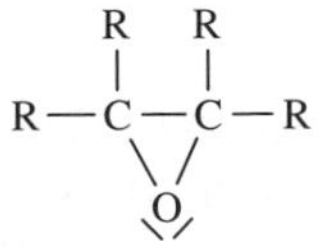

Material 2: Allgemeine Strukturformel einer Verbindung mit zwei Epoxid-Gruppen

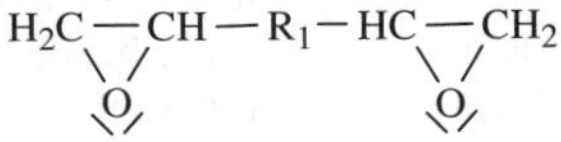

Material 3: Strukturformelausschnitt aus einem Epoxidharz

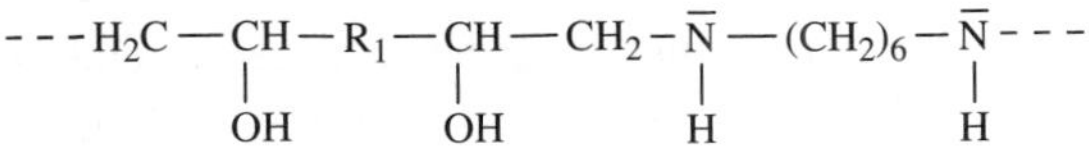

Material 4: Strukturformelausschnitt aus Naturgummi

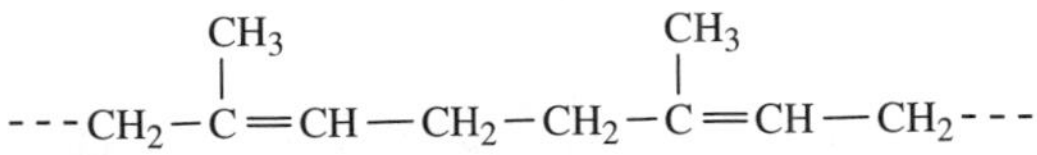

Materialgrundlage:
Breitmaier, E., Jung, G.: Organische Chemie, Thieme, Stuttgart 2005, S. 623
K. P. Vollhardt, N. E. Schore: Organische Chemie, Weinheim 2011, S. 562 f.
http://www.chemie.fu-berlin.de/chemistry/kunststoffe/epoxidharze.htm (abgerufen am 08. 11. 2011)
http://www.chemie.fu-berlin.de/chemistry/kunststoffe/quer.htm (abgerufen am 08. 11. 2011)

Aufgabe B

Harnstoff und Ammoniak BE

Harnstoff ($H_2N-CO-NH_2$) ist das Diamid der Kohlensäure und eines der Endprodukte des Eiweißabbaus bei Menschen und Säugetieren. Die Verbindung wurde 1729 von Boerhave im menschlichen Harn entdeckt (Wiederentdeckung 1773 durch Rouelle) und 1828 zum ersten Mal von Wöhler außerhalb eines Organismus´ synthetisiert.
Harnstoffhaltige Ausscheidungen werden von Bakterien zu einer wässrigen Ammoniak-Lösung zersetzt, was den charakteristischen Geruch mancher Toilettenanlagen erklärt. Im Vergleich zu Ammoniak zeigt Harnstoff eine deutlich geringere Basizität.
In der Industrie kann Harnstoff aus Ammoniak und Kohlenstoffdioxid hergestellt werden Material 1 und Material 2 beschreiben vereinfacht einen industriellen Herstellungsprozess. Aus Harnstoff lässt sich Barbitursäure (Material 3) herstellen, deren Derivate als Schlaf- und Narkosemittel verwendet werden.

2.1 Geben Sie für Harnstoff die Strukturformel mit bindenden und nicht bindenden Elektronenpaaren an.
Formulieren Sie mithilfe von Material 1 für den ersten und den zweiten Schritt der industriellen Harnstoffsynthese jeweils die Reaktionsgleichung. 6

2.2 Erklären Sie auch mithilfe der Materialien 1 und 2 sowie unter Berücksichtigung der jeweiligen Druckverhältnisse die Bildung von Harnstoff im Reaktor und die Auftrennung des im Reaktor entstandenen Stoffgemischs (Schmelze). 10

2.3 Formulieren Sie die Protolyse-Reaktion von Ammoniak in Wasser und geben Sie den Formelausdruck für die Basenkonstante K_B an. Für Ammoniak gilt: $K_B = 1{,}8 \cdot 10^{-5}\ \text{mol} \cdot \text{L}^{-1}$.
Berechnen Sie den pH-Wert einer Ammoniak-Lösung der Konzentration $c = 0{,}15\ \text{mol} \cdot \text{L}^{-1}$.
Begründen Sie die im Vergleich zu Ammoniak deutlich geringere Basizität des Harnstoffs. 11

2.4 Die saure Wirkung der Barbitursäure beruht auf der Abspaltung eines Protons vom Kohlenstoff-Atom.
Formulieren Sie drei mögliche mesomere Grenzstrukturen für das entstehende Barbiturat-Anion. 5

2.5 Ethansäureamid lässt sich durch Reaktion von Ethansäureethylester (Material 4) mit Ammoniak herstellen, wobei als weiteres Produkt Ethanol entsteht.
Formulieren Sie hierfür den Reaktionsmechanismus. 8

40

Material 1: Industrielle Harnstoffherstellung (vereinfachte Prozessbeschreibung)

In einem Reaktor kann Harnstoff bei einer Temperatur von 200 °C und einem Druck von 250 bar hergestellt werden. Dabei laufen die folgenden Reaktionsschritte ab:

Reaktionsschritt 1: Aus den Gasen Ammoniak und Kohlenstoffdioxid bildet sich bei schneller Einstellung des Gleichgewichts das salzartige Ammoniumcarbamat (NH_2COONH_4).

Reaktionsschritt 2: Ammoniumcarbamat zerfällt bei langsamer Einstellung des Gleichgewichts in Harnstoff und Wasser.

Nach etwa einer Stunde liegt im Reaktor eine Schmelze eines Stoffgemisches vor, das neben Harnstoff als Hauptbestandteil noch etwa 30 % des unerwünschten Ammoniumcarbamats enthält.
Die Schmelze wird anschließend dem Reaktor entnommen, der Druck wird verringert (Entspannung). Dadurch wird das Ammoniumcarbamat aus der Schmelze entfernt und somit vom Harnstoff abgetrennt. Der Harnstoff wird weiter verarbeitet und kommt in fester, körniger Form in den Handel.

Material 2: Schema zur industriellen Harnstoffherstellung (vereinfachte Darstellung)

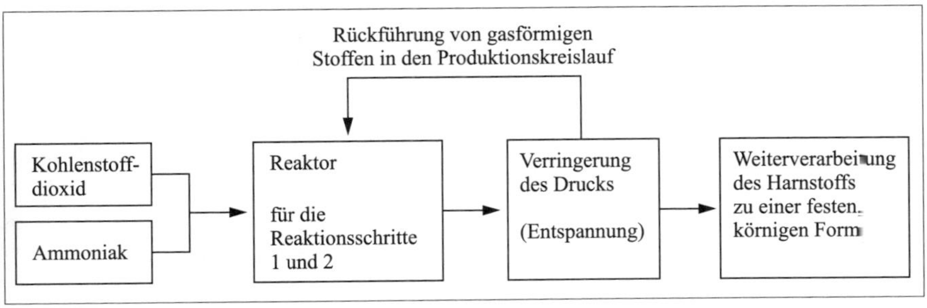

Material 3: Strukturformel von Barbitursäure

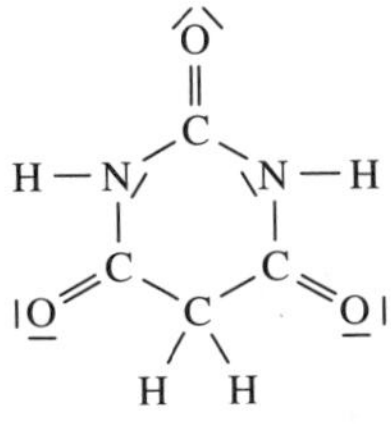

Material 4: Formel von Ethansäureethylester

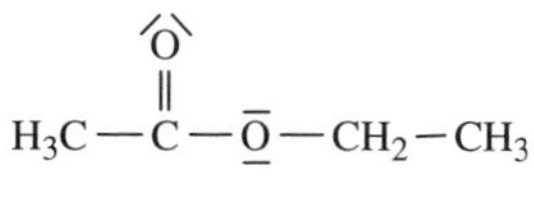

Materialgrundlage:

Brown, Le May: Chemie, Weinheim 2007, S. 800

A. Holleman, N. Wiberg: Lehrbuch der anorganischen Chemie, Berlin 2007, S. 672 f.

K. P. Vollhardt, N. E. Schore: Organische Chemie, Weinheim 2007, S. 994

H. Wambach, U. Hilgers (Hrsg.): Materialien-Handbuch Kursunterricht Chemie, Band 2, Köln 1991, S. 178 f.

http://www.f09.fh-koeln.de/imperia/md/content/personen/rehorek_astrid/labor/cv_vortrag_harnstoffsynthese.pdf (abgerufen am 21. 05. 2012)

http://www.chemgapedia.de/vsengine/vlu/vsc/de/ch/6/ac/bibliothek/_vlu/ammoniak.vlu/Page/vsc/de/ch/6/ac/bibliothek/ammoniak/reaktivitaet.vscml.html (abgerufen am 21. 05. 2012)

Aufgabe C

Inhaltsstoffe des Weins BE

Für Weintrinker ist Wein ein wohlschmeckendes alkoholisches Getränk, das durch die Vergärung von Traubensaft hergestellt wird. Chemisch gesehen ist Wein ein Gemisch aus unterschiedlichen Inhaltsstoffen. Hierzu gehören Ethanol, die Zucker Glucose und Fructose, Aroma- und Farbstoffe sowie verschiedene Säuren, wie z. B. L-(+)-Weinsäure, D-(+)-Äpfelsäure, Citronensäure, eine Milchsäure, und in einigen Weinen auch Schwefelverbindungen.
Bei der Vergärung des Traubensafts reagiert Glucose zu Ethanol und Kohlenstoffdioxid. Als Nebenreaktion kann im Traubensaft enthaltene Äpfelsäure zu Milchsäure und Kohlenstoffdioxid vergoren werden.
Zur Verlängerung der Haltbarkeit von Wein wird dieser häufig „geschwefelt". Dabei wird dem Wein in verschiedener Weise Schwefeldioxid zugesetzt, das in wässriger Lösung Hydrogensulfit-Ionen (HSO_3^--Ionen, Material 1) bildet. Eine inzwischen kaum noch angewandte Methode besteht im Verbrennen von Schwefel in leeren Weinfässern, wobei Schwefeldioxid entsteht. Ein heute übliches Schwefelungsverfahren basiert auf dem Versetzen des Weins mit Natriumhydrogensulfit ($NaHSO_3$). Ist ein Wein geschwefelt, muss dies auf dem Etikett durch die Kennzeichnung „Enthält Sulfite" angegeben sein. Der Gehalt an Sulfit bzw. Schwefeldioxid lässt sich über eine Redoxreaktion mit Iod nachweisen.

3.1 Gemäß der IUPAC-Nomenklatur wird Äpfelsäure als 2-Hydroxybutandisäure bezeichnet. Neben der D-(+)-Äpfelsäure existiert noch die L-(–)-Äpfelsäure.
Erläutern Sie die unterschiedlichen Bezeichnungen.
Geben Sie für die beiden Verbindungen die Strukturformeln in der Fischer-Projektion an und kennzeichnen Sie die asymmetrischen Kohlenstoff-Atome.
Zeichnen Sie die Haworth-Projektionsformeln für α-D-Glucose und β-D-Fructose als 6-Ring.
Formulieren Sie die Reaktionsgleichung für die Vergärung von Glucose zu Ethanol und Kohlenstoffdioxid sowie für die Vergärung von D-(+)-Äpfelsäure zu Milchsäure (2-Hydroxypropansäure) und Kohlenstoffdioxid.
Verwenden Sie in der zweiten Reaktionsgleichung für die organischen Stoffe Strukturformeln. 12

3.2 Neben der Konservierung sollen durch das Schwefeln des Weins auch Aldehyde gebunden werden, die den Geschmack des Weins negativ beeinflussen. Aldehyde und Hydrogensulfit-Ionen reagieren zu einem Anion das zusammen mit Natrium-Ionen eine schwer lösliche Verbindung (Material 2) bildet. Die betroffenen Aldehyde werden auf diese Weise dem Wein entzogen.
Entwickeln Sie einen möglichen Mechanismus zur Bildung der schwer löslichen Verbindung aus einem Aldehyd und einem Hydrogensulfit-Ion.

Im Vergleich ist es deutlich schwieriger, in einer analogen Reaktion ein Keton mit Hydrogensulfit-Ionen umzusetzen. Begründen Sie dies am Beispiel von Propanon. 7

3.3 Der Schwefeldioxid-Gehalt einer Lösung kann durch eine Titration bestimmt werden. Hierbei reagiert Schwefeldioxid in wässriger Lösung mit Iod (I_2). Es entstehen unter anderem Sulfat-Ionen (SO_4^{2-}-Ionen) und Iodid-Ionen. Die Lösung ist insgesamt sauer.
Bei einer Titration werden 20 mL Schwefeldioxid-Lösung mit Iod-Lösung der Konzentration $c = 0{,}1\ \text{mol} \cdot \text{L}^{-1}$ titriert. Es werden 16,5 mL Iod-Lösung verbraucht.
Formulieren Sie die Reaktionsgleichung für die dabei ablaufende Reaktion.
Geben Sie die für die Reaktion wesentlichen Oxidationszahlen an und zeigen Sie anhand der Elektronenübergänge, dass es sich um eine Redoxreaktion handelt.
Berechnen sie die Masse m an Schwefeldioxid, die zur Herstellung von einem Liter der oben genannten Schwefeldioxid-Lösung benötigt wird. 10

3.4 Um den Endpunkt der Titration von Schwefeldioxid-Lösung mit Iod-Lösung zu bestimmen, wird Stärke-Lösung zugesetzt. Stärke besteht aus kolloidal löslichen linearen und aus schwer löslichen verzweigten Makromolekülen.
Zeichnen Sie einen Strukturformelausschnitt, der aus mindestens 4 Monomeren besteht und auch eine Verzweigung in α-1,6-glycosidischer Bindung zeigt.
Beschreiben Sie den Aufbau der linearen Makromoleküle und erläutern Sie die Verwendung von Stärke-Lösung zur Endpunktbestimmung der Titration. 11

40

Material 1: Strukturformel des Hydrogensulfit-Ions

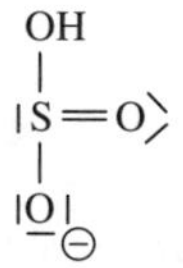

Material 2: Strukturformel der schwer löslichen Verbindung

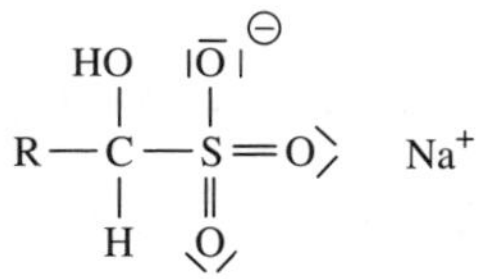

Materialgrundlage:
E. Breitmaier, G. Jung: Organische Chemie, Stuttgart 2005, S. 322
Chemie Oberstufe Gesamtband, Cornelsen 2010, S. 202
K. Risch (Hrsg.): Organische Chemie, Hannover 2003, S. 103
www.deutscheweinakademie.de/index.php?id=386 (abgerufen am 08. 05. 2012)
http://www.smul.sachsen.de/landwirtschaft/14105.htm (abgerufen am 26. 01. 2012)

Aufgabe D

Nitroverbindungen BE

Nitrophenole, wie z. B. 4-Nitrophenol (Material 1), bilden eine Stoffgruppe, die große Bedeutung bei der Herstellung von Farbstoffen und Herbiziden hat. Es handelt sich um kristalline Substanzen, die in wässriger Lösung eine schwach saure Reaktion zeigen.
4-Nitrophenyl-Dinatriumphosphat wird in der Biochemie zur Untersuchung enzymatischer Reaktionen verwendet.
Aus Nitrobenzol lässt sich zum Beispiel durch Reaktion mit Eisen Anilin herstellen.

4.1 Formulieren Sie die Protolysegleichung für die Reaktion von 4-Nitrophenol mit Wasser in Strukturformeln und den Formelausdruck für die darauf beruhende Säurekonstante (K_S).
Beschreiben Sie kurz Ihre Vorgehensweise bei der Formulierung des Formelausdrucks für K_S ausgehend von der Reaktionsgleichung.
Formulieren Sie die vier mesomeren Grenzstrukturen des 4-Nitrophenolat-Anions. 10

4.2 Für die Synthese von 4-Nitrophenol stehen als mögliche Ausgangsstoffe alternativ Nitrobenzol oder Phenol (Hydroxybenzol) zur Verfügung.
Erörtern Sie jeweils in Worten die Eignung von Nitrobenzol und Phenol für die Synthese von 4-Nitrophenol.
Formulieren Sie den Reaktionsmechanismus der Synthese von 4-Nitrophenol und benennen Sie diesen. Für die Entstehung des angreifenden Elektrophils reicht die Formulierung einer Reaktionsgleichung aus. 10

4.3 Analog zu den organischen Säuren können anorganische Säuren mit Alkanolen zu sogenannten anorganischen Estern reagieren. 4-Nitrophenyl-dihydrogenphosphat ist der Monoester aus Phosphorsäure (H_3PO_4) und 4-Nitrophenol. Dieser Ester kann enzymatisch durch Reaktion mit Wasser zu 4-Nitrophenol und Phosphorsäure gespalten werden.
Formulieren Sie für diese Spaltung die Reaktionsgleichung. Verwenden Sie hierfür Strukturformeln mit bindenden und nichtbindenden Elektronenpaaren.
Benennen Sie den Reaktionstyp. 5

4.4 Bei der Verbrennung von Nitrobenzol entsteht neben Kohlenstoffdioxid und Wasser auch elementarer Stickstoff.
Formulieren Sie die Reaktionsgleichung für diese Reaktion und berechnen Sie mithilfe der Werte in Material 2 die Reaktionsenthalpie für die Verbrennung von einem Mol Nitrobenzol. 8

4.5 Zur Herstellung von Anilin (Aminobenzol) reagiert Nitrobenzol in wässriger Lösung mit Eisen. Dabei entsteht als anorganisches Reaktionsprodukt das Eisenoxid Fe_3O_4 (Material 3).
Formulieren Sie für diese Reaktion die Reaktionsgleichung und zeigen Sie anhand der Elektronenübergänge, dass es sich um eine Redoxreaktion handelt. 7

40

Material 1: Formel von 4-Nitrophenol

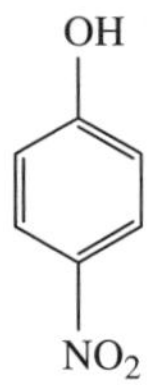

Material 2: Molare Standardbildungsenthalpien einiger Substanzen

Substanz	molare Standardbildungsenthalpie $\Delta_f H_m^0$ [kJ · mol^{-1}]
Nitrobenzol (l)	13
Kohlenstoffdioxid (g)	–394
Wasser (l)	–286

Material 3: Formel des Eisenoxids Fe_3O_4 in vereinfachter Schreibweise

$\overset{+III}{Fe}(\overset{+II}{Fe}\overset{+III}{Fe})O_4$

Materialgrundlage:
www.e-collection.library.ethz.ch/eserv/eth:25934/eth-25934-02.pdf (abgerufen am 09. 05. 2012, bearbeitet)
www.online-media.uni-marburg.de/physiolchem/praktikum/Enzyme.pdf (abgerufen am 09. 05. 2012, vereinfacht)
https://www.fh-muenster.de/fb1/downloads/perswonal/PCI.zusatz.pdf (abgerufen am 31. 05. 2012)
Hans Beyer, Wolfgang Walter: Lehrbuch der Organischen Chemie, Stuttgart 1991, S. 564
G. H. Aylward, T. J. V. Findlay: Datensammlung Chemie in SI-Einheiten, Weinheim 1999, S. 46/47, 78/79, 94/95
E. Riedel, C. Janiak: Anorganische Chemie, Berlin 2007, S. 850

Aufgabe A

1.1 *Es sollen hier die Strukturformeln der Ausgangsstoffe nach Lewis einschließlich der nicht bindenden Elektronenpaare an den Stickstoff- bzw Sauerstoffatomen gezeichnet werden.*

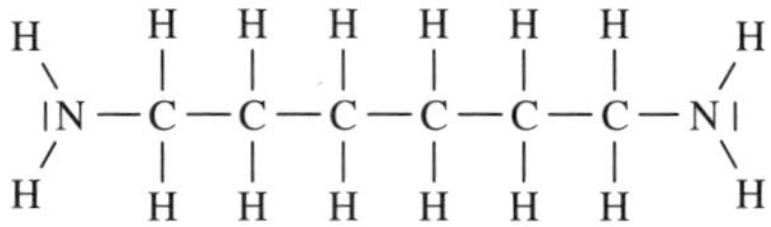
1,6-Diaminohexan

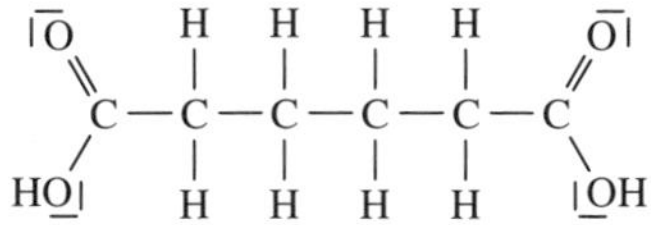
Hexandisäure

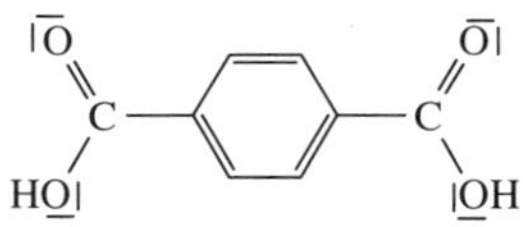
Terephthalsäure

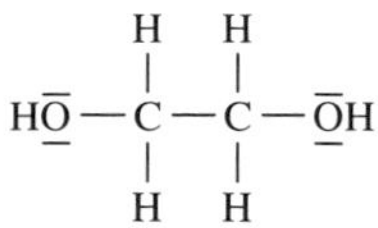
Ethan-1,2-diol

Ein Ausschnitt aus dem Polymer kann z. B. dargestellt werden, indem die sich wiederholende Einheit gezeichnet wird. Dabei können die Halbstrukturschreibweisen verwendet werden.

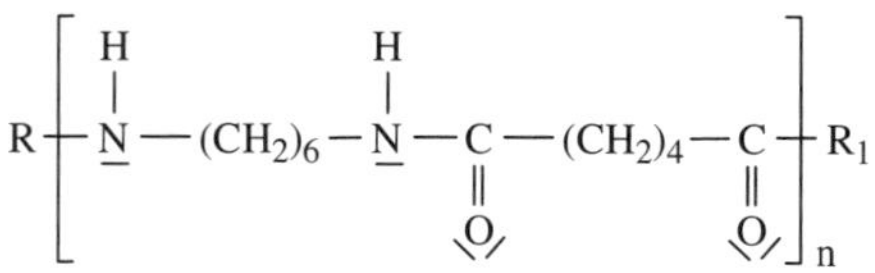

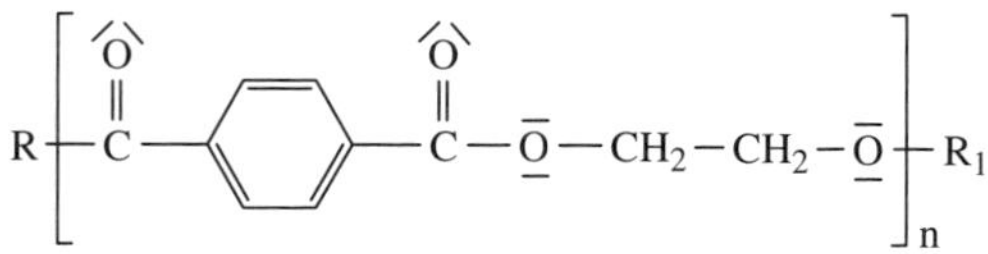

Bei beiden Reaktionen werden Wassermoleküle abgespalten. Im ersten Fall entsteht ein Polyamid (Nylon), im zweiten Fall ein Polyester (PET). Es sind also Polykondensationen.

1.2 Der Reaktionsmechanismus des ersten Schrittes der Epoxidbildung ist eine elektrophile Addition wie beim Nachweis von Doppelbindungen bei der Entfärbung von Bromwasser. Neben 1-Brom-2-hydroxyethan (Route 1) entsteht laut Aufgabenstellung ebenfalls das reine Halogenalkan, also Dibromethan (Route 2).

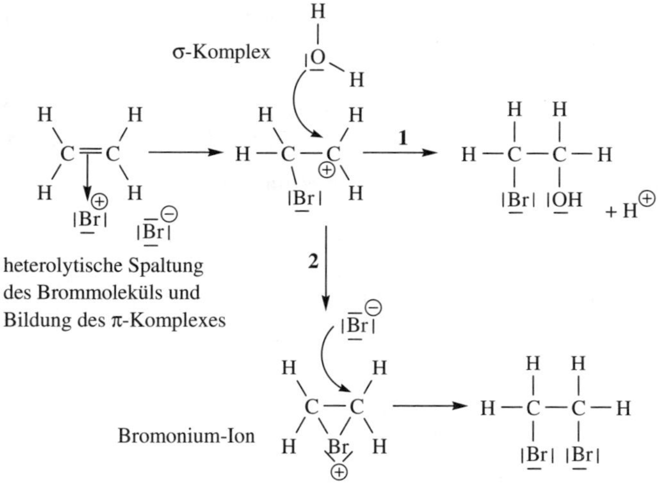

Der hier geforderte Reaktionsverlauf erfolgt im zweiten Schritt als Konkurrenzreaktion, indem ein Wassermolekül nucleophil von der Rückseite her den σ-Komplex angreift und sich unter Abspaltung eines Protons stabilisiert.

Zur Bildung des Epoxids soll nur die Reaktionsgleichung angegeben werden.

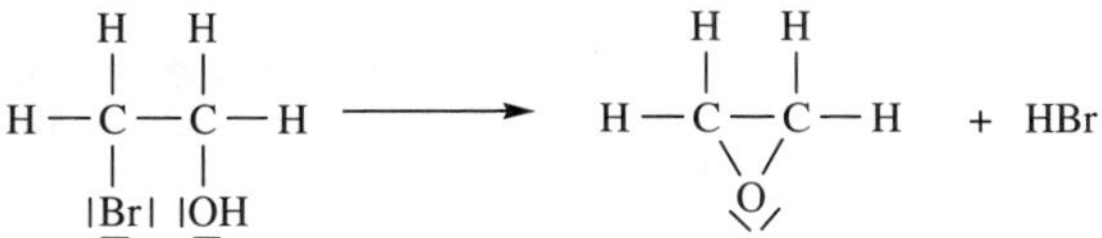

Es handelt sich um eine (intramolekulare) nucleophile Substitution unter Abspaltung von HBr als Abgangsgruppe.

1.3 Epoxide sind „Dreiringe“, die Bindungen sind im sp^3-hybridisierten C-Atom von 109,5° auf 60° verkleinert, wodurch eine große Ringspannung entsteht. Dadurch öffnet sich der Ring leicht, was einen nucleophilen Angriff eines Amins mit seinem nichtbindenden Elektronenpaar ermöglicht. Die Ringöffnung ist exergonisch.

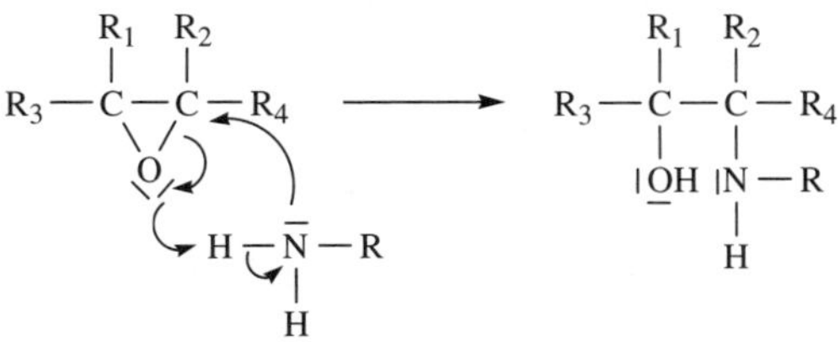

Im Prinzip handelt es sich um eine nucleophile Addition, und da ein Makromolekül gebildet wird um eine Polyaddition.

1.4 *Naturkautschuk besteht aus polymerisierten Isoprenmolekülen (2-Methylbuta-1,3-dien). Ein Ausschnitt solcher Polymerketten ist im Materialteil enthalten.*

Eine mögliche Struktur von stark vernetztem Naturkautschuk:

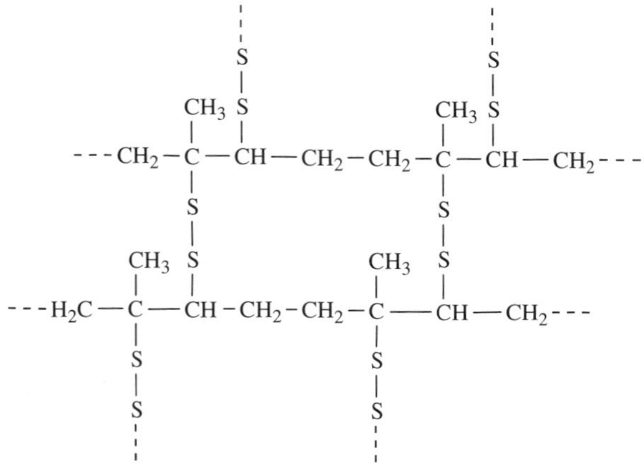

Eine Reaktion (Vulkanisation) mit elementarem Schwefel zur Bildung von hauptsächlich Disulfidbrücken kann nur an den reaktiven Doppelbindungen erfolgen, was zu einer Vernetzung führt. Disulfidbrücken sind aus der Tertiärstruktur von Proteinen zu deren Stabilisierung sowie ebenfalls bei der Bildung von „Dauerwellen" bekannt.
Naturkautschuk ist wenig elastisch, eher klebrig, mehr ein Thermoplast. Durch die Disulfidbrücken wird er zu einem Elastomer, wobei die Anzahl der Disulfidbrücken die Eigenschaften bestimmt. Eine geringer Vernetzungsgrad, d. h., ein geringer Schwefelgehalt, führt zu elastischem Weichgummi, eine stärkere Vernetzung, d. h., ein höherer Schwefelgehalt, führt zur Bildung von Hartgummi.

Aufgabe B

2.1 *Aus dem Kontext und der Halbstrukturformel kann die Struktur von Harnstoff gefolgert werden. Es ist das Diamid der Kohlensäure.*

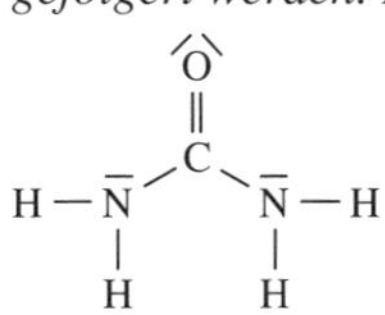

Es soll nur die Reaktionsgleichung formuliert werden, ob als Ionenverbindung oder nur als Summenformel, geht aus der Aufgabenstellung nicht hervor.

Erster Schritt:

$$2\,NH_3 + CO_2 \rightleftharpoons NH_2COONH_4$$

(als Salz der Carbaminsäure: $NH_2COO^- \; NH_4^+$)

Zweiter Schritt:

$$NH_2COONH_4 \rightleftharpoons NH_2CONH_2 + H_2O$$

2.2 Die Reaktion zum Ammoniumcarbamat ist stark druckabhängig, da aus drei Mol gasförmiger Edukte ein Mol Feststoff entsteht. Das ist mit dem Prinzip von Le Chatelier und Braun zu erklären, dass bei Anlegen eines hohen Druckes die Reaktion begünstigt wird, die den äußeren Zwang, d. h. den Druck, verringert. Die hohe Temperatur fördert eine schnelle Gleichgewichtseinstellung. Es entsteht bei schneller Reaktion (hoher Temperatur) dabei in relativ großer Menge neben Harnstoff das kinetisch bevorzugte Salz der Carbaminsäure. Beide Gleichgewichte sind miteinander gekoppelt. Im zweiten Reaktionsschritt zerfällt das Ammoniumcarbamat nach Entspannung in die Edukte (durch die Druckerniedrigung liegt das Gleichgewicht auf der Seite mit mehr Teilchen) und übrig bleibt der thermodynamisch stabilere Harnstoff, da Druck als äußerer Zwang nun wegfällt.

2.3 *Hier soll das MWG für das Protolysegleichgewicht formuliert werden.*

$$NH_3 + H_2O \rightleftharpoons NH_4^+ + OH^-$$

$$K_B = \frac{c_{NH_4^+} \cdot c_{OH^-}}{c_{NH_3}}$$

Nun werden der pOH- und der pK_B-Wert benötigt.

Ersterer ist definiert als pOH = $-\lg c_{OH^-}$, letzterer als p$K_B = -\lg K_B$.

Die folgende Formel ergibt sich, da im Gleichgewicht gilt:

$c_{NH_4^+} = c_{OH^-}$ und damit $c_{OH^-} = \sqrt{K_B \cdot c_{NH_3}}$

Es ergibt sich dann: $\mathrm{pOH} = \frac{1}{2}\left(\mathrm{p}K_B - \lg \frac{c_{0(NH_3)}}{\mathrm{mol \cdot L^{-1}}}\right)$

wobei $c_0(NH_3)$ die Anfangskonzentration an Ammoniak bedeutet. Das Protolysegleichgewicht liegt ganz auf der Seite des Edukts NH_3, sodass die durch Protolyse verringerte NH_3-Konzentration vernachlässigbar klein ist.

$$\mathrm{pOH} = \frac{1}{2}\left(4{,}74 - \lg \frac{0{,}15\ \mathrm{mol \cdot L^{-1}}}{\mathrm{mol \cdot L^{-1}}}\right) = 2{,}78$$

Mit pOH + pH = 14 ergibt sich ein pH = 14 – 2,78 = 11,22.

Die Erklärung liegt in der bei Säureamiden (z. B. auch bei der Peptidbindung) bestehenden Mesomeriestabilisierung, wodurch das für die Basizität entscheidende freie Elektronenpaar am Stickstoff nicht mehr in dem Maße wie bei Ammoniakmolekülen zur Verfügung steht. Alternativ kann auch der –I-Effekt des Sauerstoffatoms zur Erklärung dienen.

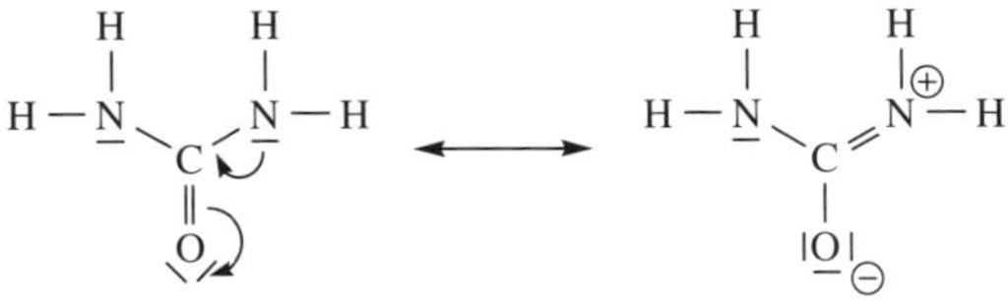

2.4 *Barbitursäure ist eine sogenannte C-H-acide Verbindung. Durch die Nachbarschaft der beiden Carbonylgruppen wird die CH-Bindung stark polarisiert, das entstehende Anion ist mesomeriestabilisiert.*
Es sollen drei mögliche mesomere Grenzstrukturen angegeben werden.

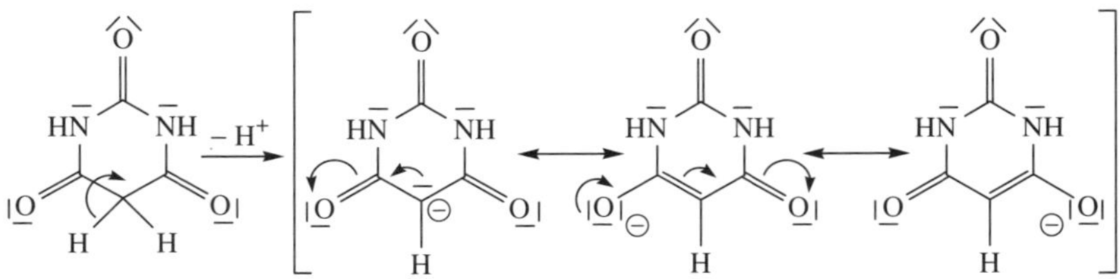

Die Keto-Enol-Tautomerie ist verantwortlich für die Säureeigenschaft der Barbitursäure und bedingt die CH-Acidität, d. h. die Abspaltung des Protons aus einer CH-Bindung. Um ein Proton aus einer CH-Bindung abzuspalten, bedarf es eines starken Protonenakzeptors oder einer anderen treibenden Kraft. Dies ist hier die Keto-Enol-Tautomerie mit Mesomeriestabilisierung des Anions. Letztere ist wie bei der Mesomerie im Carboxylation der eigentliche Grund für die Acidität.

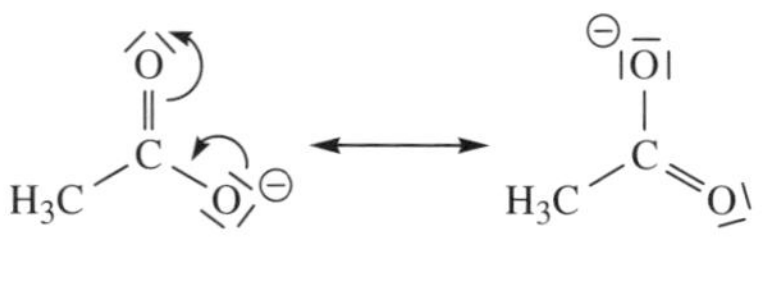

2.5 *Wie z. B. bei der säurekatalysierten Esterspaltung können Ester mit einem Nucleophil reagieren, wobei eine Substitutionsreaktion erfolgt. Bei der Reaktion handelt es sich um die Aminolyse eines Esters.*

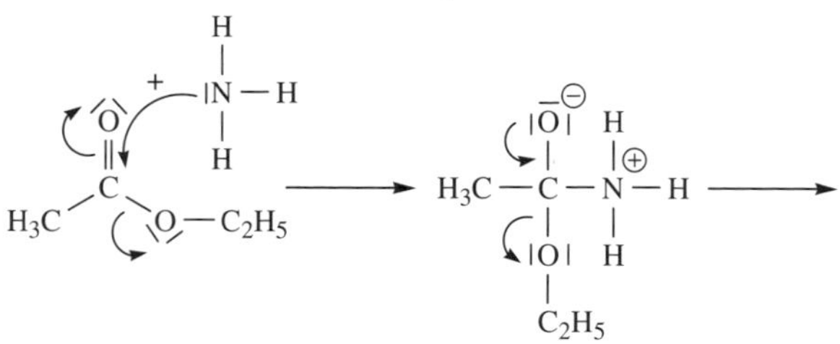

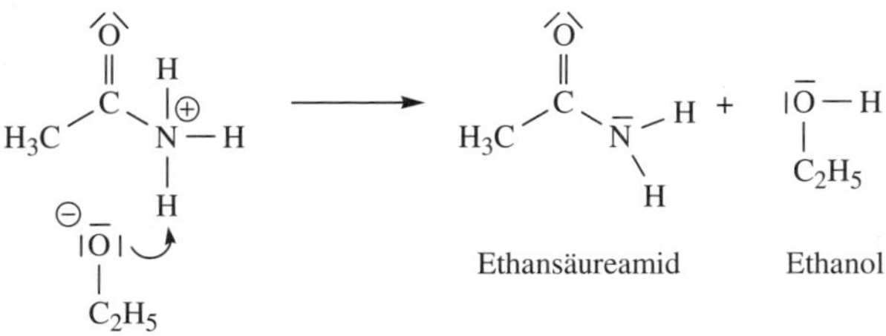

Aufgabe C

3.1 Die Bezeichnung D- vor dem Trivialnamen Äpfelsäure bedeutet in der Fischerprojektion, dass die OH-Gruppe des asymmetrischen C-Atoms nach rechts steht, L- dann nach links. (+) bzw. (–) bezeichnet – unabhängig von D- bzw. L-Konfiguration – die Richtung des Drehwinkels von linear polarisiertem Licht nach rechts (+) oder links (–) bei optisch aktiven Verbindungen.

Aus der IUPAC-Bezeichnung 2-Hydroxybutandisäure kann die Strukturformel nach Fischer ermittelt werden.
Das asymmetrische C-Atom, welches hier für die optische Aktivität verantwortlich ist, wird allgemein mit einem Stern gekennzeichnet. Dieses muss vier verschiedene Substituenten haben. Da es sich hier nicht um die Darstellung von Reaktionsmechanismen oder Grenzstrukturen handelt, können die nichtbindenden Elektronenpaare weggelassen werden.

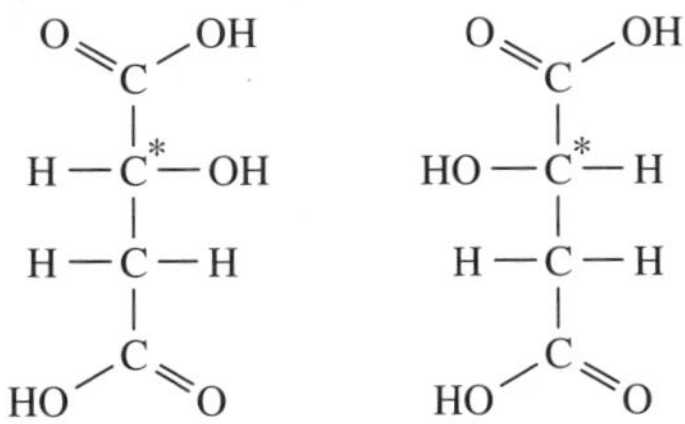

D-(+)-Äpfelsäure   L-(–)-Äpfelsäure

Die Strukturformeln in der Haworth-Projektion können aus den Fischerprojektionen, die als „Wissen" in den Handreichungen zur schriftlichen Abiturprüfung vermerkt sind, leicht konstruiert werden. Alle OH-Gruppen an ***asymmetrischen*** *C-Atomen, die in der Fischerprojektion nach rechts stehen, sind im Ring unterhalb der Ringebene und umgekehrt.*

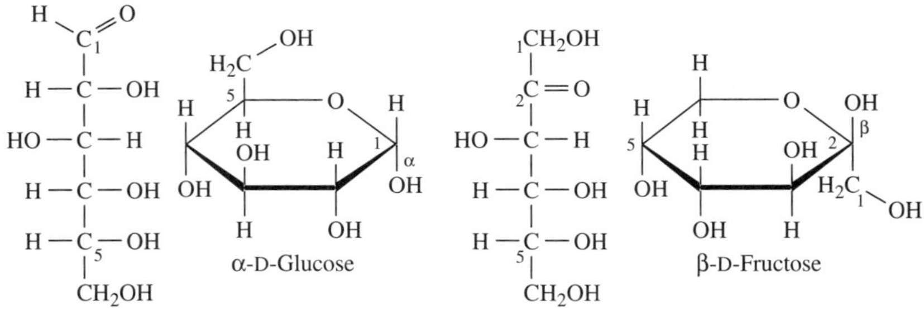

Zum Merken der Stellungen der OH-Gruppen in der Fischer-Projektion der Glucose gibt es die folgende „Eselsbrücke“:

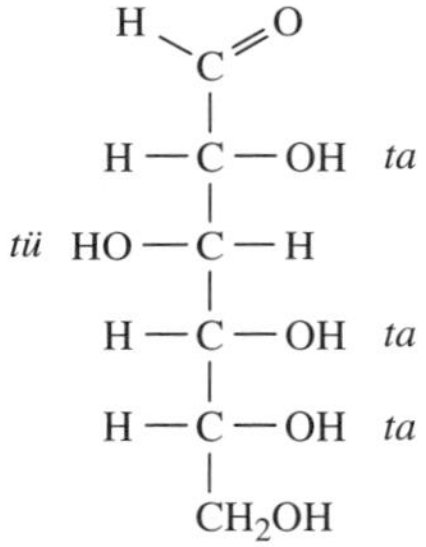

Gärungen sind Reaktionen ohne Sauerstoff, aber Redoxreaktionen, bei denen eine Disproportionierung stattfindet, d. h., C-Atome gehen von einer mittleren Oxidationszahl in eine höhere und eine niedrigere.

Alkoholische Gärung:

$$\overset{0}{C_6H_{12}O_6} \longrightarrow 2\,\overset{+IV}{CO_2} + 2\,\overset{-III}{CH_3}-\overset{-I}{CH_2}-OH$$

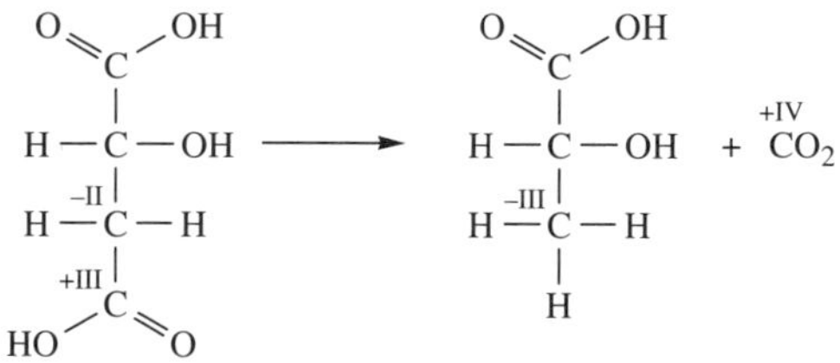

3.2 *Im Kontext und Materialteil werden alle Komponenten zum Lösen der Aufgabe beschrieben.*
Die Reaktion ist die Bildung eines sogenannten „Sulfitaddukts“, d. h., das Sulfition als Nucleophil reagiert mit Aldehyden in einer Additionsreaktion.

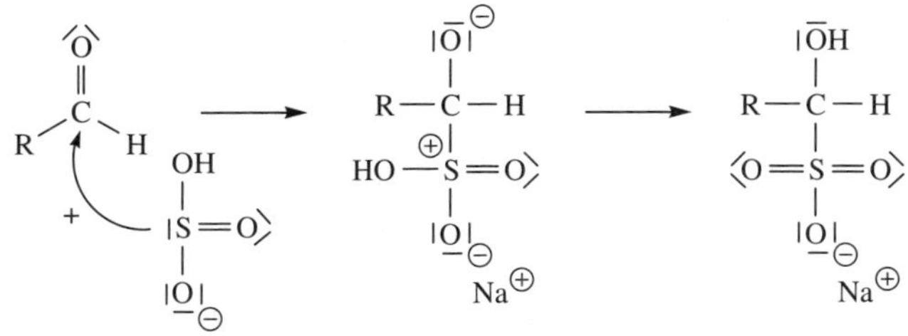

Das Carbonyl-C-Atom in Ketonen ist weniger stark positiv polarisiert, da hier der +I-Effekt der Alkylgruppen die Polarität verringert. Ein nucleophiler Angriff ist dadurch erschwert.

3.3 Aufstellen der Redoxreaktion:

Red.: $\overset{0}{I_2} + 2\,e^- \longrightarrow 2\,\overset{-I}{I^-}$

Ox.: $\overset{+IV}{SO_2} + 2\,H_2O \longrightarrow \overset{+VI}{SO_4^{2-}} + 2\,e^- + 4\,H^+$

$$I_2 + SO_2 + 2\,H_2O \longrightarrow 2\,I^- + SO_4^{2-} + 4\,H^+$$

Elementares Iod wirkt als Elektronenakzeptor, Schwefeldioxid als Elektronendonator. Es werden 2 Elektronen übertragen.

Die Stöchiometrie der Redoxreaktion ist die Voraussetzung zur Berechnung der SO_2-Konzentration $c(SO_2)$ im Probevolumen $V(SO_2)$.

Die Iodlösung hat die Konzentration $c(I_2) = 0{,}1\ \text{mol} \cdot \text{L}^{-1}$.
Wenn $V(I_2) = 16{,}5$ mL der Iodlösung bis zum Äquivalenzpunkt verbraucht werden, gilt:

$$V(I_2) \cdot c(I_2) = V(SO_2) \cdot c(SO_2)$$

$$\Rightarrow c(SO_2) = \frac{V(I_2) \cdot c(I_2)}{V(SO_2)} = \frac{16{,}5\ \text{mL} \cdot 0{,}1\ \text{mol} \cdot \text{L}^{-1}}{20\ \text{mL}} = 0{,}0825\ \text{mol} \cdot \text{L}^{-1}$$

Zur Berechnung der Masse von SO_2 in einem Liter der Schwefeldioxidlösung dieser Konzentration muss die molare Masse von SO_2 ermittelt werden:

$M(SO_2) = 64\ \text{g} \cdot \text{mol}^{-1}$

Für die Masse an SO_2 gilt dann:

$m(SO_2) = n(SO_2) \cdot M(SO_2) = c(SO_2) \cdot V(SO_2) \cdot M(SO_2)$

$m(SO_2) = 0{,}0825\ \text{mol} \cdot \text{L}^{-1} \cdot 1\ \text{L} \cdot 64\ \text{g} \cdot \text{mol}^{-1} = 5{,}28\ \text{g}$

3.4

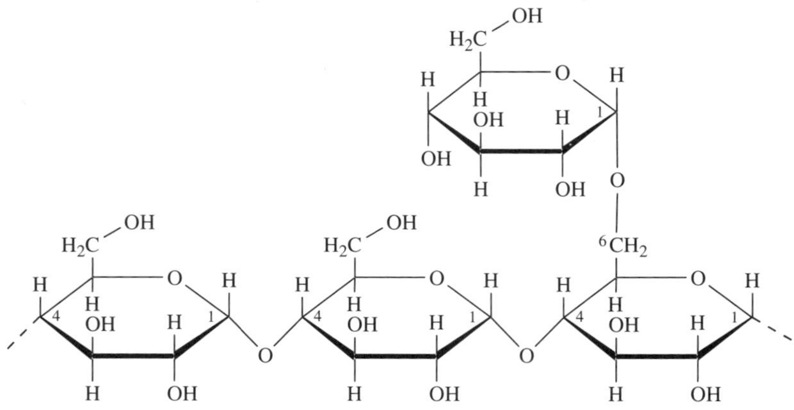

Wird Iod bei einer Reaktion verbraucht oder gebildet, kann dies mit der Iod/ Stärke-Reaktion zur Endpunktbestimmung einer Titration beobachtet werden. Dabei entsteht oder verschwindet ein blauvioletter Farbton. Wenn hier alles SO_2 umgesetzt wurde, bleibt die Farbe erhalten. Iodmoleküle lagern sich in die helikal gewundenen Stärkemoleküle mit den α-(1→4)-verknüpften Glucosemolekülen ein. Durch ihre Fixierung in den Hohlräumen der Einlagerungsverbindung entsteht die Farbänderung.

Aufgabe D

4.1 Die phenolische OH-Gruppe ist bei der Protolysereaktion der Protonendonator. Es entsteht das Anion (Nitrophenolat-Ion).

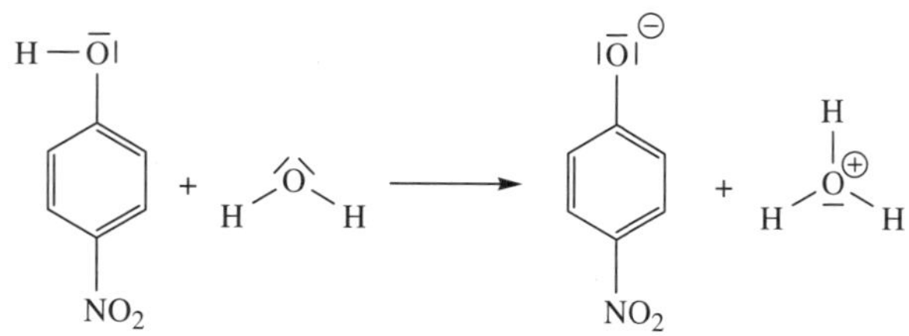

NPh = Nitrophenol $NPht^-$ = Nitrophenolat-Ion

Die Säurekonstante ergibt sich aus der Anwendung des Massenwirkungsgesetzes (MWG). Um nicht aufwendig zeichnen zu müssen, führt man Abkürzungen ein. Das MWG beschreibt als mathematisches Modell das Protolysegleichgewicht, d. h., wenn die Geschwindigkeit der Hin- gleich der der Rückreaktion ist. Im Zähler stehen die Konzentrationen der Produkte, die im Gleichgewicht die Geschwindigkeit der Rückreaktion bestimmen, im Nenner stehen die Konzentrationen der Edukte, die die Geschwindigkeit der Hinreaktion bestimmen. Die Konzentration des Wassers kann für verdünnte Lösungen als konstant angesehen werden und wird in die Gleichgewichtskonstante mit einbezogen.

$$K_S = \frac{c_{H_3O^+} \cdot c_{NPht^-}}{c_{NPh}}$$

Mesomere Grenzstrukturen des 4-Nitrophenolat-Anions:

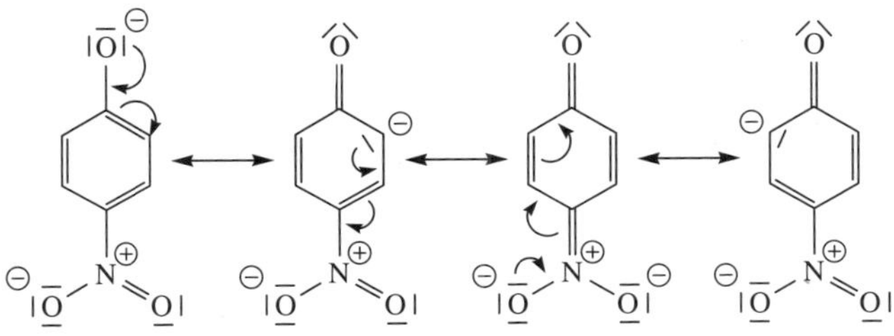

4.2 Die mesomeren Grenzstrukturen beschreiben die Delokalisation der Elektronenpaare im aromatischen System, wobei die Phenolatgruppe bzw. phenolische OH-Gruppe einen +M-Effekt, die Nitrogruppe einen –M-Effekt ausübt. Der entgegenwirkende –I-Effekt der OH-Gruppe ist in aromatischen Systemen nicht relevant, da der M-Effekt dominiert. Die Begründung für die Wahl des Edukts für die Synthese von 4-Nitrophenol kann aus den mesomeren Grenzstrukturen entnommen werden. Für die Synthese von 4-Nitrophenol ist Phenol im Gegensatz zu Nitrobenzol geeignet, da im Phenol durch den +M-Effekt die Positionen 2 und 4 im Ring wesentlich elektronenreicher und daher besser elektrophil angreifbar sind.

Bei der Zweitsubstitution dirigiert die phenolische OH-Gruppe aufgrund des +M-Effekts in *ortho*- bzw. *para*-Position im Ring. Der σ-Komplex bei der elektrophilen Substitution wird durch mesomere Grenzstrukturen mehr stabilisiert und ist daher energieärmer. Phenol ist daher der notwendige Ausgangsstoff für die Einführung des Zweitsubstituenten (NO_2-Gruppe) in *para*-Position. Allerdings wird bei der Substitution auch das *ortho*-Nitrophenol entstehen. (Rein statistisch müsste das Verhältnis *ortho*/*para* 2 : 1 betragen, allerdings ist das tatsächliche Produktverhältnis stark abhängig von den Reaktionsbedingungen und dem sterischen Anspruch des Erstsubstituenten).
Der Reaktionsmechanismus ist eine elektrophile aromatische Substitution.
Zunächst wird ein elektrophiles Teilchen, das Nitronium-Kation, gebildet. Das Gemisch aus konzentrierter Salpeter- und Schwefelsäure wird auch als Nitriersäure bezeichnet.

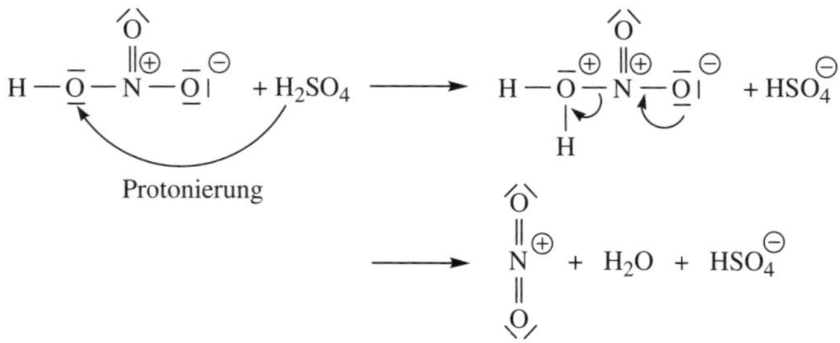

Die Nitrierung in *para*-Stellung verläuft in drei Schritten:

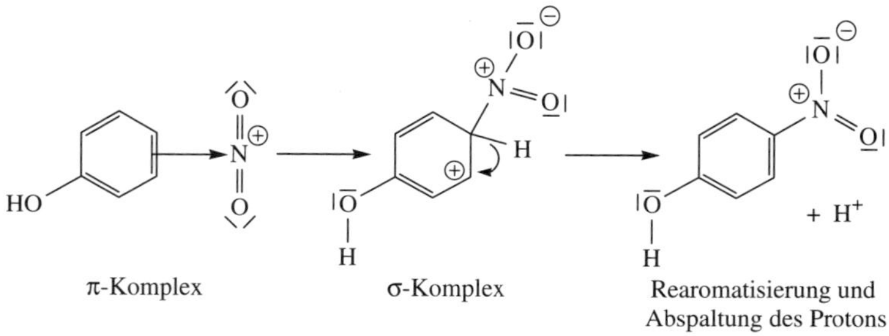

Die Grenzstrukturen, die die Zweitsubstitution in *ortho*- und *para*-Stellung begründen:

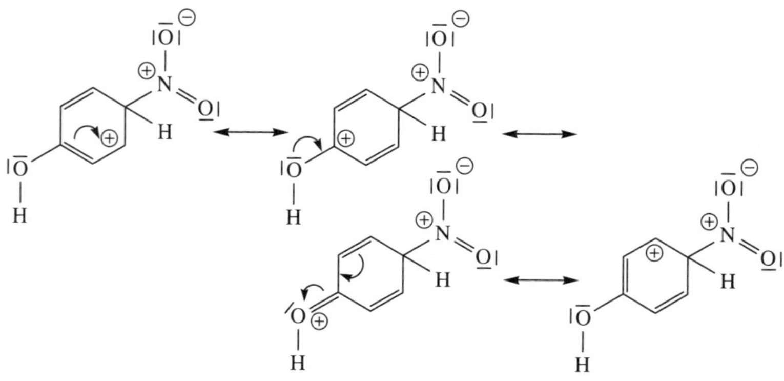

4.3 *Bei dieser Reaktion handelt es sich laut Aufgabenstellung um die Spaltung (Hydrolyse) eines Phosphorsäureesters. Diese kann enzymatisch durch Esterasen oder auch säurekatalytisch erfolgen.*

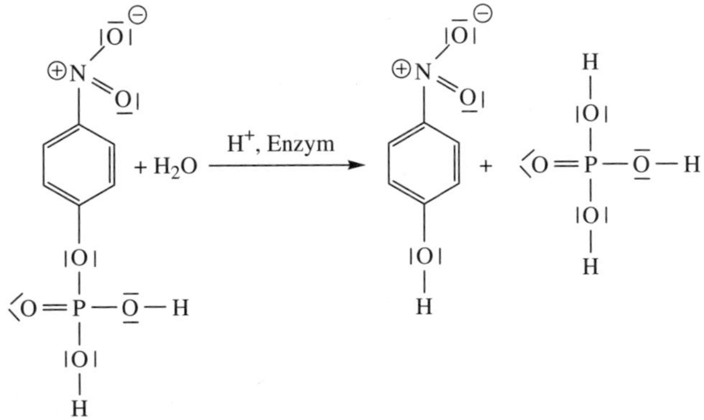

Der Reaktionstyp ist eine Hydrolyse.

4.4 Die Reaktionsgleichung der Verbrennung von Nitrobenzol lautet:

$$4\,C_6H_5NO_2 + 25\,O_2 \longrightarrow 24\,CO_2 + 10\,H_2O + 2\,N_2$$

Die Reaktionsenthalpie für diese Reaktion berechnet sich aus den im Materialteil angegebenen Standardbildungsenthalpien, indem die Differenz der Standardbildungsenthalpien derEdukte von denen der Produkte gebildet wird.

Es gilt: $\Delta_R H^0 = \sum \Delta_f H^0_m\ (\text{Produkte}) - \sum \Delta_f H^0_m\ (\text{Edukte})$

$$\Delta_R H^0 = 24\ \text{mol} \cdot (-394\ \text{kJ} \cdot \text{mol}^{-1}) + 10\ \text{mol} \cdot (-286\ \text{kJ} \cdot \text{mol}^{-1}) + 2\ \text{mol} \cdot 0\ \text{kJ}\ \text{mol}^{-1}$$
$$-(4\ \text{mol} \cdot 13\ \text{kJ} \cdot \text{mol}^{-1} + 25\ \text{mol} \cdot 0\ \text{kJ} \cdot \text{mol}^{-1}) = -12368\ \text{kJ} \cdot 4\ \text{mol}^{-1}$$
$$\Delta_R H^0 = -3092\ \text{kJ} \cdot \text{mol}^{-1}$$

4.5 *Es soll die Reaktion von Nitrobenzol zu Aminobenzol (Anilin) durch eine Reaktionsgleichung beschrieben werden. Hier kann der Phenylrest mit Phe abgekürzt werden. Zunächst müssen das Oxidationsmittel und das Reduktionsmittel anhand der Ermittlung der Oxidationszahlen festgestellt werden.*
Eisenatome werden oxidiert, die Oxidationszahlen des Mischoxids Fe_3O_4 sind im Materialteil angegeben. Ebenso wird erwähnt, dass die Reaktion in wässriger Lösung stattfindet.

Ox.:	$\overset{0}{3\,Fe} + 4\,H_2O$	$\longrightarrow$	$\overset{+III}{Fe}(\overset{+II}{Fe}\overset{+III}{Fe})O_4 + 8\,e^- + 8\,H^+$	$\cdot 3$
Red.:	$Phe{-}\overset{+III}{N}O_2 + 6\,e^- + 6\,H^+$	$\longrightarrow$	$Phe{-}\overset{-III}{N}H_2 + 2\,H_2O$	$\cdot 4$
Redox.:	$9\,Fe + 4\,Phe{-}NO_2 + 4\,H_2O$	$\longrightarrow$	$3\,Fe(FeFe)O_4 + 4\,Phe{-}NH_2$	

Formal werden also 24 Elektronen übertragen, wobei die NO_2-Gruppe als Elektronenakzeptor und die Eisenatome als Elektronendonatoren wirken.

Die Ermittlung der Oxidationszahl des Stickstoffatoms in der Nitrogruppe wird folgendermaßen durchgeführt. Die Bindungselektronen werden dem elektronegativeren Partner zugeordnet, die Ladungen in der Nitrogruppe gleichen sich aus. Das N-Atom hat somit die Oxidationszahl +III.

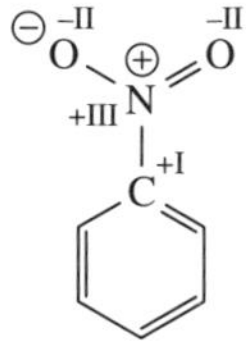

Die Bestimmung der Oxidationszahl des Stickstoffatoms in der Aminogruppe erfolgt analog. Da in dem Fall das Stickstoffatom elektronegativer als seine Nachbaratome C und H ist, resultiert dort die Oxidationszahl –III.

Leerseiten verbilligen in diesem Fall die Herstellung des Buches!

Ihre Meinung ist uns wichtig!

Ihre Anregungen sind uns immer willkommen. Bitte informieren Sie uns mit diesem Schein über Ihre Verbesserungsvorschläge!

Titel-Nr.	Seite	Vorschlag

Bitte hier abtrennen

Bitte hier abtrennen

Zutreffendes bitte ankreuzen!

Die Absenderin/der Absender ist:

- ☐ Lehrer/in in den Klassenstufen: ____
- ☐ Fachbetreuer/in
  Fächer: ____
- ☐ Seminarlehrer/in
  Fächer: ____
- ☐ Regierungsfachberater/in
  Fächer: ____
- ☐ Oberstufenbetreuer/in
- ☐ Schulleiter/in
- ☐ Referendar/in, Termin 2. Staatsexamen: ____
- ☐ Leiter/in Lehrerbibliothek
- ☐ Leiter/in Schülerbibliothek
- ☐ Sekretariat
- ☐ Eltern
- ☐ Schüler/in, Klasse: ____
- ☐ Sonstiges: ____

Unterrichtsfächer: (Bei Lehrkräften!)

____

STARK Verlag
Postfach 1852
85318 Freising

23_VM6

Bitte ausfüllen und im frankierten Umschlag an uns einsenden. Für Fensterkuverts geeignet.

Kennen Sie Ihre Kundennummer?
Bitte hier eintragen.

Absender (Bitte in Druckbuchstaben!)

Name/Vorname

Straße/Nr.

PLZ/Ort/Ortsteil

Telefon privat

Geburtsjahr

E-Mail

Schule/Schulstempel (Bitte immer angeben!)

Politik und Wirtschaft

Wirtschaft – Wirtschaftliches Handeln im Sektor Unternehmen · Wirtschaftliches Handeln im Sektor Ausland .... Best.-Nr. 84852
Wirtschaft – Wirtschaftliche Zielsetzungen in der Sozialen Marktwirtschaft · Wirtschaftliche Problemlagen · Wirtschaftspolitische Entscheidungsfelder .... Best.-Nr. 94852
Abitur-Wissen Demokratie .... Best.-Nr. 94803
Abitur-Wissen Sozialpolitik .... Best.-Nr. 94804
Abitur-Wissen Die Europäische Einigung .... Best.-Nr. 94805
Abitur-Wissen Politische Theorie .... Best.-Nr. 94806
Abitur-Wissen Internationale Beziehungen .... Best.-Nr. 94807
Abitur-Wissen Volkswirtschaft .... Best.-Nr. 94881
Abitur-Wissen Rechtslehre .... Best.-Nr. 94882
Kompakt-Wissen Abitur Volkswirtschaft .... Best.-Nr. 948501
Kompakt-Wissen Abitur Grundlagen der nationalen und internationalen Politik .... Best.-Nr. 948001
Kompakt-Wissen Abitur Grundbegriffe Politik ... Best.-Nr. 948002
Klausuren Politik Oberstufe .... Best.-Nr. 108011

Geschichte

Geschichte 1 – Industrialisierung und Soziale Frage, Nationalstaatsgedanke und Nationalismus, Kaiserreich, Imperialismus, Erster Weltkrieg, Weimarer Republik, Nationalsozialismus und Zweiter Weltkrieg ...... Best.-Nr. 84763
Geschichte 2 – Deutschland nach dem Zweiten Weltkrieg, die bipolare Welt nach 1945, der Umbruch in der DDR und die Wiedervereinigung, die europäische Einigung, Wendepunkte des 20. Jahrhunderts .... Best.-Nr. 84764
Grundlagen, Arbeitstechniken und Methoden – Geschichte .... Best.-Nr. 94789
Abitur-Wissen Die Antike .... Best.-Nr. 94783
Abitur-Wissen Das Mittelalter .... Best.-Nr. 94788
Abitur-Wissen Französische Revolution .... Best.-Nr. 947812
Abitur-Wissen Die Ära Bismarck: Entstehung und Entwicklung des deutschen Nationalstaats .... Best.-Nr. 94784
Abitur-Wissen Imperialismus und Erster Weltkrieg .... Best.-Nr. 94785
Abitur-Wissen Die Weimarer Republik .... Best.-Nr. 47815
Abitur-Wissen Nationalsozialismus und Zweiter Weltkrieg ...... Best.-Nr. 94786
Abitur Wissen Deutschland von 1945 bis zur Gegenwart .... Best.-Nr. 947811
Abitur Wissen USA .... Best.-Nr. 947813
Abitur Wissen Naher Osten .... Best.-Nr. 947814
Kompakt-Wissen Abitur Geschichte Oberstufe ... Best.-Nr. 947601
Klausuren Geschichte Oberstufe .... Best.-Nr. 107611

Landesabitur

Optimale Unterstützung für Schülerinnen und Schüler bei der selbstständigen Vorbereitung auf das **Landesabitur in Hessen:**

- Wertvolle **Hinweise** zum Ablauf des Landesabiturs.
- **Original-Prüfungsaufgaben und Übungsaufgaben im Stil des Abiturs** machen mit den Inhalten vertraut und geben Gelegenheit zum selbstständigen Üben unter Prüfungsbedingungen.
- Ausführliche, **schülergerechte Lösungen** sowie hilfreiche Tipps und Hinweise zum Lösen der Aufgaben.

Abiturprüfung Mathematik LK mit CD – Hessen Best.-Nr. 65000
Abiturprüfung Mathematik GK mit CD – Hessen Best.-Nr. 65100
Abiturprüfung Physik GK/LK – Hessen .... Best.-Nr. 65300
Abiturprüfung Deutsch LK – Hessen .... Best.-Nr. 65400
Abiturprüfung Deutsch GK – Hessen .... Best.-Nr. 65410
Abiturprüfung Englisch GK/LK – Hessen .... Best.-Nr. 65460
Abiturprüfung Französisch GK/LK – Hessen ..... Best.-Nr. 65500
Abiturprüfung Latein GK/LK – Hessen .... Best.-Nr. 65600
Abiturprüfung Biologie LK – Hessen .... Best.-Nr. 65700
Abiturprüfung Biologie GK – Hessen .... Best.-Nr. 65710
Abiturprüfung Chemie GK/LK – Hessen .... Best.-Nr. 65730
Abiturprüfung Geschichte GK/LK – Hessen ...... Best.-Nr. 65760
Abiturprüfung Politik und Wirtschaft GK/LK – Hessen .... Best.-Nr. 65800

Best.-Nr. E10485
Best.-Nr. E10484
Best.-Nr. E10479

Was kommt nach dem Abitur?

Die STARK Ratgeber helfen weiter!

Weitere STARK Fachbücher zur Studien- und Berufswahl finden Sie unter **www.berufundkarriere.de**

Alle so gekennzeichneten Titel sind auch als eBook über **www.stark-verlag.de** erhältlich.

Bestellungen bitte direkt an:

STARK Verlagsgesellschaft mbH & Co. KG · Postfach 1852 · 85318 Freising
Tel. 0180 3 179000* · Fax 0180 3 179001* · www.stark-verlag.de · info@stark-verlag.de
*9 Cent pro Min. aus dem deutschen Festnetz, Mobilfunk bis 42 Cent pro Min.
Aus dem Mobilfunknetz wählen Sie die Festnetznummer: 08167 9573-0

Lernen • Wissen • Zukunft
STARK

23_VM6